普通高等教育“十三五”规划教材
电子设计系列规划教材

EDA 技术与 Verilog 设计

（第 2 版）

王金明　周　顺　编著

徐志军　主审

電子工業出版社
Publishing House of Electronics Industry
北京 · BEIJING

内容简介

本书与“十二五”普通高等教育本科国家级规划教材、普通高等教育“十一五”国家级规划教材《EDA技术与VHDL设计（第2版）》（25178）为姊妹篇。本书根据教学和实验基本要求，以提高动手实践能力和工程设计能力为目的，对EDA技术和FPGA设计的相关知识进行系统、完整的介绍。全书共10章，主要内容包括：EDA技术概述，FPGA/CPLD器件概述，Quartus Prime集成开发工具，Verilog语法与要素，Verilog语句语法，Verilog设计进阶，Verilog常用外设驱动，有限状态机设计，Verilog Test Bench仿真，Verilog设计与应用等。本书提供配套电子课件、实验与设计和部分程序代码。

本书可作为高等学校电子、通信、雷达、计算机应用、工业自动化、仪器仪表、信号与信息处理等学科本科生、研究生的EDA技术或数字系统设计课程的教材和实验指导书，也可作为相关行业领域工程开发者的重要参考资料。

图书在版编目（CIP）数据

EDA技术与Verilog设计 / 王金明，周顺编著. —2版. —北京：电子工业出版社，2019.2
ISBN 978-7-121-35829-6

Ⅰ. ①E… Ⅱ. ①王… ②周… Ⅲ. ①电子电路－电路设计－计算机辅助设计－高等学校－教材 Ⅳ.①TN702.2

中国版本图书馆CIP数据核字（2018）第290673号

策划编辑：王羽佳
责任编辑：王晓庆
印　　刷：北京七彩京通数码快印有限公司
装　　订：北京七彩京通数码快印有限公司
出版发行：电子工业出版社
　　　　　北京市海淀区万寿路173信箱　　邮编：100036
开　　本：787×1092　1/16　印张：21.75　字数：628千字
版　　次：2013年7月第1版
　　　　　2019年2月第2版
印　　次：2025年1月第20次印刷
定　　价：55.00元

凡所购买电子工业出版社图书有缺损问题，请向购买书店调换。若书店售缺，请与本社发行部联系，联系及邮购电话：（010）88254888，88258888。

质量投诉请发邮件至 zlts@phei.com.cn，盗版侵权举报请发邮件至 dbqq@phei.com.cn。

本书咨询联系方式：（010）88254535，wyj@phei.com.cn。

第 2 版前言

本书在第 1 版的基础上主要做了如下修订。

（1）鉴于 Verilog—2001 标准越来越重要，本书对 Verilog—2001 标准做了更为深入的阐述，一些例程也按照 Verilog—2001 标准进行了修改。

（2）将设计工具从 Quartus II 9.0 升级为 Quartus Prime 17.0。从 Quartus II 10.0 开始，Quartus II 软件取消了自带的波形仿真工具，转而采用专业的第三方仿真工具 ModelSim 进行仿真；Quartus II 13.1 之后，Quartus II 只支持 64 位操作系统（Windows 7、8、10）；从 Quartus II 15.1 开始，Quartus II 开发工具改称 Quartus Prime；2017 年 5 月，Intel 发布了 Quartus Prime 17.0 版本。Quartus Prime 17.0 相比之前的版本，支持的器件更多，自带的 IP 模块也更丰富，编译速度更快，支持 System Verilog—2005 和 VHDL—2008，作为设计者应积极地适应 EDA 设计工具的变化，并尽可能采用新版本的设计工具。

（3）将实验板从 DE2、DE2-70 升级为 DE2-115。DE2-115 实验板基于 Cyclone IV FPGA 器件（EP4CE115F29），器件新，资源丰富，同时，在外设和使用习惯等方面与 DE2-70 基本保持一致，所以本书将目标实验板改为 DE2-115。

（4）更新了有关 ModelSim 仿真的内容。本书介绍了两个版本的 ModelSim，一个是 Intel 的 OEM 版本 ModelSim-Intel，同时在第 9 章详细介绍了用 ModelSim SE 进行功能仿真和时序仿真的过程，ModelSim SE 的功能更强、更全面。

（5）更新了有关 FPGA 器件结构的内容，使之尽量反映 FPGA 器件的发展。

（6）更新和改进了部分设计案例，将基于 DE2-115 实验板的设计实例重新做了修改和验证。

由于 FPGA 芯片和 EDA 软件不断更新换代，同时因作者时间和精力有限，本书虽经改版和修正，仍不免有疏漏和遗憾，一些实例也有继续发挥和改进的空间。感谢友晶科技的彭显恩经理、鑫合欣的王婷女士在本书写作过程中给予的大力支持；感谢美国威斯康星大学麦迪逊分校的 Yu Hen Hu 教授于作者访学期间在学术上和教学上给予的无私帮助与支持；参与本书编写的还有李智、朱莉莉、刘健、张健富、鞠照兵、肖巧玲等，徐志军教授审阅了本书，在此一并表示感谢。

本书疏漏与错误之处，希望读者和同行给予批评指正。

作者 E-mail：wjm_ice@163.com。

作　者

2018 年 12 月于解放军陆军工程大学

第1版前言

本书与“十二五”普通高等教育本科国家级规划教材、普通高等教育“十一五”国家级规划教材《EDA技术与VHDL设计》(07755)为姊妹篇，本书介绍Verilog语言的开发，后者则介绍VHDL语言的开发。

目前EDA技术已经成为电子信息类专业的一门重要的专业基础课程，并且在教学、科研及大学生电子设计竞赛等活动中起着越来越重要的作用，成为电子信息类本科生和研究生必须掌握的专业基础知识与基本技能。随着教学改革的深入，对EDA课程教学的要求也不断提高，必须对教学内容进行更新和优化，与EDA技术的发展相适应，正是基于以上考虑，作者编写了本书。

在EDA教学中应注意如下几点。首先要明确最基本的教学内容，并突出重点。EDA技术教学的目的是使学生掌握一种通过软件的方法来高效地完成硬件设计的方法与技术，因此应以培养学生的创新思维和设计思想为主，同时使学生掌握基本的设计工具和设计方法。其次要改善教学方法。EDA教学应主要以引导性教学为主，合理安排理论教学和实验教学的学时比例，使学生能够理论联系实际，提高实际动手能力和工程设计能力。再次要注重实验教学。EDA课程具有很强的实践性，针对性强的实验应该是教学的重要环节，应格外重视EDA实验的质量。

作者基于以上的认识，合理安排了本书的章节，本书是以FPGA器件、EDA设计工具、Verilog硬件描述语言三方面内容为主线展开的，贯穿其中的则是现代数字设计的新思想、新方法。本书内容新颖、技术先进、由浅入深，既有关于EDA技术、FPGA器件和Verilog硬件描述语言的系统介绍，又有丰富的设计实例。

全书共11章。第1章对EDA技术做了综述，解释了有关概念；第2章介绍PLD器件的发展、分类、编程工艺及设计流程等；第3章具体介绍典型FPGA/CPLD器件的结构与配置；第4章介绍用Quartus Ⅱ软件进行设计开发的流程，以及基于宏功能模块的设计开发过程；第5章介绍Verilog的语法与要素；第6章介绍Verilog行为语句；第7章讨论Verilog设计的层次与风格，以及常用组合电路、时序电路的Verilog描述方法；第8章结合具体实例，介绍用Verilog语言进行数字设计的方法；第9章介绍用Verilog进行仿真和验证；第10章是用Verilog语言进行数字电路与系统设计的实例；第11章是数字通信常用模块的设计实例。

为适应教学模式、教学方法和手段的改革，本书提供配套电子课件、实验与设计和部分程序代码，请登录华信教育资源网（http://www.hxedu.com.cn）注册下载。

在本书的编写过程中，王金明编写了本书多数章节并负责统稿，徐志军编写了本书第1、2章，潘克修编写了第3章，苏勇编写了第10、11章，周顺编写了第11章的实验与设计部分内容。

本书是几位老师在多年EDA课程教学经验的基础上精心编写而成的，虽经很大努力，但由于作者水平有限，加之时间仓促，书中错误与疏漏之处在所难免，敬请广大读者批评指正。

作　者

2013年7月于解放军理工大学

目　录

第1章　EDA技术概述 ……1
1.1　EDA技术及其发展 ……1
1.2　Top-down设计与IP核复用 ……3
1.2.1　Top-down设计 ……4
1.2.2　Bottom-up设计 ……5
1.2.3　IP复用技术与SoC ……5
1.3　EDA设计的流程 ……6
1.3.1　设计输入 ……7
1.3.2　综合 ……8
1.3.3　布局布线 ……8
1.3.4　仿真 ……9
1.3.5　编程配置 ……9
1.4　常用的EDA工具软件 ……9
1.5　EDA技术的发展趋势 ……13
习题1 ……14
第2章　FPGA/CPLD器件概述 ……15
2.1　PLD器件 ……15
2.1.1　PLD器件的发展历程 ……15
2.1.2　PLD器件的分类 ……15
2.2　PLD的基本原理与结构 ……18
2.2.1　PLD器件的基本结构 ……18
2.2.2　PLD电路的表示方法 ……18
2.3　低密度PLD的原理与结构 ……20
2.4　CPLD的原理与结构 ……24
2.4.1　宏单元结构 ……24
2.4.2　典型CPLD的结构 ……25
2.5　FPGA的原理与结构 ……28
2.5.1　查找表结构 ……28
2.5.2　典型FPGA的结构 ……30
2.5.3　Altera的Cyclone IV器件结构 ……33
2.6　FPGA/CPLD的编程元件 ……36
2.7　边界扫描测试技术 ……40
2.8　FPGA/CPLD的编程与配置 ……41
2.8.1　在系统可编程 ……41
2.8.2　FPGA器件的配置 ……43
2.8.3　Cyclone IV器件的编程 ……43
2.9　FPGA/CPLD器件概述 ……46
2.10　FPGA/CPLD的发展趋势 ……49
习题2 ……50
第3章　Quartus Prime集成开发工具 ……51
3.1　Quartus Prime原理图设计 ……52
3.1.1　半加器原理图设计输入 ……52
3.1.2　1位全加器设计输入 ……57
3.1.3　1位全加器的编译 ……58
3.1.4　1位全加器的仿真 ……60
3.1.5　1位全加器的下载 ……64
3.2　基于IP核的设计 ……67
3.3　SignalTap II的使用方法 ……74
3.4　Quartus Prime的优化设置与时序分析 ……78
习题3 ……82
实验与设计：4×4无符号数乘法器 ……84
第4章　Verilog语法与要素 ……92
4.1　Verilog的历史 ……92
4.2　Verilog模块的结构 ……93
4.3　Verilog语言要素 ……96
4.4　常量 ……98
4.4.1　整数 ……98
4.4.2　实数 ……99
4.4.3　字符串 ……100
4.5　数据类型 ……101
4.5.1　net型 ……102
4.5.2　variable型 ……103
4.6　参数 ……104
4.6.1　参数parameter ……104
4.6.2　Verilog—2001中的参数声明 ……105
4.6.3　参数的传递 ……106
4.6.4　localparam ……106
4.7　向量 ……107
4.8　运算符 ……109
习题4 ……114
实验与设计：Synplify Pro综合器的使用

方法……114
第5章 Verilog语句语法……118
5.1 过程语句……118
5.1.1 always过程语句……119
5.1.2 initial过程语句……122
5.2 块语句……123
5.2.1 串行块begin-end……123
5.2.2 并行块fork-join……124
5.3 赋值语句……125
5.3.1 持续赋值与过程赋值……125
5.3.2 阻塞赋值与非阻塞赋值……126
5.4 条件语句……128
5.4.1 if-else语句……128
5.4.2 case语句……129
5.5 循环语句……134
5.5.1 for语句……134
5.5.2 repeat、while、forever语句……135
5.6 编译指示语句……137
5.7 任务与函数……139
5.7.1 任务（task）……139
5.7.2 函数（function）……141
5.8 顺序执行与并发执行……144
5.9 Verilog—2001语言标准……145
习题5……154
实验与设计：用altpll锁相环模块实现倍频和分频……155
第6章 Verilog设计进阶……161
6.1 Verilog设计的层次……161
6.2 门级结构描述……161
6.2.1 Verilog门元件……162
6.2.2 门级结构描述……165
6.3 行为描述……165
6.4 数据流描述……166
6.5 不同描述风格的设计……168
6.5.1 半加器设计……168
6.5.2 1位全加器设计……169
6.5.3 加法器的级连……170
6.6 多层次结构电路的设计……171
6.6.1 模块例化……172
6.6.2 用parameter进行参数传递……174
6.6.3 用defparam进行参数重载……176
6.7 常用组合逻辑电路设计……176
6.7.1 门电路……176
6.7.2 编译码器……177
6.8 常用时序逻辑电路设计……179
6.8.1 触发器……179
6.8.2 锁存器与寄存器……180
6.8.3 计数器与串并转换器……182
6.8.4 简易微处理器……182
6.9 三态逻辑设计……184
习题6……186
实验与设计：表决电路……186
第7章 Verilog常用外设驱动……190
7.1 4×4矩阵键盘……190
7.2 标准PS/2键盘……192
7.3 字符液晶……198
7.4 汉字图形点阵液晶……204
7.5 VGA显示器……209
7.5.1 VGA显示原理与时序……209
7.5.2 VGA彩条信号发生器……213
7.5.3 VGA图像显示与控制……215
7.6 乐曲演奏电路……221
习题7……226
实验与设计：数字跑表……227
第8章 有限状态机设计……235
8.1 有限状态机……235
8.2 有限状态机的Verilog描述……237
8.2.1 用三个过程描述……238
8.2.2 用两个过程描述……239
8.2.3 单过程描述……240
8.3 状态编码……241
8.3.1 常用的编码方式……241
8.3.2 状态编码的定义……243
8.3.3 用属性指定状态编码方式……247
8.4 有限状态机设计要点……247
8.4.1 复位和起始状态的选择……248
8.4.2 多余状态的处理……248
习题8……249
实验与设计：彩灯控制器、汽车尾灯控制器……250
第9章 Verilog Test Bench仿真……253
9.1 系统任务与系统函数……253

9.2 用户自定义元件 ……257
9.2.1 组合电路 UDP 元件 ……258
9.2.2 时序逻辑 UDP 元件 ……259
9.3 延时模型的表示 ……261
9.3.1 时间标尺定义`timescale ……261
9.3.2 延时的表示与延时说明块 ……262
9.4 Test Bench 测试平台 ……263
9.5 组合电路和时序电路的仿真 ……266
9.5.1 组合电路的仿真 ……266
9.5.2 时序电路的仿真 ……268
习题 9 ……269
实验与设计：用 ModelSim SE 仿真 8 位二进制加法器 ……269
第 10 章 Verilog 设计与应用 ……279
10.1 数字频率测量 ……279
10.1.1 数字过零检测 ……279
10.1.2 等精度频率测量 ……281
10.1.3 数字频率测量系统顶层设计 ……282
10.1.4 仿真验证 ……284
10.2 可重构 IIR 滤波器 ……286
10.2.1 FPGA 的动态重构 ……286
10.2.2 IIR 滤波器的原理 ……287
10.2.3 可重构 IIR 滤波器的设计 ……288
10.2.4 顶层设计源代码 ……297
10.2.5 可重构 IIR 滤波器仿真 ……297
10.3 QPSK 调制器的 FPGA 实现 ……300
10.3.1 QPSK 调制原理 ……300
10.3.2 QPSK 调制器的设计实现 ……301
10.3.3 QPSK 调制器的仿真 ……310
10.4 卷积码产生器 ……311
10.4.1 卷积码原理 ……311
10.4.2 卷积码编码器实现 ……312
10.4.3 卷积码编码器仿真验证 ……314
10.5 小型神经网络 ……315
10.5.1 基本原理 ……315
10.5.2 设计实现 ……316
10.5.3 仿真验证 ……318
10.6 数字 AGC ……319
10.6.1 数字 AGC 技术的原理和设计思想 ……319
10.6.2 数字 AGC 的实现 ……320
10.7 信号音发生器 ……327
10.7.1 线性码、A 律码转换原理 ……327
10.7.2 信号音发生器的 Verilog 实现 ……330
习题 10 ……333
实验与设计：m 序列发生器 ……334
附录 DE2-115 介绍 ……338
参考文献 ……340

第1章 EDA技术概述

我们已经进入数字化和信息化的时代，其特点是各种数字产品广泛应用。现代数字产品在性能提高、复杂度增大的同时，更新换代的步伐也越来越快，实现这种进步的因素在于芯片制造技术和设计技术的进步。

芯片制造技术以微细加工技术为代表，目前已进展到深亚微米阶段，可以在几平方厘米的芯片上集成数千万个晶体管。摩尔曾经对半导体集成技术的发展做出预言：大约每18个月，芯片的集成度提高为原来的两倍，功耗下降一半，他的预言被人们称为摩尔定律（Moore's Law）。几十年来，集成电路的发展与这个预言非常吻合，数字器件经历了从SSI、MSI、LSI到VLSI，直到现在的SoC（System on Chip，芯片系统），我们已经能够把一个完整的电子系统集成在一个芯片上。还有一种器件的出现极大改变了设计制作电子系统的方式与方法，这就是可编程逻辑器件（Programmable Logic Device，PLD）。PLD器件是20世纪70年代后期发展起来的一种器件，它经历了可编程逻辑阵列（Programmable Logic Array，PLA）、通用阵列逻辑（Generic Array Logic，GAL）等简单形式到现场可编程门阵列（Field Programmable Gate Array，FPGA）和复杂可编程逻辑器件（Complex Programmable Logic Device，CPLD）的高级形式的发展，它的广泛使用不仅简化了电路设计，降低了研制成本，提高了系统可靠性，而且给数字系统的整个设计和实现过程带来了革命性的变化。

电子系统的设计理念和设计方法也发生了深刻的变化，从电子CAD（Computer Aided Design）、电子CAE（Computer Aided Engineering）到电子设计自动化（Electronic Design Automation，EDA），设计的自动化程度越来越高，设计的复杂性也越来越强。

EDA技术已成为现代电子设计技术的有力工具，没有EDA技术的支持，要完成超大规模集成电路的设计和制造是不可想象的，反过来，生产制造技术的进步又不断对EDA技术提出新的要求，促使其不断向前发展。

1.1 EDA技术及其发展

在现代数字系统的设计中，EDA技术已经成为一种普遍的工具。对设计者而言，熟练地掌握EDA技术，可以极大地提高工作效率，起到事半功倍的效果。

EDA（电子设计自动化）技术没有一个精确的定义，我们可以这样来认识，所谓的EDA技术就是以计算机为工具，设计者基于EDA软件平台，采用原理图或硬件描述语言（HDL）完成设计输入，然后由计算机自动完成逻辑综合、优化、布局布线和仿真，直至完成目标芯片（CPLD、FPGA）的适配和编程下载等工作（甚至是完成ASIC专用集成电路掩膜设计），上述辅助进行电子设计的软件工具及技术统称为EDA。EDA技术的发展以计算机科学、微电子技术的发展为基础，并融合了应用电子技术、智能技术，以及计算机图形学、拓扑学、计算数学等众多学科的最新成果。EDA技术经历了一个由简单到复杂、由初级到高级不断发展进步的过程。从20世纪70年代开始，人们就已经开始基于计算机开发出一些软件工具帮助设计者完成电路系统的设计任务，以代替传统的手工设计方法，随着计算机软件和硬件技术水平的提高，EDA技术也在不断进步，大致经历了下面三个发展阶段。

1．CAD 阶段

电子 CAD 阶段是 EDA 技术发展的早期阶段（时间大致为 20 世纪 70 年代至 80 年代初）。在这个阶段，一方面，计算机的功能还比较有限，个人计算机还没有普及；另一方面，电子设计软件的功能也较弱。人们主要是借助计算机对所设计电路的性能进行模拟和预测；另外，就是完成 PCB 的布局布线、简单版图的绘制等工作。

2．CAE 阶段

集成电路规模的扩大，电子系统设计的逐步复杂，使得电子 CAD 的工具逐步完善和发展，尤其是人们在设计方法学、设计工具集成化方面取得了长足的进步，EDA 技术就进入了电子 CAE 阶段（时间大致为 20 世纪 80 年代初至 90 年代初）。在这个阶段，各种单点设计工具、各种设计单元库逐渐完备，并且开始将许多单点工具集成在一起使用，大大提高了工作效率。

3．EDA 阶段

20 世纪 90 年代以来，微电子工艺有了显著发展，工艺水平已经达到了深亚微米级，在一个芯片上已经可以集成上千万乃至上亿的晶体管，芯片的工作速度达到了 Gbps 级，这样就对电子设计工具提出了更高的要求，也促进了设计工具的发展。

在今天，EDA 技术已经成为电子设计的普遍工具，无论是设计集成电路还是设计普通的电子电路，没有 EDA 工具的支持，都是难以完成的。EDA 技术的使用包括电子工程师进行电子系统开发的全过程，以及进行开发设计涉及的各个方面。从一个角度来看，EDA 技术可粗略分为系统级、寄存器传输级（RTL）、门级和版图级几个层次的辅助设计过程；从另一个角度来看，EDA 技术包括电子电路设计的各个领域，即从低频电路到高频电路、从线性电路到非线性电路、从模拟电路到数字电路、从 PCB 设计到 FPGA 开发等，EDA 技术的功能和范畴如图 1.1 所示。

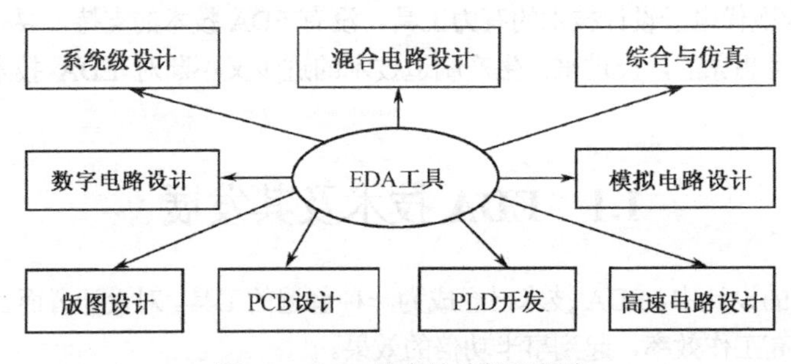

图 1.1　EDA 技术的功能和范畴

进入 21 世纪后，EDA 技术得到更快的发展，开始步入一个新的时期，突出地表现在以下几个方面。

（1）电子技术各个领域全方位融入 EDA 技术，除日益成熟的数字技术外，可编程模拟器件的设计技术也有了很大的进步。EDA 技术使得电子领域各学科的界限更加模糊、相互包容和渗透，如模拟与数字、软件与硬件、系统与器件、ASIC 与 FPGA、行为与结构等，软硬件协同设计技术也成为 EDA 技术的一个发展方向。

（2）IP（Intellectual Property）核在电子设计领域得到更广泛的应用，进一步缩短设计周期，提高设计效率。基于 IP 核的 SoC 设计技术趋向成熟，电子设计成果的可重用性得到提高。

（3）嵌入式微处理器软核的出现，更大规模的 FPGA/CPLD 器件的不断推出，使得 SOPC（System On Programmable Chip，可编程芯片系统）步入实用化阶段，在一片 FPGA 芯片中实现一个完备的系统成为可能。

（4）用 FPGA（Field Programmable Gate Array，现场可编程门阵列）器件实现完全硬件的 DSP（数字信号处理）处理成为可能，用纯数字逻辑进行 DSP 模块的设计，为高速数字信号处理算法提供了实现途径，并有力地推动了软件无线电技术的实用化。

（5）在设计和仿真两方面支持标准硬件描述语言的 EDA 软件不断推出，系统级、行为验证级硬件描述语言的出现（如 System C）使得复杂电子系统的设计和验证更加高效。在一些大型的系统设计中，设计验证工作非常艰巨，这些高效的 EDA 工具的出现，减轻了开发人员的工作量。

除了上述的发展趋势，现代 EDA 技术和 EDA 工具还呈现出以下一些共同的特点。

（1）硬件描述语言（HDL）标准化程度提高

硬件描述语言（Hardware Description Language，HDL）不断进化，其标准化程度越来越高，便于设计的复用、交流、保存和修改，也便于组织大规模、模块化的设计。标准化程度最高的硬件描述语言是 Verilog 和 VHDL，它们早已成为 IEEE 标准，并且有新的版本获得通过，比如 Verilog 有 Verilog-1995 和 Verilog-2001 两个版本，其功能得到增强，标准化程度得到提高。

（2）EDA 工具的开放性和标准化程度不断提高

现代 EDA 工具普遍采用标准化和开放性的框架结构，可以接纳其他厂商的 EDA 工具一起进行设计工作。这样可实现各种 EDA 工具间的优化组合，并集成在一个易于管理的统一环境之下，实现资源共享，有效提高设计者的工作效率，有利于大规模、有组织地设计开发工作。

EDA 工具已经能接受功能级或 RTL 级（Register Transport Level）的 HDL 描述进行逻辑综合和优化。为了能更好地支持自顶向下的设计方法，EDA 工具需要在更高的层级进行综合和优化，并进一步提高智能化程度，提高设计的优化程度。

（3）EDA 工具的库（Library）更完备

EDA 工具要具有更强大的设计能力和更高的设计效率，必须配有丰富的库，比如元件图形符号库、元件模型库、工艺参数库、标准单元库、可复用的宏功能模块库、IP 库等。在电路设计的各个阶段，EDA 系统需要不同层次、不同种类的元件模型库的支持。例如，原理图输入时需要原理图符号库、宏模块库，逻辑仿真时需要逻辑单元的功能模型库，模拟电路仿真时需要模拟器件的模型库，版图生成时需要适应不同层次和不同工艺的底层版图库等。各种元件模型库的规模和功能是衡量 EDA 工具优劣的一个重要标志。

总而言之，从之前发展的过程看，EDA 技术一直滞后于制造工艺的发展，它在制造技术的驱动下不断进步；从长远看，EDA 技术将随着微电子技术、计算机技术的不断发展而发展。“工欲善其事，必先利其器”，EDA 工具在现代电子系统的设计中所起的作用越来越大，未来它将在诸多因素的推动下继续进步。

1.2　Top-down 设计与 IP 核复用

数字系统的设计方法发生了深刻的变化。传统的数字系统采用搭积木的方式进行设计，即由一些固定功能的器件加上一定的外围电路构成模块，由这些模块进一步形成各种功能电路，进而构成系统。构成系统的积木块是各种标准芯片，如 74/54 系列（TTL）、4000/4500 系列（CMOS）芯片等，这些芯片的功能是固定的，用户只能根据需要从这些标准器件中选择，并按照推荐的电路搭成系统。在设计时几乎没有灵活性可言，设计一个系统所需的芯片种类多且数量多。

PLD 器件和 EDA 技术的出现改变了这种传统的设计思路，使人们可以立足于 PLD 芯片来实现各种不同的功能，新的设计方法能够由设计者自己定义器件的内部逻辑和引脚，将原来由电路板设计完成的工作大部分放在芯片的设计中进行。这样不仅可以通过芯片设计实现各种数字逻辑功能，而且由于引脚定义具有灵活性，降低了原理图和印制板设计的工作量及难度，增加了设计的自由度，提高了效率。同时这种设计减少了所需芯片的种类和数量，缩小了体积，降低了功耗，提高了系统的可靠性。

在基于 EDA 技术的设计中，通常有两种设计思路：一种是自顶向下的设计思路，另一种是自底向上的设计思路。

1.2.1　Top-down 设计

Top-down 设计，即自顶向下的设计。这种设计方法首先从系统设计入手，在顶层进行功能方框图的划分和结构设计。在功能级进行仿真、纠错，并用硬件描述语言对高层次的系统行为进行描述，然后用综合工具将设计转化为具体门电路网表，其对应的物理实现可以是 PLD 器件或专用集成电路（ASIC）。设计的主要仿真和调试过程是在高层次上完成的，这一方面有利于早期发现结构设计上的错误，避免设计工作的浪费，另一方面也减少了逻辑功能仿真的工作量，提高了设计的一次成功率。

在 Top-down 设计中，将设计分成几个不同的层次：系统级、功能级、门级和开关级等，按照自上而下的顺序，在不同的层次上对系统进行设计与仿真。图 1.2 所示为这种设计方式的示意图。由图可见，在 Top-down 的设计过程中，需要有 EDA 工具的支持，有些步骤 EDA 工具可以自动完成，比如综合等，有些步骤 EDA 工具为用户提供了操作平台。Top-down 设计必须经过“设计—验证—修改设计—再验证”的过程，不断反复，直到得到的结果能够完全实现所要求的逻辑功能，并且在速度、功耗、价格和可靠性方面实现较为合理的平衡。不过，这种设计也并非是绝对的，在设计的过程中，有时也需要用到自底向上的方法，就是在系统划分和分解的基础上，先进行底层单元设计，然后再逐步向上进行功能块、子系统的设计，直至构成整个系统。

图 1.3 所示为 CPU 的 Top-down 设计方式示意图。首先在系统级划分，将整个 CPU 划分为几个模块，如 ALU、PC、RAM 模块等，对每个模块再分别进行设计与描述，然后通过 EDA 工具将整个设计综合为门级网表，并实现它。在设计过程中，需要进行多次仿真和验证，不断修改设计。

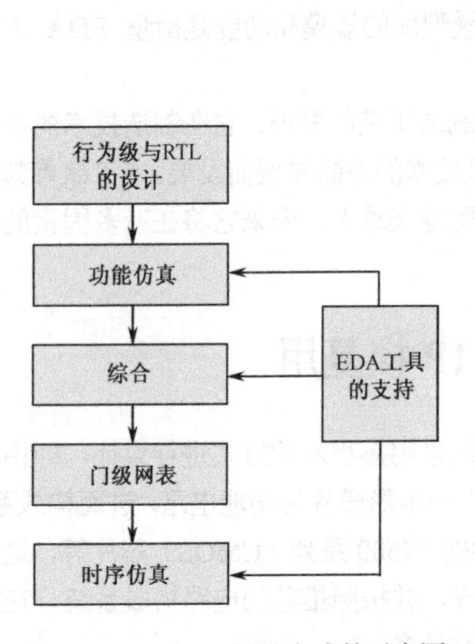

图 1.2　Top-down 设计方式的示意图

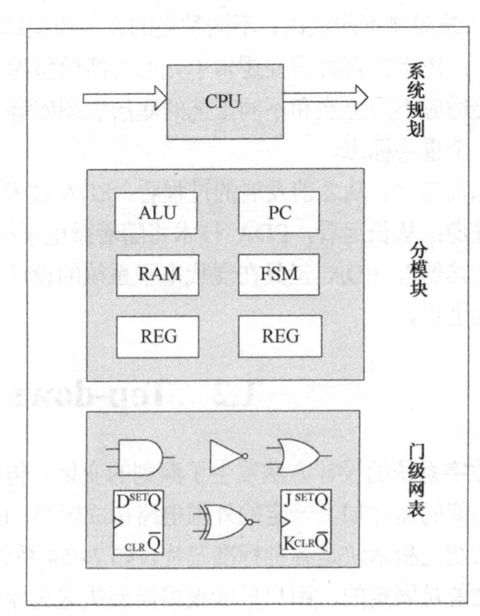

图 1.3　CPU 的 Top-down 设计方式示意图

1.2.2 Bottom-up 设计

Bottom-up 设计，即自底向上的设计，这是一种传统的设计思路。这种设计方式，一般是设计者选择标准集成电路，或者将各种基本单元，如各种门电路及加法器、计数器等模块做成基本单元库，调用这些基本单元，逐级向上组合，直到设计出满足自己需要的系统为止。这样的设计方法就如同用一砖一瓦建造金字塔，不仅效率低、成本高，而且容易出错。

Top-down 设计由于更符合人们逻辑思维的习惯，也容易使设计者对复杂的系统进行合理的划分与不断的优化，因此是目前设计思想的主流。而 Bottom-up 设计往往使设计者关注了细节，而对整个的系统缺乏规划，当设计出现问题时，如果要修改，就会比较麻烦，甚至前功尽弃，不得不从头再来。因此，在数字系统的设计中，主要采用 Top-down 的设计思路，而以 Bottom-up 设计为辅。

1.2.3 IP 复用技术与 SoC

当电子系统的设计越来越向高层发展时，基于 IP 复用（IP Reuse）的设计技术越来越显示出优越性。IP（Intellectual Property），其原来的含义是指知识产权、著作权等，在 IC 设计领域可将其理解为实现某种功能的设计，IP 核（IP 模块）则是指完成某种功能的设计模块。

IP 核分为硬核、固核和软核三种类型。软核指的是在寄存器级或门级对电路功能用 HDL 进行描述，表现为 VHDL 或 Verilog 代码。软核与生产工艺无关，不涉及物理实现，给后续设计留很大的空间，增大了 IP 的灵活性和适应性。用户可以对软核的功能加以裁剪以符合特定的应用，也可以对软核的参数进行设置，包括总线宽度、存储器容量、使能或禁止功能块等。硬核指的是以版图形式实现的设计模块，它基于一定的设计工艺，通常用 GDSⅡ格式表示，不同的客户可以根据自己的需要选用特定生产工艺下的硬核。固核是完成了综合的功能块，通常以网表的形式提交客户使用。软核使用灵活，但其可预测性差，延时不一定能达到要求；硬核可靠性高，能确保性能，如速度、功耗等，能够很快地投入使用。

如图 1.4 所示，由微处理器核（MPU Core）、数字信号处理器核（DSP Core）、存储器核（RAM/ROM）、A/D 核、D/A 核及 USB 接口核等构成一个系统芯片（SoC）。用户在设计一个系统时，可以自行设计各个功能模块，也可以用 IP 模块来构建。作为设计者来说，想要在短时间内开发出新产品，一个比较好的方法就是使用 IP 核完成设计。目前，还有专门的组织 VSIA（Virtual Socket Interface Association，虚拟插座接口联盟）来制定关于 IP 产品的标准与规范。

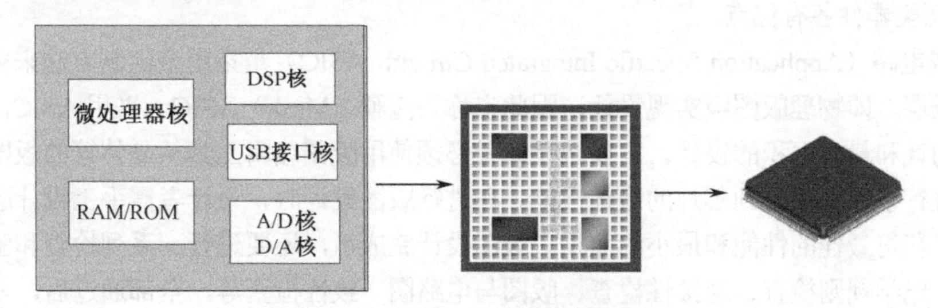

图 1.4 系统芯片（SoC）示意图

如上所述，基于 IP 复用的开发给设计者带来了诸多好处，如节省时间、缩短开发周期、避免重复劳动等。当然，IP 的发展还存在一些问题，比如 IP 版权的保护、IP 的保密及 IP 间的集成等。但基于 IP 复用的设计技术无疑会成为电子系统开发的重要手段之一。

系统芯片（SoC），或者称为芯片系统、片上系统，是指把一个完整的系统集成在一个芯片上，或者说是用一个芯片实现一个功能完整的系统。系统芯片可以采用全定制的方式来实现，把设计的网表文件提交给半导体厂家流片就可得到，但采用这种方式风险性高、费用多、周期长。还有一种方式就是采用可编程逻辑器件来实现。CPLD 和 FPGA 的集成度越来越高，速度也越来越快，设计者可以在其上通过编程完成自己的设计。今天，不仅能用它们实现一般的逻辑功能，还可以把微处理器、DSP、存储器、标准接口等功能部件全部集成在其中，真正实现 System on Chip。

微电子制造工艺的进步为 SoC 的实现提供了硬件条件，而 EDA 软件技术的提高则为 SoC 创造了必要的开发平台。目前，EDA 的新工具、新标准和新方法正在向着高层化发展，过去已将设计从晶体管级提高到了逻辑门级，后来，又提高到了寄存器传输级，现在则越来越多地在系统级完成。

在数字系统进入 SoC 时代后，设计方法也随之产生变化。如果把器件的设计视为设计者根据设计规则用软件来搭接已有的不同模块，那么早期的设计是基于晶体管的（Transistor Based Design）。在这一阶段，设计者最关心的是怎样减小芯片的面积，所以又称为面积驱动的设计（Area Driving Design，ADD）。随着设计方法的改进，出现了以门级模块为基础的设计（Gate Based Design）。在这一阶段，设计者在考虑芯片面积的同时，更多关注门级模块之间的延时，所以这种设计又称为延时驱动的设计（Time Driving Design，TDD）。自 20 世纪 90 年代以来，芯片的集成度进一步提高，系统芯片 SoC 的出现使得以 IP 模块复用为基础的设计逐渐流行，这种设计方法称为基于模块的设计方法（Block Based Design，BBD）。在应用 BBD 方法进行设计的过程中，逐渐产生的一个问题是：在开发完一个产品后，怎么能尽快开发出其系列产品？这样就产生了新的概念——PBD，PBD 是基于平台的设计方法（Platform Based Design），它是一种基于 IP 的、面向特定应用领域的 SoC 设计环境，可以在更短的时间内设计出满足需要的电路。PBD 的实现依赖如下关键技术的突破：高层次系统级的设计工具、软硬件协同设计技术等。图 1.5 所示为设计方法的演变。

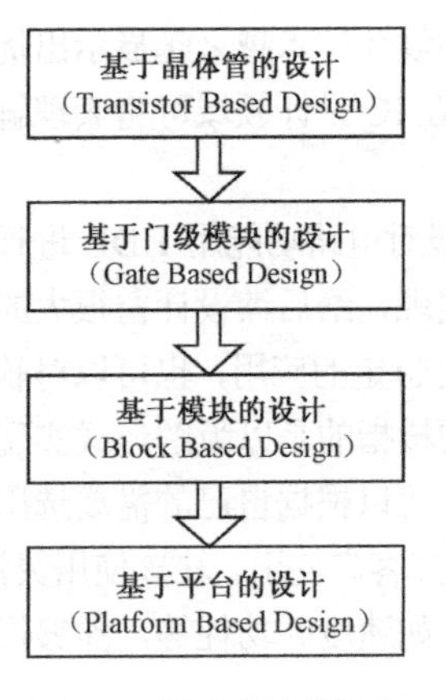

图 1.5　设计方法的演变

1.3 EDA 设计的流程

EDA 设计的实现主要可选择两类器件，一类是可编程逻辑器件（PLD），另一类是专用集成电路（ASIC），这两类器件各有优点。

专用集成电路（Application Specific Integrated Circuit，ASIC）是指用全定制方法来实现设计的方式，它在最低层，即物理版图级实现设计，因此也称为掩膜（Mask）ASIC。采用 ASIC，能得到最高速度、最低功耗和最省面积的设计。它要求设计者必须使用版图编辑工具从晶体管的版图尺寸、位置及连线开始进行设计，以得到芯片的最优性能。在进行版图设计时，设计者需手工设计版图并精心地布局布线，以获得最佳的性能和最小的面积。版图设计完成后，还要进行一系列检查和验证，包括设计规则检查、电学规则检查、连接性检查、版图与电路图一致性检查等，全部通过后，才可以将得到的标准格式的版图文件（一般为 CIF、GDS II 格式）交给半导体厂家进行流片。半导体厂家基于母片（晶圆，Wafer）通过一系列复杂的工艺制作芯片。ASIC 的设计周期长，设计难度大，制造成本高昂，但可以设计出速度高、功耗低、尽量节省面积的芯片，适用于对性能要求很高和批量生产的芯片。

如果想得到设计周期短、投入少、风险小的实现方案，可选择 PLD 器件来实现数字系统。PLD（主要包括 FPGA 和 CPLD）是一种半定制的器件，器件内已做好各种逻辑资源，用户只需对器件内的资源编程连接就可实现所需要的功能，而且可以反复修改、反复编程，直到满足设计要求。用 PLD 实现设计直接面向用户，具有其他方法无可比拟的方便性、灵活性和通用性，硬件测试和实现快捷，开发效率高、成本低、风险小。现代 FPGA 器件集成度不断提高，等效门数已达到了千万门级，在器件中，除集成各种逻辑门和寄存器外，还集成了嵌入式块 RAM、硬件乘法器、锁相环、DSP 块等功能模块，使 FPGA 的使用更方便。EDA 开发软件对 PLD 器件也提供了强有力的支持，其功能更全面，兼容性更强。

基于 FPGA/CPLD 器件的数字系统设计流程图如图 1.6 所示，包括设计输入、综合、布局布线、仿真和编程配置等步骤。

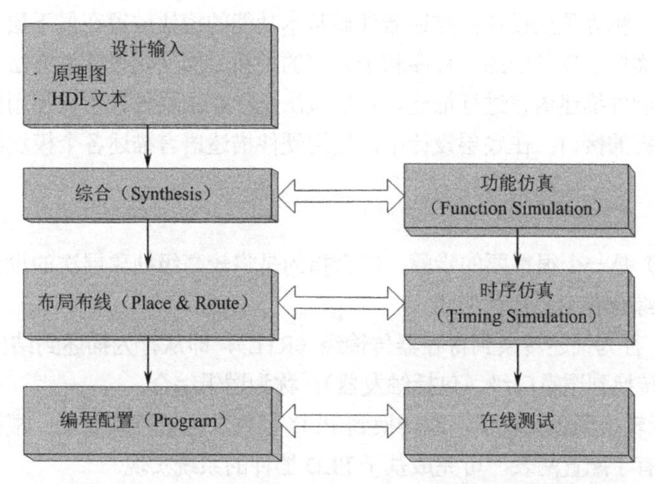

图 1.6　基于 FPGA/CPLD 器件的数字系统设计流程图

1.3.1　设计输入

设计输入（Design Entry）是将设计者所设计的电路以开发软件要求的某种形式表达出来，并输入到相应软件中的过程。设计输入有多种表达方式，最常用的是原理图方式和 HDL 文本方式两种。

1. 原理图输入

原理图（Schematic）是图形化的表达方式，使用元件符号和连线来描述设计。其特点是适合描述连接关系和接口关系，而描述逻辑功能则比较烦琐。原理图输入对用户来讲很直观，尤其对表现层次结构、模块化结构更为方便。但它要求设计工具提供必要的元件库或逻辑宏单元。如果输入的是较为复杂的逻辑或元件库中不存在的模型，采用原理图输入往往很不方便。此外，原理图输入的设计可重用性、可移植性也差一些。

2. HDL 文本输入

硬件描述语言（HDL）是一种用文本形式来描述和设计电路的语言。设计者可利用 HDL 来描述自己的设计，然后利用 EDA 工具进行综合和仿真，最后变为某种目标文件，再用 ASIC 或 FPGA 具体实现。这种设计方法已被普遍采用。

硬件描述语言的发展至今不过几十年的历史，已成功应用于数字系统开发的各个阶段：设计、综合、仿真和验证等。到 20 世纪 80 年代，已出现了数十种硬件描述语言，但是，这些语言一般面向特定的设计领域与层次，而且众多的语言使用户无所适从，因此需要一种面向多领域、多层次并得到普遍认同的标准 HDL。进入 20 世纪 80 年代后期，硬件描述语言向着标准化、集成化的方向发展。最终，VHDL 和 Verilog 适应了这种趋势的要求，先后成为 IEEE 标准，在电子设计领域成为事实上的通用硬件描述语言。

VHDL 和 Verilog 各有优点，可用来进行算法级（Algorithm Level）、寄存器传输级（RTL）、门级（Gate Level）等各种层次的逻辑设计，也可以进行仿真验证、时序分析等。由于 HDL 具有标准化特性，易于将设计移植到不同厂家的芯片中去，信号参数也容易改变和修改。此外，采用 HDL 进行设计还具有工艺无关性，这使得工程师在功能设计、逻辑验证阶段可以不必过多考虑门级及工艺实现的具体细节，只需根据系统设计的要求，施加不同的约束条件，即可设计出实际电路。

PLD 器件的设计往往采用层次化的设计方法，分模块、分层次地进行设计描述。描述器件总功能的模块放置在最上层，称为顶层设计；描述器件最基本功能的模块放置在最下层，称为底层设计。顶层和底层之间的关系类似于软件中的主程序和子程序的关系。层次化设计的方法比较自由，可以在任何层次使用原理图或硬件描述语言进行描述。一般做法是：在顶层设计中，使用图形法表达连接关系和芯片内部逻辑到引脚的接口；在底层设计中，使用硬件描述语言描述各个模块的逻辑功能。

1.3.2 综合

综合（Synthesis）是一个很重要的步骤，综合指的是将较高级抽象层次的设计描述自动转化为较低层次描述的过程。综合有下面几种形式。

- 将算法表示、行为描述转换到寄存器传输级（RTL），即从行为描述到结构描述。
- 将 RTL 描述转换到逻辑门级（包括触发器），称为逻辑综合。
- 将逻辑门表示转换到版图表示，或转换到 PLD 器件的配置网表表示；根据版图信息能够进行 ASIC 生产，有了配置网表，可完成基于 PLD 器件的系统实现。

综合器就是能够自动实现上述转换的软件工具。或者说，综合器是能够将原理图或 HDL 语言表达、描述的电路编译成由与或阵列、RAM、触发器、寄存器等逻辑单元组成的电路结构网表的工具。

硬件综合器和软件程序编译器是有本质区别的，如图 1.7 所示为软件程序编译器和硬件综合器的比较，软件程序编译器是将用 C 或汇编语言等编写的程序编译为 0、1 代码流，而硬件综合器则是将用硬件描述语言编写的程序代码转化为具体的电路结构网表。

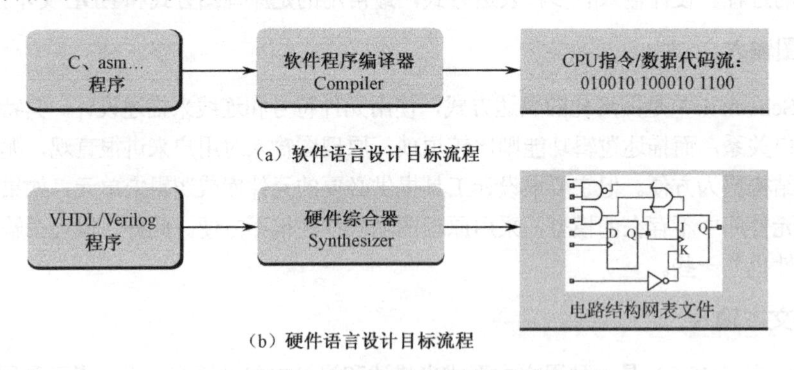

图 1.7 软件程序编译器和硬件综合器的比较

1.3.3 布局布线

布局布线（Place & Route），或者称为适配（Fitting），可理解为将综合生成的电路逻辑网表映射到具体的目标器件中实现，并产生最终的可下载文件的过程。布局布线将综合后的网表文件针对某一具体的目标器件进行逻辑映射，把整个设计分为多个适合器件内部逻辑资源实现的逻辑小块，并根据用户的设定在速度和面积之间做出选择或折中。布局是将已分割的逻辑小块放到器件内部逻辑资源的具体位置，并使它们易于连线；布线则是利用器件的布线资源完成各功能块之间和反馈信号之间的连接。

布局布线完成后产生如下一些重要的文件。

（1）芯片资源耗用情况报告。

（2）面向其他 EDA 工具的输出文件，如 EDIF 文件等。

（3）产生延时网表结构，以便于进行精确的时序仿真，因为已经提取出延时网表，所以仿真结果能比较精确地预测未来芯片的实际性能。如果仿真结果达不到设计要求，就需要修改源代码或选择不同速度的器件，直至满足设计要求。

（4）器件编程文件：如用于 CPLD 编程的 JEDEC、POF 等格式的文件；用于 FPGA 配置的 SOF、JAM、BIT 等格式的文件。

由于布局布线与芯片的物理结构直接相关，因此一般选择芯片制造商提供的开发工具进行此项工作。

1.3.4 仿真

仿真（Simulation）也称为模拟，是对所设计电路的功能进行验证。用户可以在设计过程中对整个系统和各个模块进行仿真，即在计算机上用软件验证功能是否正确、各部分的时序配合是否准确。如果有问题可以随时进行修改，从而避免了逻辑错误。高级的仿真软件还可以对整个系统设计的性能进行估计。规模越大的设计，越需要进行仿真。

仿真包括功能仿真（Function Simulation）和时序仿真（Timing Simulation）。不考虑信号延时等因素的仿真称为功能仿真，又称前仿真；时序仿真又称后仿真，它是在选择具体器件并完成布局布线后进行的包含延时的仿真。由于不同器件的内部延时不一样，不同的布局、布线方案也给延时造成很大的影响，因此在设计实现后，对网络和逻辑块进行延时仿真、分析定时关系、估计设计性能是非常必要的。

1.3.5 编程配置

把适配后生成的编程文件装入 PLD 器件中的过程称为下载。通常将对基于 EEPROM 工艺的非易失结构 CPLD 器件的下载称为编程（Program），而将基于 SRAM 工艺结构的 FPGA 器件的下载称为配置（Configuration）。编程需要满足一定的条件，如编程电压、编程时序和编程算法等。有两种常用的编程方式：在系统编程（In-System Programmable，ISP）和使用专用的编程器编程，现在的 PLD 器件一般都支持在系统编程，因此在设计数字系统和做 PCB 时，应预留器件的下载接口。

1.4 常用的 EDA 工具软件

EDA 工具软件有两种分类方法：一种是按公司类别进行分类；另一种是按软件的功能进行分类。若按公司类别分，大体有两类：一类是专业 EDA 软件公司开发的工具，也称为第三方 EDA 软件工具，专业 EDA 公司比较著名的有 Cadence Design Systems、Mentor Graphics、Synopsys 和Synplicity四家，它们的软件工具被广泛地应用；另一类是 PLD 器件厂商为了销售其芯片而开发的 EDA 工具，较著名的有 Altera（Intel FPGA）、Xilinx、Lattice 等。前者独立于半导体器件厂商，其推出的 EDA 软件功能强，相互之间具有良好的兼容性，适合进行复杂和高效率的设计，但价格昂贵；后者能针对自己器件的工艺特点做出优化设计，提高资源利用率，降低功耗，改善性能，适合产品开发单位使用。

如果按功能分类，EDA 软件工具可分为如下几类。

1. 集成的 FPGA/CPLD 开发工具

集成的 FPGA/CPLD 开发工具是由 FPGA/CPLD 芯片生产厂家提供的，这些工具可以完成从设计输入（原理图或 HDL）、逻辑综合、模拟仿真到适配下载等全部工作。常用的集成 FPGA/CPLD 开发工具如表 1.1 所示，这些开发工具多数将一些专业的第三方软件也集成在一起，方便用户在设计过程中选择专业的第三方软件完成某些设计任务。

表 1.1 常用的集成 FPGA/CPLD 开发工具

软　件	说　明
MAX+PLUS® II	MAX+plus II 是 Altera 的集成开发软件，使用广泛，支持 Verilog、VHDL 和 AHDL，MAX+plus II 发展到 10.2 版本后，Altera 已不再推出新版本
QUARTUS® II	Quartus II 是 Altera 继 MAX+plus II 后的新一代开发工具，适合大规模 FPGA 的开发。Quartus II 提供了更优化的综合和适配功能，改善了对第三方仿真和时域分析工具的支持。Quartus II 还包含 DSP Builder、SOPC Builder 等开发工具，支持系统级的开发，支持 Nios II 嵌入式核、IP 核和用户定义逻辑等
Quartus® Prime Design Software	从 Quartus II 15. 1 开始，Quartus II 改名为 Quartus Prime。2016 年 5 月 Intel（2015 年 Altera 被 Intel 收购）发布了 Quartus Prime 16.0，分为 Pro、Standard、Lite 三个版本。目前，Quartus Prime 已发布的最新版本是 17.1。Quartus Prime 软件中集成了新的 Spectra-Q 综合工具，支持数百万 LE 单元的 FPGA 器件的综合；集成了新的前端语言解析器，扩展了对 VHDL-2008 和 SystemVerilog-2005 的支持，增强了 RTL 设计
ISE ALL THE SPEED YOU NEED	ISE 是 Xilinx 公司 FPGA/CPLD 的集成开发软件，它提供给用户从设计输入到综合、布线、仿真、下载的全套解决方案，并很方便地同其他 EDA 工具接口。其中，原理图输入用的是第三方软件 ECS，HDL 综合可以使用 Xilinx 公司开发的 XST、Synopsys 的 FPGA Express 和 Synplicity 的 Synplify/Synplify Pro，测试输入是图形化的 HDL Bencher，状态图输入用的是 StateCAD，前、后仿真则可以使用 ModelSim XE 或 ModelSim SE
VIVADO	Vivado 设计套件，是 FPGA 厂商 Xilinx 公司 2012 年发布的集成设计环境。包括高度集成的设计环境和新一代从系统到 IC 级的工具，这些均建立在共享的可扩展数据模型和通用调试环境基础上。这也是一个基于 AMBA AXI4 互连规范、IP-XACT IP 封装元数据、工具命令语言（TCL）、Synopsys 系统约束（SDC）及其他有助于根据客户需求量身定制设计流程并符合业界标准的开放式环境，支持多达一亿个等效 ASIC 门的设计
ispLEVER CLASSIC	ispLEVER Classic 是 Lattice 公司的 FPGA 设计环境，支持 FPGA 器件的整个设计过程，从概念设计到器件 JEDEC 或位流编程文件输出。当前版本是 ispLEVER Classic 2.0，于 2015 年 6 月 16 日发布，支持 Windows 7、Windows Vista 和 Windows XP 等操作系统
LATTICE DIAMOND	Diamond 软件是 Lattice 公司的开发工具，支持 FPGA 从设计输入到位流下载的整个流程。支持 Windows 7、Windows 8 等操作系统

2．设计输入工具

输入工具主要是帮助用户完成原理图和 HDL 文本的编辑及输入工作。好的输入工具能够支持多种输入方式，包括原理图、HDL 文本、波形图、状态机、真值表等。例如，HDL Designer Series 是 Mentor 公司的设计输入工具，包含在 FPGA Advantage 软件中，可以接受 HDL 文本、原理图、状态图、表格等多种设计输入形式，并将其转化为 HDL 文本表达方式，功能很强。输入工具可帮助用户提高输入效率，多数人习惯使用集成开发软件或综合/仿真工具中自带的原理图和文本编辑器，也可以直接使用普通文本编辑器，如 Notepad++等。

3．逻辑综合器（Synthesizer）

逻辑综合是将设计者在 EDA 平台上编辑输入的 HDL 文本、原理图或状态图描述，依据给定的硬件结构和约束控制条件进行编译、优化及转换，最终获得门级电路甚至底层的电路描述网表文件的过程。

逻辑综合工具能够自动完成上述过程，产生优化的电路结构网表，输出.edf 文件，给 FPGA/CPLD 厂家的软件进行适配和布局布线。专业的逻辑综合软件通常比 FPGA/CPLD 厂家的集成开发软件中自带的逻辑综合功能更强，能得到更优化的结果。

最著名的用于 FPGA/CPLD 设计的 HDL 综合工具有如下 3 个：

- Synopsys 公司的 FPGA Express、FPGA Compiler 和 FPGA Compiler II；
- Synplicity（Synplicity已被 Synopsys 收购）的 Synplify Pro/Synplify；
- Mentor 的 Leonardo Spectrum。

表 1.2 所示为常用的 HDL 综合工具。

表 1.2　常用的 HDL 综合工具

软　件	说　明
Synplicity	Synplify Pro/Synplify 是Synplicity（已被 Synopsys 收购）的 VHDL/Verilog 综合软件，使用广泛。Synplify Pro 除具有原理图生成器、延时分析器外，还带了一个 FSM Compiler（有限状态机编译器），能从 HDL 设计文本中提出存在的 FSM 设计模块，并用状态图的方式显示出来
FPGA COMPILER II SYNOPSYS	FPGA Compiler II 是Synopsys公司的 VHDL/Verilog 综合软件。Synopsys是最早推出 HDL 综合器的公司，它改变了早先 HDL 只能用于电路的模拟仿真的状况。Synopsys的综合器包括 FPGA Express、FPGA Compiler，目前其最新的综合软件为 FPGA Compiler II
LEONARDO spectrum	Leonardo Spectrum 是 Mentor 的子公司Exemplar Logic出品的 VHDL/Verilog 综合软件，并作为 FPGA Advantage 软件的一个组成部分。Leonardo Spectrum 可同时用于 FPGA/CPLD 和 ASIC 设计，性能稳定

4．仿真器

仿真工具提供了对设计进行模拟仿真的手段，包括布线以前的功能仿真（前仿真）和布线以后包含延时的时序仿真（后仿真）。在一些复杂的设计中，仿真比设计本身还要艰巨，因此有人认为仿真是 EDA 的精髓所在，仿真器的仿真速度、仿真的准确性、易用性等成为衡量仿真器性能的重要指标。

按对设计语言的不同处理方式，仿真器分为两类：编译型仿真器和解释型仿真器。编译型仿真器的仿真速度快，但需要预处理，因此不能即时修改；解释型仿真器的仿真速度要慢一些，但可以随时修改仿真环境和仿真条件。按处理的HDL类型，仿真器可分为Verilog仿真器、VHDL仿真器和混合仿真器，混合仿真器能够同时处理Verilog和VHDL。

常用的HDL仿真软件如表1.3所示。

表1.3 常用的HDL仿真软件

软 件	说 明
M ModelSim	ModelSim是Mentor的子公司Model Technology的一个出色的VHDL/Verilog混合仿真软件，它属于编译型仿真器，仿真速度快，功能强
cadence NC-Verilog/NC-VHDL/NC-Sim Verilog-XL	这几个软件都是Cadence公司的VHDL/Verilog仿真工具，其中NC-Verilog的前身是著名的Verilog仿真软件Verilog-XL，用于对Verilog程序进行仿真；NC-VHDL用于VHDL仿真；而NC-Sim则能够对VHDL/Verilog进行混合仿真
SYNOPSYS VCS/Scirocco	VCS是Synopsys公司的Verilog仿真软件，Scirocco是Synopsys的VHDL仿真软件
Active HDL	Active HDL是Aldec的VHDL/Verilog仿真软件，简单易用

ModelSim能够提供很好的Verilog和VHDL混合仿真；NC-Verilog和VCS是基于编译技术的仿真软件，能够胜任行为级、RTL和门级各种层次的仿真，速度快；而Verilog-XL是基于解释的仿真工具，速度要慢一些。

5．芯片版图设计软件

提供IC版图设计工具的著名公司有Cadence、Mentor、Synopsys等，Synopsys的优势在于其逻辑综合工具，而Mentor和Cadence则能够在设计的各个层次提供全套的开发工具。在晶体管级或基本门级提供图形输入工具的有Cadence的Composer、Viewlogic公司的Viewdraw等。专用于IC的综合工具有Synopsys的Design Compiler、Behavial Compiler，Synplicity的Synplify ASIC，Cadence的Synergy等。IC仿真工具的关键在于晶体管物理模型的建立和实际工艺中晶体管物理特性相符的模型必然得到和实际电路更符合的工作波形。随着IC集成度的日益提高、线宽的日趋缩小，晶体管的模型也日趋复杂。任何电路仿真都基于一定的厂家库，在这些库文件中制造厂家为设计者提供了相应的工艺参数。SPICE是著名的模拟电路仿真工具，SPICE最早产生于Berkley大学，经历数年的发展，随晶体管线宽的不断缩小，SPICE也引入了更多的参数和更复杂的晶体管模型，使其在亚微米和深亚微米工艺的今天依旧是模拟电路仿真的重要工具之一。此外，还有一些其他IC版图工具，如自动布局布线（Auto Plane & Route）工具、版图输入工具、物理验证（Physical Validate）和参数提取（LVS）工具等。半导体集成技术还在不断地发展，相应的IC设计工具也不断地更新换代，以提供对IC设计的全方位支持，应该说没有EDA工具，就没有IC。

6．其他EDA专用工具

除上面介绍的EDA软件外，一些公司还推出了一些开发套件和专用的开发工具，比如Quartus Prime推出的Platform Designer就是一种基于PBD（Platform Based Design）设计理念的开发工具，它是一种基于IP的面向SoC的设计环境，可以在更短的时间内设计出满足需要的电路。专用的EDA开发套件和开发工具如表1.4所示。

表1.4　专用的EDA开发套件和开发工具

软　件	说　明
FPGA Advantage	Mentor公司的VHDL/Verilog完整开发系统，可以完成除适配和编程外的所有工作，包括三套软件：HDL Designer Series（输入及项目管理），Leonardo Spectrum（逻辑综合）和ModelSim（模拟仿真）
DSP Builder	Altera的DSP开发工具，设计者可以在MATLAB和Simulink软件中进行高级抽象层的DSP算法设计，然后自动将算法设计转化为HDL文件，实现了从常用DSP开发工具（MATLAB）到EDA工具（Quartus II）的无缝连接。DSP Builder还能够生成SOPC Builder Ready DSP模块，采用SOPC Builder可将其集成到一个完整的SOPC系统设计中
SOPC Builder Qsys Platform Designer	自从Quartus II 10之后，SOPC Builder就被Qsys代替了，Qsys则是SOPC Builder的升级版，用于系统级的IP集成，能将不同的IP模块及Nios II核方便快捷地整合成一个系统，提高FPGA设计的效率；从Quartus Prime 17.1版开始，Qsys更名为Platform Designer，内容与名字更为统一
System Generator	Xilinx的DSP开发工具，实现ISE与MATLAB的接口，能有效地完成数字信号处理的仿真和最终FPGA实现

1.5　EDA技术的发展趋势

1. 高性能的EDA工具将得到进一步发展

随着市场需求的增长，以及集成工艺水平及计算机自动设计技术的不断提高，单片系统或系统集成芯片成为IC设计的主流，这一发展趋势表现在以下几个方面。

（1）随着超大规模集成电路技术水平的不断提高，超深亚微米（VDSM）工艺（如14nm）已经走向成熟，在一个芯片上完成系统级的集成已成为现实。

（2）由于工艺线宽不断减小，在半导体材料上的许多寄生效应已经不能简单地被忽略，这就对EDA工具提出了更高的要求。同时，也使得IC生产线的投资更为巨大，可编程逻辑器件开始进入传统的ASIC市场。

（3）市场对电子产品提出更高的要求，如必须降低电子系统的成本、减小系统的体积等，从而对系统的集成度不断提出更高的要求。同时，设计效率也成为一个产品能否成功的关键因素，使得EDA工具和IP核应用更为广泛。

（4）高性能的EDA工具将得到长足的发展，其自动化和智能化程度将不断提高，从而为嵌入式系统设计提供功能强大的开发环境。此外，计算机硬件平台性能的大幅度提高，也为复杂的SoC设计提供了物质基础。

由于现在的硬件描述语言只提供行为级或功能级的描述，尚无法完成系统级的抽象描述，因此人们正尝试开发一种新的系统级设计语言来完成这一工作，现在已经开发出更趋于电路行为级设计的硬件描述语言，如SystemC、System Verilog等。SystemC由Synopsys公司和CoWare公司合作开发，目前已有一些EDA公司成立“开放式SystemC联盟”，支持SystemC的开发。还出现了一些系统级混合仿真工具，可以在同一个开发平台上完成高级语言（如C/C++等）与标准硬件描述语言（Verilog、VHDL）的混合仿真。

2. EDA技术将促使ASIC和FPGA逐步走向融合

此外，随着系统开发对EDA技术的目标器件各种性能指标要求的提高，ASIC和FPGA将更大程度地相互融合。这是因为虽然标准逻辑ASIC芯片尺寸小、功能强、耗电小，但设计复杂，并且有批量生产要求；可编程逻辑器件的开发费用低廉，能现场编程，但体积大、功耗大。因此FPGA和ASIC正在走到一起，两者之间正在诞生一种“杂交”产品，互相融合，取长补短，以满足成本和上市速度的要求，例如，将可编程逻辑器件嵌入标准单元。

3. EDA技术的应用领域将更为广泛

从目前的EDA技术来看，其特点是使用普及、应用面广、工具多样。在ASIC和PLD器件方面，正在向超高速、高密度、低功耗、低电压方向发展。EDA技术水平不断进步，设计工具不断趋于完善。

习 题 1

1.1 现代EDA技术的特点有哪些？
1.2 什么是Top-down设计方式？
1.3 数字系统的实现方式有哪些？各有什么优缺点？
1.4 什么是IP复用技术？IP核对EDA技术的应用和发展有什么意义？
1.5 用硬件描述语言设计数字电路的优势是什么？
1.6 结合自己的使用情况谈谈对EDA工具的认识。
1.7 基于FPGA/CPLD的数字系统设计流程包括哪些步骤？
1.8 什么是综合？常用的综合工具有哪些？
1.9 功能仿真与时序仿真有什么区别？
1.10 FPGA与ASIC在概念上有什么区别？

第 2 章　FPGA/CPLD 器件概述

可编程逻辑器件（Programmable Logic Device，PLD）是 20 世纪 70 年代发展起来的一种新型器件，它的应用和发展不仅简化了电路设计，降低了开发成本，提高了系统可靠性，而且给数字系统的设计方式带来了革命性的变化。PLD 器件不断进步，其动力来自实际需求和芯片制造商间的竞争，PLD 在结构、容量、速度和灵活性方面不断提升性能。

2.1　PLD 器件

PLD 器件的工艺和结构经历了一个不断发展变革的过程。

2.1.1　PLD 器件的发展历程

PLD 器件的雏形是 20 世纪 70 年代中期出现的可编程逻辑阵列（Programmable Logic Array，PLA），PLA 在结构上由可编程的与阵列和可编程的或阵列构成，阵列规模小，编程烦琐。后来出现了可编程阵列逻辑（Programmable Array Logic，PAL），PAL 由可编程的与阵列和固定的或阵列组成，采用熔丝编程工艺，它的设计较 PLA 灵活，速度快，因而成为第一个得到普遍应用的 PLD 器件。

20 世纪 80 年代初，美国的 Lattice 公司发明了通用阵列逻辑（Generic Array Logic，GAL）。GAL 器件采用了输出逻辑宏单元（OLMC）的结构和 EEPROM 工艺，具有可编程、可擦除、可长期保持数据的优点，使用方便，所以 GAL 得到了更为广泛的应用。

之后，PLD 器件进入了一个快速发展时期，不断地向着大规模、高速度、低功耗的方向发展。20 世纪 80 年代中期，Altera 公司推出了一种新型的可擦除、可编程的逻辑器件（Erasable Programmable Logic Device，EPLD），EPLD 采用 CMOS 和 UVEPROM 工艺制成，集成度更高，设计也更灵活，但它的内部连线功能弱一些。

1985 年，美国 Xilinx 公司推出了现场可编程门阵列（Field Programmable Gate Array，FPGA），这是一种采用单元型结构的新型的 PLD 器件。它采用 CMOS、SRAM 工艺制作，在结构上和阵列型 PLD 不同，它的内部由许多独立的可编程逻辑单元构成，各逻辑单元之间可以灵活地相互连接，具有密度高、速度快、编程灵活、可重新配置等优点，FPGA 成为当前主流的 PLD 器件之一。

CPLD（Complex Programmable Logic Device），即复杂可编程逻辑器件，是从 EPLD 改进而来的，采用 EEPROM 工艺制作。同 EPLD 相比，CPLD 增加了内部连线，对逻辑宏单元和 I/O 单元也有重大改进，它的性能好，使用方便。尤其是在 Lattice 公司提出在系统编程（In System Programmable，ISP）技术后，相继出现了一系列具备 ISP 功能的 CPLD 器件，CPLD 是当前另一主流的 PLD 器件。

PLD 器件仍处在不断发展变革中。由于 PLD 器件在其发展过程中出现了很多种类，不同公司生产的 PLD，其工艺与结构也各不相同，因此就产生了不同的分类标准，以对众多的 PLD 器件进行分类。

2.1.2　PLD 器件的分类

1．按集成度分类

集成度是 PLD 器件的一项重要指标，如果从集成度上分，PLD 可分为低密度 PLD 器件（LDPLD）

和高密度 PLD 器件（HDPLD），低密度 PLD 器件也可称为简单 PLD 器件（SPLD）。历史上，GAL22V10 是简单 PLD 和高密度 PLD 的分水岭，一般按照 GAL22V10 芯片的容量区分 SPLD 和 HDPLD。GAL22V10 的集成度在 500～750 门之间。如果按照这个标准，PROM、PLA、PAL 和 GAL 属于简单 PLD，而 CPLD 和 FPGA 则属于高密度 PLD，如表 2.1 所示。

表 2.1 PLD 器件按集成度分类

<table>
<tr><td rowspan="6">PLD 器件</td><td rowspan="4">简单 PLD
（SPLD）</td><td>PROM</td></tr>
<tr><td>PLA</td></tr>
<tr><td>PAL</td></tr>
<tr><td>GAL</td></tr>
<tr><td rowspan="2">高密度 PLD
（HDPLD）</td><td>CPLD</td></tr>
<tr><td>FPGA</td></tr>
</table>

1）简单可编程逻辑器件（SPLD）

SPLD 包括 PROM、PLA、PAL 和 GAL 这 4 类器件。

（1）可编程只读存储器（Programmable Read-Only Memory，PROM）。PROM 采用熔丝工艺编程，只能写一次，不可以擦除或重写。随着技术的发展和应用需求，又出现了一些可多次擦除使用的存储器件，如 EPROM（紫外线擦除可编程只读存储器）和 EEPROM（电擦写可编程只读存储器）。PROM 具有成本低、编程容易的特点，适合于存储数据、函数和表格。

（2）可编程逻辑阵列（PLA）。PLA 现在基本已经被淘汰。

（3）可编程阵列逻辑（PAL）。GAL 现在可以完全代替 PAL 器件。

（4）通用阵列逻辑（GAL）。由于 GAL 器件简单、便宜，使用也方便，因此在一些低成本、保密要求低、电路简单的场合仍有应用价值。

以上 4 类 SPLD 器件都是基于"与或"阵列结构的，不过其内部结构有明显区别，主要表现在与阵列和或阵列是否可编程、输出电路是否含有存储元件（如触发器）及是否可以灵活配置（可组态），具体区别如表 2.2 所示。

表 2.2 4 类 SPLD 器件的具体区别

器 件	与 阵 列	或 阵 列	输 出 电 路
PROM	固定	可编程	固定
PLA	可编程	可编程	固定
PAL	可编程	固定	固定
GAL	可编程	固定	可组态

2）高密度可编程逻辑器件（HDPLD）

HDPLD 主要包括 CPLD 和 FPGA 两类器件，这两类器件也是当前 PLD 器件的主流。

2. 按编程特点分类

1）按编程次数分类

PLD 器件按照编程次数可分为两类。

（1）一次性编程器件（One Time Programmable，OTP）；

（2）可多次编程器件。

OTP 类器件的特点是：只允许对器件编程一次，不能修改；而可多次编程器件则允许对器件多次编程，适合在科研开发中使用。

2）按不同的编程元件和编程工艺划分

PLD 器件的可编程特性是通过器件的可编程元件来实现的，按照不同的编程元件和编程工艺划分，PLD 器件可分为下面几类。

（1）采用熔丝（Fuse）编程元件的器件，早期的 PROM 器件采用此类编程结构，编程过程根据设计的熔丝图文件来烧断对应的熔丝以达到编程的目的。

（2）采用反熔丝（Antifuse）编程元件的器件，反熔丝是对熔丝技术的改进，在编程处通过击穿漏层使得两点之间获得导通，与熔丝烧断获得开路正好相反。

（3）采用紫外线擦除、电编程方式的器件，如 EPROM。

（4）EEPROM 型，即采用电擦除、电编程方式的器件，目前多数的 CPLD 采用此类编程方式，它是对 EPROM 编程方式的改进，用电擦除取代了紫外线擦除，提高了使用的方便性。

（5）闪速存储器（Flash）型。

（6）采用静态存储器（SRAM）结构的器件，即采用 SRAM 查找表结构的器件，大多数 FPGA 采用此类结构。

一般将采用前 5 类编程工艺结构的器件称为非易失类器件，这类器件在编程后，配置数据将会一直保持在器件内，直至将它擦除或重写；而采用第 6 类编程工艺的器件则称为易失类器件，这类器件在每次掉电后配置数据会丢失，因而在每次上电时需要重新进行配置。

采用熔丝或反熔丝编程工艺的器件只能写一次，所以属于 OTP 类器件，其他种类的器件都可以反复多次编程。Actel、QuickLogic 的部分产品采用反熔丝编程工艺，这种 PLD 是不能重复擦写的，所以用于开发会比较麻烦，费用也比较高。反熔丝技术也有许多优点：布线能力强，系统速度快，功耗低，同时抗辐射能力强，耐高、低温，可以加密，所以适合在一些有特殊要求的领域运用，如军事及航空航天。

3．按结构特点分类

按照不同的结构特点，可以将 PLD 器件分为如下两类。

1）基于乘积项（Product-Term）结构的 PLD 器件

基于乘积项结构的 PLD 器件的主要结构是与或阵列，此类器件都包含一个或多个与或阵列，低密度的 PLD（包括 PROM、PLA、PAL 和 GAL 4 种器件）、EPLD 及绝大多数的 CPLD 器件（包括 Altera 的 MAX7000、MAX3000A 系列，Xilinx 的 XC9500 系列等，Lattice、Cypress 的大部分 CPLD 产品）都是基于与或阵列结构的，这类器件多采用 EEPROM 或 Flash 工艺制作，配置数据掉电后不会丢失，器件容量小于 5 000 门的规模。

2）基于查找表（Look Up Table，LUT）结构的 PLD 器件

查找表的原理类似于 ROM，其物理结构基于静态存储器（SRAM）和数据选择器（MUX），通过查表方式可实现函数功能。函数值存放在 SRAM 中，SRAM 的地址线即输入变量，不同的输入通过数据选择器（MUX）找到对应的函数值并输出。查找表结构的功能强，速度快，*N* 个输入的查找表可以实现任意 *N* 输入变量的组合逻辑函数。

绝大多数的 FPGA 器件都基于 SRAM 查找表结构实现，比如 Altera 的 Cyclone、ACEX 1K 器件，Xilinx 的 XC4000、Spartan 器件等。此类器件的特点是集成度高（可实现百万逻辑门以上的设计规模）、逻辑功能强，可实现大规模的数字系统设计和复杂的算法运算，但器件的配置数据易失，需外挂非易

失配置器件存储配置数据，才能构成可独立运行的系统。

2.2 PLD 的基本原理与结构

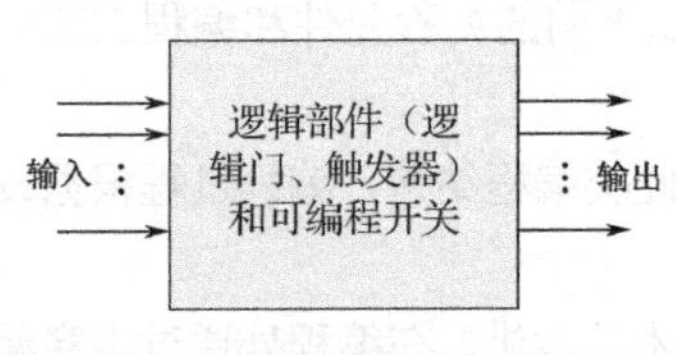

图 2.1 逻辑部件和可编程开关构成 PLD 器件

PLD 是一类实现逻辑功能的通用器件，它可以根据用户的需要构成不同功能的逻辑电路。PLD 器件内部主要由各种逻辑部件（如逻辑门、触发器等）和可编程开关构成，如图 2.1 所示，这些逻辑部件通过可编程开关按照用户的需要连接起来，即可完成特定的功能。

2.2.1 PLD 器件的基本结构

任何组合逻辑函数均可化为“与或”表达式，用“与门—或门”二级电路实现，而任何时序电路又都可以由组合电路加上存储元件（触发器）构成。因此，从原理上说，与或阵列加上触发器的结构就可以实现任意的数字逻辑电路。PLD 器件即采用这样的结构，再加上可以灵活配置的互连线，从而实现任意的逻辑功能。

图 2.2 所示为 PLD 器件的基本结构，它由输入缓冲电路、与阵列、或阵列和输出缓冲电路 4 部分组成。与阵列和或阵列是主体，主要用来实现各种逻辑函数和逻辑功能；输入缓冲电路用于产生输入信号的原变量和反变量，并增强输入信号的驱动能力；输出缓冲电路主要用来对将要输出的信号进行处理，既能输出组合逻辑信号，又能输出时序逻辑信号，输出缓冲电路中一般有三态门、寄存器等单元，甚至是宏单元，用户可以根据需要灵活配置成各种输出方式。

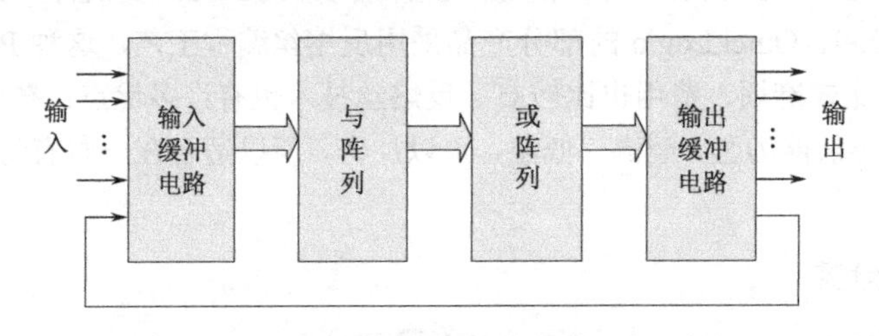

图 2.2 PLD 器件的基本结构

图 2.2 是基于与或阵列的 PLD 器件的基本结构，这种结构的缺点是器件的规模不容易做得很大。随着器件规模的增大，设计人员又开发出另外一种可编程逻辑结构，即查找表（Look Up Table，LUT）结构，目前绝大多数的 FPGA 器件都采用查找表结构。查找表的原理类似于 ROM，其物理结构是静态存储器（SRAM），N个输入项的逻辑函数可以由一个2^N位容量的SRAM来实现，函数值存放在SRAM中，SRAM 的地址线起输入线的作用，地址即输入变量值，SRAM 的输出为逻辑函数值，由连线开关实现与其他功能块的连接。查找表结构将在 2.5 节进一步介绍。

2.2.2 PLD 电路的表示方法

首先回顾一下常用的数字逻辑电路符号，表 2.3 所示为与门、或门、非门、异或门的逻辑电路符号，有两种表示方式：一种是 IEEE—1984 版的国际标准符号，称为矩形符号（Rectangular Outline Symbols）；另一种是 IEEE—1991 版的国际标准符号，称为特定外形符号（Distinctive Shape Symbols）。这两种符号都是 IEEE（Institute of Electrical and Electronics Engineers）和 ANSI（American National Standards Institute）规定的国际标准符号。显然在大规模 PLD 器件中，特定外形符号更适于表示其内部逻辑结构。

表 2.3　与门、或门、非门、异或门的逻辑电路符号

	与　门	或　门	非　门	异 或 门
矩形符号	A, B — & — F	A, B — ≥1 — F	A — 1 — $\overline{A}$	A, B — =1 — F
特定外形符号	A, B — F	A, B — F	A — $\overline{A}$	A, B — F

对于 PLD 器件，为了能直观地表示 PLD 器件的内部结构并便于识读，广泛采用如下的逻辑表示方法。

1．PLD 缓冲电路的表示

PLD 的输入缓冲器和输出缓冲器都采用互补的结构，其表示方法如图 2.3 所示。

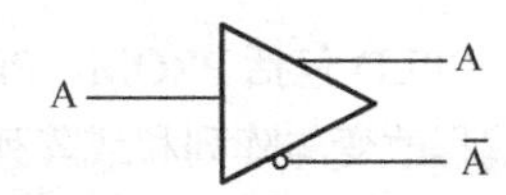

图 2.3　PLD 的缓冲电路

2．PLD 与门、或门表示

图 2.4 所示为 PLD 与阵列的表示符号，图中表示的乘积项为 P=A・B・C；图 2.5 所示为 PLD 或阵列的表示符号，图中表示的逻辑关系为 $F=P_1+P_2+P_3$。

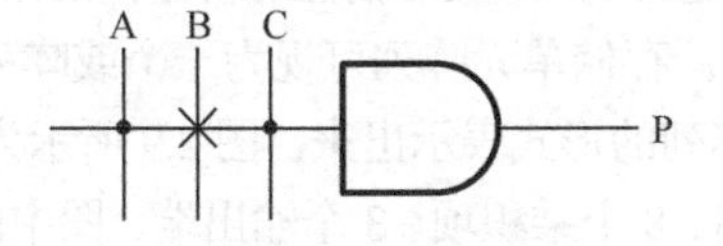

图 2.4　PLD 与阵列的表示符号

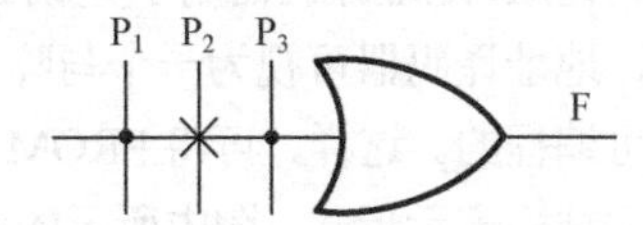

图 2.5　PLD 或阵列的表示符号

3．PLD 连接的表示

图 2.6 所示为 PLD 中阵列交叉点三种连接关系的表示法，其中，图 2.6（a）中的"・"表示固定连接，是厂家在生产芯片时连好的，是不可改变的；图 2.6（b）中的"×"表示可编程连接，表示该点既可以连接，又可以断开，在熔丝编程工艺的 PLD（如 PAL）中，接通对应于熔丝未熔断，断开对应于熔丝熔断；图 2.6（c）的未连接有两种可能：一是该点在出厂时就是断开的；二是该点是可编程连接，但熔丝熔断。

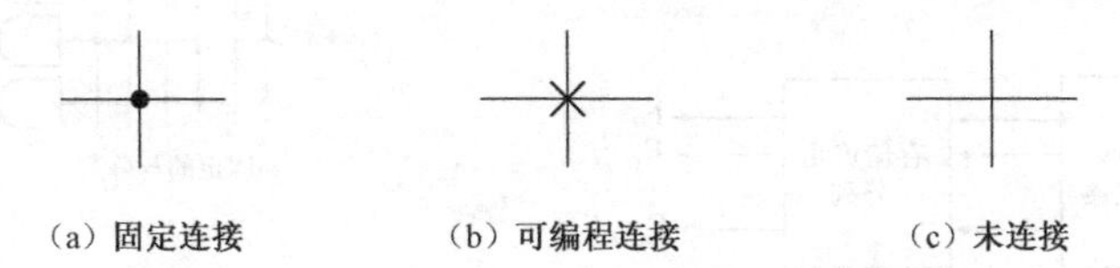

图 2.6　PLD 中阵列交叉点三种连接关系的表示法

4．逻辑阵列的表示

在图 2.7 所示的简单阵列图中，与阵列是固定的，或阵列是可编程的，与阵列的输入变量为 A_2、A_1 和 A_0，输出变量为 F_1 和 F_0，其表示的逻辑关系为 $F_1=A_2A_1\overline{A_0}$，$F_0=\overline{A_2}\,\overline{A_1}A_0+A_2A_1A_0$。

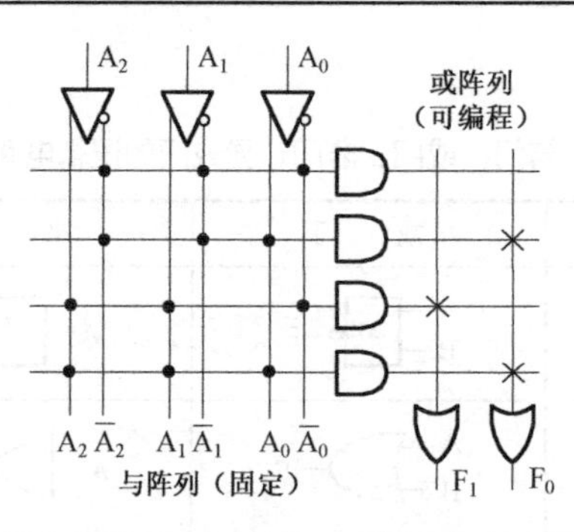

图 2.7　简单阵列图

2.3　低密度 PLD 的原理与结构

SPLD 包括 PROM、PLA、PAL 和 GAL 这 4 类器件。SPLD 器件中最基本的结构是与或阵列，通过编程改变与阵列和或阵列的内部连接，就可以实现不同的逻辑功能。

1. PROM

PROM 开始是作为只读存储器出现的，最早的 PROM 是用熔丝编程的，在 20 世纪 70 年代就开始使用了。从存储器的角度来看，PROM 存储器结构可表示成图 2.8 所示的形式，由地址译码器和存储单元阵列构成，地址译码器用于完成 PROM 存储阵列行的选择。如果从可编程逻辑器件的角度去看，可以发现，地址译码器可视为一个与阵列，其连接是固定的；存储单元阵列可视为一个或阵列，其连接关系是可编程的。这样，可将 PROM 的内部结构用与或阵列的形式表示出来，图 2.9 所示为 PROM 的与或阵列结构表示形式，图中所示的 PROM 有 3 个输入端、8 个乘积项、3 个输出端。图中的“•”表示固定连接点，“×”表示可编程连接点。

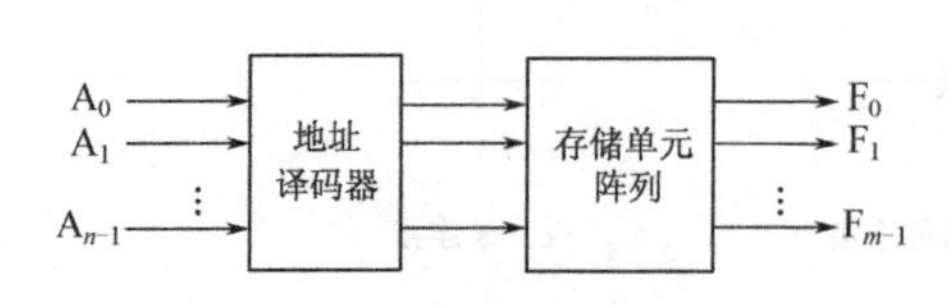

图 2.8　PROM 存储器结构

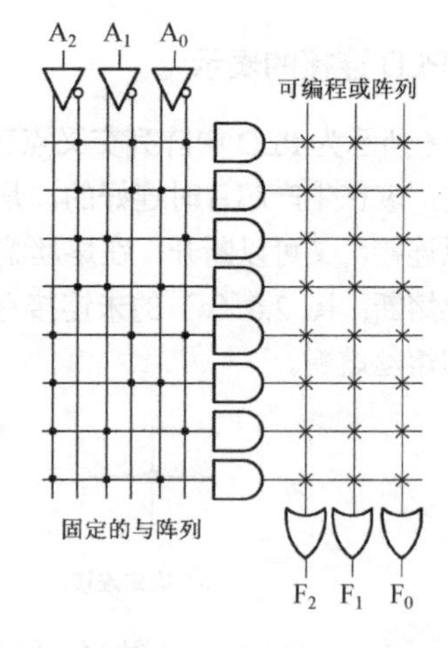

图 2.9　PROM 的与或阵列结构表示形式

图 2.10 所示为用 PROM 结构实现半加器逻辑功能的示意图，图 2.10（a）表示的是 2 输入的 PROM 阵列结构，图 2.10（b）是用该 PROM 结构实现半加器的电路连接图，其输出逻辑为 $F_0 = A_0\overline{A}_1 + \overline{A}_0 A_1$，$F_1 = A_0 A_1$。

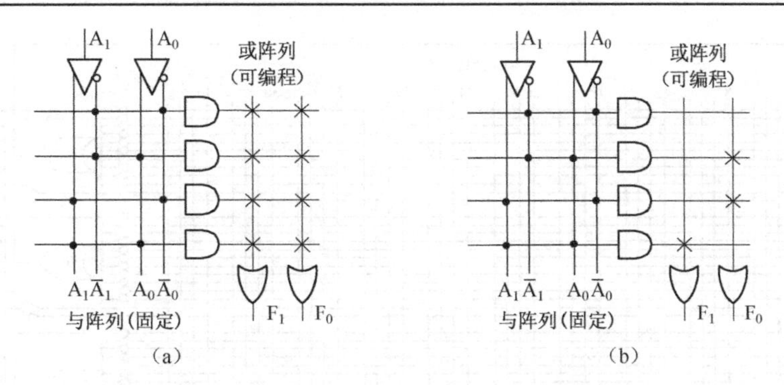

图 2.10　用 PROM 结构实现半加器逻辑功能的示意图

2．PLA

PLA 在结构上由可编程的与阵列和可编程的或阵列构成，图 2.11 所示为 PLA 的阵列结构，图中所示的 PLA 只有 4 个乘积项，实际中的 PLA 规模要大一些，典型的结构是 16 个输入，32 个乘积项，8 个输出。PLA 的与阵列、或阵列都可以编程，这种结构的优点是芯片的利用率高，节省芯片面积；缺点是对开发软件的要求高，优化算法复杂；此外，器件的运行速度低。因此，PLA 只在小规模逻辑芯片上得到应用，目前，PLA 在实际中已经被淘汰。

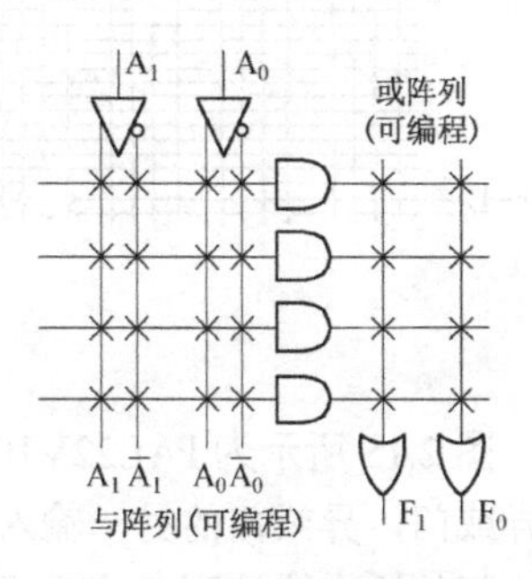

图 2.11　PLA 的阵列结构

3．PAL

PAL 在结构上对 PLA 进行了改进，PAL 的与阵列是可编程的，或阵列是固定的，这样的结构使得送到或门的乘积项的数目是固定的，大大简化了设计算法。图 2.12 所示为两个输入变量的 PAL 阵列结构，由于 PAL 的或阵列是固定的，因此图 2.12 表示的 PAL 阵列结构也可以用图 2.13 表示。如果逻辑函数有多个乘积项，PAL 通过输出反馈和互连的方式解决，即允许输出端再反馈到下一个与阵列。图 2.14 所示为 PAL22V10 器件的内部结构，从图中可以看到 PAL 的输出反馈，此外还可看出，PAL22V10 器件在输出端还加入了宏单元结构，宏单元中包含触发器，用于实现时序逻辑功能。

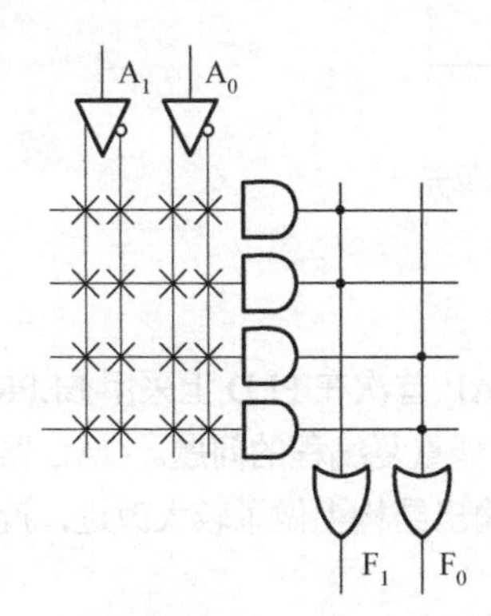

图 2.12　两个输入变量的 PAL 阵列结构

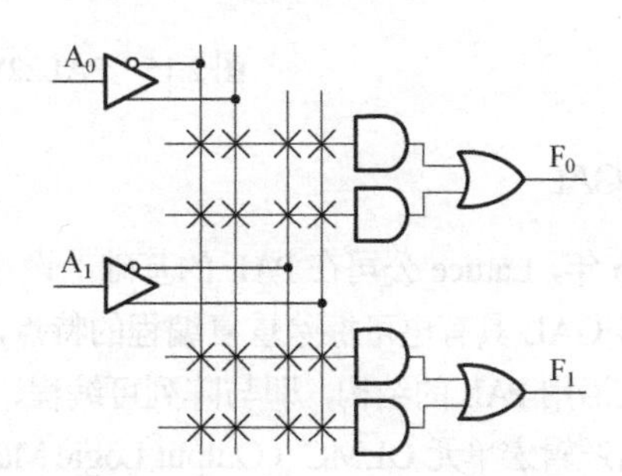

图 2.13　PAL 阵列的常用表示

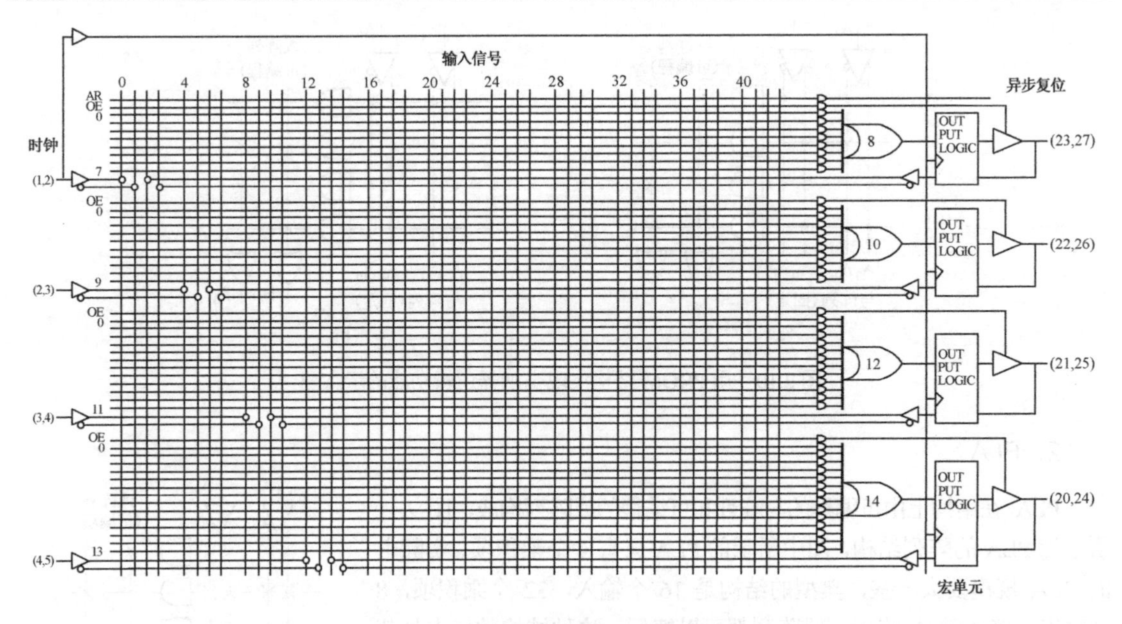

图 2.14 PAL22V10 器件的内部结构

图 2.15 所示为 PAL22V10 内部的一个输出宏单元。来自与或阵列的输入信号先连至宏单元内的异或门，异或门的另一输入端可编程设置为 0 或 1，因此该异或门可以用来为或门的输出求补；异或门的输出连接到 D 触发器，2 选 1 多路器允许将触发器旁路；无论是触发器的输出还是三态缓冲器的输出，都可以连接到与阵列。如果三态缓冲器输出为高阻态，那么与之相连的 I/O 引脚可以用做输入。

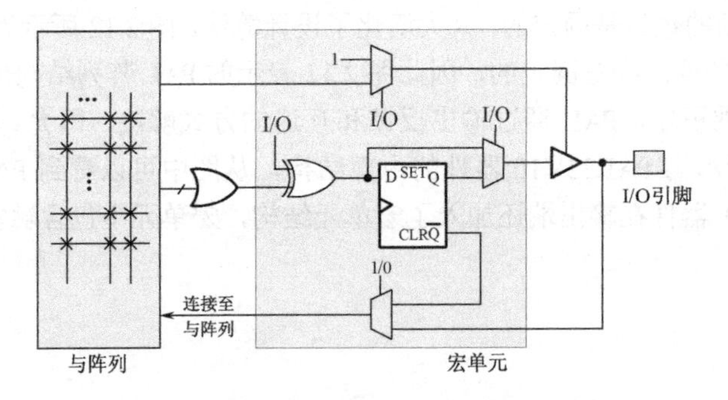

图 2.15 PAL22V10 内部的一个输出宏单元

4. GAL

1985 年，Lattice 公司在 PAL 的基础上设计出了 GAL 器件。GAL 首次在 PLD 上采用 EEPROM 工艺，使得 GAL 具有电可擦除重复编程的特点，解决了熔丝工艺不能重复编程的问题。GAL 器件在与或阵列上沿用 PAL 的结构，即与阵列可编程、或阵列固定，但在输出结构上做了较大改进，设计了独特的输出逻辑宏单元 OLMC（Output Logic Macro Cell）。

OLMC 是一种灵活的、可编程的输出结构，GAL 作为第一种得到广泛应用的 PLD 器件，其许多优点都源于 OLMC。图 2.16 所示为 GAL 器件 GAL22V10 的结构框图，图 2.17 所示为 GAL22V10 的局部细节结构，图 2.18 所示为 GAL22V10 的 OLMC 结构。从图 2.18 中可以看出：OLMC 主要由或门、1 个 D 触发器、2 个数据选择器（MUX）和 1 个输出缓冲器构成。其中 4 选 1 MUX 用来选择输出方式和输出的极性，2 选 1 MUX 用来选择反馈信号。而这两个 MUX 的状态由两位可编程的特征码 S_1S_0 来控制，S_1S_0 有 4 种组态，因此，OLMC 有 4 种输出方式。当 $S_1S_0=00$ 时，OLMC 为低电平有效寄存器输出方式；当 $S_1S_0=01$ 时，为高电平有效寄存器输出方式；当 $S_1S_0=10$ 时，为低电平有效组合逻辑输出方式；当 $S_1S_0=11$ 时，为高电平有效组合逻辑输出方式。OLMC 的这 4 种输出方式分别如图 2.19 所示。

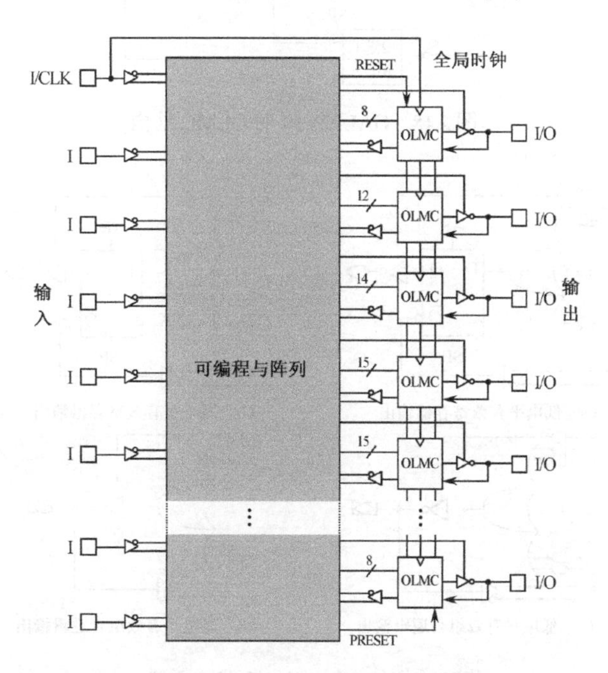

图 2.16　GAL 器件 GAL22V10 的结构框图

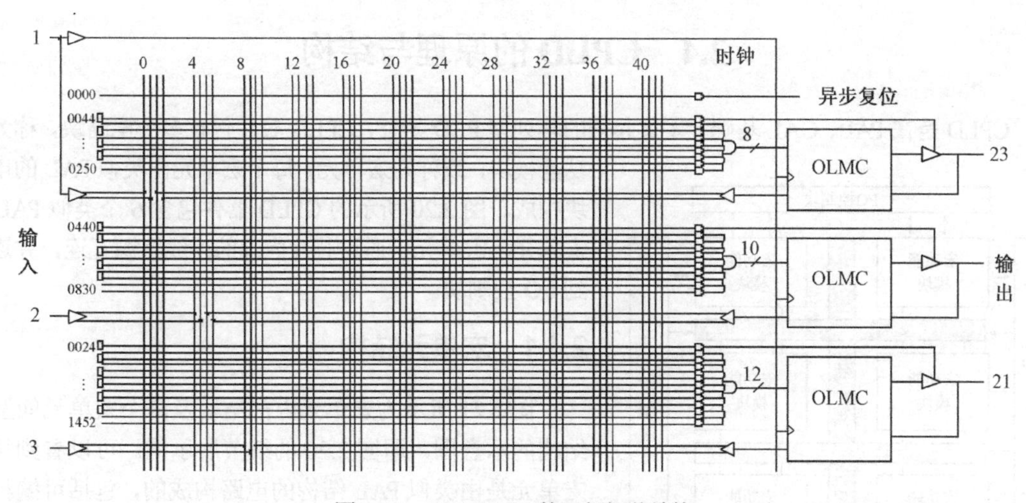

图 2.17　GAL22V10 的局部细节结构

用户在使用 GAL 器件时，借助开发软件的帮助将 S_1S_0 编程为 00、01、10、11 中的一个，可将 OLMC 配置为 4 种输出方式中的一种。这种多输出结构的选择使 GAL 器件能适应不同数字系统的需要，具有比其他 SPLD 器件更高的灵活性和通用性。

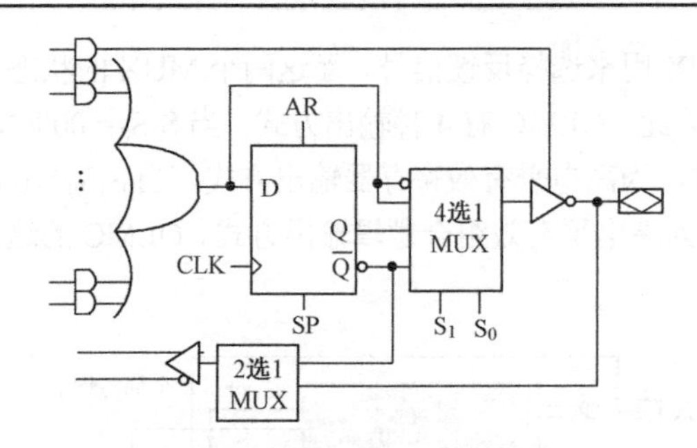

图 2.18　GAL22V10 的 OLMC 结构

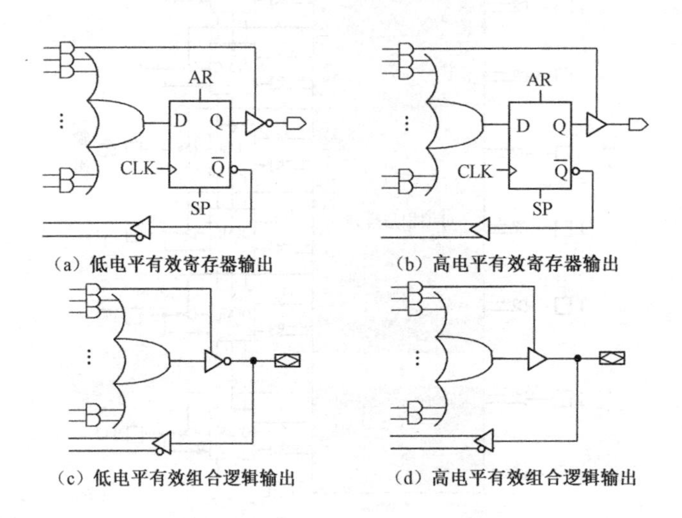

图 2.19　OLMC 的 4 种输出方式

2.4　CPLD 的原理与结构

CPLD 是在 PAL、GAL 基础上发展起来的阵列型 PLD 器件，CPLD 芯片包含多个电路块，称为宏功能模块，或称为宏单元，每个宏单元由类似 PAL 的电路块构成。图 2.20 所示的 CPLD 器件包含 6 个类似 PAL 的宏单元，宏单元再通过芯片内部的连线资源互连，并连接到 I/O 控制块。

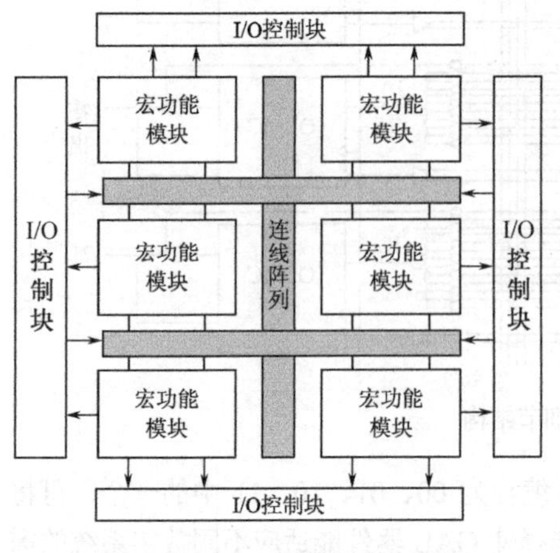

图 2.20　CPLD 器件的内部结构

2.4.1　宏单元结构

图 2.21 所示为宏单元内部结构及两个宏单元间互连结构的示意图，即图 2.20 的细节展示图。可以看到每个宏单元是由类似 PAL 结构的电路构成的，包括可编程的与阵列、固定的或阵列。或门的输出连接至异或门的一个输入端，由于异或门的另一个输入可以由编程设置为 0 或 1，所以该异或门可以用来为或门的输出求补。异或门的输出连接到 D 触发器的输入端，2 选 1 多路选择器可以将触发器旁路，也可以将三态缓冲器使能或连接到与阵列的乘积项。三态缓冲器的输出还可以

反馈到与阵列。如果三态缓冲器的输出处于高阻状态，那么与之相连的I/O引脚可以用做输入。

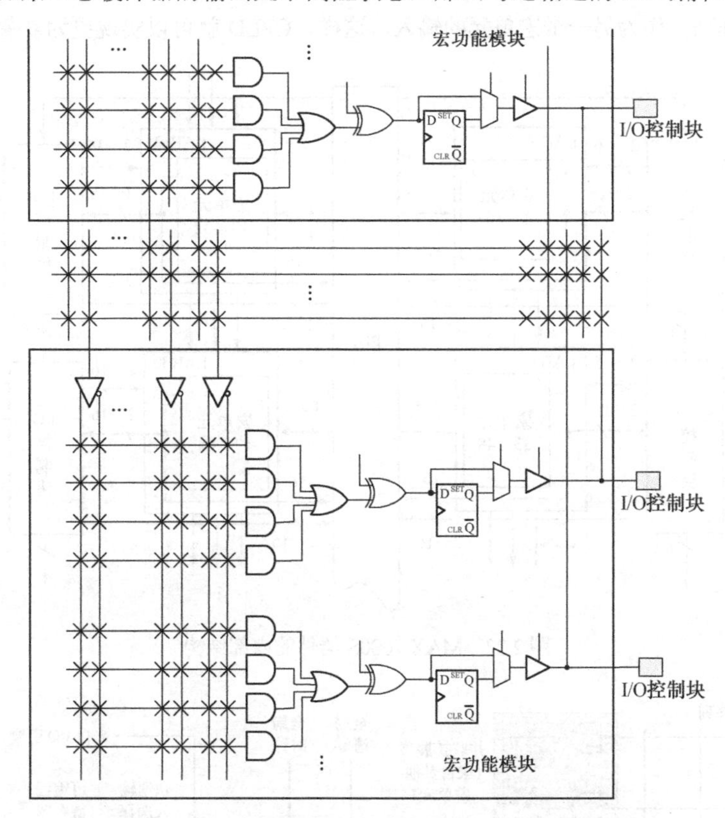

图 2.21　宏单元内部结构及两个宏单元间互连结构的示意图

很多CPLD都采用了与图2.21类似的结构，比如Altera的MAX7000、MAX3000系列（EEPROM工艺），Xilinx的XC9500系列（Flash工艺），以及Lattice的部分产品。当然，不同的器件在内部结构上也是有差别的。

2.4.2　典型 CPLD 的结构

下面来看几种典型CPLD的结构，图2.22所示为MAX 7000S器件的内部结构，主要由以下几种部件构成：宏单元（Macrocells），可编程连线阵列PIA（Programmable Interconnect Array）和I/O控制块（I/O Control Blocks）。宏单元是CPLD器件的基本结构，用来实现基本的逻辑功能；可编程连线负责信号传递，连接所有的宏单元；I/O 控制块负责输入/输出的电气特性控制，比如可以设定集电极开路输出、摆率控制和三态输出等。

MAX 7000S器件的宏单元结构如图2.23所示。每个宏单元主要由3个功能块组成：逻辑阵列、乘积项选择矩阵和可编程触发器。左侧是乘积项阵列，实际就是与阵列，每个交叉点都是一个可编程熔丝，如果导通就是实现与逻辑。后面的乘积项选择矩阵是一个或阵列，两者一起完成组合逻辑。后面是可编程触发器，根据需要，触发器可以分别配置为具有可编程时钟控制的D、T、JK或SR触发器工作方式，其时钟、清零端可编程选择，可使用专用的全局清零和全局时钟，也可以使用内部逻辑（乘积项阵列）产生的时钟和清零。如果不需要触发器，也可将此触发器旁路，信号直接输出给PIA或输出到I/O引脚。可以看出，MAX 7000S器件的宏单元结构与图2.21表示的宏单元基本结构类似，但更复杂一些。对于简单的逻辑函数，只需要一个宏单元就可以完成；但对于一个复杂的电路，单个宏单元实现不了，此时就需要通过并联扩展项和共享扩展项将多个宏单元相连，宏单元的输出可以连接到可编程连线阵列，作为另一个宏单元的输入，这样，CPLD 就可以实现更为复杂的逻辑关系。

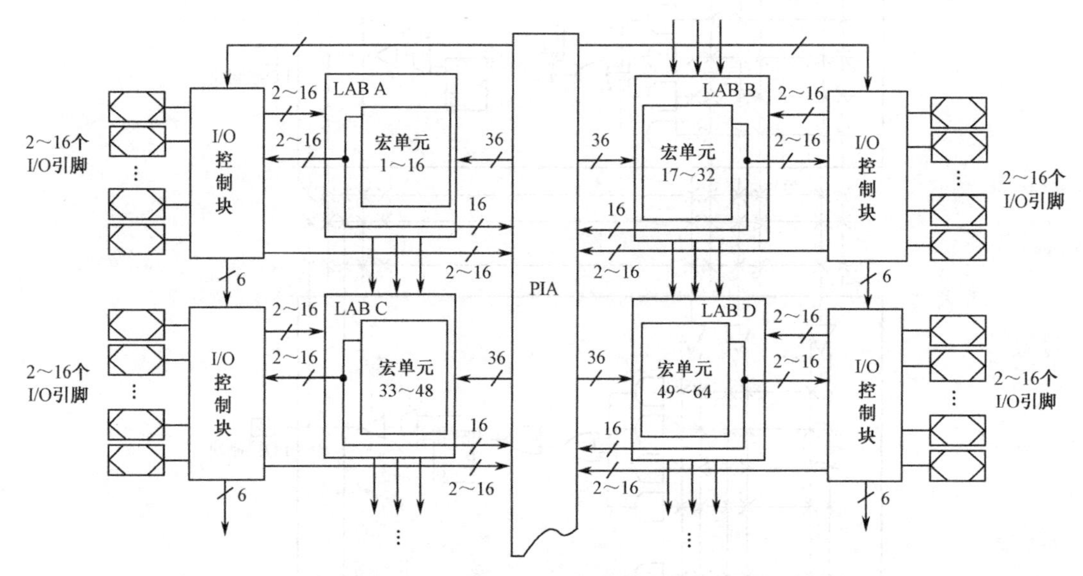

图 2.22 MAX 7000S 器件的内部结构

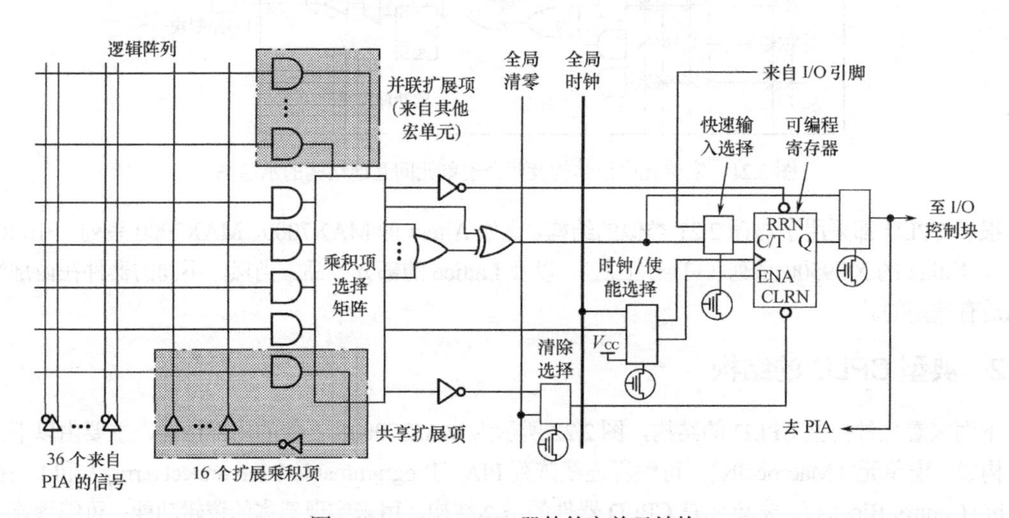

图 2.23 MAX 7000S 器件的宏单元结构

图 2.24 所示为 ispLSI 1032 器件的 GLB 的结构。GLB 即万能逻辑块，用于实现各种逻辑功能，它基于与或阵列结构，能够实现各种复杂的逻辑函数。从图中可以看出，GLB 由可编程的与阵列、乘积项共享阵列、可配置寄存器等结构构成。乘积项共享阵列所起的作用是允许 GLB 的 4 个输出共享来自与阵列的 20 个乘积项，它相当于与或阵列中的或阵列，但在结构上进行了改进。GLB 结构是由 GAL 器件优化而来的，能够配置为多种工作方式。乘积项共享阵列使 GLB 能够实现 7 个以上乘积项的逻辑函数，通过乘积项共享阵列，还可以将或门的输出分配给 GLB 的 4 个输出中的任意一个，从而增加了连接的自由度。

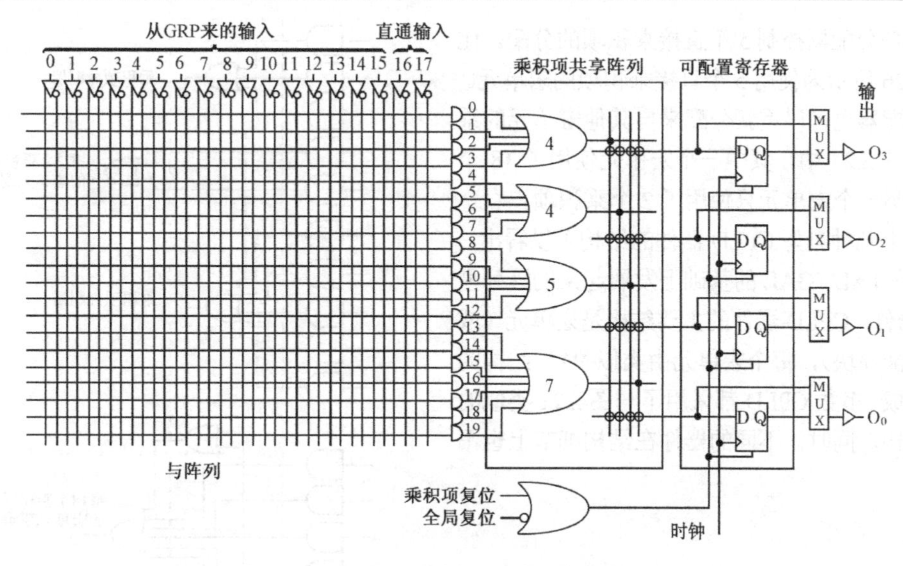

图 2.24　ispLSI 1032 器件的 GLB 的结构

XC9500 系列器件是 Xilinx 的典型 CPLD 器件，包括 XC9500、XC9500XV 和 XC9500XL 这 3 个子系列，均采用 0.35μm Flash 快闪存储工艺制作。XC9500 系列器件内有 36～288 个宏单元，宏单元结构如图 2.25 所示，来自与阵列的 5 个直接乘积项用做原始的数据输入（到或门或异或门）来实现组合功能，也可用做时钟、复位/置位和输出使能的控制输入。乘积项分配器的功能与每个宏单元如何利用 5 个直接项的选择有关。每个宏单元可以单独配置成组合或寄存逻辑功能，每个宏单元包含一个寄存器，可以根据需要配置成 D 触发器或 T 触发器；也可以被旁路，从而使宏单元只作为组合逻辑使用。每个寄存器均支持非同步的复位和置位。在加电期间，所有用户寄存器都被初始化为用户定义的预加载状态（默认值为 0）。所有的全局控制信号，包括时钟、复位/置位和输出使能信号，对每个单独的宏单元都是有效的。

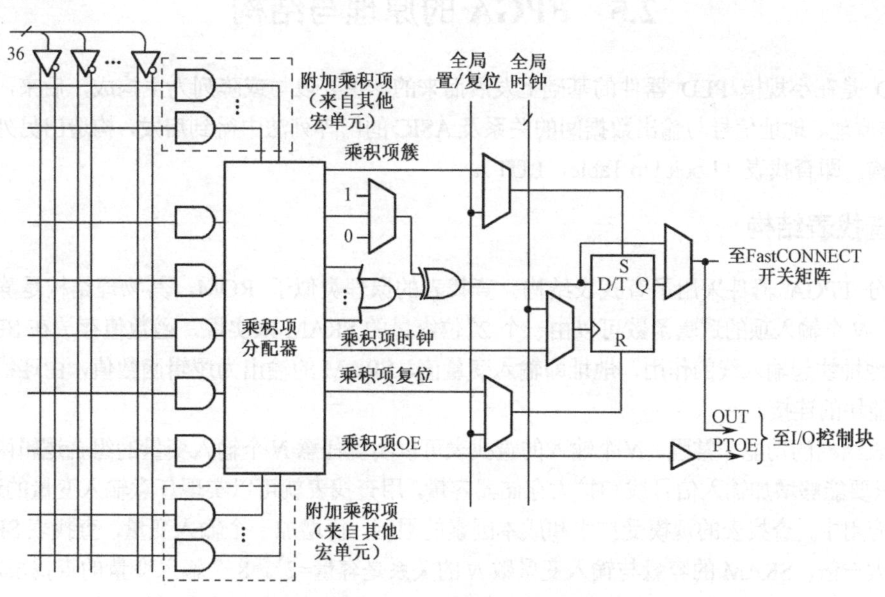

图 2.25　XC9500 系列器件的宏单元结构

乘积项分配器控制 5 个直接乘积项的分配。比如，图 2.26 所示为使用 5 个直接乘积项的宏单元。乘积项分配器也可以重新分配来自其他宏单元的乘积项，在图 2.27 中，其中一个宏单元使用了 18 个乘积项，另一个宏单元只使用了 2 个乘积项。

由以上几种典型 CPLD 器件的结构可以看出：CPLD 是在 PAL、GAL 的基础上发展起来的阵列型的 PLD 器件，CPLD 器件的主要结构是宏单元（或称为宏功能模块），每个宏单元由类似 PAL 结构的电路块构成，多数 CPLD 都采用了与图 2.21 类似的宏单元结构，同时，不同的器件在结构细节上也不尽相同。

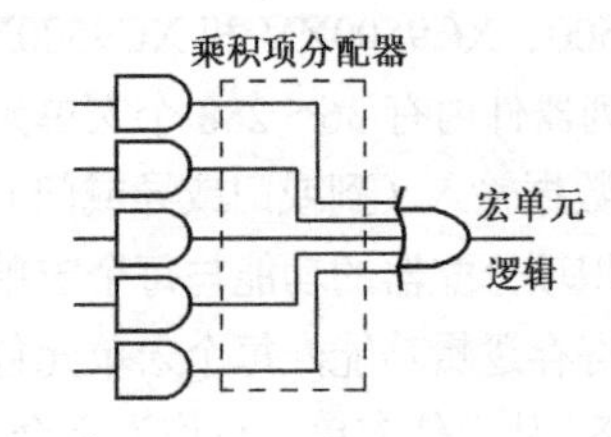

图 2.26 使用 5 个直接乘积项的宏单元

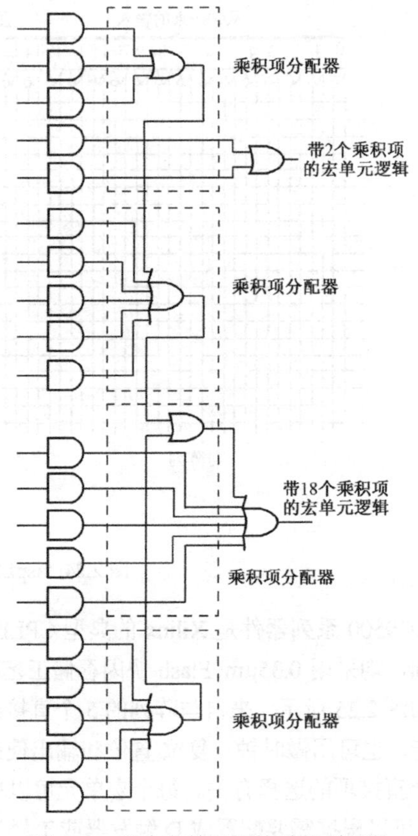

图 2.27 几个宏单元间的乘积项分配

2.5 FPGA 的原理与结构

CPLD 是在小规模 PLD 器件的基础上发展而来的，主要以与或阵列为主构成，后来，人们又从 ROM 工作原理、地址信号与输出数据间的关系及 ASIC 的门阵列法中得到启发，构造出另外一种可编程逻辑结构，即查找表（Look Up Table，LUT）。

2.5.1 查找表结构

大部分 FPGA 器件采用了查找表结构。查找表的原理类似于 ROM，其物理结构是静态存储器（SRAM），N 个输入项的逻辑函数可以由一个 2^N 位容量的 SRAM 来实现，函数值存放在 SRAM 中，SRAM 的地址线起输入线的作用，地址即输入变量值，SRAM 的输出为逻辑函数值，由连线开关实现与其他功能块的连接。

查找表结构的功能非常强。N 个输入的查找表可以实现任意 N 个输入变量的组合逻辑函数。从理论上讲，只要能够增加输入信号线和扩大存储器容量，用查找表就可以实现任意输入变量的逻辑函数。但在实际应用中，查找表的规模受技术和成本因素的限制。每增加一个输入变量，查找表 SRAM 的容量就要扩大一倍，SRAM 的容量与输入变量数 N 的关系是容量=2^N。8 个输入变量的查找表需要 256 b 容量的 SRAM，而 16 个输入变量的查找表则需要 64 Kb 容量的 SRAM，这种规模已经不能忍受了。实际中 FPGA 器件的查找表的输入变量一般不超过 5 个，多于 5 个输入变量的逻辑函数可由多个查找表组合或级联实现。

图 2.28 所示为用 2 输入查找表实现表 2.4 所示的 2 输入或门功能，2 输入查找表中有 4 个存储单元，用来存储真值表中的 4 个值，输入变量 A、B 作为查找表中 3 个多路选择器的地址选择端，根据变量 A、B 的组合从 4 个存储单元中选择一个作为 LUT 的输出，即实现了或门的逻辑功能。

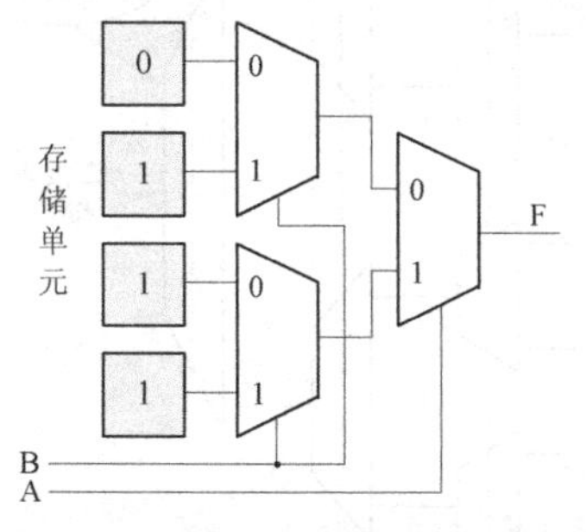

图 2.28　用 2 输入查找表实现 2 输入或门功能

表 2.4　2 输入或门真值表

A　B	F
0　0	0
0　1	1
1　0	1
1　1	1

假如要用 3 输入查找表实现一个 3 人表决电路，3 人表决电路的真值表如表 2.5 所示，用 3 输入查找表实现 3 人表决电路如图 2.29 所示。3 输入查找表中有 8 个存储单元，分别用来存储真值表中的 8 个函数值，输入变量 A、B、C 作为查找表中 7 个多路选择器的地址选择端，根据 A、B、C 的值从 8 个存储单元中选择一个作为 LUT 的输出，即实现了 3 人表决电路的功能。

表 2.5　3 人表决电路的真值表

A　B　C	F
0　0　0	0
0　0　1	0
0　1　0	0
0　1　1	1
1　0　0	0
1　0　1	1
1　1　0	1
1　1　1	1

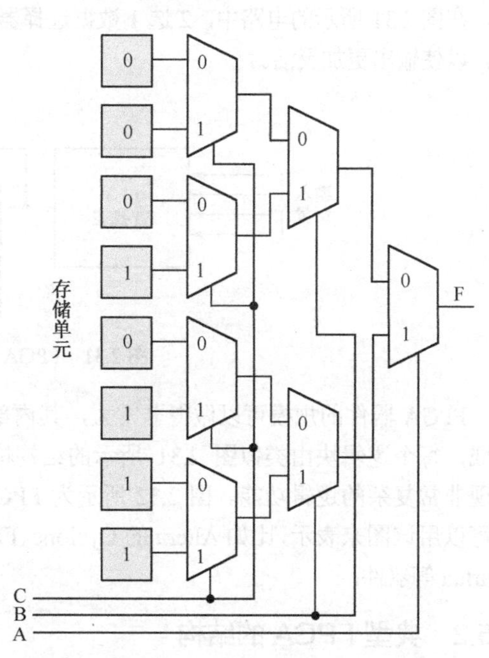

图 2.29　用 3 输入查找表实现 3 人表决电路

综上所述，一个 N 输入查找表可以实现 N 个输入变量的任何逻辑功能。比如，图 2.30 所示的 4 输入 LUT 能够实现任意的输入变量为 4 个或少于 4 个的逻辑函数。需要指出的是，一个 N 输入查找表对应了 N 个输入变量构成的真值表，需要用 2^N 位容量的 SRAM 存储单元。显然，N 不可能很大，否则 LUT 的利用率很低。实际应用中 FPGA 器件的 LUT 的输入变量数目一般是 4 个或 5 个，最多的有 6 个，所以存储单元的个数一般是 16 个、32 个或 64 个。更多输入变量的逻辑函数，可以用多个查找表级联来实现。

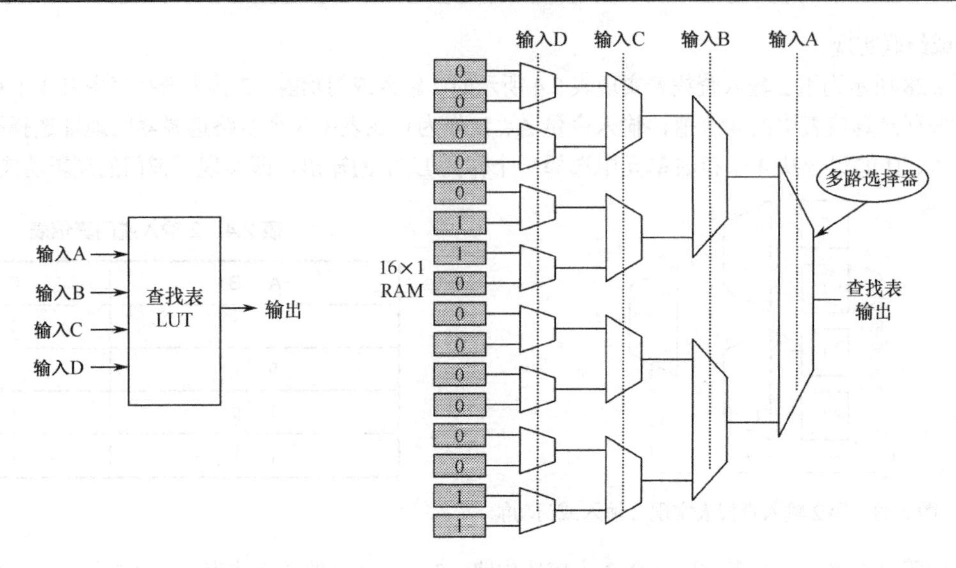

图 2.30 4 输入 LUT 及内部结构图

在 FPGA 的逻辑块中，除包含 LUT 外，一般还包含触发器，如图 2.31 所示。触发器的作用是将 LUT 输出的值保存起来，用以实现时序逻辑电路。当然也可以将触发器旁路掉，以实现纯组合逻辑功能，在图 2.31 所示的电路中，2 选 1 数据选择器的作用是旁路触发器。输出端一般还加一个三态缓冲器，以使输出更加灵活。

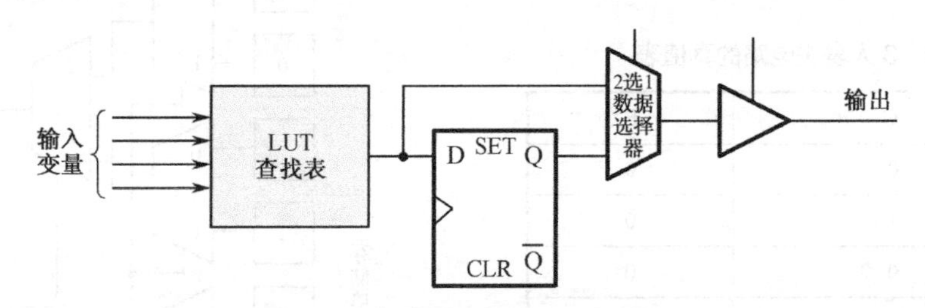

图 2.31 FPGA 的逻辑块结构示意图

FPGA 器件的规模可以做得非常大，其内部主要由大量纵横排列的逻辑块（Logic Block，LB）构成，每个逻辑块由类似图 2.31 所示的结构构成，大量这样的逻辑块通过内部连线和开关就可以实现非常复杂的逻辑功能。图 2.32 所示为 FPGA 器件的内部结构示意图，很多 FPGA 器件的结构都可以用该图来表示，比如 Altera 的 Cyclone、FLEX 10K、ACEX 1K 等器件，以及 Xilinx 的 XC4000、Spartan 等器件。

2.5.2 典型 FPGA 的结构

下面来看几种典型的 FPGA 器件的结构。首先看 Xilinx 的 FPGA 器件，这里以 XC4000 器件为例说明。XC4000 器件属于中等规模的 FPGA 器件，芯片的规模从 XC4013 到 XC40250，分别对应 2 万至 25 万个等效逻辑门，XC4000 器件的基本逻辑块称为可配置逻辑块（Configurable Logic Block，CLB）。器件内部主要由 3 部分组成：可配置逻辑块（CLB）、输入/输出模块（I/O Block，IOB）和布线通道（Routing Channels）。大量的 CLB 在器件中排列为阵列状，CLB 之间为布线通道，IOB 分布在器件的周围。XC4000 器件的内部结构与图 2.32 所示的 FPGA 器件的内部结构类似。

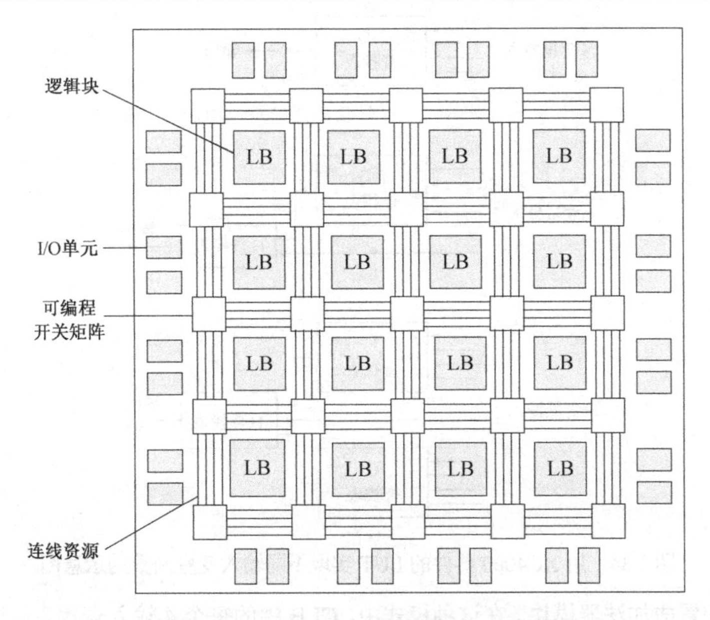

图 2.32　FPGA 器件的内部结构示意图

XC4000 芯片的可配置逻辑块（CLB）可以通过垂直的和水平的路径通道相互连接。图 2.33 所示为 XC4000 器件的 CLB 结构图，从图中可看出，CLB 由函数发生器、数据选择器、触发器和信号变换电路等部分组成。每个 CLB 包含三个查找表：G、F 和 H。G 和 F 都是 4 输入查找表，H 为 3 输入查找表。两个 4 输入查找表能实现任意两个 4 输入变量的逻辑函数，每个查找表的输出可存入触发器；3 输入查找表可以连接两个 4 输入查找表，这样允许实现 5 变量或更多变量的逻辑函数。

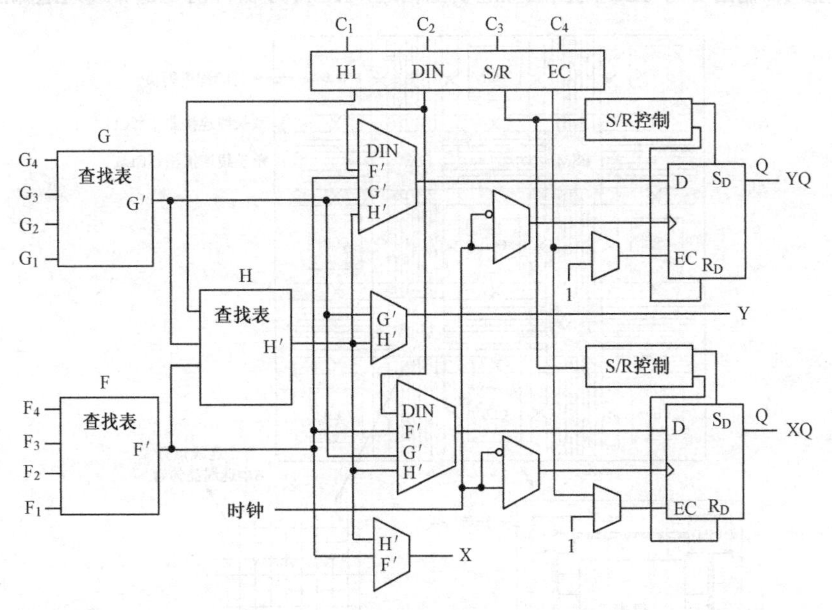

图 2.33　XC4000 器件的 CLB 结构图

将 G、F、H 三个查找表组合配置，一个 CLB 可以完成任意两个独立的 4 变量或一个 5 变量逻辑函数，或任意一个 4 变量函数加上一个 5 变量函数，甚至 9 变量逻辑函数，图 2.34 所示为用 XC4000 器件的 LUT 实现不同输入变量函数的示意图。

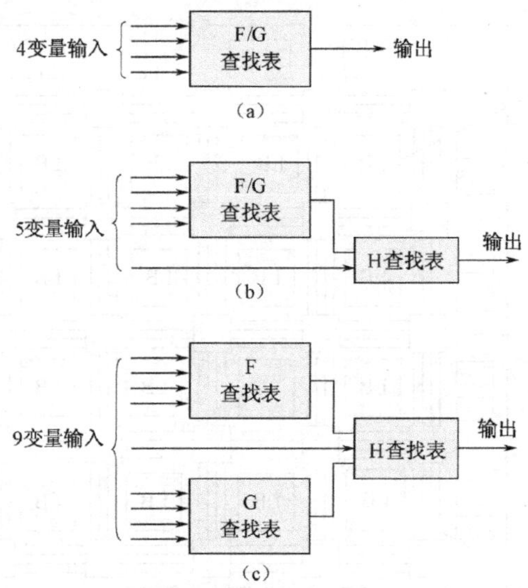

图 2.34　用 XC4000 器件的 LUT 实现不同输入变量函数的示意图

CLB 也可以配置成加法器模块。在这种模式中，CLB 中的每个 4 输入查找表能同时实现一个全加器的求和与进位两个函数。另外，不用做实现逻辑函数时，这个 CLB 还可以用做存储器模块。每个 4 输入查找表可作为 16×1 的存储器块，两个 4 输入查找表可以组合起来作为 32×1 的存储器块。多个 CLB 可组合成更大的存储器块。

每个 CLB 包含两个 D 触发器，具有异步置位/复位端和时钟输入端，可用来实现寄存器逻辑。CLB 中还包含数据选择器（4 选 1、2 选 1 等），用来选择触发器的输入信号、时钟有效边沿和输出信号等。

CLB 的输入和输出可与 CLB 周围的互连资源相连，XC4000 器件的内部布线通道如图 2.35 所示。

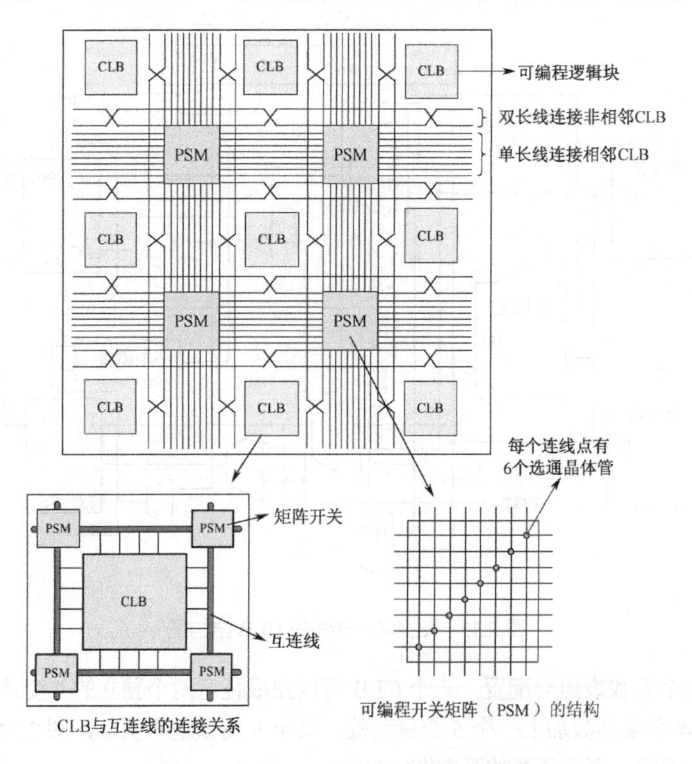

图 2.35　XC4000 器件的内部布线通道

布线通道（Routing Channels）用来提供高速可靠的内部连线，将 CLB 之间、CLB 和 IOB 之间连接起来，以构成复杂的逻辑。布线通道由许多金属线段构成。从图 2.35 可看出，XC4000 器件的布线通道主要由单长线和双长线构成。单长线（Single-Length Lines）是贯穿于 CLB 之间的 8 条垂直和水平金属线段，CLB 的输入端和输出端与相邻的单长线相连，通过可编程开关矩阵（PSM）相互连接；双长线（Double-Length Lines）用于将两个不相邻的 CLB 连接起来，双长线的长度是单长线的两倍，它要经过两个 CLB 之后，才能与 PSM 相连。

单长线和双长线提供了 CLB 之间的快速而灵活的互连，但是传输信号每经过一个可编程开关矩阵（PSM），就增加一次延时。因此，器件内部的延时与器件的结构和布线有关，延时是不确定的，也是不可预测的。

图 2.36 所示为 Spartan 器件的 CLB 逻辑图，从图中可看出，CLB 包含三个用做函数发生器的查找表、两个触发器和两组数据选择器（见图中的虚线框 A 和 B）。其中，两个 4 输入查找表（F-LUT 和 G-LUT）可实现 4 输入（F_1～F_4 和 G_1～G_4）的任何布尔函数。由于采用的是查找表方式，因此传播延时与实现的逻辑功能无关；第三个 3 输入查找表（H-LUT）能实现任意 3 输入的布尔函数，其中两个输入受可编程数据选择器控制，可以来自 F-LUT、G-LUT 或 CLB 的输入端（SR 和 DIN），第三个输入固定来自 CLB 的输入端 H1，因此 CLB 可实现最高达 9 个变量的函数。CLB 中的三个 LUT 还可组合实现任意 5 输入的布尔函数。

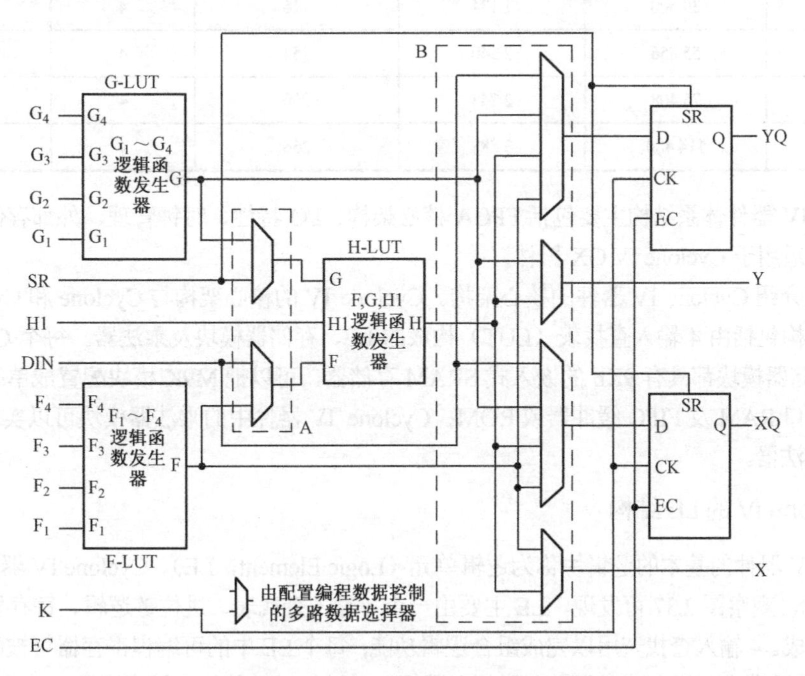

图 2.36　Spartan 器件的 CLB 逻辑图

2.5.3　Altera 的 Cyclone IV 器件结构

Cyclone IV 器件是 Altera 与 TSMC（台积电）优化制造工艺推出的低成本、低功耗 FPGA 器件，提供以下两种型号。

- Cyclone IV E：低功耗、低成本。
- Cyclone IV GX：低功耗、低成本，集成了 3.125Gbps 收发器。

两种型号器件均采用60nm低功耗工艺。Cyclone IV GX器件具有多达150K个逻辑单元(LE)、6.5Mb RAM和360个乘法器、8个支持主流协议的收发器，可达到3.125Gbps的数据收发速率，Cyclone IV GX还为PCI Express（PCIE）提供硬核IP，其封装（Wirebond 封装）大小只有11mm×11mm，非常适合低成本、便携场合的应用；Cyclone IV E器件不带收发器，但它可以在1.0V和1.2V内核电压下使用，比Cyclone IV GX具有更低的功耗。Cyclone IV E器件的主要片内资源如表2.6所示。

表2.6 Cyclone IV E器件的主要片内资源

器 件	逻辑单元（LE）	嵌入式存储器（Kb）	嵌入式18×18乘法器	锁相环（PLL）	最大用户I/O
EP4CE6	6 272	270	15	2	179
EP4CE10	10 320	414	23	2	179
EP4CE15	15 408	504	56	4	343
EP4CE22	22 320	594	66	4	153
EP4CE30	28 848	594	66	4	532
EP4CE40	39 600	1 134	116	4	532
EP4CE55	55 856	2 340	154	4	374
EP4CE75	75 408	2 745	200	4	426
EP4CE115	114 480	3 888	266	4	528

Cyclone IV器件体系结构主要包括FPGA核心架构、I/O特性、时钟管理、外部存储器接口、高速收发器（仅适用于Cyclone IV GX器件）等。

这里重点介绍Cyclone IV器件的核心架构。Cyclone IV的核心架构与Cyclone和Cyclone II基本相同，这一架构包括由4输入查找表（LUT）构成的LE、存储器模块及乘法器。每个Cyclone IV器件的M9K存储器模块都具有9Kb的嵌入式SRAM存储器，可以把M9K模块配置成单端口、简单双端口、真双端口RAM及FIFO缓冲器或ROM；Cyclone IV器件中的乘法器模块可以实现一个18×18或两个9×9乘法器。

1. Cyclone IV的LE结构

Cyclone IV器件的基本的逻辑块称为逻辑单元（Logic Element，LE）。Cyclone IV器件的LE结构如图2.37所示，观察图2.37可发现，LE主要由一个4输入查找表、进位链逻辑、寄存器链和一个可编程寄存器构成。4输入查找表用以完成组合逻辑功能；每个LE中的可编程寄存器可被配置成D、T、JK和SR触发器模式。每个可编程寄存器都有数据、时钟、时钟使能、异步置数、清零信号。LE中的时钟、时钟使能选择逻辑可以灵活配置寄存器的时钟、时钟使能信号。如果是纯组合逻辑应用，可将触发器旁路，这样LUT的输出直接作为LE的输出。每个LE的输出都可以连接到局部连线、行列、寄存器链等布线资源。

Cyclone IV的LE可以工作于两种模式：普通模式和算术模式。在不同的模式下，LE的内部结构和LE之间的互连有些差异，图2.38所示为LE在普通模式下的结构和连接图。普通模式下的LE适合通用逻辑和组合逻辑的实现，普通模式下的LE支持寄存器打包和寄存器反馈。

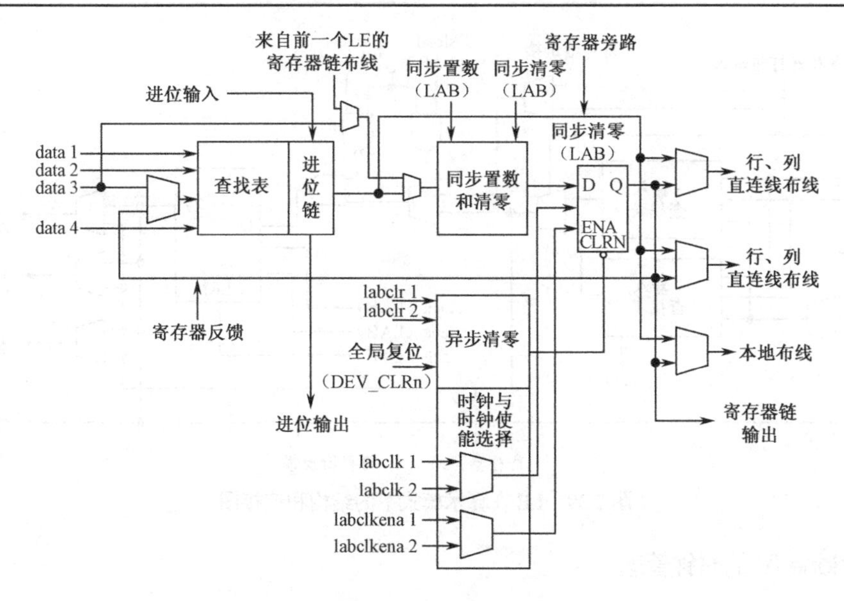

图 2.37　Cyclone IV 器件的 LE 结构

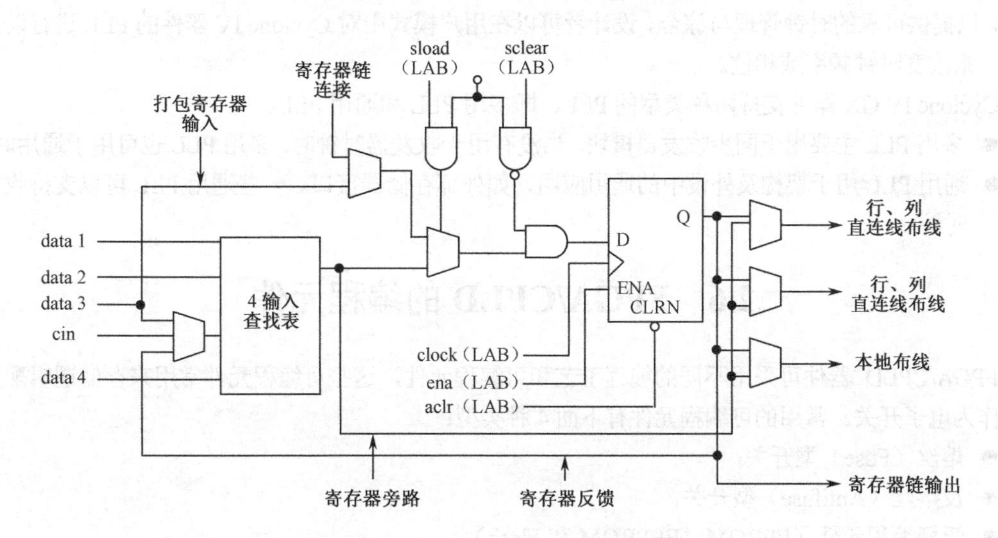

图 2.38　LE 在普通模式下的结构和连接图

Cyclone IV 的 LE 还可以工作于算术模式下，图 2.39 所示为 LE 在算术模式下的结构和连接图，在此模式下，可以更好地实现加法器、计数器、累加器和比较器。算术模式下的 LE 内有两个 3 输入查找表，可被配置成一位全加器和基本进位链结构，其中一个 3 输入查找表用于计算，另一个 3 输入查找表用于生成进位输出信号 cout。在算术模式下，LE 支持寄存器打包和寄存器反馈。

2. Cyclone IV 的 I/O 结构

Cyclone IV 器件 I/O 支持可编程总线保持、可编程上拉电阻、可编程延迟、可编程驱动能力及可编程 slew-rate 控制，从而实现了信号完整性及热插拔的优化。Cyclone IV 器件支持符合单端 I/O 标准的校准后片上串行匹配或驱动阻抗匹配。

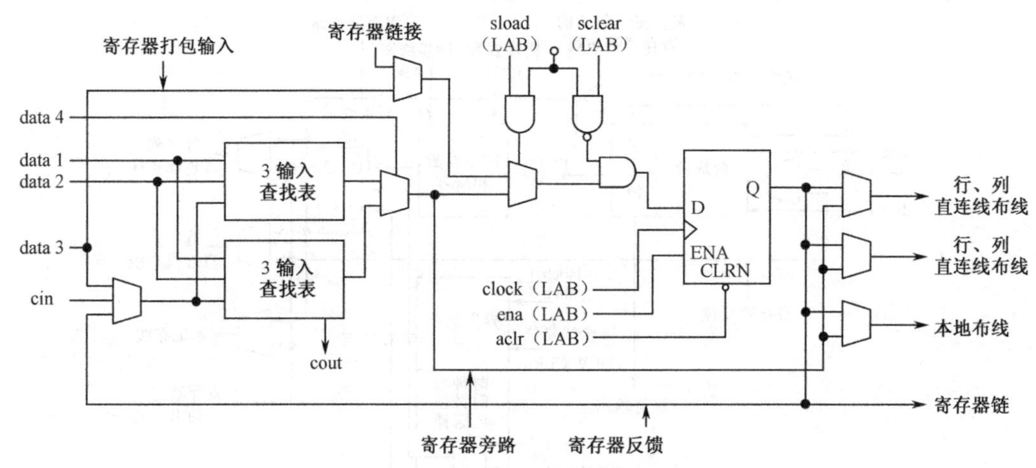

图2.39　LE在算术模式下的结构和连接图

3. Cyclone IV的时钟管理

Cyclone IV器件包含高达30个全局时钟（GCLK）网络及高达8个PLL，每个PLL上均有5个输出端，以提供可靠的时钟管理与综合。设计者可以在用户模式中对Cyclone IV器件的PLL进行动态重配置，来改变时钟频率或相位。

Cyclone IV GX器件支持两种类型的PLL，即多用PLL和通用PLL。

- 多用PLL主要用于同步收发器模块。当没有用于收发器时钟时，多用PLL也可用于通用时钟。
- 通用PLL用于架构及外设中的通用应用，如外部存储器接口。一些通用PLL可以支持收发器时钟。

2.6　FPGA/CPLD的编程元件

FPGA/CPLD器件可采用不同的编程工艺和可编程元件，这些可编程元件常用来存储逻辑配置数据或作为电子开关。常用的可编程元件有下面4种类型：

- 熔丝（Fuse）型开关；
- 反熔丝（Antifuse）型开关；
- 浮栅编程元件（EPROM、EEPROM和Flash）；
- SRAM编程元件。

其中，前三类为非易失性元件，编程后配置数据会一直保持在器件上；SRAM为易失性元件，每次掉电后配置数据会丢失，再次上电时需重新导入配置数据。熔丝型开关和反熔丝型开关只能写一次，属于OTP类器件；浮栅编程元件和SRAM编程元件则可以多次重复编程。反熔丝型开关一般用在对可靠性要求较高的军事、航空航天产品器件上，而浮栅编程元件一般用在民用、消费类产品中。

1. 熔丝型开关

熔丝型开关是最早的可编程元件，它由可以用电流熔断的熔丝组成。使用熔丝编程技术的可编程逻辑器件有PROM、EPLD等，一般在需要编程的互连节点上设置相应的熔丝开关，在编程时，根据设计的熔丝图文件，需要保持连接的节点保留熔丝，需要去除连接的节点烧断熔丝，其原理如图2.40所示。

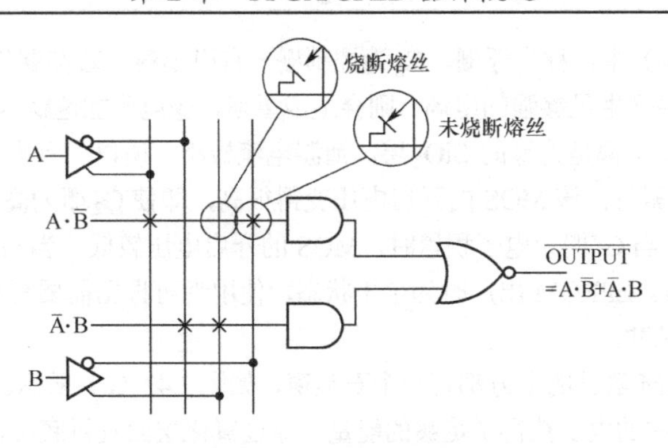

图 2.40　熔丝型开关原理

熔丝型开关烧断后不能够恢复，只可编程一次，而且熔丝开关很难测试其可靠性。在器件编程时，即使发生数量非常小的错误，也会造成器件功能的不正确。为了保证熔丝熔化时产生的金属物质不影响器件的其他部分，还需要留出较大的保护空间，因此熔丝占用的芯片面积较大。

2. 反熔丝型开关

熔丝型开关要求的编程电流大，占用的芯片面积大。为了克服熔丝型开关的缺点，又出现了反熔丝编程技术。反熔丝技术主要通过击穿介质来达到连通的目的。反熔丝元件在未编程时处于开路状态，编程时，在其两端加上编程电压，反熔丝就会由高阻抗变为低阻抗，从而实现两个极间的连通，且在编程电压撤除后也一直处于导通状态。

图 2.41 所示为反熔丝型开关结构，在未编程时，反熔丝是连接两个金属连线的非晶硅，其电阻值大于 1000MΩ，当在反熔丝上加 10～11V 的编程电压后，将绝缘的非晶硅转化为导电的多晶硅，从而在两金属层之间形成永久性的连接，称为通孔（Via），连接电阻通常小于 50Ω。

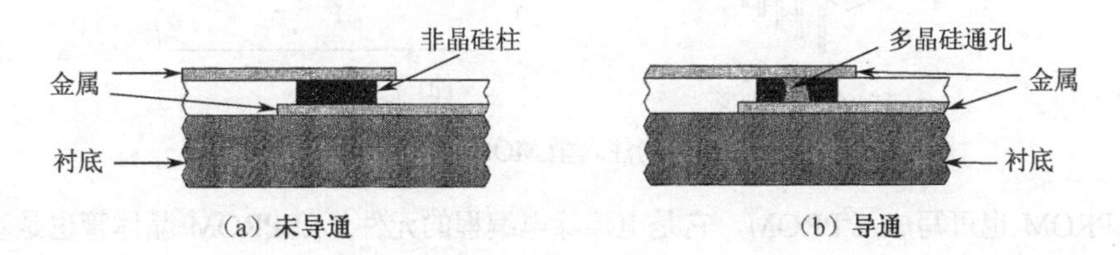

图 2.41　反熔丝型开关结构

反熔丝在硅片上只占一个通孔的面积，占用的硅片面积小，适于做集成度很高的 PLD 器件的编程元件。Actel、Cypress 公司的部分 PLD 器件采用了反熔丝工艺结构。

3. 浮栅编程元件

浮栅编程技术包括紫外线擦除电编程的 EPROM、电擦除电编程的 EEPROM 及 Flash 闪速存储器，这三种存储器都是用浮栅存储电荷的方法来保存编程数据的，因此在断电时，存储的数据是不会丢失的。

（1）EPROM 的存储内容不仅可以根据需要来编制，而且当需要更新存储内容时，还可以将原存储内容抹去，再写入新的内容。EPROM 的基本结构是一个浮栅管，浮栅管相当于一个电子开关，当浮栅中没有注入电子时，浮栅管导通；当浮栅中注入电子时，浮栅管截止。

图 2.42 所示为一种以浮栅雪崩注入型 MOS 为存储单元的 EPROM，图 2.42（a）和图 2.42（b）分别是其基本结构和电路符号。它与普通的 NMOS 很相似，但有 G_1 和 G_2 两个栅极，G_1 栅没有引出线，

被包围在二氧化硅（SiO_2）中，称为浮栅。G_2为控制栅，有引出线。若在漏极和源极之间加上约几十伏的电压脉冲，在沟道中产生足够强的电场，则会造成雪崩，令电子加速跃入浮栅中，从而使浮栅G_1带上负电荷。由于浮栅周围都是绝缘的SiO_2层，泄漏电流极小，所以一旦电子注入G_1栅，就能长期保存。当G_1栅有电子积累时，该MOS的开启电压变得很高，即使G_2栅为高电平，该管也不能导通，相当于存储了0。反之，当G_1栅无电子积累时，MOS的开启电压较低，当G_2栅为高电平时，该管可以导通，相当于存储了1。EPROM出厂时为全1状态，使用者可根据需要写0，写0时，在漏极所加的电压为二十几伏的正脉冲。

从外形上看，EPROM器件的上方都有一个石英窗，如图2.42（c）所示。当用光子能量较高的紫外线照射浮栅时，G_1栅中的电子获得了足够的能量，穿过氧化层回到衬底中，如图2.42（d）所示。这样可使浮栅上的电子消失，达到抹去存储信息的目的，相当于存储器又存了全1。这种采用光擦除的方法在实用中不够方便，因此EPROM现在已经被电擦除的EEPROM工艺所取代。

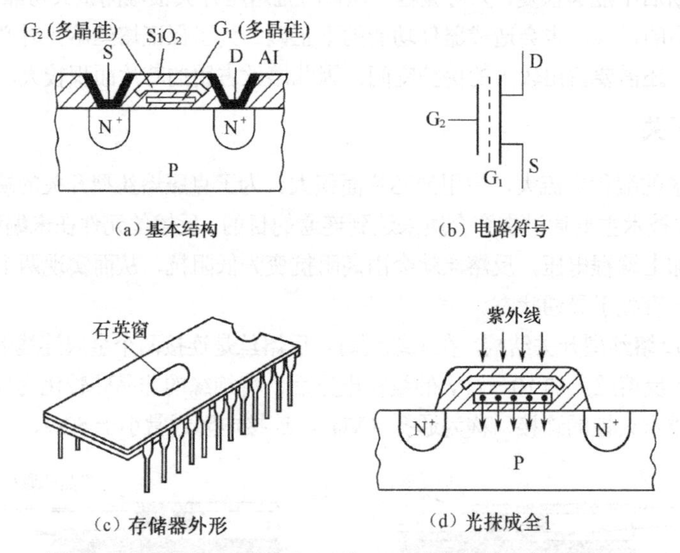

图2.42　一种以浮栅雪崩注入型MOS为存储单元的EPROM

（2）EEPROM也可写成E^2PROM，它是电擦除电编程的元件。EEPROM晶体管也是基于浮栅技术的，如图2.43（a）所示为EEPROM晶体管的结构，这是一个具有两个栅极的NMOS，其中G_2是普通栅，有引出线；G_1是控制栅，是一个浮栅，被包围在二氧化硅（SiO_2）中，无引出线；在G_1栅和漏极之间有一小面积的氧化层，其厚度极小，可产生隧道效应。当G_2栅加正电压P_1（典型值为12V）时，通过隧道效应，电子由衬底注入G_1浮栅，相当于存储了1，利用此方法可将存储器抹成全1。

EEPROM器件在出厂时，存储内容为全1。使用时可根据需要把某些存储单元写0，写0电路如图2.43（d）所示，此时漏极D加正电压P_2，G_2栅接地，浮栅上电子通过隧道返回衬底，相当于写0。一旦EEPROM被编程（写0或写1），它将永远保持编程后的状态。EEPROM读出时的电路如图2.43（e）所示，这时G_2栅加3 V的电压，若G_1栅有电子积累，则VT_2不能导通，相当于存1；若G_1栅无电子积累，则VT_2导通，相当于存0。

（3）闪速存储器（Flash Memory）。Flash闪速存储器（闪存）是一种新型可编程工艺，它把EPROM的高密度、低成本与EEPROM的电擦除性能结合在一起，同时又具有快速擦除（因其擦除速度快，因此被称为闪存）的功能，性能优越。闪速存储器与EPROM和EEPROM一样属于浮栅编程器件，其单元也是由带两个栅极的MOS组成的。其中一个栅极称为控制栅，另一个栅极称为浮栅，其处于绝缘SiO_2的包围之中。

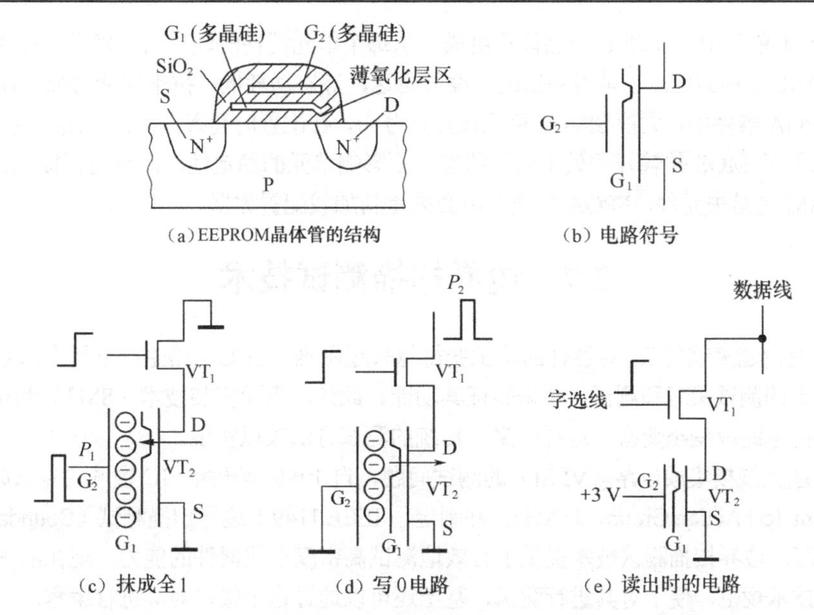

图 2.43　EEPROM 的存储单元

闪速存储器的编程和擦除分别采用了两种不同的机理。在编程方法上，它与 EPROM 相似，利用热电子注入技术；在擦除方法上，则与 EEPROM 相似，利用了电子隧道效应。编程时，一个正脉冲（典型值为 12V）加到 MOS 的控制栅，且漏极-源极偏置电压为 6～7V，MOS 强烈导通，沟道中的一些热电子就具有了足够的能量到达浮栅，将 MOS 的阈值电压从大约 2V 提高到 6V 左右。存储器电路可以同时对 8 个或 16 个单元（1 字节或 1 字）进行编程，因此闪速存储器可以在字节级上编程。从浮栅上消去电荷的擦除过程则利用电子的隧道效应来完成，即在浮栅与 MOS 沟道间极薄的氧化层上施加一个大电场，使浮栅上的电子通过氧化层回到沟道中，从而擦除存储单元中的内容。闪速存储器可以在若干毫秒内擦除全部或一段存储器，而不像早期的 EEPROM 一次只能擦除 1 字节。

最早采用浮栅技术的存储元件都要求使用两种电压，即 5V 工作电压和 12～21V 的编程电压，现在已趋向于单电源供电，由器件内部的升压电路提供编程电压和擦除电压。现在大多数单电源供电的浮栅可编程器件的工作电压为 5V 和 3.3V，也有部分芯片为 2.5V。另外，EPROM、EEPROM 和 Flash 闪速存储器都属于可重复擦除的非易失元件，在现有的工艺水平上，EEPROM 和 Flash 编程元件的擦写寿命已达 10 万次以上。

4．SRAM 编程元件

SRAM（Static RAM）是指静态存储器，大多数 FPGA 采用 SRAM 存储配置数据。图 2.44 所示为 SRAM 基本单元结构图，从图中可看出，一个 SRAM 单元由两个 CMOS 反相器和一个用来控制读/写的 MOS 传输开关构成，其中每个 CMOS 反相器包含两个晶体管（一个下拉 N 沟道晶体管和一个上拉 P 沟道晶体管），因此一个 SRAM 基本单元是由 5 个或 6 个晶体管组成的。

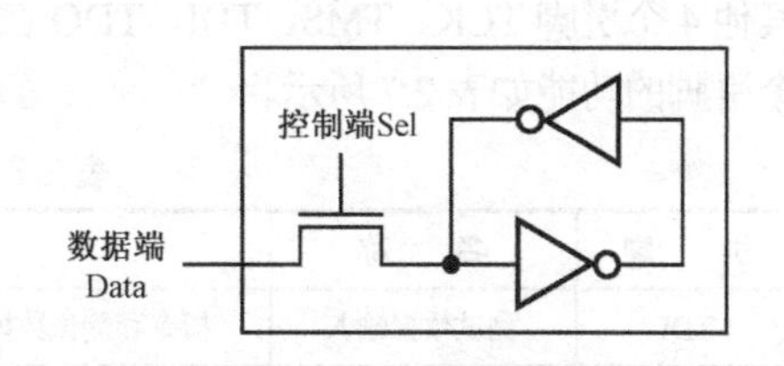

图 2.44　SRAM 基本单元结构图

在将数据存入 SRAM 单元时，控制端 Sel 被设置为 1，准备存储的数据放在数据端 Data 上，当经过一定时间后，Sel 变为 0，这样，存储的数据就会一直保留在由两个非门构成的反馈回路中。一般情况下，作为反馈的那个非门应由弱驱动的晶体管做成，以便它的输出可以被数据端新输入的数据改写。

每个SRAM单元由5个或6个晶体管组成，从每个单元消耗的硅片面积来说，SRAM结构并不节省，但SRAM结构的优点也是很突出的：编程迅速，静态功耗低，抗干扰能力强。在采用SRAM编程结构的FPGA器件中，大量SRAM单元按点阵分布，在配置时写入，而在回读时读出。在一般情况下，控制读/写的MOS传输开关处于断开状态，不影响单元的稳定性，而且功耗极低。需要指出的是，由于SRAM是易失元件，FPGA每次上电必须重新加载配置数据。

2.7 边界扫描测试技术

随着器件变得越来越复杂，对器件的测试变得越来越困难。ASIC电路生产批量少，功能千变万化，很难用一种固定的测试策略和测试方法来验证其功能。此外，表面安装技术（SMT）和电路板制造技术的进步，使得电路板变小变密，这样一来，传统的测试方法难以实现。

为了解决超大规模集成电路（VLSI）的测试问题，自1986年开始，IC领域的专家成立了联合测试行动组（Joint Test Action Group，JTAG），并制定了IEEE 1149.1边界扫描测试（Boundary Scan Test，BST）技术规范。边界扫描测试技术提供了有效地测试高密度引线器件的能力。现在的FPGA器件普遍支持JTAG技术规范，便于对其进行测试，甚至还可以通过这个接口对其进行编程。

图2.45所示为JTAG边界扫描测试结构。由图可见，这种测试方法提供了一个串行扫描路径，它能捕获器件核心逻辑的内容，也可以测试遵守JTAG规范的器件之间的引脚连接情况，而且可以在器件正常工作时捕获功能数据。测试数据从左边的一个边界扫描单元串行移入，捕获的数据从右边的一个边界扫描单元串行移出，然后同标准数据进行比较，就能够知道芯片性能的好坏了。

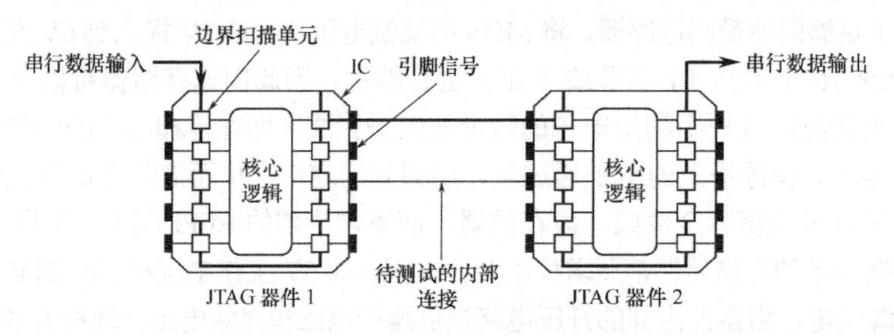

图2.45 JTAG边界扫描测试结构

在JTAG BST模式中，共使用5个引脚来测试芯片，分别为TCK、TMS、TDI、TDO和TRST。其中TRST（Test Reset Input）引脚是用来对TAP Controller进行复位（初始化）的，该信号在IEEE 1149.1标准中是可选的，并不是强制要求的，因为通过TMS也可以对TAP Controller进行复位（初始化）。其他4个引脚TCK、TMS、TDI、TDO在IEEE 1149.1标准中则是强制要求的，是必需的。JTAG的5个引脚的功能如表2.7所示。

表2.7 JTAG的5个引脚的功能

引 脚	名 称	功 能
TDI	测试数据输入	指令和测试数据的串行输入引脚，数据在TCK的上升沿时刻移入
TDO	测试数据输出	指令和测试数据的串行输出引脚，数据在TCK的下降沿时刻移出；如果没有数据移出器件，此引脚处于高阻态
TMS	测试模式选择	选择JTAG指令模式的串行输入引脚，在正常工作状态下TMS应是高电平
TCK	测试时钟输入	时钟引脚
TRST	测试电路复位	低电平有效，用于初始化或异步复位边界扫描电路

TCK（Test Clock input）引脚：TCK 为 TAP（Test Access Port）的操作提供了一个独立的、基本的时钟信号，TAP 的所有操作都是通过这个时钟信号来驱动的。

TMS（Test Mode Selection）：TMS 信号用来控制 TAP 状态机的转换。通过 TMS 信号，可以控制 TAP 在不同的状态间相互转换。TMS 信号在 TCK 的上升沿有效。

TDI（Test Data Input）：TDI 是数据输入的接口。所有要输入到特定寄存器的数据都是通过 TDI 接口一位一位串行输入的（由 TCK 驱动）。

TDO（Test Data Output）：TDO 是数据输出的接口。所有要从特定的寄存器中输出的数据都是通过 TDO 接口一位一位串行输出的（由 TCK 驱动）。

标准的边界扫描框图如图 2.46 所示，JTAG 边界扫描测试由测试访问端口 TAP 控制器管理，该 TAP 控制器驱动 3 个寄存器：一个 3 位的指令寄存器，用来引导扫描测试数据流；一个 1 位的旁路数据寄存器，用来提供旁路通路（不进行测试时）；一个大型的测试数据寄存器（或称为边界扫描寄存器），位于器件的周边。边界扫描寄存器（参见图 2.47）是一个大型的串行移位寄存器，它使用 TDI 引脚作为输入，使用 TDO 引脚作为输出，从图中可以看出测试数据是如何沿着器件的周边进行串行移位的。边界扫描寄存器由一些 3 位的周边单元组成，它们可以是 I/O 单元（IOE）、专用输入引脚，也可以是一些专用配置引脚。用户可以使用边界扫描寄存器测试外部引脚的连接，或是在器件运行时捕获内部数据。

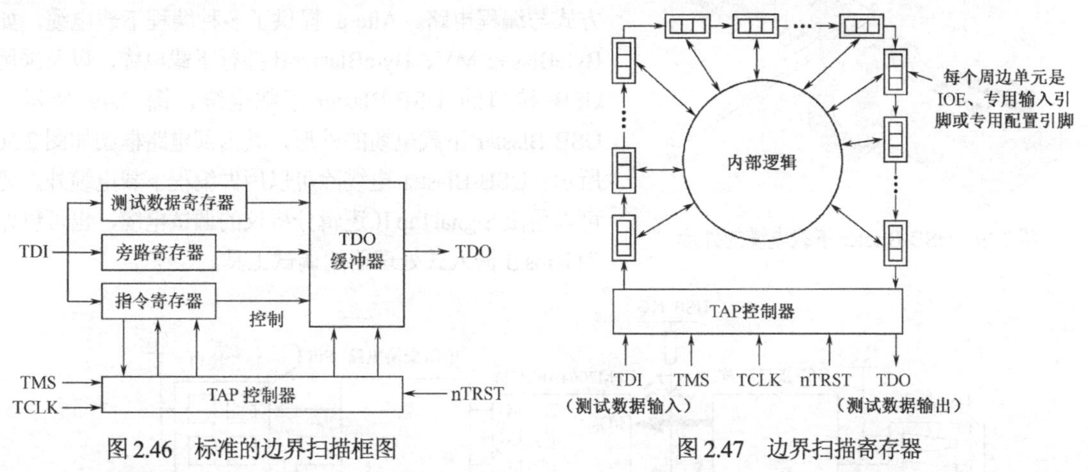

图 2.46　标准的边界扫描框图　　图 2.47　边界扫描寄存器

JTAG 边界扫描测试技术提供了一种合理而有效的方法，用以对高密度、引脚密集的器件和系统进行测试。目前生产的几乎所有的高密度数字器件（CPU、DSP、ARM、FPGA 等）都具备标准的 JTAG 接口。同时，除了在系统测试，JTAG 接口也被赋予了更多的功能，如编程下载、在线调试等。JTAG 接口还常用于实现 ISP 在线编程功能，对 Flash 等器件进行编程。同时还可通过 JTAG 接口对芯片进行在线调试，如 Quartus Prime、Quartus II 软件中 Signal Tap II 嵌入式逻辑分析仪可使用 JTAG 接口进行逻辑分析，从而使开发人员能够在系统实时调试硬件。Nios II 嵌入式处理器也是通过 JTAG 接口进行调试的。

2.8　FPGA/CPLD 的编程与配置

2.8.1　在系统可编程

FPGA/CPLD 器件都支持在系统可编程功能，所谓“在系统可编程”（In System Programmable, ISP），指的是对器件、电路板或整个电子系统的逻辑功能可随时进行修改或重构的能力。这种重构或修改可以在产品设计、生产过程的任意环节，甚至是在交付用户后。

在系统可编程技术使器件的编程变得容易，允许用户先制板后编程，在调试过程中发现问题，可在基本不改动硬件电路的前提下，通过对 FPGA/CPLD 修改设计和重新配置，实现逻辑功能的改动，使设计和调试变得方便。图 2.48 所示为在系统可编程示意图，只需在 PCB 上预留编程接口，就可实现 ISP 功能。

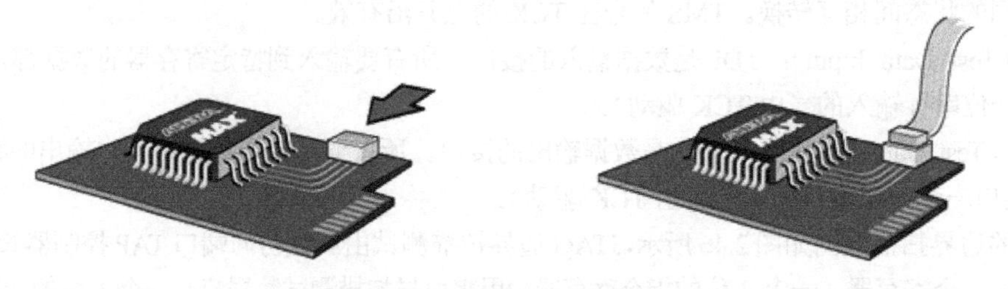

图 2.48　在系统可编程示意图

在系统可编程一般采用 IEEE 1149.1 JTAG 接口进行，JTAG 接口原本是进行边界扫描测试用的，同时作为编程接口，可以减少对芯片引脚的占用，由此在 IEEE 1149.1 边界扫描测试接口规范的基础上产生了 IEEE 1532 编程标准，以对 JTAG 编程进行标准化。

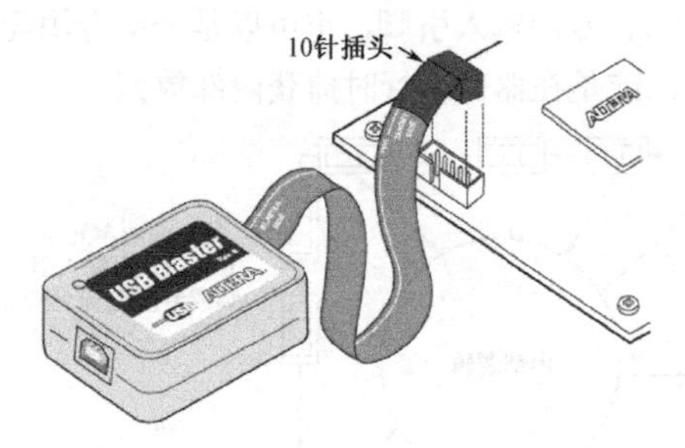

图 2.49　USB-Blaster 下载电缆的外形

下面以 Altera 的 FPGA/CPLD 的配置为例介绍编程方式与编程电路。Altera 提供了多种编程下载电缆，如 ByteBlaster MV、ByteBlasterⅡ并行下载电缆，以及采用 USB 接口的 USB-Blaster 下载电缆，图 2.49 所示为 USB-Blaster 下载电缆的外形，其内部电路框图如图 2.50 所示。USB-Blaster 电缆除可以用做编程下载电缆外，还可以用做 SignalTap II 逻辑分析仪的调试电缆，也可以作为 Nios II 嵌入式处理器的调试工具。

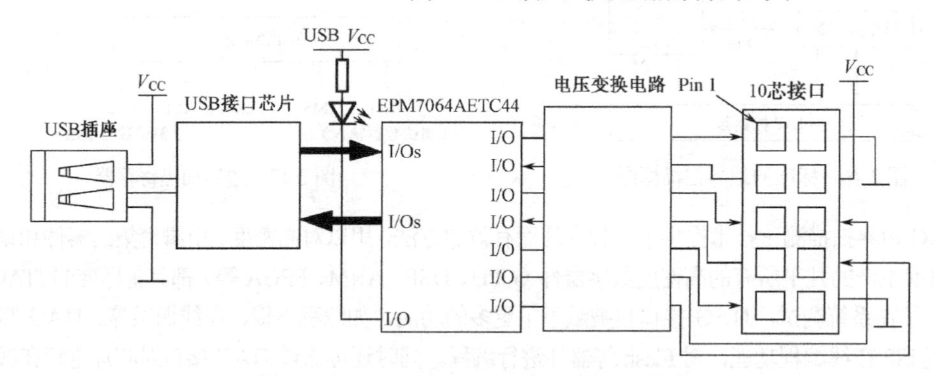

图 2.50　USB-Blaster 下载电缆内部电路框图

USB-Blaster 下载电缆（或 ByteBlasterⅡ、ByteBlaster MV 电缆）与 Altera 器件的连接采用 10 芯接口，其各引脚信号名称如表 2.8 所示。

表 2.8　USB-Blaster 下载电缆 10 芯接口各引脚信号名称

引　脚	1	2	3	4	5	6	7	8	9	10
JTAG 模式	TCK	GND	TDO	VCC	TMS	—	—	—	TDI	GND
PS 模式	DCK	GND	CONF_DONE	VCC	nCONFIG	—	nSTATUS	—	DATA0	GND
AS 模式	DCK	GND	CONF_DONE	VCC	nCONFIG	nCE	DATAOUT	nCS	ASDI	GND

2.8.2　FPGA 器件的配置

FPGA 器件是基于 SRAM 结构的，由于 SRAM 具有易失性，每次加电时，配置数据都必须重新构造。Altera 的 FPGA 器件主要配置方式（Configuration Scheme）有如下几种。

（1）JTAG 方式：用 Altera 下载电缆通过 JTAG 接口完成。

（2）AS 方式（Active Serial Configuration Mode）：主动串行配置方式，由 FPGA 器件引导配置过程，它控制着外部存储器和初始化过程。EPCS 系列配置芯片（如 EPCS1、EPCS4）专供 AS 方式，在此方式中，FPGA 器件处于主动地位，配置器件处于从属地位，配置数据通过 DATA0 引脚送入 FPGA，配置数据被同步在 DCLK 输入上，1 个时钟周期传送 1 位数据。

（3）PS 方式（Passive Serial Configuration Mode）：被动串行配置方式，由外部主机（Host）控制配置过程。在 PS 配置期间，配置数据从外部存储器通过 DATA0 引脚送入 FPGA，配置数据在 DCLK 上升沿锁存，1 个时钟周期传送 1 位数据。

除 AS 和 PS 等串行配置方式外，现在的一些器件已经支持 PPS、FPP 等一些并行配置方式，提升了配置速度。表 2.9 所示为 Altera 的 FPGA 器件配置方式。

表 2.9　Altera 的 FPGA 器件配置方式

方　式	说　明
PS（Passive Serial）	被动串行，由外部主机（MAX II 芯片或微处理器）控制配置过程
AS（Active Serial）	主动串行，用串行配置器件（如 EPCS1、EPCS4、EPCS16）配置
FPP（Fast Passive Parallel）	快速被动并行，使用增强型配置器件或并行同步微处理器接口进行配置
AP（Active Parallel）	主动并行
PPS（Passive Parallel Synchronous）	被动并行同步，使用并行同步微处理器接口进行配置
PPA（Passive Parallel Asynchronous）	被动并行异步，使用并行异步微处理器接口进行配置
JTAG	使用下载电缆通过 JTAG 接口进行配置

不同的配置方式所需要的编程文件也有所不同，表 2.10 所示为常用的编程文件。

表 2.10　常用的编程文件

编 程 文 件	JTAG	AS	PS	说　明
.sof(SRAM Object File)	√		√	编程电缆下载
.pof(Programmer Object File)		√	√	编程电缆下载或用配置器件下载
.rbf(Raw Binary File)			√	微处理器配置
.hex(hexadecimal file)			√	微处理器配置或第 3 方编程器
.jic(JTAG Indirect Configuration File)	√	√	√	可以将.sof 转换为.jic 文件，通过 JTAG 方式和 JTAG 接口将.jic 文件下载到 EPCS 配置器件中
.jam(Jam File)	√			编程电缆下载或微处理器配置

2.8.3　Cyclone IV 器件的编程

以 Cyclone IV 器件的配置为例对配置方式进行更为具体的说明。Cyclone IV 器件支持的配置方式有多种，这里只介绍最常用的三种：JTAG 方式、AS 方式和 PS 方式。其中，尤以 JTAG 方式和 AS 方式最为重要。一般的 FPGA 实验板多采用 AS+JTAG 的方式，这样可以用 JTAG 方式调试，最后程序调试无误之后，再用 AS 方式把程序烧到配置芯片中，将配置文件固化到实验板上，达到脱机运行的目的。也可以在实验板上只保留JTAG接口，通过JTAG接口达到将配置文件固化到实验板上的目的，这需要将.sof转换为.jic文件，通过JTAG方式和JTAG接口将.jic文件下载至EPCS配置器件中（配置文件先从PC传输至FPGA，再从FPGA转给配置芯片，FPGA起中转作用），将配置文件固化到实验板上，达到脱机运行的目的。

Cyclone IV器件的配置方式是通过MSEL引脚设置为不同的电平组合来选择的，表2.11所示为Cyclone IV E器件配置方式的MSEL引脚电平设置，主要列举了AS、PS和JTAG三种方式。多数Cyclone IV E器件的MSEL引脚为4个，少数为3个，具体请查阅器件手册。

表2.11 Cyclone IV E器件配置方式的MSEL引脚电平设置

配置方式	MSEL3	MSEL2	MSEL1	MSEL0	速度
AS	1	1	0	1	快速
	0	1	0	0	快速
	0	0	1	0	标准
	0	0	1	1	标准
PS	1	1	0	0	快速
	0	0	0	0	标准
JTAG	建议接为0000				—

1. AS方式

在AS方式下，必须使用一个串行Flash来存储FPGA的配置数据，以作为串行配置器件，选用哪种芯片由FPGA的容量决定。表2.12所示为Altera的串行配置器件。

表2.12 Altera的串行配置器件

串行配置器件系列	型号	容量/Mb	封装	工作电压/V	适用的FPGA器件
EPCQ-L	EPCQL256	256	24引脚BGA	1.8	Stratix 10、Arria 10和Cyclone 10 GX FPGA
	EPCQL512	512	24引脚BGA	1.8	
	EPCQL1024	1024	24引脚BGA	1.8	
EPCQ	EPCQ16	16	8引脚SOIC	3.3	Stratix V、Arria V、Cyclone V、Cyclone 10 LP及早期的FPGA系列
	EPCQ32	32	8引脚SOIC	3.3	
	EPCQ64	64	16引脚SOIC	3.3	
	EPCQ128	128	16引脚SOIC	3.3	
	EPCQ256	256	16引脚SOIC	3.3	
	EPCQ512/A	512	16引脚SOIC	3.3	
EPCS	EPCS1	1	8引脚SOIC	3.3	兼容Stratix IV、Arria II、Cyclone 10 LP和更早的FPGA，但建议使用EPCQ系列（Asx1模式）
	EPCS4	4	8引脚SOIC	3.3	
	EPCS16	16	8引脚SOIC	3.3	
	EPCS64	64	16引脚SOIC	3.3	
	EPCS128	128	16引脚SOIC	3.3	

采用EPCS对单个Cyclone IV器件的AS方式配置电路如图2.51所示，串行配置器件通过一个由

4 个引脚（DATA、DCLK、nCS 和 ASDI）组成的串行接口与 FPGA 连接。系统上电时，FPGA 和串行配置器件都进入上电复位周期，此时 FPGA 将 nSTATUS 信号和 CONF_DONE 信号驱动为低电平，表示此时 FPGA 没有完成配置。上电复位大约持续 100ms，然后 FPGA 释放 nSTATUS 信号并进入配置模式，此时 FPGA 将 nCSO 信号驱动为低电平以使能串行配置器件。FPGA 内置的振荡器产生串行时钟 DCLK，ASDO 引脚发送控制信号，DATA0 引脚串行传输配置数据。串行配置器件在 DCLK 的上升沿锁存输入的信号，在 DCLK 的下降沿驱动配置数据；FPGA 在 DCLK 的下降沿驱动控制信号，在 DCLK 的上升沿锁存配置数据。当配置完成后，FPGA 释放 CONF_DONE 信号，外部电路将其拉为高电平，FPGA 开始初始化。串行时钟 DCLK 是由 Cyclone 器件的内置振荡器产生的，其频率范围为 20～40MHz，典型值为 30MHz。

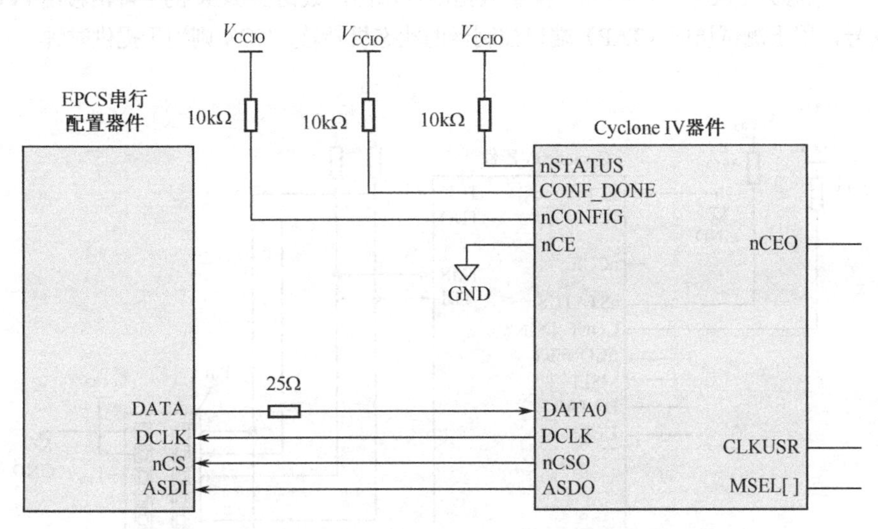

图 2.51　采用 EPCS 对单个 Cyclone IV 器件的 AS 方式配置电路

2．PS 方式

PS（Passive Serial，被动串行）方式中，由外部主机（MAX II 芯片或微处理器）控制配置过程，图 2.52 所示为外部主机 PS 方式配置单个 Cyclone IV 器件的电路连接，配置数据在 DCLK 时钟信号的每个上升沿，通过 DATA0 引脚串行输入 Cyclone IV 器件。

与 PS 方式相关的配置文件格式有.rbf、.hex 和.ttf 等。

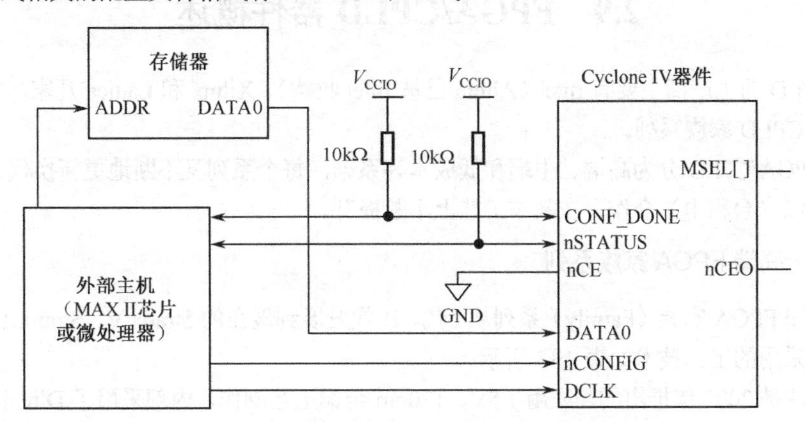

图 2.52　外部主机 PS 方式配置单个 Cyclone IV 器件的电路连接

3. JTAG 方式

JTAG 方式是最基本也是最常用的配置方式，JTAG 方式具有比其他配置方式更高的优先级，在 Cyclone IV 系列 FPGA 的非 JTAG 配置过程中，一旦发起 JTAG 配置命令，则非 JTAG 配置被终止，进入 JTAG 配置方式。通过 JTAG 方式既可以直接将 PC 上的配置数据加载到 FPGA 上在线运行，又可以通过 FPGA 器件的中转将数据烧写到 Flash 外挂配置芯片中，实现配置数据的固化。

Cyclone IV 器件的 JTAG 方式配置电路如图 2.53 所示，PC 端的 Quartus Prime（或 Quartus II）软件通过下载线缆和 10 芯接口将配置数据（.sof 文件）下载到 FPGA 内部，下载速度快，适于在线调试。JTAG 方式有 4 个专用配置引脚：TDI、TDO、TMS 和 TCK。TDI 引脚用于配置数据串行输入，数据在 TCK 的上升沿移入 FPGA；TDO 用于配置数据串行输出，数据在 TCK 的下降沿移出 FPGA；TMS 提供控制信号，用于测试访问（TAP）端口控制器的状态机转移；TCK 则用于提供时钟。

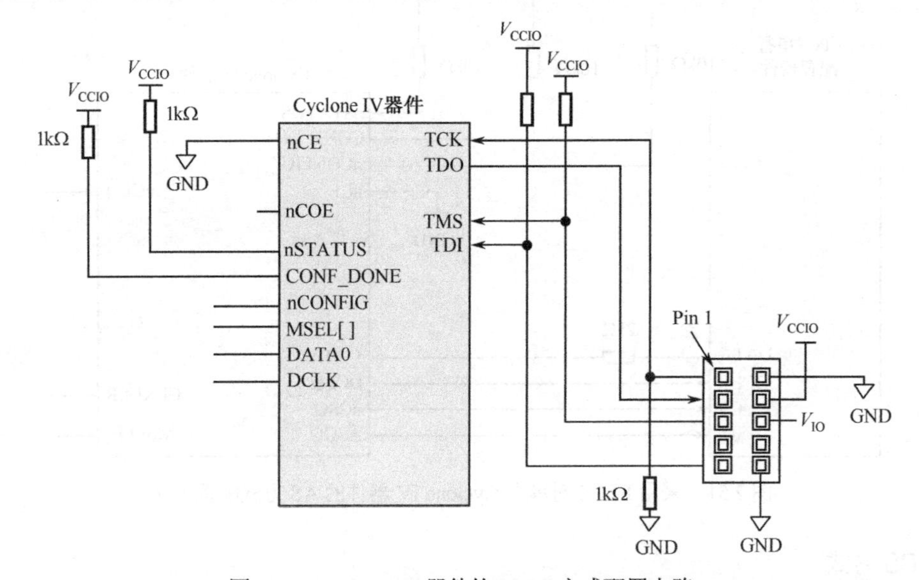

图 2.53　Cyclone IV 器件的 JTAG 方式配置电路

在 JTAG 配置完成后，Quartus Prime 软件将对其进行验证，其方法是检测 CONF_DONE 信号，如果 CONF_DONE 信号为高电平，则表明配置成功，否则表明配置失败。

2.9　FPGA/CPLD 器件概述

FPGA/CPLD 的生产商主要有 Intel（Altera 已被 Intel 收购）、Xilinx 和 Lattice 几家，本节主要介绍 Intel 的 FPGA/CPLD 家族系列。

Intel 的 FPGA/CPLD 分为高端、中端和低成本等系列，每个系列又不断地更新换代、推陈出新，Intel 还与 TSMC（台积电）合作，在制作工艺上不断提升。

1. Stratix 高端 FPGA 家族系列

Stratix 高端 FPGA 家族（Family）系列从 I 代、II 代发展到现在的 Stratix V、Stratix 10 等，每一代的推出年份和采用的工艺技术如表 2.13 所示。

Stratix 器件是 2002 年推出的，采用 1.5V、130nm 全铜工艺制作，内部采用了 Direct Drive 技术和快速连续互连（MultiTrack）技术。Direct Drive 技术保证片内所有的函数可以直接连接使用同一布线资源，MultiTrack 技术可以根据走线的不同长度进行优化，改善内部模块之间的连线。

表 2.13　Stratix 高端 FPGA 家族系列每一代的推出年份和采用的工艺技术

器件系列	Stratix	Stratix II	Stratix III	Stratix IV	Stratix V	Stratix 10
推出年份/年	2002	2004	2006	2008	2010	2013
采用的工艺技术/nm	130	90	65	40	28	14，三栅极

Stratix II 器件采用 1.2V、90nm 工艺制作，有 15 600～179 400 个等效 LE 和多达 9Mb 的嵌入式 RAM。Stratix II 器件采用新的逻辑结构，和 Stratix 器件相比，性能平均提高了 50%，逻辑容量增加为原来的 2 倍，并支持 500MHz 的内部时钟频率。

Stratix III 器件采用 65nm 工艺制作，分为三个子系列：Stratix III 系列，主要用于标准型应用；Stratix III L 系列，侧重 DSP 应用，包含大量乘法单元和 RAM 资源；Stratix III GX 系列，集成高速串行收发模块。Stratix III FPGA 最大容量达到 338 000 个逻辑单元，包含 9Kb 分布式 RAM 和 144Kb RAM 块，支持可调内核电压、自动功耗/速率调整。

Stratix IV 采用 40nm 工艺制作，芯片内集成了速度可达 11.3Gbps 的收发器，可以实现单片系统（SoC）。

Stratix V FPGA 采用 TSMC（台积电）28nm 高 K 金属栅极工艺制作，达到 119 万个逻辑单元（LE）或 14.3M 个逻辑门；片内集成了 28.05Gbps 和 14.1Gbps 的高速收发器，1066MHz 的 6×72DDR3 存储器接口；能提供嵌入式 HardCopy 模块和集成内核，以及 PCI Express Gen3、Gen2、Gen1 硬核。

Stratix 10 FPGA 于 2013 年推出，采用了 Intel 14nm 三栅极制造工艺，最高有 550 万个逻辑单元（LE），并可集成 1.5GHz 四核 64 位 ARM Cortex-A53 硬核处理器，能提供 144 个收发器，数据速率达到 30Gbps；支持 2666Mbps 的 DDR4，整体性能达到了新的高度。

2．Arria 中端 FPGA 家族系列

Arria 是面向中端应用的 FPGA 家族系列，用于对成本和功耗敏感的收发器及嵌入式应用。Arria 中端 FPGA 家族系列每一代的推出年份和采用的工艺技术如表 2.14 所示。

表 2.14　Arria 中端 FPGA 家族系列每一代的推出年份和采用的工艺技术

器 件 系 列	Arria GX	Arria II GX	Arria II GZ	Arria V GX、GT、SX	Arria V GZ	Arria 10 GX, GT, SX
推出年份/年	2007	2009	2010	2011	2012	2013
采用的工艺技术/nm	90	40	40	28	28	20

Arria GX FPGA 系列于 2007 年推出，采用 90nm 工艺。收发器速率为 3.125Gbps，支持 PCIE、以太网、Serial RapidIO 等多种协议。

Arria II FPGA 基于 40nm 工艺，其架构包括 ALM、DSP 模块和嵌入式 RAM，以及 PCIE 硬核。Arria II 包括两个型号：Arria II GX 和 Arria II GZ，后者的功能更强。

Arria V GX 和 GT FPGA 使用了 28nm 低功耗工艺实现了低静态功耗，还提供速率达 10.312 5Gbps 的低功耗收发器，设计了具有硬核 IP 的优异架构，从而降低了动态功耗，还集成了 HPS（包括处理器、外设和存储器控制器）。

对于中端应用，Arria V GZ FPGA 实现了单位带宽最低功耗，收发器速率达到 12.5Gbps；在 10Gbps

数据速率时，Arria V GZ FPGA 每通道功耗不到 180mW，在 12.5Gbps 时，每通道功耗不到 200mW。

Arria 10 系列在性能上超越了前一代高端 FPGA，而功耗低于前一代中端 FPGA，重塑了中端器件。Arria 10 器件采用了 20nm 工艺技术和高性能体系结构，其串行接口速率达到 28.05Gbps，其硬核浮点 DSP 模块速率可达到每秒 1500G 次浮点运算（GFLOPS）。

3. Cyclone 低成本 FPGA 家族系列

Cyclone 低成本 FPGA 家族系列从 I 代、II 代、III 代发展到 Cyclone IV、Cyclone V、Cyclone 10，每一代的推出年份和采用的工艺技术如表 2.15 所示。

表 2.15　Cyclone 低成本 FPGA 家族系列每一代的推出年份和采用的工艺技术

器件系列	Cyclone	Cyclone II	Cyclone III	Cyclone IV	Cyclone V	Cyclone 10
推出年份/年	2002	2004	2007	2009	2011	2017
采用的工艺技术/nm	130	90	65	60	28	20

Cyclone II 器件采用 90nm 工艺制作；Cyclone 器件的工艺是 130nm。Cyclone 和 Cyclone II 器件目前已停产。

Cyclone III 器件采用 65nm 低功耗工艺制作，能提供丰富的逻辑、存储器和 DSP 功能，Cyclone III FPGA 含有 5 000～12 万逻辑单元（LE）、288 个 DSP 乘法器，存储器容量大幅增加，每个 RAM 块增加到 9Kb，最大容量达到 4Mb，18 位乘法器的数量也达到 288 个。

Cyclone IV FPGA 器件有两种型号，均采用 60nm 低功耗工艺。一种型号为 Cyclone IV GX，具有 150K 个逻辑单元（LE）、6.5Mb RAM 和 360 个乘法器，以及 8 个支持主流协议的 3.125Gbps 收发器，Cyclone IV GX 还为 PCI Express（PCIE）提供硬核 IP，其封装（Wirebond 封装）大小只有 11mm×11mm，非常适合低成本场合应用；另一个型号是 Cyclone IV E 器件，不带收发器，但它的内核电压只有 1.0 V，比 Cyclone IV GX 具有更低的功耗。

Cyclone V 器件在 2011 年推出，采用了 TSMC（台积电）的 28nm 低功耗（28LP）工艺制作，面向低成本、低功耗应用，并提供集成收发器型号及具有基于 ARM 的硬核处理器系统（HPS）的型号，HPS 包括处理器、外设和存储器控制器。

Cyclone 10 FPGA 于 2017 年推出，Cyclone 10 分为两个子系列：Cyclone 10 GX 和 Cyclone 10 LP。Cyclone 10 GX 支持 12.5Gbps 收发器、1.4Gbps LVDS 和最高 72 位宽、1 866Mbps DDR3 SDRAM 接口，逻辑容量为 85K 到 220K 个 LE 单元，性能已经接近中高端 FPGA 的水平，适用于对成本敏感的高带宽、高性能应用，比如工业视觉、机器人和车载娱乐多媒体系统等。Cyclone 10 LP 适用于不需要高速收发器的低功耗、低成本应用，逻辑容量为 6K 到 120K 个 LE 单元，和上一代产品比，静态功耗降低一半，成本也将大幅降低。

4. Intel 的 CPLD 家族系列

Intel 的 CPLD 器件均是基于非易失体系结构的，无须外挂配置器件。早期的 CPLD 器件，比如 MAX7000S、MAX3000A 等采用 EEPOM 工艺，集成度为 32～512 个宏单元，工作电压多为 5.0V。2004 年后推出的 MAX II、MAX V、MAX 10 系列器件兼具 FPGA 和 CPLD 的双重优点，解决了非易失、单芯片、低成本、低功耗、高密度的芯片实现方案。Intel 的 CPLD 家族系列每一代的推出年份和采用的工艺技术如表 2.16 所示。

表 2.16 Intel 的 CPLD 家族系列每一代的推出年份和采用的工艺技术

器件系列	早期的 CPLD	MAX II	MAX IIZ	MAX V	MAX 10
推出年份/年	1995—2002	2004	2007	2010	2014
采用的工艺技术	0.50～0.30μm	0.18μm	180nm	180nm	55nm

MAX II 采用 0.18μm Flash 工艺制作，基于查找表（LUT）结构，采用行列布线，每个 MAX II 器件都嵌入了 8Kb 的 Flash 存储器，用户可以将配置数据集成到器件中，无须外挂配置器件。

MAX V 器件采用 180nm 工艺制作，可靠性高，功耗低，采用非易失体系结构。MAX V 体系结构集成闪存、RAM、振荡器和锁相环等传统结构，绿色封装（$20mm^2$），静态功耗低至 45μW。

MAX 10 器件采用 TSMC 的 55nm 嵌入式 NOR 闪存技术制造，于 2014 年推出，是具有创新性的低成本、单芯片、小封装非易失器件，使用单核或双核电压供电，其密度范围为 2000～5000 个 LE 单元，采用小圆晶片级封装（3mm×3mm）。MAX 10 集成功能包括模数转换器（ADC）和双配置闪存，还支持 Nios II 软核、DSP 模块和软核 DDR3 存储控制器等。MAX 10 器件的特点包括：双配置闪存；用户闪存，具有 736KB 用户闪存代码存储功能；集成模拟模块和 ADC 及温度传感器。

5. Intel 的宏功能模块及 IP 核

随着百万门级的 PLD 芯片的推出，芯片系统（SoC）成为可能，Intel（Altera）提出的概念为 SOPC，即可编程芯片系统，将一个完整的系统集成在一个 PLD 器件内。为了支持 SOPC 的实现，Intel 提供了宏模块、IP 核及系统集成等解决方案。基于 IP 核的设计无疑会减少设计风险，缩短开发周期。Intel 通过下面两种方式开发 IP 模块。

AMPP：AMPP（Altera Megafunction Partners Program）是 Intel（Altera）宏功能模块、IP 核开发伙伴组织。通过这个组织，提供基于 Intel 器件的优化的宏功能模块、IP 核。

MegaCore：MegaCore 是 Intel 自行开发完成的，具有高度的灵活性和一些固定功能的器件所达不到的性能。Quartus Prime（Quartus II）软件提供对 MegaCore 模块进行评估的功能，允许用户在购买前对该模块进行编译、仿真并测试其性能。Quartus Prime 还提供新的系统级集成工具 Qsys，与 SOPC Builder 相比，Qsys 性能几乎加倍，以更高的抽象级来进行设计。

Intel（Altera）常用的宏功能模块、IP 核包括以下几类。

- 数字信号处理类：DSP 基本运算模块，如快速加法器、快速乘法器、FIR 滤波器、FFT 等。
- 图像处理类：Intel 为数字视频处理所提供的方案包括旋转、压缩、过滤等应用，包括离散余弦变换、JPEG 压缩等。
- 通信类：包括信道编解码模块、Viterbi 编解码、Turbo 编解码、快速傅里叶变换、调制解调器等。
- 接口类：包括 PCI、USB、CAN 等总线接口。
- 处理器及外围功能模块：包括嵌入式微处理器、微控制器、CPU 内核、UART、中断控制器等。

2.10 FPGA/CPLD 的发展趋势

FPGA/CPLD 器件在 40 年的时间里已经取得了巨大成功，在性能、成本、功耗、容量和编程能力方面的性能不断提升，在未来的发展中，将呈现以下几个方面的趋势。

1. 向高密度、高速度、宽频带、高保密方向进一步发展

14nm 制作工艺目前已用于 FPGA/CPLD 器件（如 Stratix 10 器件采用 14nm 三栅极工艺制作），

FPGA 在性能、容量方面取得的进步非常显著。在高速收发器方面 FPGA 也已取得显著进步，以解决视频、音频及数据处理的 I/O 带宽问题，这正是 FPGA 优于其他解决方案之处。

2．向低电压、低功耗、低成本、低价格的方向发展

功耗已成为电子设计开发中的最重要的考虑因素之一，并影响着最终产品的体积、质量和效率。

FPGA/CPLD 器件的内核电压呈不断降低的趋势，经历了 5V→3.3V→2.5V→1.8V→1.2V→1.0V 的演变，未来会更低。工作电压的降低使得芯片的功耗显著减小，使 FPGA/CPLD 器件适用于便携、低功耗应用场合，如移动通信设备、个人数字助理等。

3．向 IP 软/硬核复用、系统集成的方向发展

FPGA 平台已经广泛嵌入 RAM/ROM、FIFO 等存储器模块，以及 DSP 模块、硬件乘法器等，可实现快速的乘累加操作；同时越来越多的 FPGA 集成了硬核 CPU 子系统（ARM/MIPS/ MCU）及其他软/硬核 IP，向系统集成的方向快速发展。

4．向模数混合可编程方向发展

迄今为止，PLD 的开发和应用的大部分工作都集中在数字逻辑电路上，模拟电路及数模混合电路的可编程技术在未来将得到进一步发展，比如 Altera 已在 MAX 10 FPGA 中集成模拟模块和 ADC 及温度传感器，这样的芯片将来会更多。

5．FPGA/CPLD 器件将在物联网、人工智能、云计算等领域大显身手

处理器+FPGA 的创新架构将会极大地提升数据处理的效能，并降低功耗，FPGA/CPLD 器件将在物联网、人工智能、云计算等领域大显身手。

习　题　2

2.1　PLA 和 PAL 在结构上有什么区别？

2.2　说明 GAL 的 OLMC 有什么特点，以及它如何实现可编程组合电路和时序电路。

2.3　简述基于乘积项的可编程逻辑器件的结构特点。

2.4　基于查找表的可编程逻辑结构的原理是什么？

2.5　基于乘积项和基于查找表的结构各有什么优点？

2.6　CPLD 和 FPGA 在结构上有什么明显的区别？各有什么特点？

2.7　FPGA 器件中的存储器块有何作用？

2.8　Altera 的 MAX II 器件属于 CPLD 还是属于 FPGA？请查阅有关资料并进行分析。

2.9　边界扫描技术有什么优点？

2.10　说明 JTAG 接口都有哪些功能。

2.11　FPGA/CPLD 器件未来的发展趋势有哪些？

第3章　Quartus Prime集成开发工具

Quartus Prime是Intel（Altera已被Intel收购）新版的集成开发工具，从Quartus II 15.1开始，Quartus II开发工具改称Quartus Prime，2016年5月Intel发布了Quartus Prime 16.0版本。

从Quartus II 10.0版本开始，Quartus II软件中取消了自带的波形仿真工具，采用第三方仿真工具ModelSim进行仿真。

从Quartus II 13.1版本开始，Quartus II软件已不再支持Cyclone I和Cyclone II器件，所以如果要使用基于Cyclone II器件的DE2和DE2-70实验板，能够采用的Quartus II软件的最高版本是Quartus II 13.0 sp1。

Quartus II 13.1也是支持32位（32位、64位二合一）操作系统（如Windows XP）的最后一版，之后的Quartus II只支持64位操作系统（Windows 7、8、10），建议用15.0以上版本，因为除支持Arria 10系列新器件外，还多了很多免费IP，而且编译速度更快，Quartus II 15.0采用新的编译算法Spectra-Q Engine，编译速度提高5～10倍。

2017年Intel发布了Quartus Prime 17.0，分为Pro、Standard、Lite三个版本。在Quartus Prime软件中集成了新的Spectra-Q综合工具，支持数百万LE单元的FPGA器件；该软件还集成了新的前端语言解析器，扩展了对System Verilog-2005和VHDL-2008的支持，增强了RTL设计功能。

基于Quartus Prime进行FPGA设计开发的流程如图3.1所示，主要包括以下步骤。

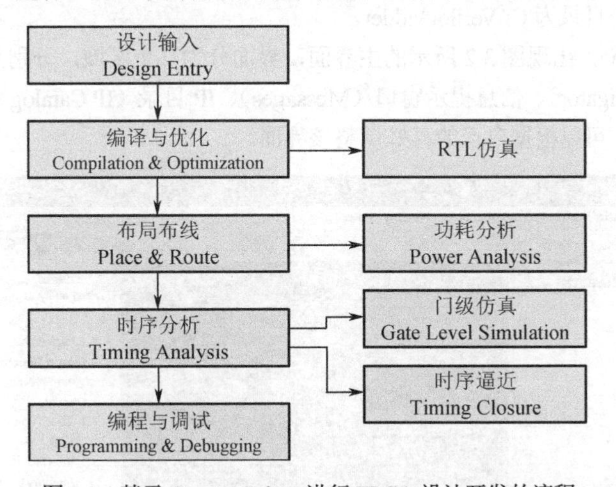

图3.1　基于Quartus Prime进行FPGA设计开发的流程

（1）设计输入：包括原理图输入、HDL文本输入、EDIF网表输入等几种方式。

（2）编译与优化：根据设计要求设定编译方式和编译策略，如器件的选择、逻辑综合方式的选择等，然后根据设定的参数和策略对设计项目进行网表提取、逻辑综合。在综合阶段，应利用设计指定的约束文件将RTL设计功能实现并优化到具有相同功能且具有单元延时（但不含时序信息）的基本器件中，如触发器、逻辑门等，得到的是功能独立于FPGA的网表。

（3）布局布线（Place & Route），或者称为转配（Fitting），布局布线将综合后的网表文件针对某一具体的目标器件进行逻辑映射，器件适配，并产生报告文件（.rpt）、延时信息文件、编程文件（.pof、.sof

等）及面向其他 EDA 工具的输出文件（EDIF 文件）等，供时序分析、仿真和编程使用。

（4）仿真：Quartus Prime 软件的仿真分为两种——RTL 仿真（RTL Simulation）和门级仿真（Gate Level Simulation）。Quartus Prime 取消了自带的波形仿真，转而采用专业第三方仿真工具 ModelSim 进行仿真。ModelSim RTL 仿真是对设计的语法和基本功能进行验证，其输入为 RTL 代码与 Testbench 激励脚本，在设计的初始阶段发现问题；门级仿真是针对门级时序进行的仿真，是通过布局布线得到标准延时格式的时序信息后进行的仿真，ModelSim 门级仿真需要 VHDL 或 Verilog 门级网表、FPGA 厂家提供的元件库，还需要标准延时文件（.sdf），门级仿真综合考虑电路的路径延迟与门延迟的影响，验证电路能否在一定时序条件下满足时序要求。

（5）编程与调试：用得到的编程文件通过编程电缆配置 FPGA，加入实际激励，进行在线测试。在以上的设计过程中，如果出现错误，需重新回到设计输入阶段，改正错误或调整电路后重复上述过程。

3.1　Quartus Prime 原理图设计

本节以 1 位全加器的设计为例，介绍基于 Quartus Prime 软件进行原理图设计的基本流程，本书采用的是 Quartus Prime 17.0，其他不同版本的 Quartus 软件（如 Quartus II 12.0、Quartus II 13.0 sp1、Quartus II 13.1、Quartus Prime 15.1 等）使用方法与此类似。

1 位全加器通过两步实现，首先设计一个半加器，然后调用半加器构成 1 位全加器。

3.1.1　半加器原理图设计输入

在进行设计之前，首先应建立工作目录，每个设计都是一项工程（Project），一般单独建一个工作目录。本例设立的工作目录为 C:\Verilog\adder。

启动 Quartus Prime，出现图 3.2 所示的主界面，界面分为几个区域，分别是工作区、设计项目层次显示区（Project Navigator）、信息提示窗口（Messages）、IP 目录（IP Catalog）、任务区（Tasks）等，以及各种工具按钮栏，可以根据自己的喜好调整该界面。

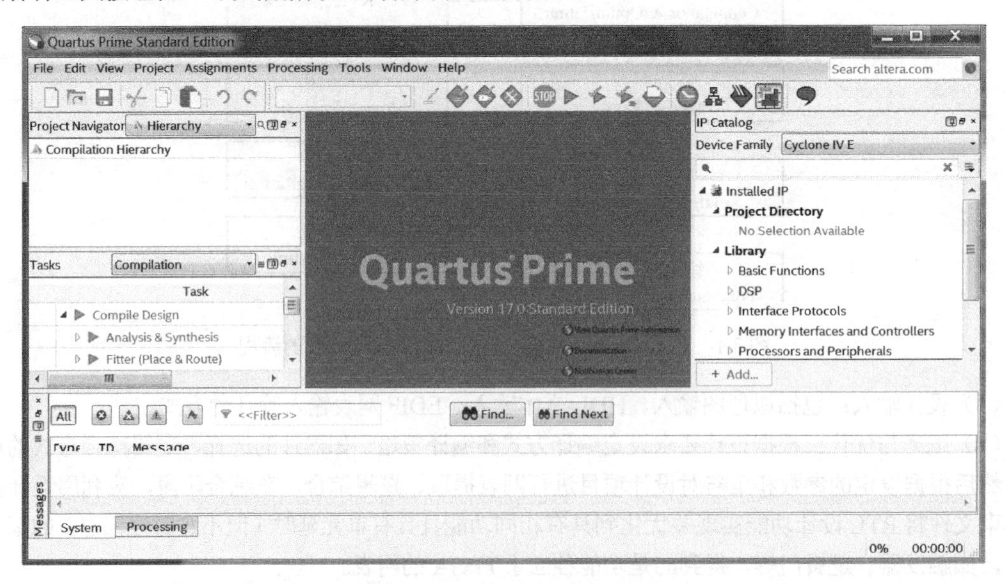

图 3.2　Quartus Prime 的主界面

1. 输入源设计文件

选择菜单 File→New，在弹出的 New 对话框中选择源文件的类型，本例选择 Block Diagram/Schematic File 类型（如图 3.3 所示），即出现图 3.4 所示的原理图编辑界面。

在图 3.4 的原理图编辑界面中，选择菜单 Edit→Insert Symbol（或者双击空白处），即出现图 3.5 所示的输入元件对话框。

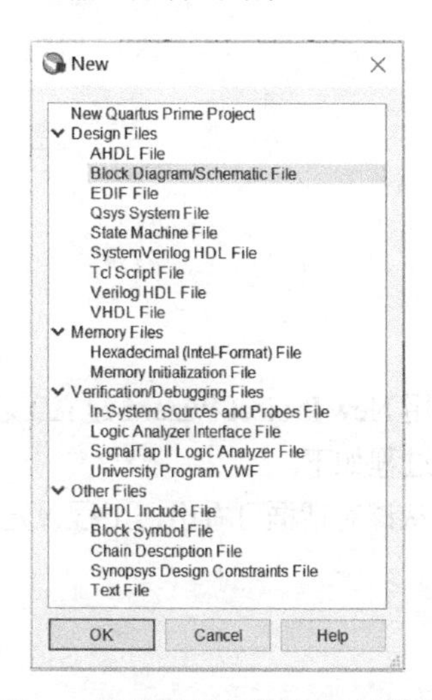

图 3.3　选择设计文件类型对话框

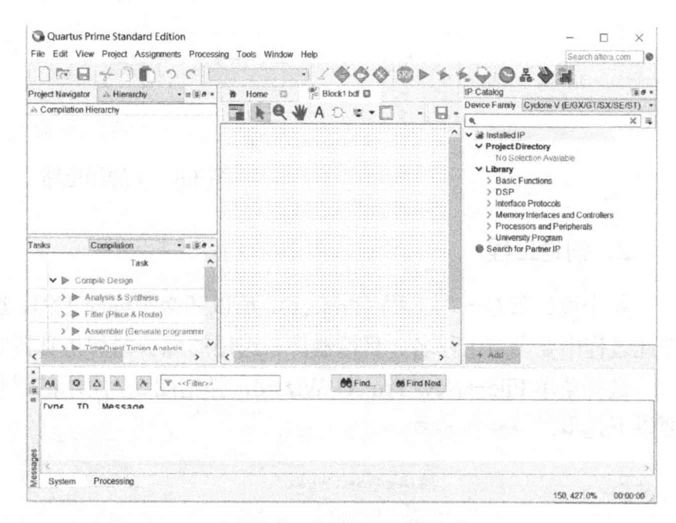

图 3.4　原理图编辑界面

在图 3.5 所示的输入元件对话框的 Name 栏中直接输入元件的名字（如果知道元件的名字）；或者在元件库中寻找，调入元件（如 and2 可在 logic 库中找到）。

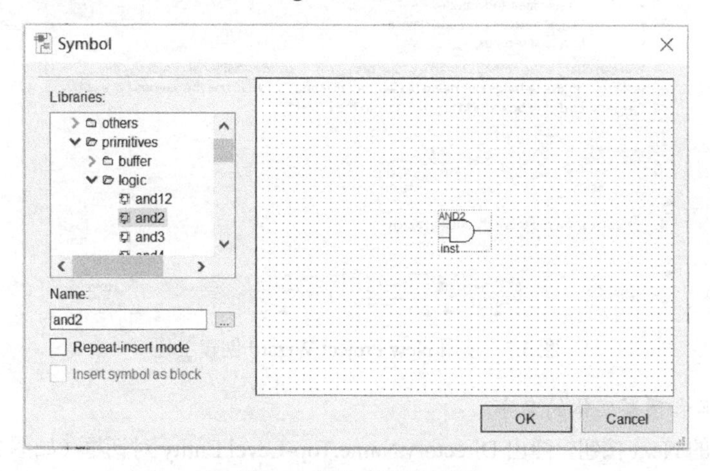

图 3.5　输入元件对话框

在原理图中调入与门（and2）、异或门（xor）、输入引脚（input）、输出引脚（output）等元件，并将这些元件连线，最终构成半加器电路，如图 3.6 所示。

将设计好的半加器原理图存于已建立的工作目录 C:\Verilog\adder 中，取文件名为 h_adder.bdf（文件名不可与库中已有的元件名重名）。

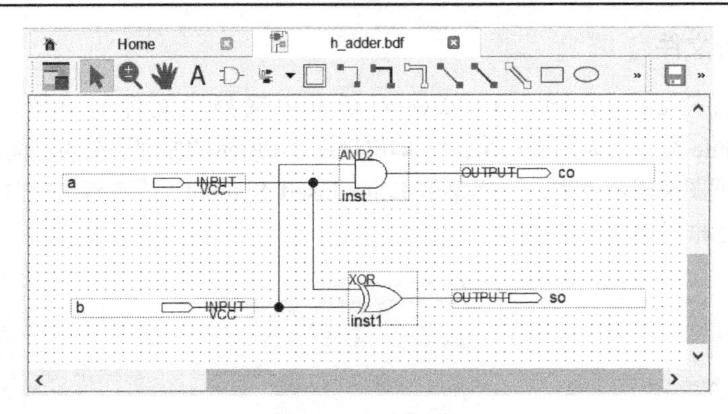

图 3.6　半加器电路

2. 创建工程

每个设计都是一项工程（Project），所以还必须创建工程。这里利用 New Project Wizard 建立工程，在此过程中要设定工程名、目标器件、选用的综合器和仿真器等，其过程如下。

选择菜单 File→New Project Wizard，弹出图 3.7 所示的对话框，从该对话框可看出，工程设置需要以下几步。

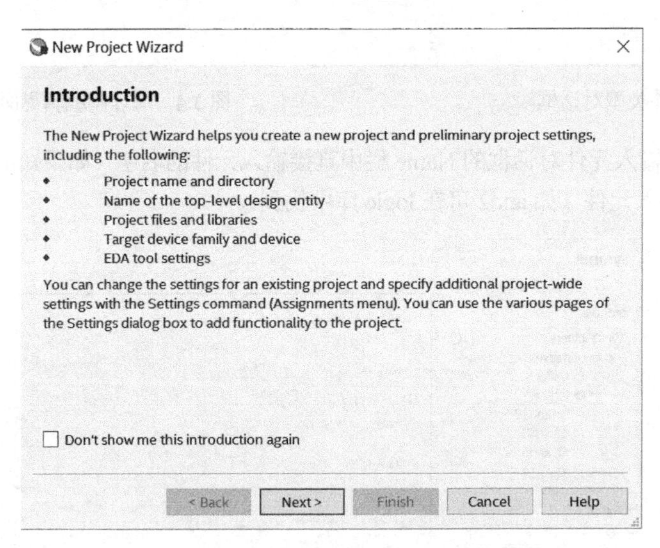

图 3.7　使用 New Project Wizard 创建工程

1）设置工程名和顶层实体的名字

单击图 3.7 中的 Next 按钮，弹出 Directory,Name,Top-Level Entity 对话框（如图 3.8 所示），单击该对话框最上一栏右侧的按钮"…"，找到文件夹 C:/Verilog/addder，作为当前的工作目录。在第二栏中填写 fulladder，作为当前工程的名字（一般将顶层文件的名字作为工程名）；第三栏是顶层文件的实体名，一般与工程名相同。

2）将设计文件加入当前工程中

单击图 3.8 中的 Next 按钮，弹出 Add Files 对话框（如图 3.9 所示），单击 Add All 按钮，将所有相关的文件都加入当前工程中。在本工程中，目前只有一个源设计文件 h_adder.bdf，因此，只需将该文件加入工程中即可。

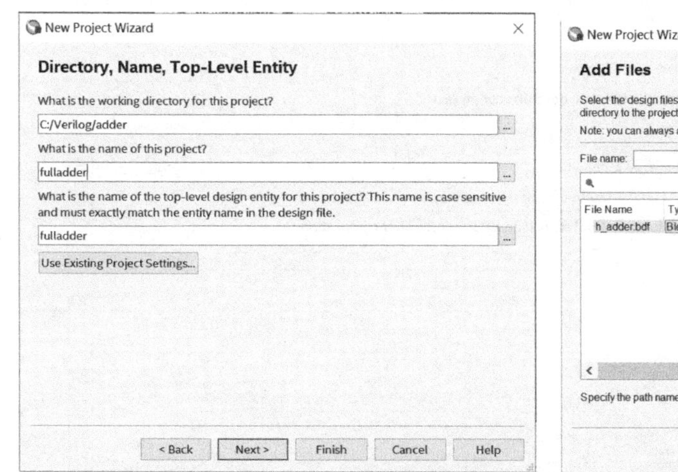

图 3.8 Directory,Name,Top-Level Entity 对话框

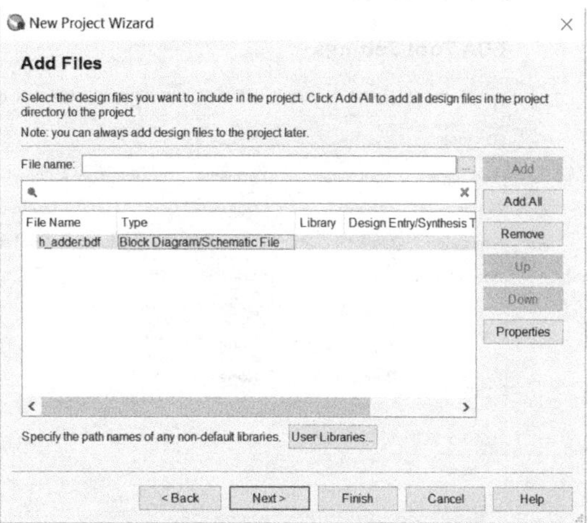

图 3.9 将设计文件加入当前工程中

3）选择目标器件

继续单击 Next 按钮，出现图 3.10 所示的选择目标器件对话框，在 Device family 栏中选择 Cyclone IV E 器件系列，具体的目标器件应根据所使用的目标器件进行选择，此处因为目标下载板为 DE2-115，所以 Available devices 选择 EP4CE115F29C7。

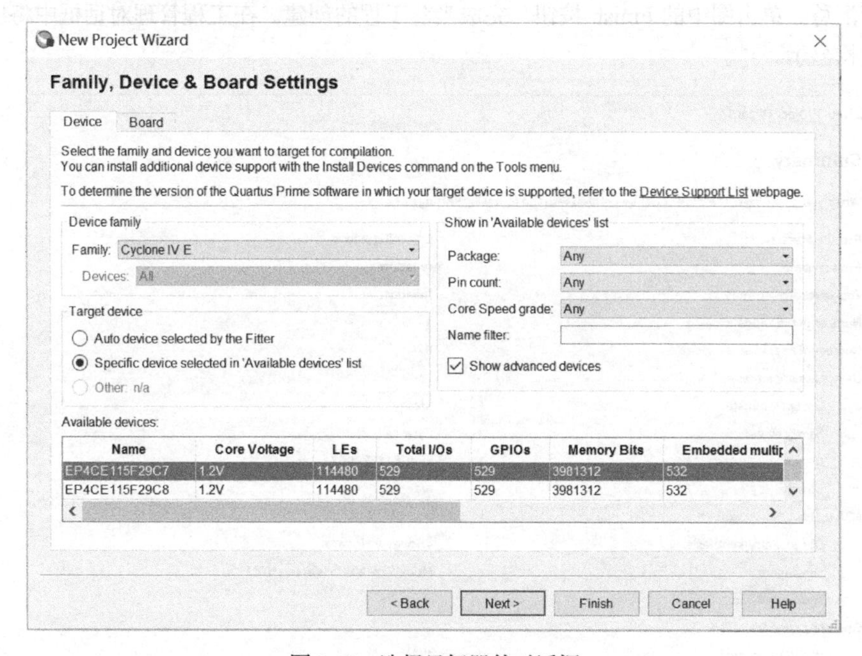

图 3.10 选择目标器件对话框

4）选择综合器和仿真器

单击图 3.10 中的 Next 按钮，弹出选择仿真器和综合器的 EDA Tool Settings 对话框，如图 3.11 所示。在 Design Entry/Synthesis 一行，如果选择默认的 None，则表示选择 Quartus Prime 自带的综合器进行综合（也可选 Synplify Pro 等进行综合，但必须已安装好）；在 Simulation 一行，选择 ModelSim-Altera，表示选择该仿真器进行仿真，Format(s)一栏选择 Verilog HDL。

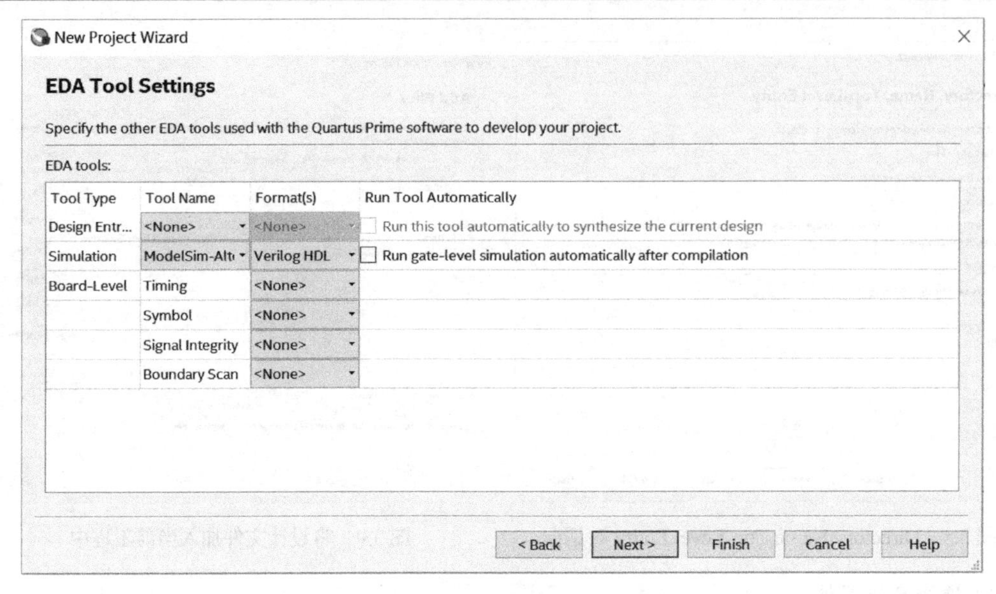

图 3.11　EDA Tool Settings 对话框

5）结束设置

单击 Next 按钮，出现工程设置信息汇总（Summary）对话框，如图 3.12 所示，对前面所做的设置情况进行汇总。单击图中的 Finish 按钮，完成当前工程的创建。在工程管理对话框中将出现当前工程的层次结构显示。

New Project Wizard

Summary

When you click Finish, the project will be created with the following settings:

Project directory:	C:\Verilog\adder
Project name:	fulladder
Top-level design entity:	fulladder
Number of files added:	1
Number of user libraries added:	0
Device assignments:	
Design template:	n/a
Family name:	Cyclone IV E
Device:	EP4CE115F29C7
Board:	n/a
EDA tools:	
Design entry/synthesis:	<None> (<None>)
Simulation:	ModelSim-Altera (Verilog HDL)
Timing analysis:	0
Operating conditions:	
VCCINT voltage:	1.2V
Junction temperature range:	0-85 ℃

< Back　Next >　Finish　Cancel　Help

图 3.12　工程设置信息汇总（Summary）对话框

3.1.2　1 位全加器设计输入

1. 将半加器创建成一个元件符号

选择菜单 File→Create/Update→Create Symbol Files for Current File，弹出图 3.13 所示的 Create Symbol File 对话框，单击 Save 按钮，将前面的半加器创建成一个元件符号（以文件 h_adder.bsf 存在当前目录下），以供调用。

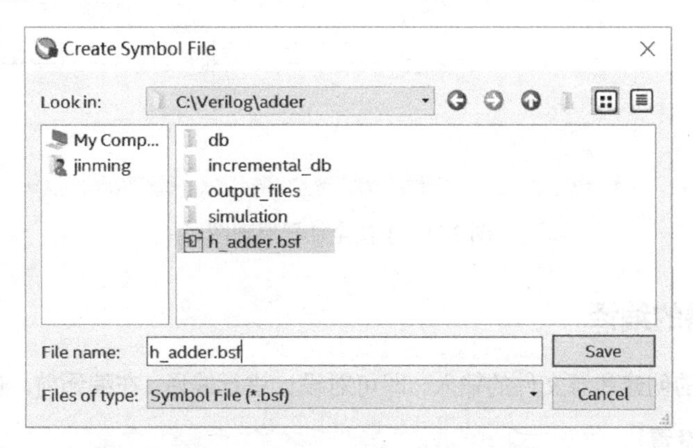

图 3.13　Create Symbol File 对话框

2. 全加器原理图输入

创建一个新的原理图文件。选择菜单 File→New，在弹出的 New 对话框中选择 Block Diagram/Schematic File 类型，打开一个新的原理图编辑对话框。

在原理图编辑对话框中，选择菜单 Edit→Insert Symbol（或者双击图中空白处），出现 Symbol 输入元件对话框，如图 3.14 所示，与图 3.5 不同的是，现在除 Quartus Prime 软件自带的元件外，设计者自己生成的元件也同样出现在库列表中，上步中生成的 h_adder 半加器出现在可调用库元件列表中，将其调入原理图中。

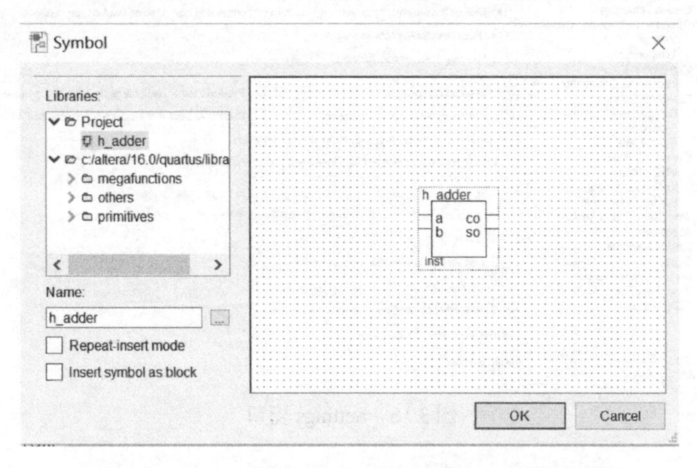

图 3.14　在可调用库元件列表中调用 h_adder 半加器

在原理图中继续调入或门（or2）、输入引脚（input）、输出引脚（output）等元件，将这些元件连线，构成全加器，1 位全加器原理图如图 3.15 所示。将设计好的 1 位全加器以名字 fulladder.bdf 存于同一目录下（C:\Verilog\adder）。

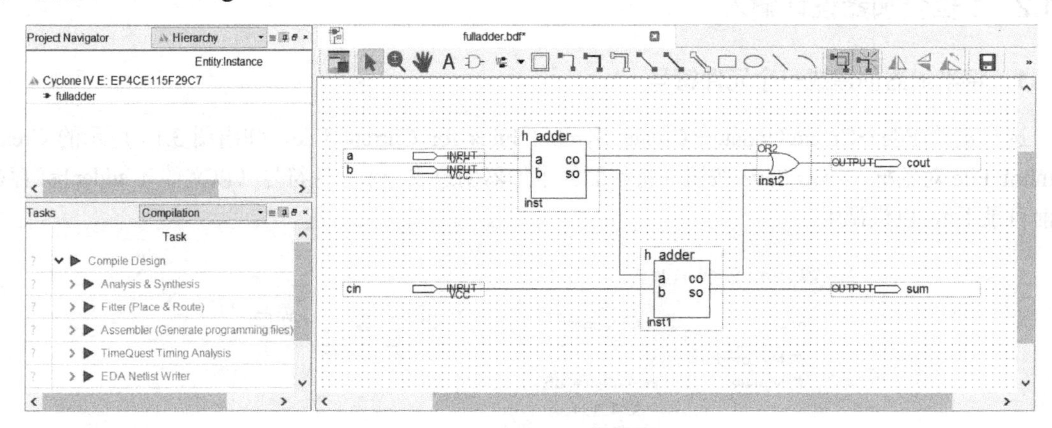

图 3.15　1 位全加器原理图

3.1.3　1 位全加器的编译

完成了工程文件的创建和源文件的输入，即可对设计进行编译。在编译前，必须进行必要的设置。

1．编译模式的设置

可以设置编译模式。选择菜单 Assignments→Settings，在图 3.16 所示的 Settings 窗口中，单击左边的 Compilation Process Settings，在右边出现的 Compilation Process Settings 窗口中选择使能 Use smart compilation 和 Preserve fewer node names to save disk space 等选项（如图 3.16 所示），这样可使得每次的重复编译运行得更快。

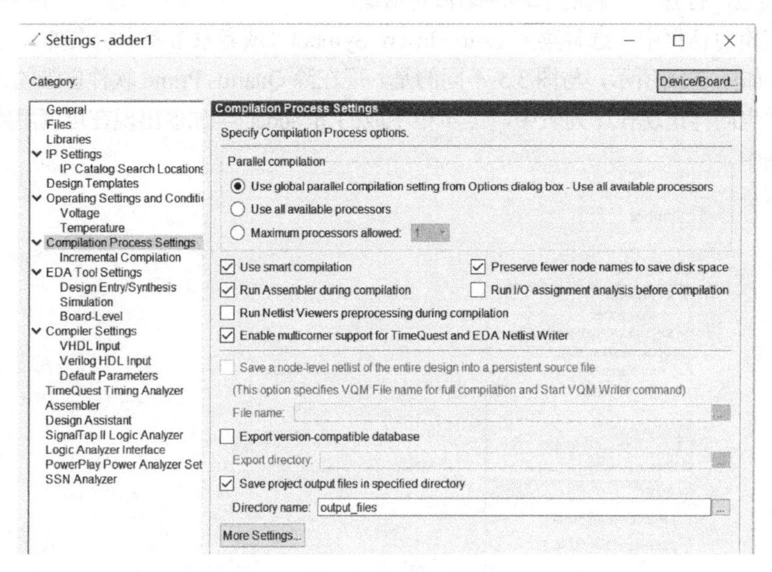

图 3.16　Settings 窗口

2．编译

选择菜单 Project→Set As Top-Level Entity，将全加器 fulladder.bdf 设为顶层实体，对其进行编译。Quartus Prime 编译器是由几个处理模块构成的，分别对设计文件进行分析检错、综合、适配等，并产生多种输出文件，如定时分析文件、器件编程文件、各种报告文件等。

选择菜单 Processing→Start Compilation，或者单击按钮▶，即启动了完全编译，这里的完全编译包括如下 5 个过程（如图 3.17 所示）：

- 分析与综合（Analysis & Synthesis）；
- 适配（Fitter(Place&Route)）；
- 装配（Assembler）；
- 时序分析（TimeQuest Timing Analysis）；
- 网表文件提取（EDA Netlist Writer）。

也可以只启动某几项编译，比如选择菜单 Processing→Start→Start Analysis & Synthesis，则只启动了分析与综合处理；选择菜单 Processing→Start→Start Fitter，则只启动了前两项处理。编译处理的进度在任务（Tasks）和状态（Status）窗口中实时显示，如图 3.17 所示。

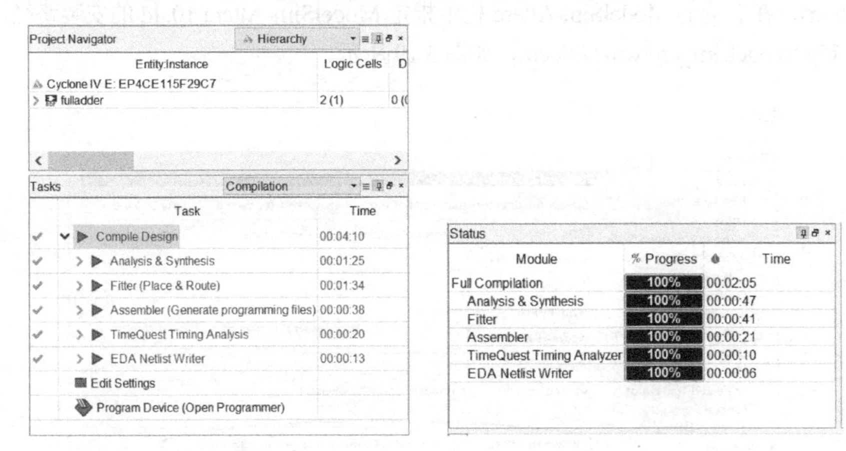

图 3.17　任务（Tasks）和状态（Status）窗口

3. 查看编译结果

编译完成后，会将有关的编译信息汇总（Flow Summary）显示，本例的编译信息汇总如图 3.18 所示，可知本例耗用的 LE 数为 2 个，占用的引脚数为 5 个，没有耗用其他资源（如存储器、嵌入式乘法器等）。

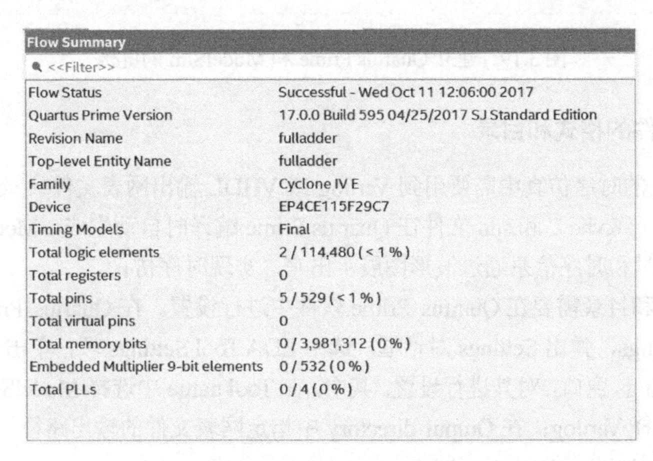

Flow Summary

<<Filter>>

Flow Status	Successful - Wed Oct 11 12:06:00 2017
Quartus Prime Version	17.0.0 Build 595 04/25/2017 SJ Standard Edition
Revision Name	fulladder
Top-level Entity Name	fulladder
Family	Cyclone IV E
Device	EP4CE115F29C7
Timing Models	Final
Total logic elements	2 / 114,480 (< 1 %)
Total registers	0
Total pins	5 / 529 (< 1 %)
Total virtual pins	0
Total memory bits	0 / 3,981,312 (0 %)
Embedded Multiplier 9-bit elements	0 / 532 (0 %)
Total PLLs	0 / 4 (0 %)

图 3.18　编译信息汇总

3.1.4 1 位全加器的仿真

从 Quartus II 10.0 版本开始，Quartus II 软件取消了自带的波形仿真工具（Waveform Editor），采用第三方仿真软件 ModelSim 进行仿真，所以在 Quartus Prime 中只能调用 ModelSim 进行仿真。在安装 Quartus Prime 17.0 时，配套的是 ModelSim-Altera 10.4d 版本仿真器。下面以 1 位全加器的仿真为例，介绍在 Quartus Prime 中调用 ModelSim-Altera 10.4d 进行仿真的过程，使用 ModelSim SE 进行仿真的过程与此有所不同，可参考相关文献。

1．建立 Quartus Prime 和 ModelSim 的链接

如果是第一次使用 ModelSim-Altera，则需建立 Quartus Prime 和 ModelSim 的链接。

在 Quartus Prime 主界面选择菜单 Tools→Options…，弹出 Options 对话框，在 Category 栏中选中 EDA Tool Options，在右边的 ModelSim-Altera 栏中指定 ModelSim-Altera 10.4d 的安装路径，本例中为 C:\intelFPGA\17.0\modelsim_ase\win32aloem，如图 3.19 所示。

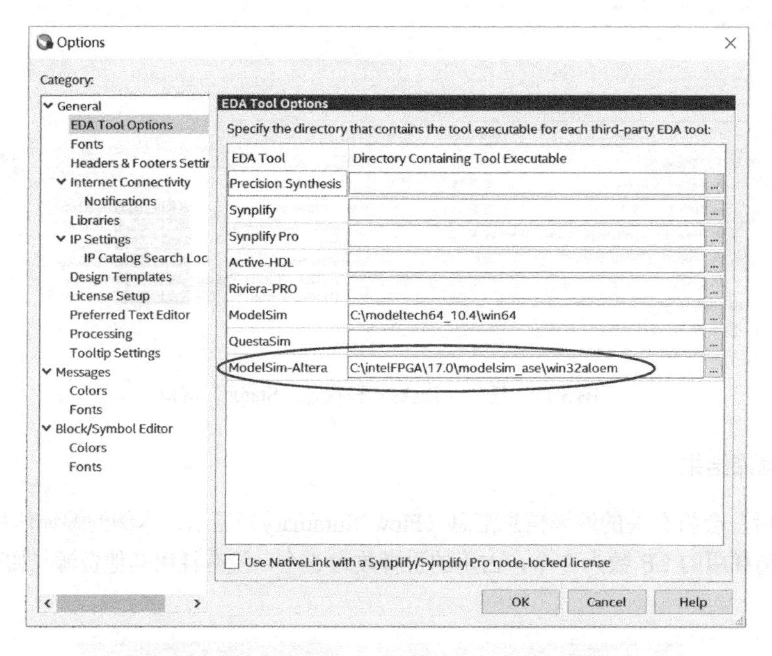

图 3.19 建立 Quartus Prime 和 ModelSim 的链接

2．设置仿真文件的格式和目录

ModelSim-Altera 的时序仿真中需要用到 Verilog 或 VHDL 输出网表文件（.vo 或.vho）、传输延迟文件（.sdo）等。.vo（或.vho）和.sdo 文件在 Quartus Prime 编译时自动生成，ModelSim-Altera 会自动调用上述文件，将延时和时序信息通过波形图展示出来，实现时序仿真。

上述文件的格式和目录需要在 Quartus Prime 软件中进行设置。在 Quartus Prime 主界面中选择菜单 Assignments→Settings，弹出 Settings 对话框，选中 EDA Tool Settings 项，单击 Simulation 按钮，出现图 3.20 所示的 Settings 窗口，对其进行设置。其中，在 Tool name 中选择 ModelSim-Altera；在 Format for output netlist 中选择 Verilog；在 Output directory 中指定网表文件的输出路径，即.vo 文件存放的路径为目录 C:\Verilog\adder\simulation\modelsim。

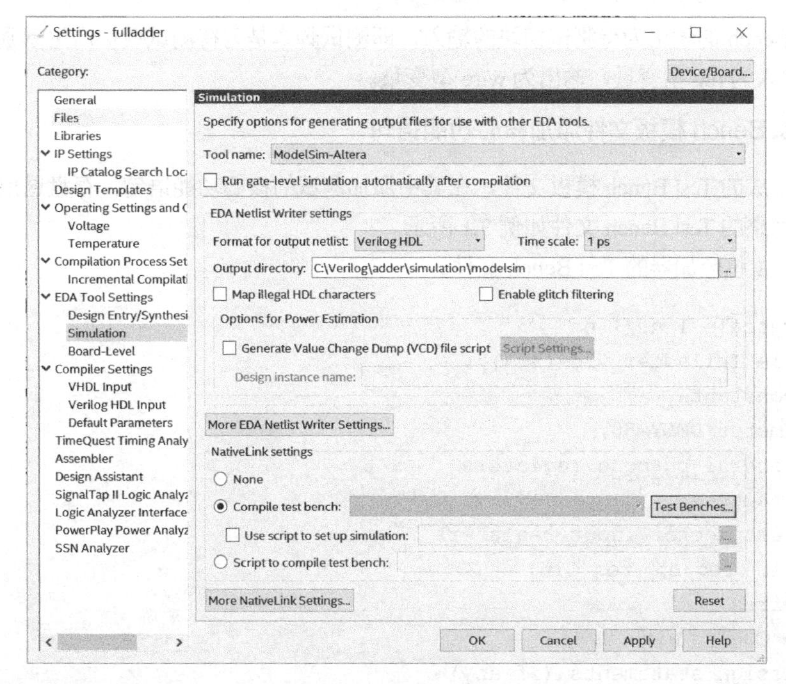

图 3.20 Settings 窗口

3. 建立测试脚本（Test Bench）

建立测试脚本（Test Bench）文件，Test Bench 可以自己写，也可以由 Quartus Prime 自动生成，不过生成的只是模板，核心功能语句还需自己添加。Test Bench 的编写可参考相关文献。

在 Quartus Prime 主界面中选择菜单 Processing→Start→Start Test Bench Template Writer，会自动生成 Test Bench 模板文件，图 3.21 所示为自动生成的 Test Bench 模板文件的内容，该文件的后缀为.vt，在当前工程所在的 C:\Verilog\adder\simulation\modelsim 目录下可找到。

```
27
28  `timescale 1 ps/ 1 ps
29  module fulladder_vlg_tst();
30  // constants
31  // general purpose registers
32  reg eachvec;
33  // test vector input registers
34  reg A;
35  reg B;
36  reg CIN;
37  // wires
38  wire COUT;
39  wire SUM;
40
41  // assign statements (if any)
42  fulladder i1 (
43  // port map - connection between master ports and signals/registers
44      .A(A),
45      .B(B),
46      .CIN(CIN),
47      .COUT(COUT),
48      .SUM(SUM)
49  );
50  initial
51  begin
52  // code that executes only once
53  // insert code here --> begin
54
55  // --> end
56  $display("Running testbench");
57  end
58  always
59  // optional sensitivity list
60  // @(event1 or event2 or .... eventn)
61  begin
62  // code executes for every event on sensitivity list
63  // insert code here --> begin
64
65  @eachvec;
66  // --> end
67  end
68  endmodule
69
```

图 3.21 自动生成的 Test Bench 模板文件的内容

注：Test Bench 的输出为待测试模块的输入，即测试脚本是为待测试模块产生激励信号的，因此 Test Bench 的输入为 reg 型变量，输出为 wire 型变量。

4．为 Test Bench 模板文件添加核心功能语句

打开自动生成的 Test Bench 模板文件，在其中添加测试的核心功能语句，存盘退出。

修改后的完整的 Test Bench 文件如例 3.1 所示。

【例 3.1】　1 位全加器的 Test Bench 文件。

```
`timescale 1 ns/1 ns
module fulladder_vlg_tst();
// constants
parameter DELY=80;
// general purpose registers
reg eachvec;
// test vector input registers
reg A;  reg B;  reg CIN;
// wires
wire COUT;  wire SUM;
// assign statements (if any)
fulladder i1(
// port map-connection between master ports and signals/registers
    .A(A),.B(B),.CIN(CIN),.COUT(COUT),.SUM(SUM)
);
initial  begin
// code that executes only once
// insert code here --> begin     //以下为添加的核心功能语句
A=1'b0; B=1'b0;  CIN=1'b0;
#DELY   CIN=1'b1;
#DELY   B=1'b1;
#DELY   A=1'b1;
#DELY   B=1'b0;
#DELY   CIN=1'b0;
#DELY   B=1'b1;
#DELY   A=1'b0;
#DELY   $stop;
// --> end
$display("Running testbench");
end
endmodule
```

5．进一步设置 Test Bench

还需对 Test Bench 做进一步的设置，在 Quartus Prime 中选择菜单 Assignments→Settings，弹出 Settings 对话框，选中 EDA Tool Settings 下的 Simulation 项，对其进行设置，单击 Compile test bench 栏右边的 Test Benches 按钮，出现 Test Benches 对话框，单击其中的 New 按钮，出现 New Test Bench Settings 对话框，在其中填写 Test bench name 为 fulladder_vlg_tst，同时，Top level module in test bench 也填写为 fulladder_vlg_tst；End simulation at 选择 600ns；Test bench and simulation files 选择

C:\Verilog\adder\simulation\modelsim\fulladder.vt，并将其加载（Add）。

上述的设置过程如图 3.22 所示。

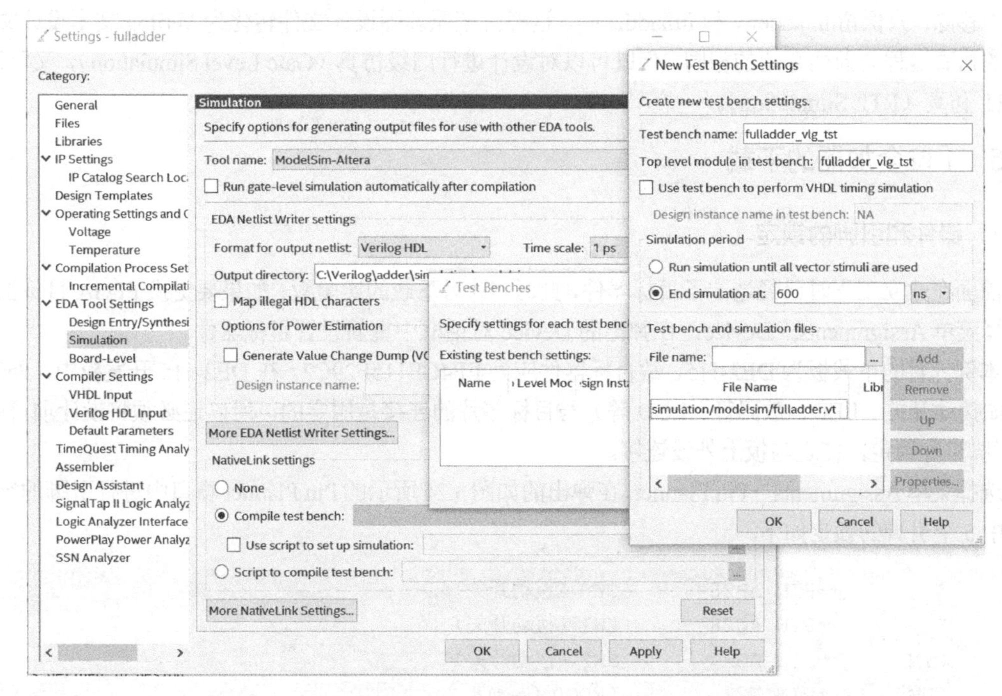

图 3.22　进一步设置 Test Bench

6. 启动仿真，观察仿真结果

选择菜单 Tools→Run EDA Simulation Tool→Gate Level Simulation…，启动对 1 位全加器的门级仿真。命令执行后，系统会自动打开 ModelSim-Altera 主界面和相应的窗口，如结构（Structure）、命令（Transcript）、目标（Objects）、波形（Wave）、进程（Processes）等窗口。1 位全加器的门级仿真波形如图 3.23 所示。

从仿真波形可以检验所设计电路的功能是否正确，如不正确，可修改设计，重新执行以上的过程，直到完全满足自己的设计要求为止。

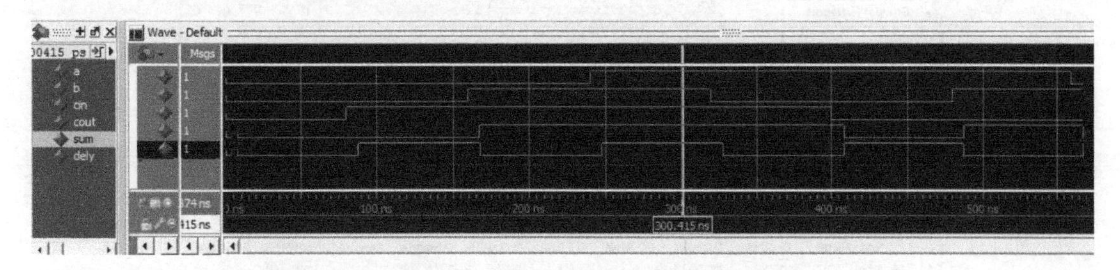

图 3.23　1 位全加器的门级仿真波形

注： Quartus Prime 采用第三方工具 ModelSim 进行仿真，支持两种仿真：RTL 仿真（RTL Simulation）和门级仿真（Gate Level Simulation），原理图设计（.bdf 文件）只能进行门级仿真；上面的一位全加器如果要进行 RTL 仿真，可采用如下的方法。

选择菜单 File→Create/Update→Create HDL Design File from Current File，分别将半加器原理图文

件 h_adder.bdf 和全加器原理图文件 fulladder.bdf 转化为.v；并将 fulladder.v 设置为顶层实体文件，重新编译（编译前应选择菜单 Assignments→Settings，在 Files 页面中将 h_adder.bdf 和 fulladder.bdf 从当前工程中移除，只保留 h_adder.v 和 fulladder.v）。这样就把原理图设计文件转化为 Verilog 文本设计文件，后面的仿真过程与前面介绍的相同，但既可以对设计进行门级仿真（Gate Level Simulation），又可以进行 RTL 仿真（RTL Simulation）。

3.1.5 1 位全加器的下载

1．器件和引脚的锁定

前面在建立工程时已经选定了目标器件，此时，针对下载的实验板，如果要更换 FPGA 目标器件，可选择菜单 Assignments→Device，在弹出的 Device 对话框中重新设置目标器件。

本例针对的下载板为 DE2-115，故目标器件应为 EP4CE115F29C7。在 DE2-115 开发板中，外部设备（如拨动开关、LED、数码管、LCD 等）与目标芯片的连接是固定的，所以还必须将设计项目中的 I/O 引脚进行锁定，使之与板上外设连接。

选择菜单 Assignments→Pin Planner，在弹出的如图 3.24 所示的 Pin Planner 窗口中进行引脚的锁定。本例中 5 个引脚的锁定如下：

```
A       →PIN_AB28      SW0（拨动开关）
B       →PIN_AC28      SW1（拨动开关）
CIN     →PIN_AC27      SW2（拨动开关）
SUM     →PIN_E21       LEDG0（LED）
COUT    →PIN_E22       LEDG1（LED）
```

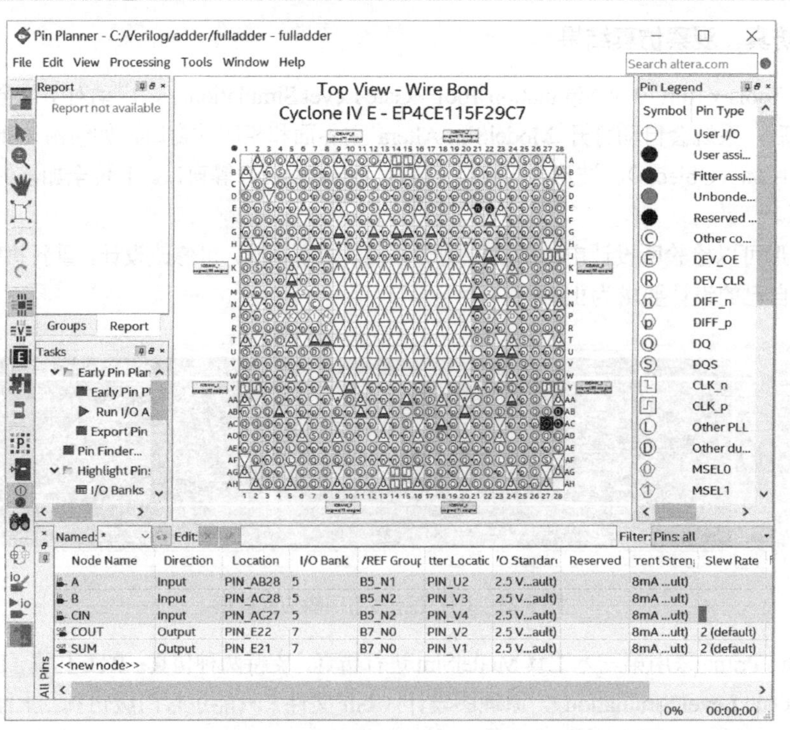

图 3.24 Pin Planner 窗口

2. 未用引脚状态的设置

为了将实验板上未用的设备（如数码管、LED 等）屏蔽，便于观察实验效果，可对 FPGA 的未用引脚进行设置。选择菜单 Assignments→Device，在出现的如图 3.25（左图）所示的 Device 对话框中，单击 Device and Pin Options 按钮，在弹出的 Device and Pin Options 对话框中，选中左侧的 Category 栏中的 Unused Pins，在右侧出现的 Unused Pins 中选择 Reserve all unused pins 的处理方式为 As input tri-stated，即作为输入三态，此项设置对于很多实验项目都是必要的。

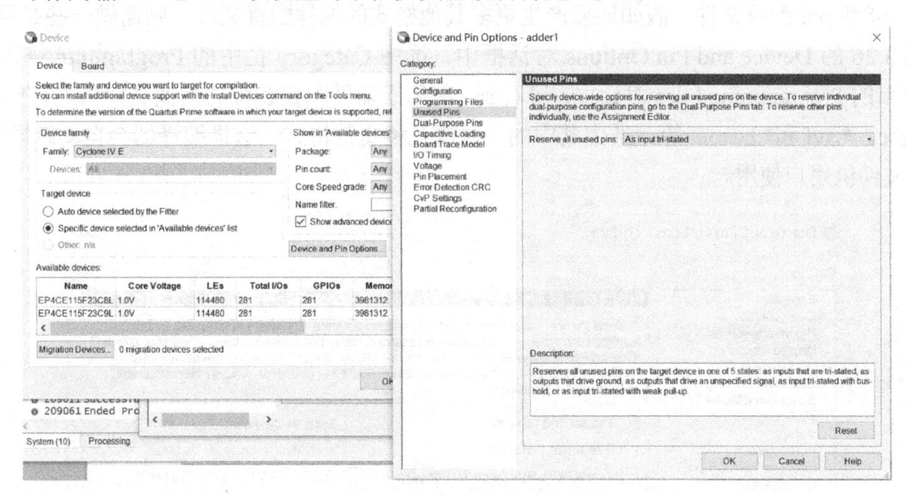

图 3.25　未用引脚状态的设置

3. 选择配置方式和配置器件

编译产生的默认的配置文件格式是.sof，适用于 JTAG 等配置模式；如果要生成.pof 格式的可固化的配置文件，则需做一些设置。

在图 3.25（右图）的 Device and Pin Options 对话框中，选中 Category 栏中的 Configuration，出现图 3.26 所示的 Configuration 对话框，设置 Configuration scheme 为 Active Serial（主动串行方式），即由 EPCS 配置器件来对目标器件进行配置；设置 Configuration mode 为 Standard；使能 Use configuration device，并选择 EPCS64 作为配置器件（DE2-115 上用于装载.pof 固化配置文件的器件为 EPCS64），这样，编译后即可产生适用于 EPCS64 的.pof 格式的配置文件。

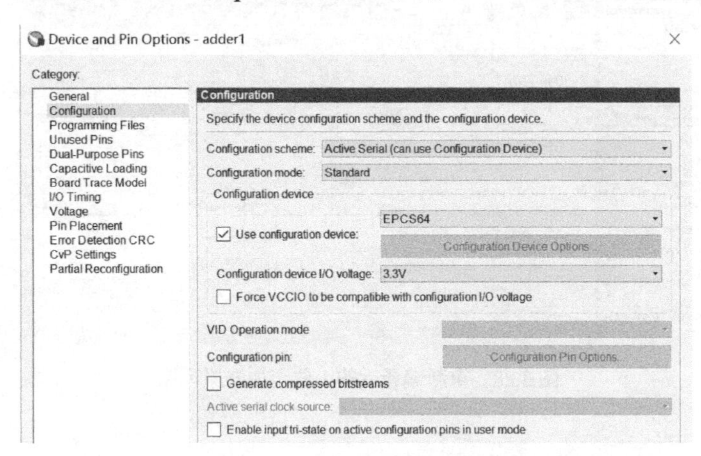

图 3.26　选择配置方式和配置器件

4．可复用引脚的设置

有的引脚是可复用引脚（Dual-Purpose Pins），在编程期间作为配置引脚，编程结束后有的引脚可继续作为普通 I/O 引脚使用，有的则不可，这与所选择的配置方式（AS 方式、PS 方式等）有关，具体可在图 3.26 选中 Category 栏中的 Dual-Purpose Pins，在出现的 Dual-Purpose Pins 对话框中查看。

5．更多编程文件格式的生成

除了.sof 和.pof 配置文件，假如还要产生更多其他格式的编程配置文件，则需做一些必要的设置。

在图 3.26 的 Device and Pin Options 对话框中，选中 Category 栏中的 Programming Files，出现图 3.27 所示的 Programming Files 对话框，可看到，能用于器件配置编程的其他文件格式有*.ttf、*.rbf、*.jam、*.jbc、*.svf 和*.hexout 等，选中其中的一种或几种文件格式，这样编译器会自动编译生成该格式的配置文件供用户使用。

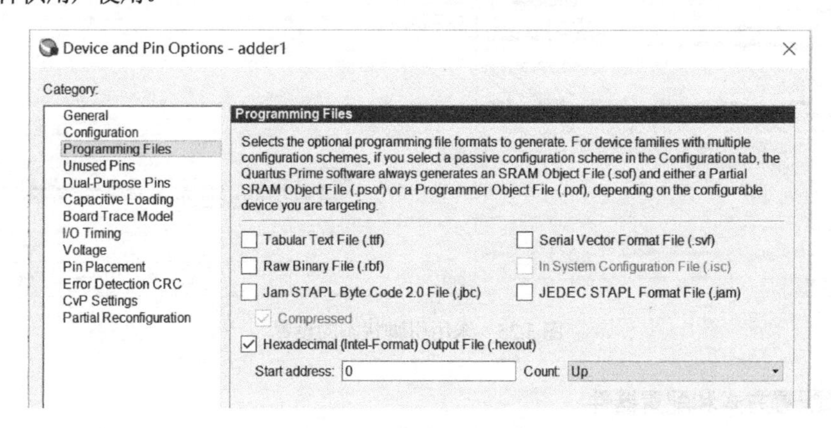

图 3.27　选择编程文件格式

6．重新编译

在完成了上述设置后，为了将这些设置信息融入设计文件，需要重新对设计工程进行编译。

选择菜单 Processing→Start Compilation（或者单击▶按钮），启动重新编译。重新编译后的 1 位全加器原理图如图 3.28 所示，可发现，锁定的引脚信息已在图中显示。

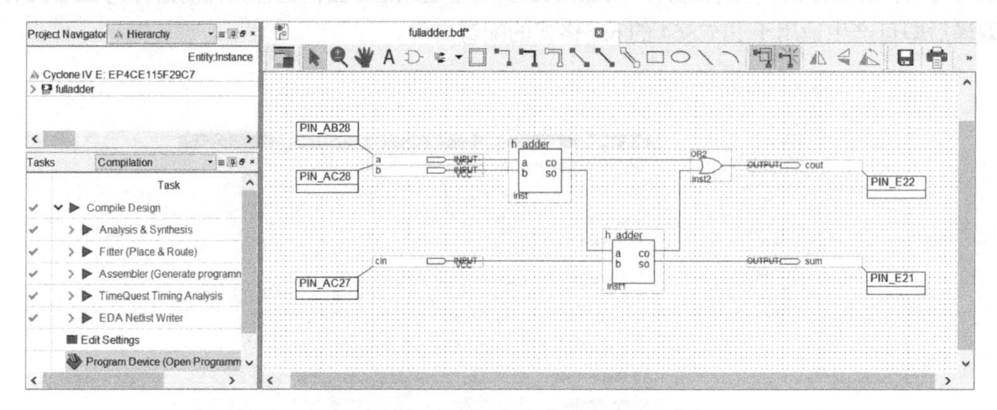

图 3.28　重新编译后的 1 位全加器原理图

7. 编程下载

重新编译后，可启动下载流程。

选择菜单 Tools→Programmer（或者单击按钮），出现编程下载窗口，如图 3.29 所示，设定编程接口为 USB-Blaster [USB-0]方式（单击 Hardware Setup 按钮进行设置），编程模式 Mode 选择 JTAG 方式，单击 Add File 按钮，找到 C:\Verilog\adder\output_files\fulladder.sof 文件，加载，单击 Start 按钮，将 fulladder.sof 文件下载至目标板的目标器件中。

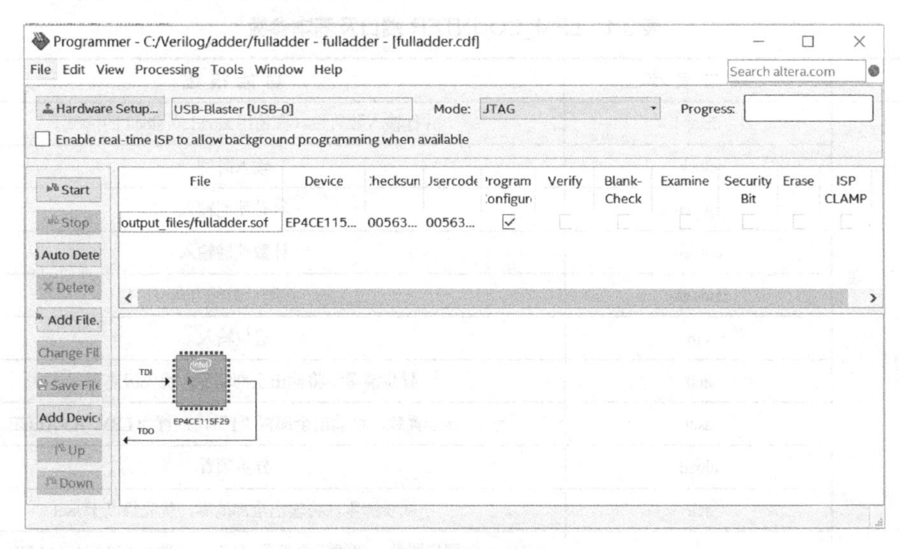

图 3.29　编程下载窗口

8. 观察下载效果

至此，已完成 1 位全加器的整个设计流程。在 DE2-115 开发板上通过扳动 SW2～SW0 滑动开关，组成加数 A、B 和进位 CIN 的不同组合，在绿色发光二极管 LEDG1 与 LEDG0 上观察和数 SUM 与进位 COUT 的结果，验证 1 位全加器的功能。

3.2　基于 IP 核的设计

Quartus Prime 软件为设计者提供了丰富的 IP 核，包括参数化宏功能模块（Library Parameterized Megafunction，LPM）、MegaCore 等，这些 IP 核均针对 Altera 的 FPGA 器件做了优化，基于 IP 核完成设计可极大地提高电路设计的效率与可靠性。

选择菜单 Tools→IP Catalog，在 Quartus Prime 界面中会出现 IP 核目录（IP Catalog）窗口，自动将目标器件支持的 IP 核列出来。图 3.30 所示为 Cyclone IV E 器件支持的 IP 核目录，包括基本功能类（Basic Functions）、数字信号处理类（DSP）、接口协议类（Interface Protocols）等，每一类又包括若干子类。

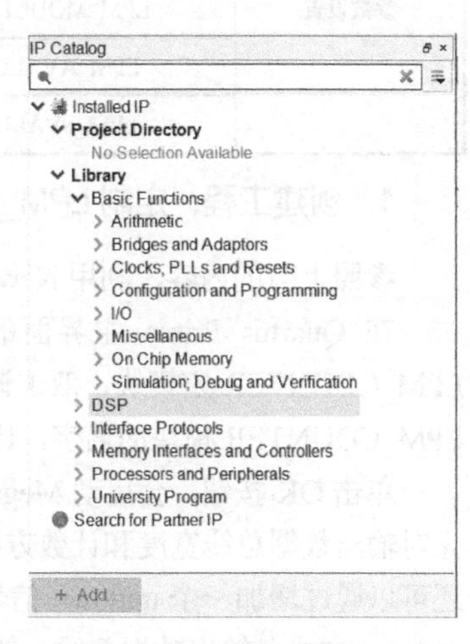

图 3.30　Cyclone IV E 器件支持的 IP 核目录

在 Quartus Prime 软件中，用 IP 目录（IP Catalog）和参数编辑器（Parameter Editor）代替 Quartus II 中的 the MegaWizard Plug-In

Manager，用 Parameter Editor 可定制 IP 核的端口（Ports）和参数（Parameters）；Quartus Prime 软件中的 Qsys 则是 SOPC Builder 的升级版，用于系统级的 IP 集成，能将不同的 IP 模块及 Nios II 核方便快捷地整合成一个系统，提高 FPGA 设计的效率。

本节以参数化计数器（LPM_COUNTER）为例来说明 Quartus Prime 软件中 IP 核的用法。LPM_COUNTER 在 IP Catalog 中属于基本功能类（Basic Functions）中的算术运算模块子类（Arithmetic），其端口和基本参数如表 3.1 所示，本节利用该模块设计一个模 24 方向可控计数器。

表 3.1　LPM_COUNTER 端口及基本参数

	端口名称	功能描述
输入端口	data[ ]	并行输入预置数（在使用 aload 或 sload 的情况下）
	clock	输入时钟
	clk_en	时钟使能输入
	cnt_en	计数使能输入
	updown	控制计数的方向
	cin	进位输入
	aclr	异步清零，将输出全部清零，优先级高于 aset
	aset	异步置数，将输出全部置“1”，或置为 LPM_AVALUE
	aload	异步预置
	sclr	同步清零，将输出全部清零，优先级高于 sset
	sset	同步置数，将输出全部置“1”，或置为 LPM_AVALUE
	sload	同步预置
输出端口	q[ ]	计数输出
	cout	进位输出
参数设置	LPM_WIDTH	计数器位宽
	LPM_DIRECTION	计数方向
	LPM_MODULUS	模
	LPM_AVALUE	异步预置数
	LPM_SVALUE	同步预置数

1．创建工程，定制 LPM_COUNTER 模块

参照上节的内容，利用 New Project Wizard 建立工程，本例中设立的工程名为 count24。

在 Quartus Prime 主界面的 IP Catalog 栏中，在 Basic Functions 的 Arithmetic 目录下找到 LPM_COUNTER 宏模块，双击该模块，出现 Save IP Variation 对话框，如图 3.31 所示，在其中输入 LPM_COUNTER 模块的名字，比如 counter24，同时，选择其语言类型为 Verilog。

单击 OK 按钮，会启动 MegaWizard Plug-In Manager，对 LPM_COUNTER 模块进行参数设置。首先对输出数据总线宽度和计数方向进行设置，如图 3.32 所示。计数器可以设为加法计数或减法计数，还可以通过增加一个 updown 信号来控制计数的方向，为 1 时加法计数，为 0 时减法计数，此处选择 updown 方式，输出数据总线 q 的宽度设置为 8bits。

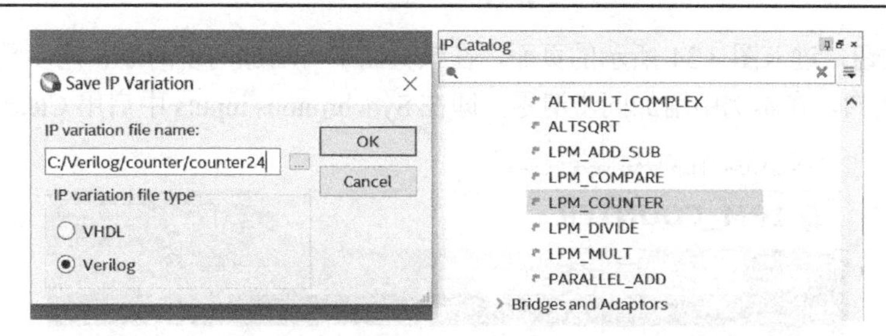

图 3.31　LPM_COUNTER 模块的命名

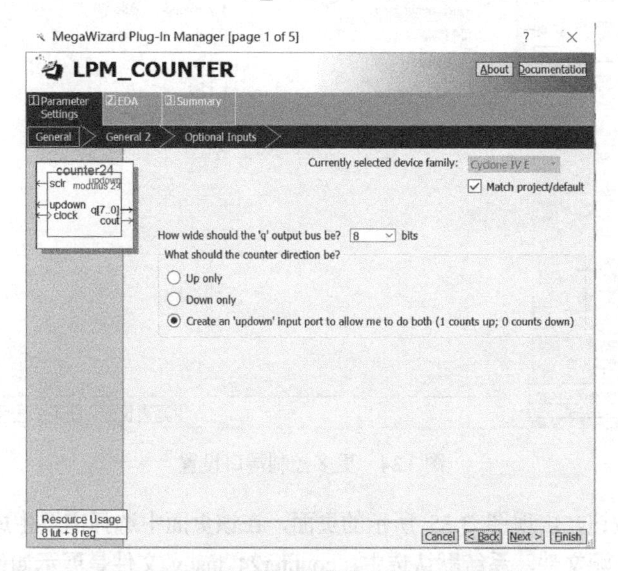

图 3.32　输出数据总线宽度和计数方向设置

单击 Next 按钮，进入图 3.33 所示的页面，在这里设置计数器的模，还可根据需要增加控制端口，包括时钟使能 Clock Enable、计数使能 Count Enable、进位输入 Carry-in 和进位输出 Carry-out 端口。在本例中设置计数器的模为 24，并带有一个进位输出端口 Carry-out。

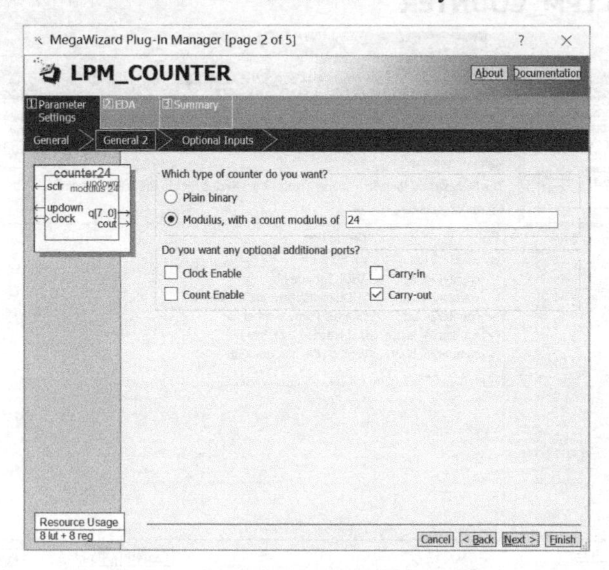

图 3.33　计数器的模和控制端口设置

单击 Next 按钮，进入图 3.34 所示的页面，在该页面中可增加同步清零、同步预置、异步清零、异步预置等控制端口。在本例中增加同步清零，即在 Synchronous inputs 中启用 Clear。

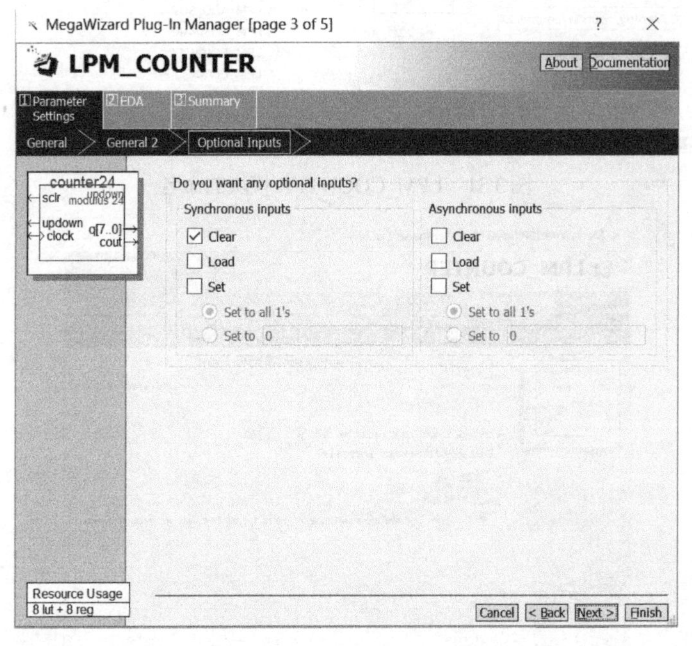

图 3.34　更多控制端口设置

继续单击 Next 按钮，出现图 3.35 所示的页面，在该页面中选择需要生成的一些文件。其中：counter24.v 文件是设计源文件，系统默认选中；counter24_inst.v 文件是展示如何在文本顶层设计中例化 counter24 模块的，如果顶层调用采用文本方式，建议选中；counter24.bsf 文件是模块符号文件（Block Symbol File），如果顶层调用采用原理图方式，建议选中。

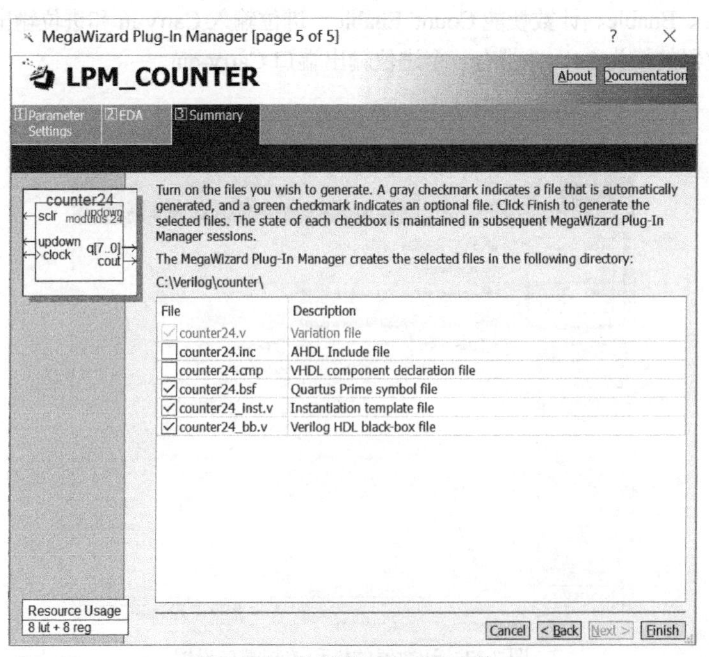

图 3.35　选择需要生成的文件

单击 Finish 按钮，结束参数设置的过程，现在已完成 counter24 模块的定制。

2. 编译

完成 counter24 模块的设置后，会自动出现 Quartus Prime IP Files 对话框，如图 3.36 所示，单击 Yes 按钮将生成的 counter24.qip 文件加入当前工程。

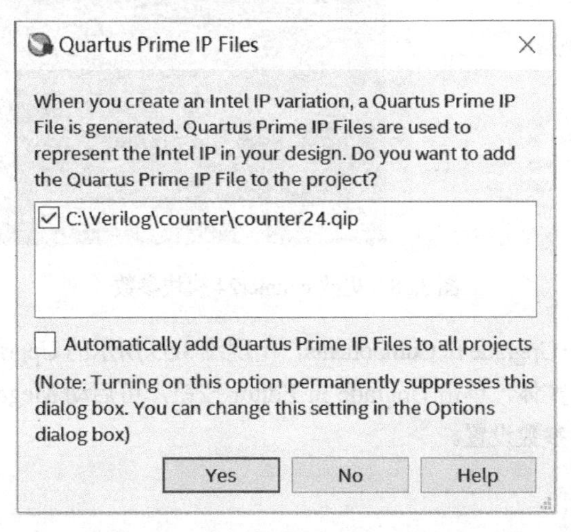

图 3.36　Quartus Prime IP Files 对话框

选择菜单 Project→Set As Top-Level Entity，将 counter24.qip 设为顶层实体（或者将前面生成的 counter24.v 设置为顶层实体亦可），选择菜单 Processing→Start Compilation，或者单击▶按钮，对工程进行编译。编译完成后的 Flow Summary 页面如图 3.37 所示。

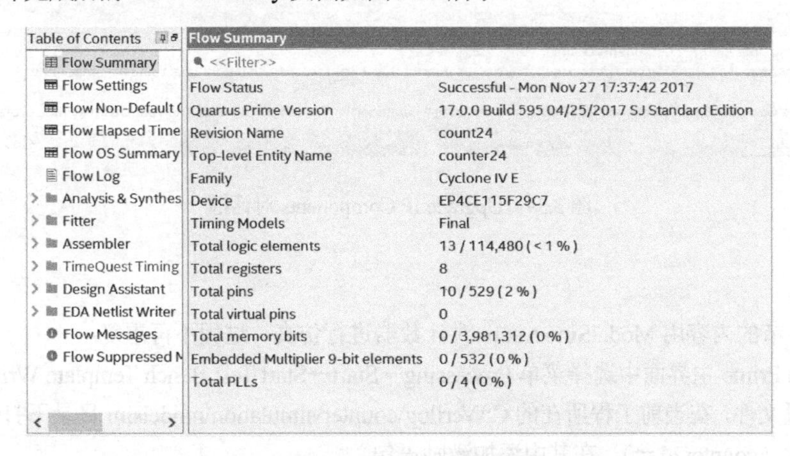

图 3.37　编译完成后的 Flow Summary 页面

如果要对定制好的 counter24 模块参数进行更改，可选择如下 3 种方式。

（1）选择菜单 File→Open，选择生成的模块源文件（本例中生成的为 counter24.v 文件），可启动 MegaWizard Plug-In Manager，对 counter24 模块重新进行参数设置。

（2）选择菜单 View→Utility Windows→Project Navigator，如图 3.38 所示，在图中左上角选择 IP Components，然后双击 counter24 实体，也可启动 MegaWizard Plug-In Manager，对 LPM_COUNTER 模块重新进行参数设置。

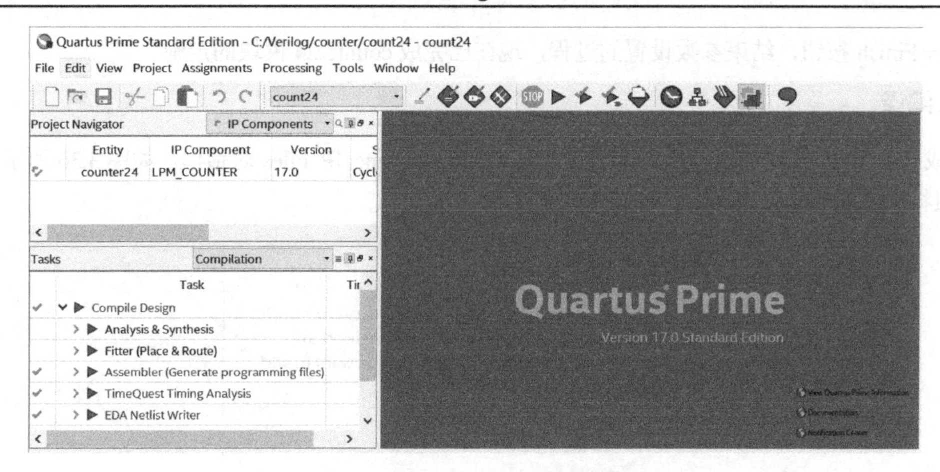

图 3.38　更改 counter24 模块参数

（3）选择菜单 Project→Upgrade IP Components，出现图 3.39 所示的 Upgrade IP Components 对话框，在对话框中选中 counter24 实体，单击 Upgrade in Editor 按钮，可启动 MegaWizard Plug-In Manager，对 counter24 模块重新进行参数设置。

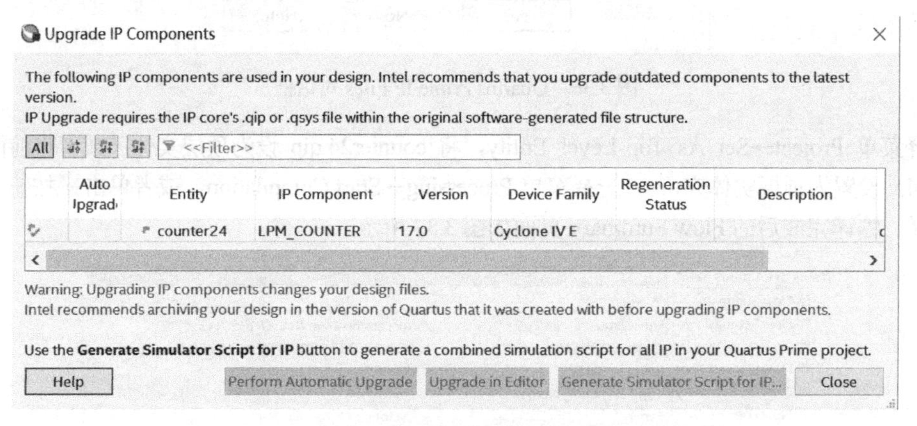

图 3.39　Upgrade IP Components 对话框

3. 仿真

参照 3.1.4 节的内容用 ModelSim-Altera 对计数器进行仿真，过程不再重复。

在 Quartus Prime 主界面中选择菜单 Processing→Start→Start Test Bench Template Writer，自动生成 Test Bench 模板文件，在当前工程所在的 C:\Verilog\counter\simulation\modelsim 目录下打开自动生成的 Test Bench 文件（counter24.vt），在其中添加激励语句。

修改后的完整的 Test Bench 文件如例 3.2 所示。

【例 3.2】　模 24 方向可控计数器的 Test Bench 文件。

```
`timescale 1 ns/ 1 ps
module counter24_vlg_tst();
parameter DELY=40;
reg clock;
reg sclr;
reg updown;
```

```
    wire cout;
    wire [7:0]  q;
    counter24    i1(
        .clock (clock),
        .sclr (sclr),
        .updown (updown),
        .cout (cout),
        .q (q));
    initial  begin
    clock=1'b0;  sclr=1'b1;  updown=1'b0;
    #(DELY*2)    sclr=1'b0;
    #(DELY*30)  updown=1'b1;
    #(DELY*60)   $stop;
    $display("Running testbench");
    end
    always
    begin
    #(DELY/2)  clock=~clock;
    end
    endmodule
```

还需对 Test Bench 做进一步的设置，选择菜单 Assignments→Settings，弹出 Settings 对话框，选中 EDA Tool Settings 下的 Simulation 项，单击 Compile test bench 栏右边的 Test Benches 按钮，出现 Test Benches 对话框，单击其中的 New 按钮，出现 New Test Bench Settings 对话框，在其中填写 Test bench name 为 counter24_vlg_tst，同时，Top level module in test bench 也填写为 counter24_vlg_tst；End simulation at 选择 3μs；Test bench and simulation files 选择 C:\Verilog\counter\simulation\modelsim\counter24.vt，并将其加载。

上述的设置过程如图 3.40 所示。

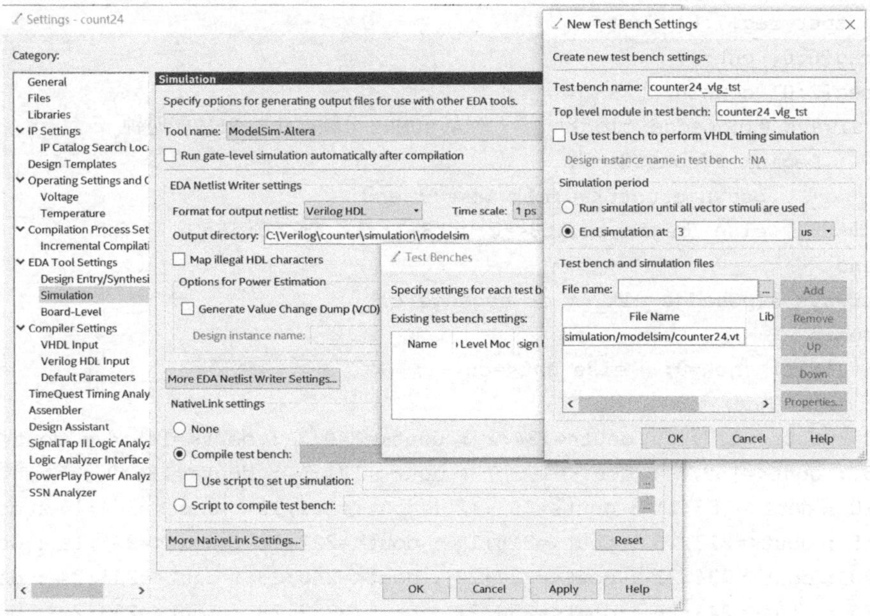

图 3.40　进一步设置 Test Bench

选择菜单 Tools→Run EDA Simulation Tool→RTL Simulation，启动对模 24 计数器的 RTL 仿真。命令执行后，系统会自动打开 ModelSim-Altera 主界面和相应的窗口，其仿真波形如图 3.41 所示。

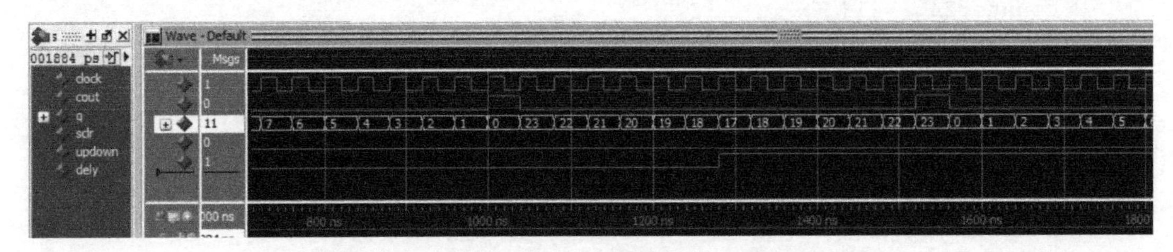

图 3.41 模 24 方向可控计数器 RTL 仿真波形图

也可以选择菜单 Tools→Run EDA Simulation Tool→Gate Level Simulation，启动对模 24 计数器的门级仿真并查看时序波形。

3.3 SignalTap II 的使用方法

Quartus Prime 的嵌入式逻辑分析仪 SignalTap II 为设计者提供了一种方便高效的硬件测试手段，它可以随设计文件一起下载到目标芯片，捕捉目标芯片内信号节点或总线上的数据，将这些数据暂存于目标芯片的嵌入式 RAM，然后通过器件的 JTAG 将采到的信息和数据送到计算机进行显示，供用户分析。

本节以正弦波信号产生器为例，介绍嵌入式逻辑分析仪 SignalTap II 的使用方法。正弦波信号产生器的源程序如例 3.3 所示。

【例 3.3】 正弦波信号产生器的源程序。

```
module sinout(clock,clr,dout,clk_6m);
input clr,clock;
output reg clk_6m;
output reg[7:0] dout;
reg[6:0] cnt;
reg[2:0] count8;
 always @(posedge clock)      //从 50MHz 分频得到 6.25MHz 时钟
    begin if(count8==7)
         begin count8<=0;clk_6m<=1; end
         else  begin count8<=count8+1;clk_6m<=0;end
end
always @(posedge clk_6m or negedge clr)
begin
if(!clr) cnt<=0;   else cnt<=cnt+1;
  case (cnt)
0 : dout<=127;1 : dout<=134;2 : dout<=140;3 : dout<=146;4 : dout<=152;
5 : dout<=159;6 : dout<=165;7 : dout<=171;8 : dout<=176;9 : dout<=182;
10 : dout<=188;11 : dout<=193;12 : dout<=199;13 : dout<=204;14 : dout<=209;
15 : dout<=213;16 : dout<=218;17 : dout<=222;18 : dout<=226;19 : dout<=230;
20 : dout<=234;21 : dout<=237;22 : dout<=240;23 : dout<=243;24 : dout<=246;
25 : dout<=248;26 : dout<=250;27 : dout<=252;28 : dout<=253;29 : dout<=254;
30 : dout<=255;31 : dout<=255;32 : dout<=255;33 : dout<=255;34 : dout<=255;
```

```
35 : dout<=254;36 : dout<=253;37 : dout<=252;38 : dout<=250;39 : dout<=248;
40 : dout<=246;41 : dout<=243;42 : dout<=240;43 : dout<=237;44 : dout<=234;
45 : dout<=230;46 : dout<=226;47 : dout<=222;48 : dout<=218;49 : dout<=213;
50 : dout<=209;51 : dout<=204;52 : dout<=199;53 : dout<=193;54 : dout<=188;
55 : dout<=182;56 : dout<=176;57 : dout<=171;58 : dout<=165;59 : dout<=159;
60 : dout<=152;61 : dout<=146;62 : dout<=140;63 : dout<=134;64 : dout<=128;
65 : dout<=121;66 : dout<=115;67 : dout<=109;68 : dout<=103;69 : dout<=96;
70 : dout<=90;71 : dout<=84;72 : dout<=79;73 : dout<=73;74 : dout<=67;
75 : dout<=62;76 : dout<=56;77 : dout<=51;78 : dout<=46;79 : dout<=42;
80 : dout<=37;81 : dout<=33;82 : dout<=29;83 : dout<=25;84 : dout<=21;
85 : dout<=18;86 : dout<=15;87 : dout<=12;88 : dout<=9;89 : dout<=7;
90 : dout<=5;91 : dout<=3;92 : dout<=2;93 : dout<=1;94 : dout<=0;
95 : dout<=0;96 : dout<=0;97 : dout<=0;98 : dout<=0;99 : dout<=1;
100 : dout<=2;101 : dout<=3;102 : dout<=5;103 : dout<=7;104 : dout<=9;
105 : dout<=12;106 : dout<=15;107 : dout<=18;108 : dout<=21;109 : dout<=25;
110 : dout<=29;111 : dout<=33;112 : dout<=37;113 : dout<=42;114 : dout<=46;
115 : dout<=51;116 : dout<=56;117 : dout<=62;118 : dout<=67;119 : dout<=73;
120 : dout<=79;121 : dout<=84;122 : dout<=90;123 : dout<=96;
124 : dout<=103;125 : dout<=109;126 : dout<=115;127 : dout<=121;
endcase
end
endmodule
```

将源文件存盘（比如存为 C:\Verilog\tap\sinout.v），建立工程（本例的工程名为 sinout）进行编译。

在使用嵌入式逻辑分析仪之前，需要锁定芯片和一些关键的引脚，本例中，需要锁定外部时钟输入（clock）、复位（clr）两个引脚，为嵌入式逻辑分析仪提供时钟源，否则将得不到逻辑分析的结果。引脚锁定基于 DE2-115，先指定芯片为 EP4CE115F29C7，再将 clock 引脚锁定为 PIN_Y2（50MHz 时钟频率输入），将 clr 引脚锁定为 PIN_AB28（SW0）。

完成引脚锁定并通过编译后，就进入嵌入式逻辑分析仪 SignalTap II 的使用阶段，分为新建 SignalTap II 文件、调入节点信号、SignalTap II 参数设置、文件存盘编译与下载和运行分析等步骤。

1. 新建 SignalTap II 文件

选择菜单 File→New，在弹出的如图 3.42 所示的 New 对话框中，选择 SignalTap II Logic Analyzer File，弹出 SignalTap II 编辑窗口。

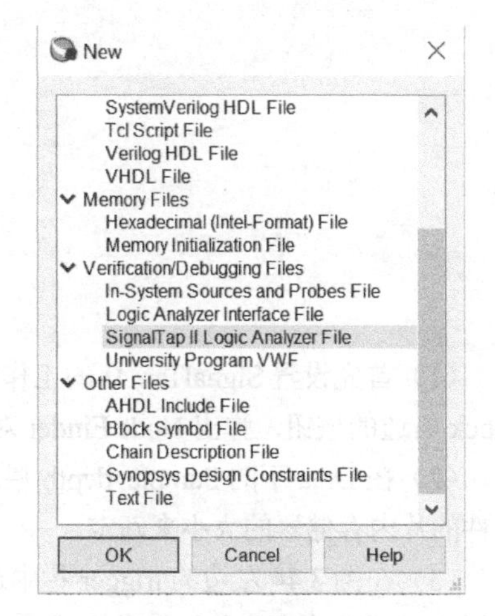

图 3.42　New 对话框

2. 调入节点信号

SignalTap II 编辑窗口如图 3.43 所示，包含 Instance、Data 标签页、Setup 标签页等。

首先单击 Instance 栏内的 auto_signaltap_0，更名为 stp1。

双击信号观察窗口，弹出 Node Finder 对话框（如图 3.43 所示），在对话框的 Filter 中选择 Pins:all 后，单击 List 按钮，在 Matching Nodes 中列出了当前工程的全部引脚，选中需要观察的引脚 clr 和 dout（clock 引脚由于要作为 SignalTap II 的工作时钟信号，故不列入观察信号引脚），将其移至右边的 Nodes Found，单击 Insert 按钮，选中的节点就会出现在信号观察窗口中。

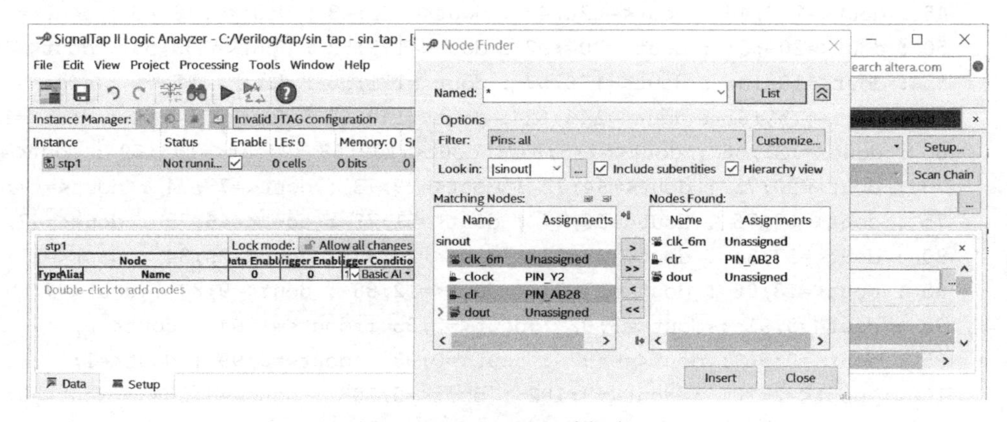

图 3.43　SignalTap II 编辑窗口

3. SignalTap II 参数设置

单击图 3.43 左下角的 Setup 标签页，出现图 3.44 所示的参数设置窗口。连接好 DE2-115 实验板及 USB-Blaster 下载线，加电后进行如下几项参数设置。

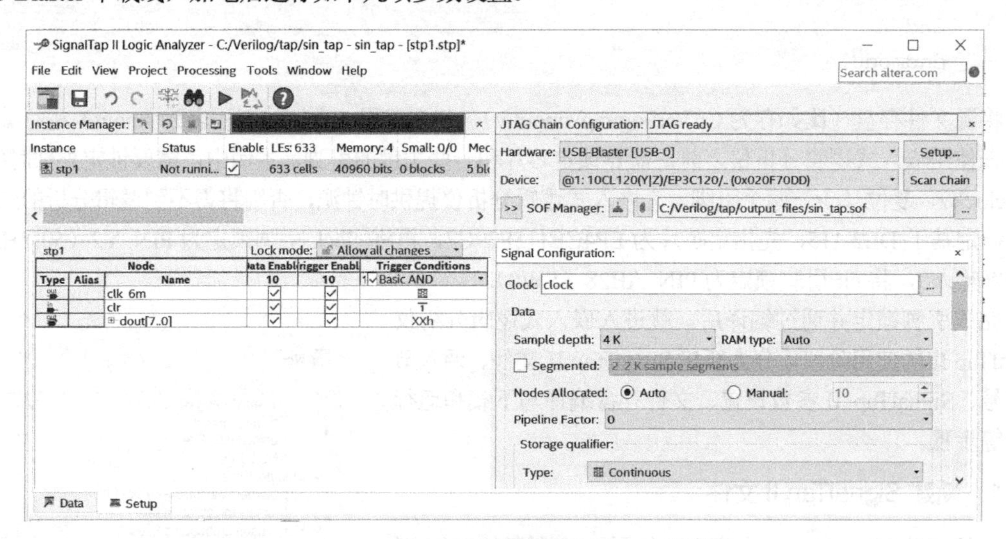

图 3.44　参数设置窗口

（1）首先设置 SignalTap II 的工作时钟信号，在图 3.44 右边的 Signal Configuration 栏中单击时钟 Clock 右边的按钮，弹出 Node Finder 对话框，在对话框中将工程文件的时钟信号选中（clock 引脚）。

（2）在 Data 下的 Sample depth 栏选择样本深度为 4K（bits），样本深度的选择应根据实际需要和器件的片内存储器的大小来确定。

（3）在图 3.44 左边的 trigger 栏中选择 clr 引脚为触发信号，并在 Trigger Conditions 的下拉菜单中选择 High（高电平）作为触发方式。

（4）在图 3.44 右侧的 Hardware 栏中单击右边的 Setup 按钮，在弹出的硬件设置对话框中选中 USB-Blaster 下载线。

（5）单击 Scan Chain 按钮，系统自动搜索所连接的开发板，如果在栏中出现板上的 FPGA 芯片的型号，表示 JTAG 连接正常。

（6）单击 SOF Manager 右边的查阅按钮，弹出选择编程文件对话框。在对话框中选择下载文件为 C:/Verilog/tap/output_files/sin_tap.sof。

4．文件存盘编译与下载

选择菜单 File→Save As，将 SignalTap II 文件存盘，默认的存盘文件名是 stp1.stp，单击保存按钮后会出现一个提示"Do you want to enable SignalTap II..."，如图 3.45 所示，应单击 Yes 按钮，表示同意将 SignalTap II 文件与当前工程一起编译，一同下载至芯片中实现实时探测。也可以这样设置：在 Quartus Prime 主界面中选择菜单 Assignments→Settings，弹出 Settings 对话框，在 Category 选中 SignalTap II Logic Analyzer，在图 3.46 所示的页面中，选中 Enable SignalTap II Logic Analyzer，并找到已存盘的 SignalTap II 文件 stp1.stp，单击 OK 按钮即可。

当利用 SignalTap II 将芯片中的信号全部测试结束后，需将 SignalTap II 从设计中移除，重新下载，以免浪费资源。

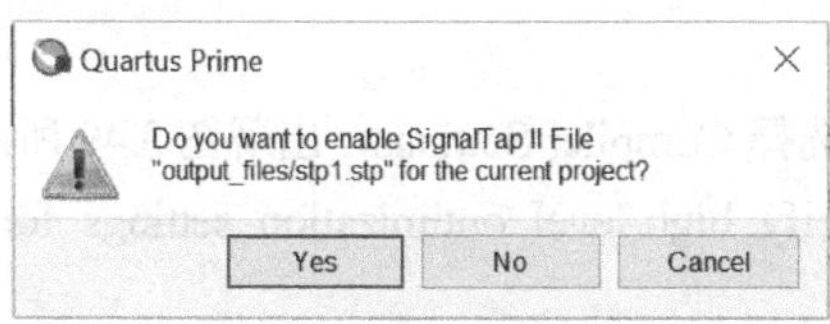

图 3.45　提示

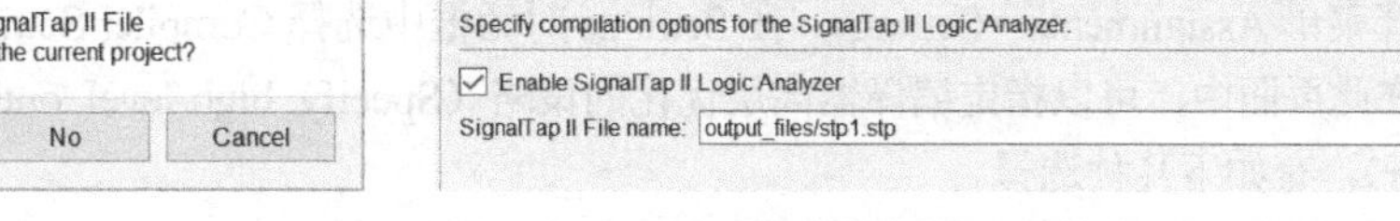

图 3.46　使能或删除 SignalTap II 加入编译

选择菜单 Processing→Start Compilation，或者单击▶按钮，启动全程编译。

编译完成后单击 SOF Manager 栏中的下载按钮，将 sinout.sof 下载至目标芯片。

5．运行分析

单击数据按钮，展开信号观察窗口。右击被观察的信号名 dout[7..0]，弹出选择信号显示模式的快捷菜单，在快捷菜单中选择 Bus Display Format（总线显示方式）中的 Unsigned Line Chart，将输出 dout[7..0]设置为无符号线图显示模式。

单击运行分析（Run Analysis）按钮或自动运行分析（Autorun Analysis）按钮，在 Data 标签页可以见到 SignalTap II 实时采样的正弦波信号发生器的输出波形（此时 DE2-115 实验板的 SW0 开关应拨到 1 的位置，使 clr 信号为 1），如图 3.47 所示，由于本例的样本深度为 4K，因此一个样本深度可以采样 4 个周期的波形数据，对实时采样的信号波形 dout[7..0]展开，如图 3.48 所示。

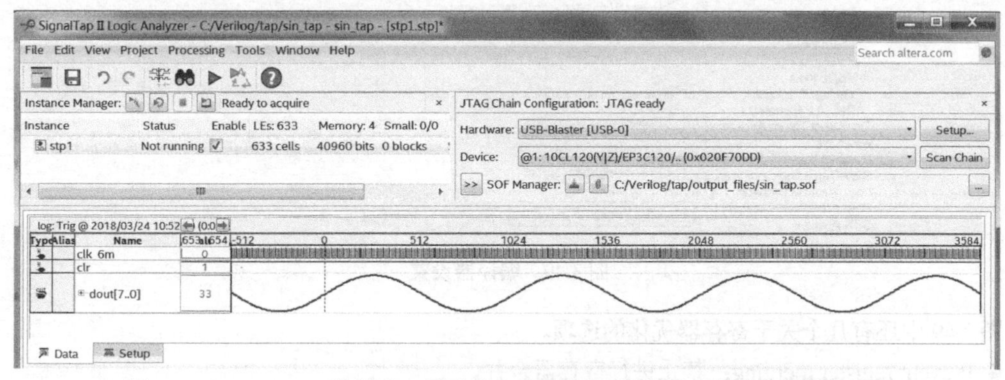

图 3.47　SignalTap II 数据窗口显示的实时采样的正弦波信号发生器的输出波形

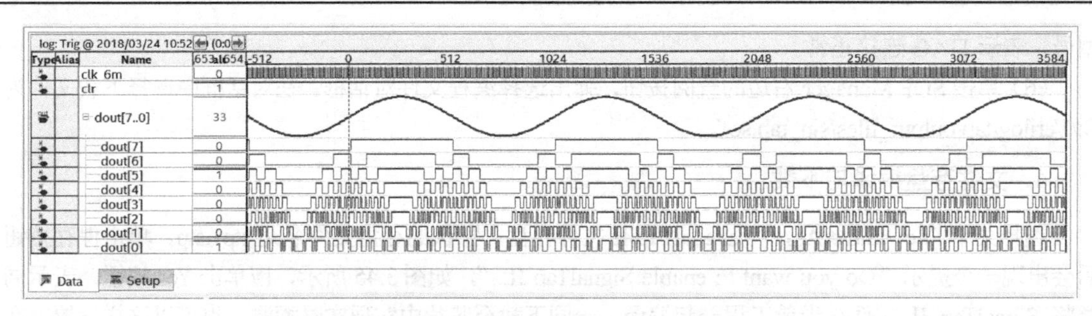

图3.48 对实时采样的信号波形展开

3.4 Quartus Prime的优化设置与时序分析

本节介绍Quartus Prime的优化设置与时序分析。

1. 编译设置

选择菜单Assignments→Settings，在Settings对话框中选择Compiler Settings，出现图3.49所示的页面，在此页面中，可以指定编译器高层优化的策略（Specify high-level optimization settings for the Compiler），有如下几种选择。

- Balanced：平衡模式，兼顾性能、面积和功率等指标。
- Performance（High effort）：性能优先，高成本模式，会延长编译时间。
- Performance（Aggressive）：性能优先，激进模式，会增大耗用面积和延长编译时间。
- Power（High effort）：功率优先，高成本模式，着重降低功耗，会延长编译时间。
- Power（Aggressive）：功率优先，激进模式，着重降低功耗，会降低性能。
- Area（Aggressive）：面积优先，激进模式，着重减小耗用面积，会降低性能。

一般的设计选择Balanced模式即可。

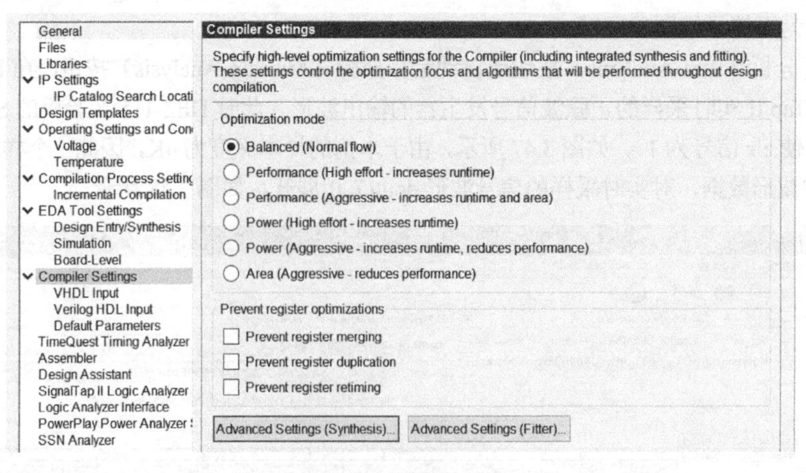

图3.49 编译器设置

图3.49中还有几个关于寄存器优化的选项。

- Prevent register merging：禁止进行寄存器合并。
- Prevent register duplication：禁止进行寄存器复制。禁止Quartus Prime软件在布局布线期间使用

寄存器复制对寄存器进行物理综合优化。

- Prevent register retiming：禁止进行寄存器重新定时。禁止 Quartus Prime 软件在布局布线期间使用寄存器重新定时对寄存器进行物理综合优化。

2. 网表查看器（Netlist Viewer）

工程编译后，可以使用网表查看器（Netlist Viewer）查看综合后的网表结构，以分析综合结果是否与设想的一致。Netlist Viewer 分为 RTL Viewer（RTL 视图）和 Technology Map Viewer（门级视图）。RTL 视图与器件无关，而门级视图则与锁定的器件相关。Technology Map Viewer 又分为 Post-Mapping（映射后视图）和 Post-Fitting（适配后视图）两种。

选择菜单 Tools→Netlist Viewers→RTL Viewer，即可观察当前设计的 RTL 电路视图，如图 3.50 所示为一个 4 位计数器的 RTL 综合视图，可看出该设计由一个加法器、一个 4 位寄存器和一个 2 选 1 数据选择器这三个模块实现。

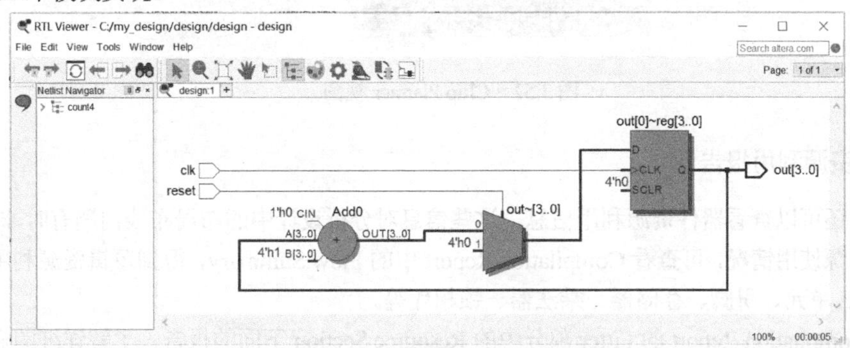

图 3.50　4 位计数器的 RTL 综合视图

选择菜单 Tools→Netlist Viewers→Technology Map Viewer，可观察当前设计的门级电路网表，如图 3.51 所示为 4 位计数器的门级综合视图，该视图与锁定的 FPGA 芯片有关。

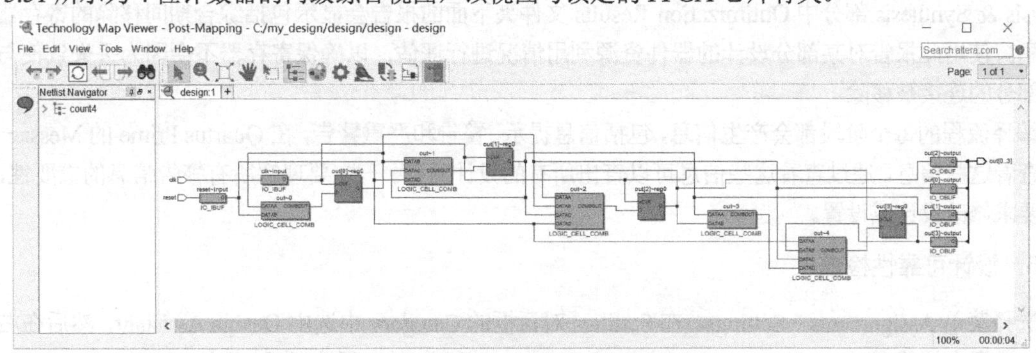

图 3.51　4 位计数器的门级综合视图

3. Chip Planner（器件规划图）

工程编译后，还可以使用 Chip Planner 工具查看布局布线的详细信息，显示各个功能模块间的布线资源，查看各个 LUT 的 Fan-In/Fan-Out、布局连线的疏密程度、各模块的位置、路径延时等。

选择菜单 Tools→Chip Planner，可观察当前设计的 Chip Planner 视图，如图 3.52 所示，通过该视图可直观观察布局布线信息、节点信号间连接（Connections Between Nodes）及扇出连接（Fan-Out Connections）等。

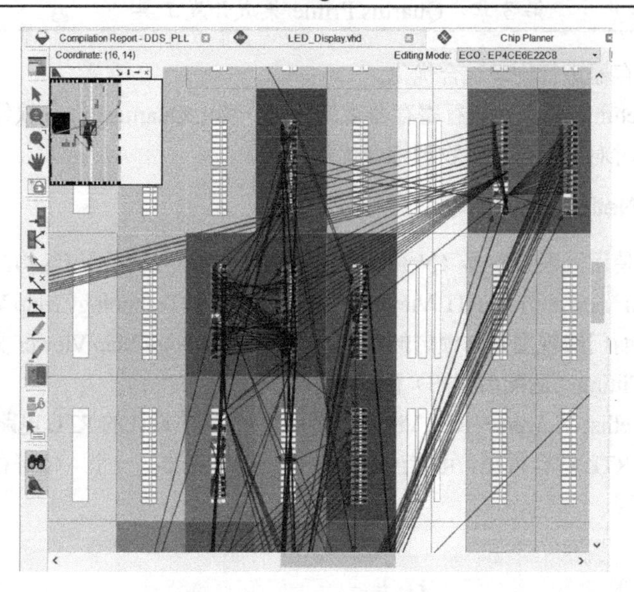

图 3.52　Chip Planner 视图

4．器件资源利用报告

编译后，还可以查看器件资源利用信息，这些信息对分析设计中的布局布线问题有时非常必要。

要确定资源使用情况，可查看 Compilation Report 中的 Flow Summary，得到逻辑资源利用百分比，如用了多少 LE 单元、引脚、存储器、乘法器、锁相环等。

可查看 Compilation Report 的 Fitter 部分中的 Resource Section 下面的报告，了解详细的资源信息。Fitter Resource Usage Summary 将逻辑使用信息分成几部分，并表明逻辑单元的使用情况和提供包括每一类存储器模块中比特数在内的其他资源信息。

还有一些报告描述编译期间执行的一些优化。例如，如果使用 Quartus Prime 集成综合，那么 Analysis & Synthesis 部分中 Optimization Results 文件夹下面的报告会显示包括综合期间移除的寄存器的信息。使用此报告对某部分设计的器件资源利用情况进行评估，以确保寄存器不会因为丢失致使与其他部分的连接被移除。

编译流程的每个阶段都会产生信息，包括信息提示、警告和严重警告，在 Quartus Prime 的 Message 栏可查看这些信息，通过查看这些信息可以查出所有的设计问题。一定要理解所有警告信息的重要性，并按要求修改设计或设置。

5．设计可靠性检查

选择菜单 Assignments→Settings，在 Settings 对话框的 Category 中选中 Design Assistant，然后在右边的对话框中使能 Run Design Assistant during compilation 选项，对工程编译后，可在 Compilation Report 中查看 Design Assistant 的相关信息，如图 3.53 所示。

从图 3.53 的 Compilation Report 中可看到，Design Assistant 将违反规则的情况分成如下 4 个等级。

（1）Critical Violations：非常严重地违反规则，影响设计的可靠性。

（2）High Violations：严重地违反规则，影响设计的可靠性。

（3）Medium Violations：中等程度的违规。

（4）Information only Violations：一般程度的违规。

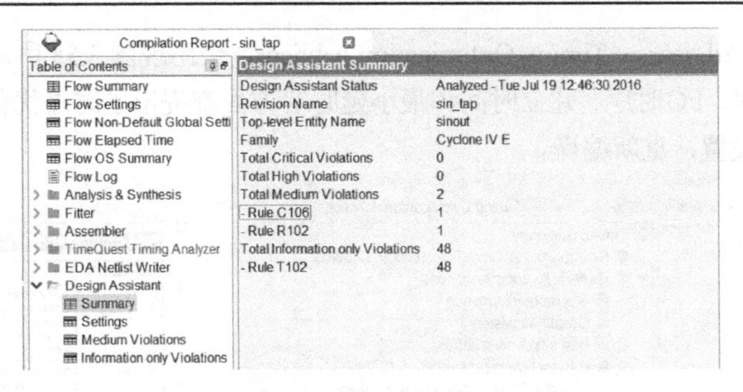

图 3.53 查看 Design Assistant Summary

6．时序约束与分析

在 FPGA 设计流程中，精确的时序约束使时序驱动综合软件和布局布线软件能够获得最佳结果。时序约束对保证设计满足时序要求至关重要，代表了器件正常运行必须满足的一些实际设计要求。Quartus Prime 软件对不同的器件速度级别使用不同的时序模型，从而对设计进行优化和分析。

Quartus Prime 软件包括 TimeQuest Timing Analyzer 时序分析工具，对设计的时序性能进行验证，此工具支持行业标准 Synopsys Design Constraints（SDC）格式时序约束，并具有基于时序报告的简单易用的图形用户界面。TimeQuest Timing Analyzer 通过使用数据要求时间、数据到达时间和时钟到达时间来执行整个系统的静态时序分析，从而验证电路性能并检测可能的时序违规。它确定了设计正常运行必须满足的时序关系。使用 report datasheet 命令来生成一个概括整个设计的 I/O 时序特征的数据表报告。

7．利用 Optimization Advisors（优化指导）对设计进行优化

可利用 Optimization Advisors（优化指导）对设计进行优化。选择菜单 Tools→Advisors→Resource Optimization Advisor，软件会对资源的优化利用提出建议，图 3.54 所示为某设计的资源优化建议，可看到针对 LE 单元、存储器、DSP 模块等，分别提出了各种片内资源的优化利用的建议，设计者可评估这些建议，按照提示进行设置，重新编译后，与之前的资源耗用进行对比，查看优化的效果。

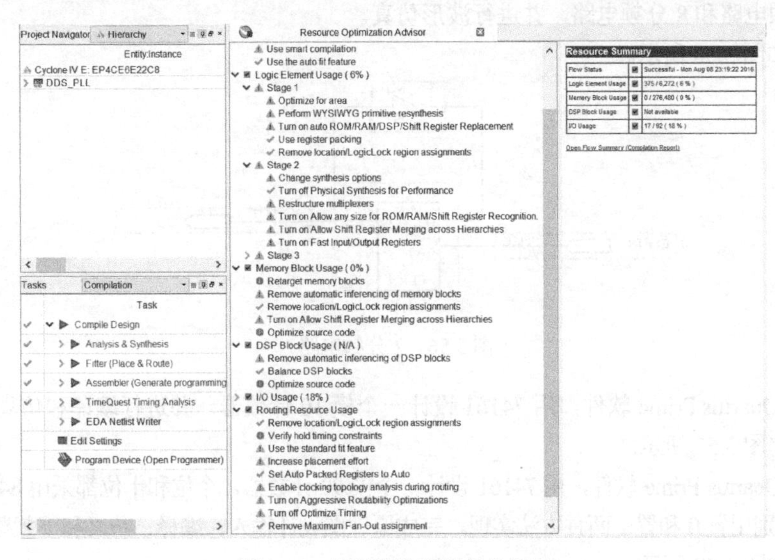

图 3.54 某设计的资源优化指导

选择菜单Tools→Advisors→Timing Optimization Advisor，会出现图3.55所示的时序优化指导，可看到，在最高运行频率、I/O时序、建立时间和最小延时等方面都提出了时序优化设置的建议。同样可以按照这些建议进行设置，重新编译。

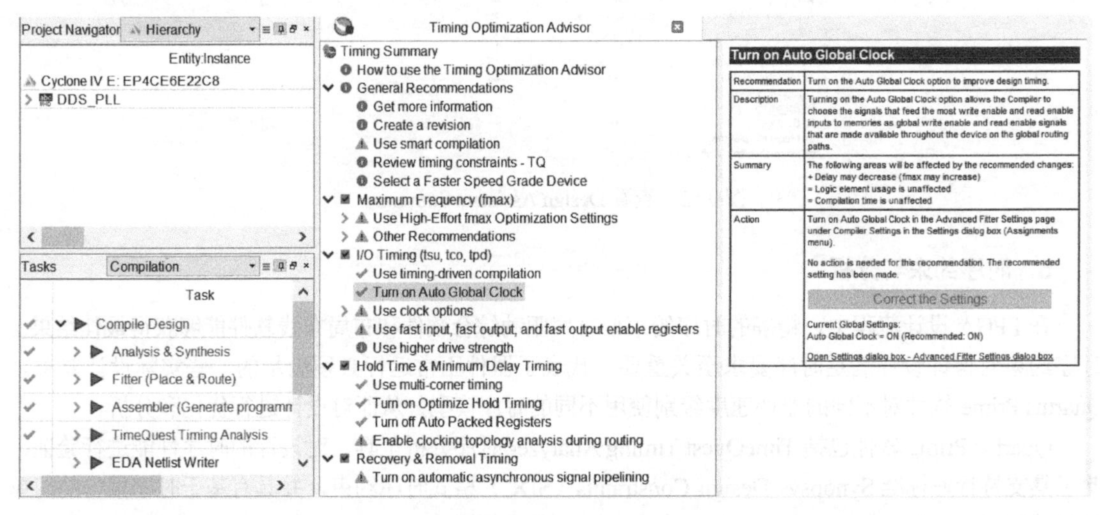

图3.55 时序优化指导

Quartus Prime软件的Optimization Advisors还包括Power Optimization Advisor，根据当前设计工程的设置和约束提供具体的功耗优化意见与建议，选择菜单Tools→Advisors→Power Optimization Advisor，可查看功耗优化意见和建议，根据这些建议修改设计并重新编译，然后运行Power Play Power Analyzer可检查功耗结果的变化情况。

习 题 3

3.1 基于Quartus Prime软件，用D触发器设计一个2分频电路，并进行波形仿真，在此基础上设计一个4分频电路和8分频电路，并进行波形仿真。

参考设计如图3.56所示。

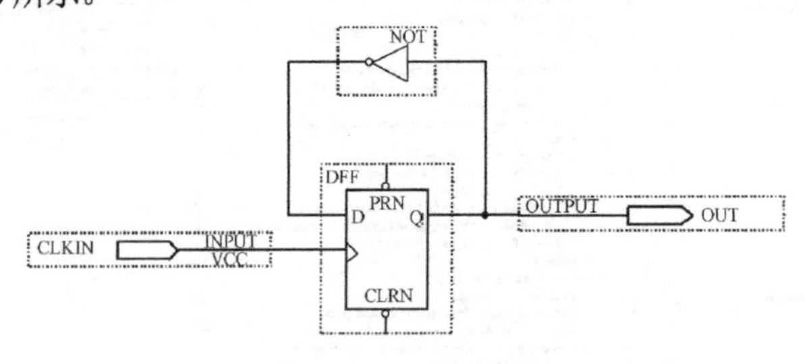

图3.56 2分频电路

3.2 基于Quartus Prime软件，用74161设计一个模10计数器，并进行编译和仿真。

参考设计如图3.57所示。

3.3 基于Quartus Prime软件，用74161设计一个模99计数器，个位和十位都采用8421BCD码的编码方式设计，分别用置0和置1两种方法实现，完成原理图设计输入、编译、仿真和下载整个过程。

参考设计如图3.58所示。

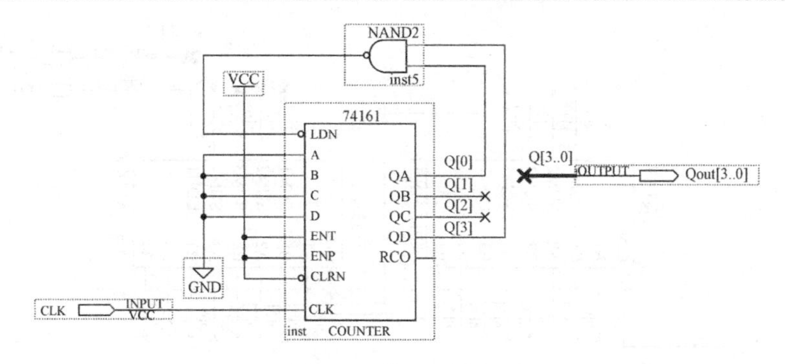

图 3.57　模 10 计数器

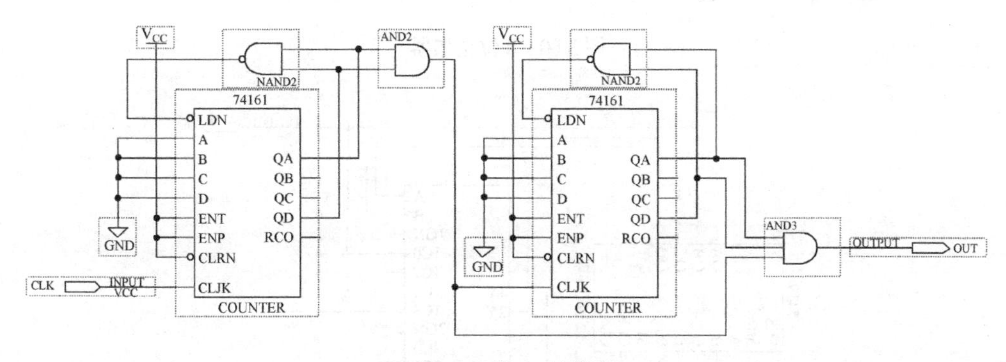

图 3.58　模 99 计数器

3.4　基于 Quartus Prime 软件，用 7490 设计一个模 71 计数器，个位和十位都采用 8421BCD 码的编码方式设计，完成原理图设计输入、编译、仿真和下载整个过程。

参考设计如图 3.59 所示。

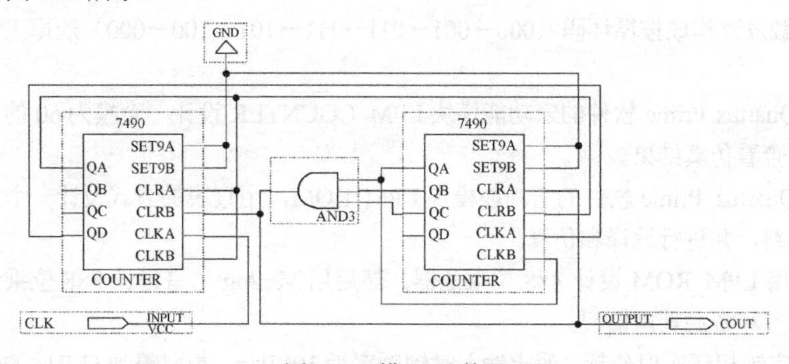

图 3.59　模 71 计数器

3.5　基于 Quartus Prime 软件，用 74283（4 位二进制全加器）设计实现一个 8 位全加器，并进行综合和仿真，查看综合结果和仿真结果。

参考设计如图 3.60 所示。

3.6　基于 Quartus Prime，用 74194（4 位双向移位寄存器）设计一个 00011101 序列产生器电路，进行编译和仿真，查看仿真结果。

参考设计如图 3.61 所示。序列产生器由 74194 和 74153（双 4 选 1 数据选择器）构成。

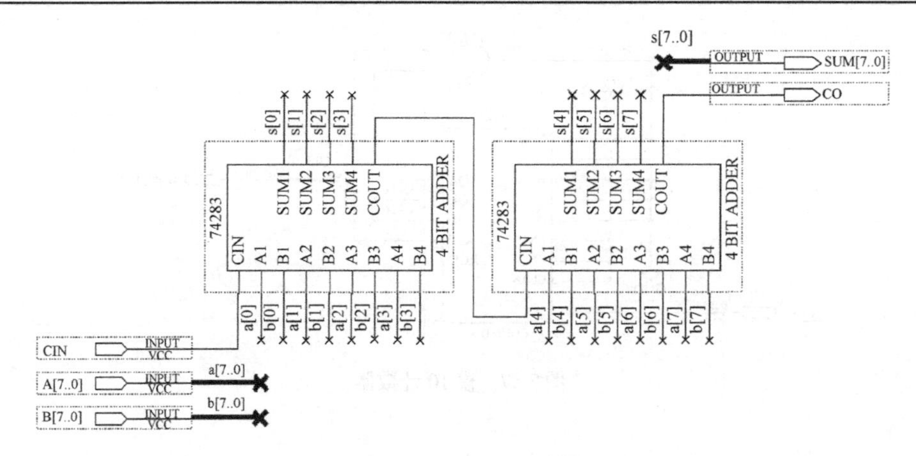

图 3.60　8 位全加器

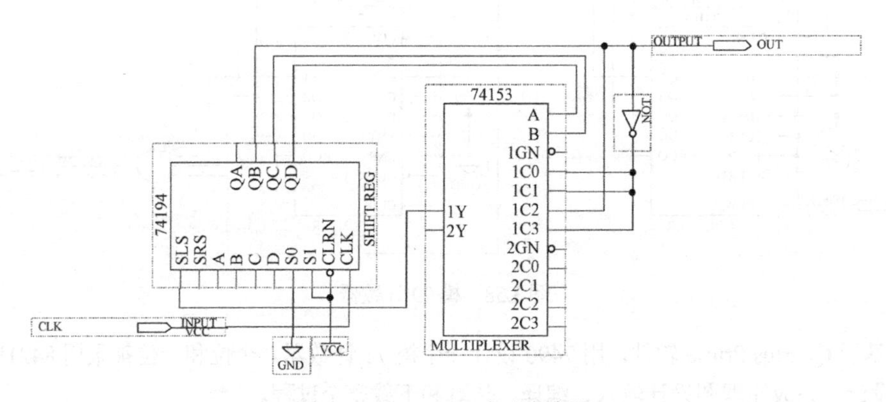

图 3.61　00011101 序列产生器

3.7　用 D 触发器构成按循环码（000→001→011→111→101→100→000）规律工作的六进制同步计数器。

3.8　采用 Quartus Prime 软件的宏功能模块 LPM_COUNTER 设计一个模为 60 的加法计数器，进行编译和仿真，查看仿真结果。

3.9　采用 Quartus Prime 软件的宏功能模块 LPM_ROM，用查表的方式设计一个实现两个 8 位无符号数加法的电路，并进行编译和仿真。

3.10　先利用 LPM_ROM 设计 8×8 位乘法器，然后用 Verilog 语言设计 8×8 位乘法器，比较两种乘法器的运行速度和资源耗用情况。

3.11　用数字锁相环实现分频，假定输入时钟频率为 10MHz，想要得到 6MHz 的时钟信号，试用 ALTPLL 宏功能模块实现该电路。

实验与设计：4×4 无符号数乘法器

1．实验要求

基于 Quartus Prime，用 LPM_ROM 宏功能模块实现 4×4 无符号数乘法器并仿真。

2．实验内容

（1）LPM_ROM 宏功能模块：LPM_ROM 宏功能模块的端口及参数如表 3.2 所示。

表 3.2 LPM_ROM 宏功能模块的端口及参数

	端口名称	功能描述
输入端口	address[ ]	地址
	inclock	输入数据时钟
	outclock	输出数据时钟
	memenab	输出数据使能
输出端口	q[ ]	数据输出
参数设置	LPM_WIDTH	存储器数据线宽度
	LPM_WIDTHAD	存储器地址线宽度
	LPM_FILE	.*mif 或*.hex 文件，包含 ROM 的初始化数据

（2）定制 LPM_ROM 模块：如图 3.62 所示，在 IP Catalog 栏中，在 Basic Functions 的 On Chip Memory 目录下找到 LPM_ROM 宏功能模块，双击该模块，出现 Save IP Variation 对话框，在其中为自己的 LPM_ROM 宏功能模块命名，比如 my_rom，选择其语言类型为 Verilog。

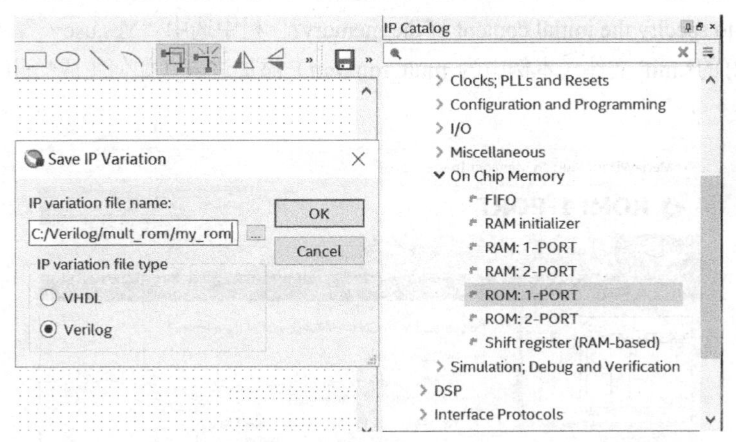

图 3.62 Save IP Variation 对话框

单击 OK 按钮，启动 MegaWizard Plug-In Manager，对 LPM_ROM 宏功能模块进行参数设置。首先在图 3.63 所示的界面中设置芯片的系列、数据线和存储单元数目（地址线宽度），本例中数据线宽度设为 8bits，存储单元的数目为 256。在“What should the memory block type be?”栏中选择以何种方式实现存储器，由于芯片不同，选择也会不同，一般按照默认选择 Auto 即可。在最下面的“What clocking method would you like to use?”栏中选择时钟方式，可以使用一个时钟，也可以为输入和输出分别使用各自的时钟。在大多数情况下，使用一个时钟就足够了。

单击 Next 按钮，在图 3.64 所示的界面中可以增加时钟使能信号和异步清零信号，它们只对寄存器方式的端口（registered port）有效，在“Which ports should be registered?”栏中选中输出端口'q'output port，将其设为寄存器型。

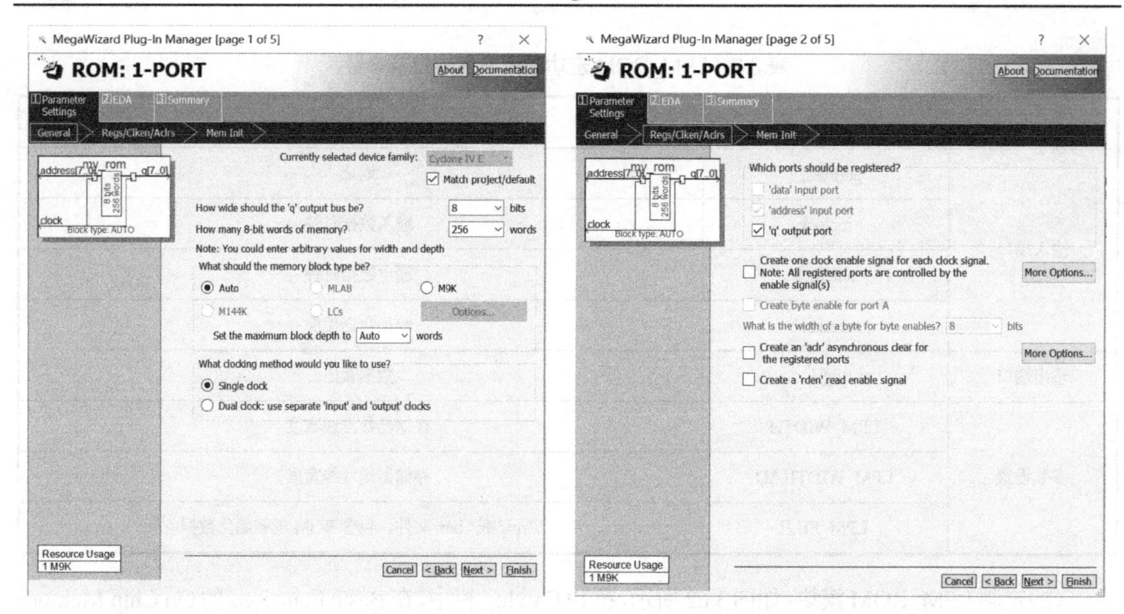

图 3.63　数据线、地址线宽度设置　　　　图 3.64　控制端口设置

单击 Next 按钮，进入图 3.65 所示的界面，在这里将 ROM 的初始化文件（.mif）加入 LPM_ROM，在“Do you want to specify the initial content of the memory?”栏中选中“Yes,use…”，然后单击 Browse 按钮，将已编辑好的*.mif 文件（本例中为 mult_rom.mif）添加进来（如何生成*.mif 文件将在下面说明）。

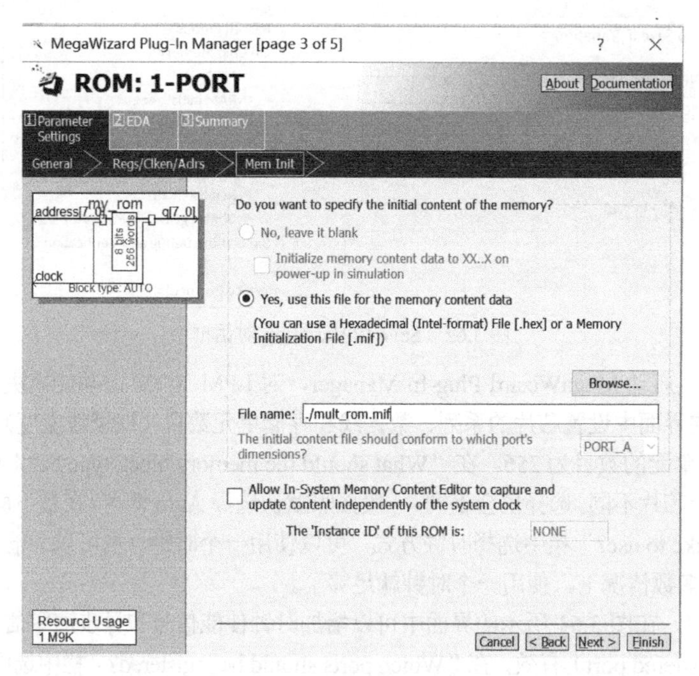

图 3.65　添加.mif 文件

继续单击 Next 按钮，出现图 3.66 所示的页面，在该页面中选择需要生成的一些文件。其中：my_rom.v 文件是设计源文件，系统默认选中；再选中 my_rom.bsf 文件和 my_rom_inst.v 文件。

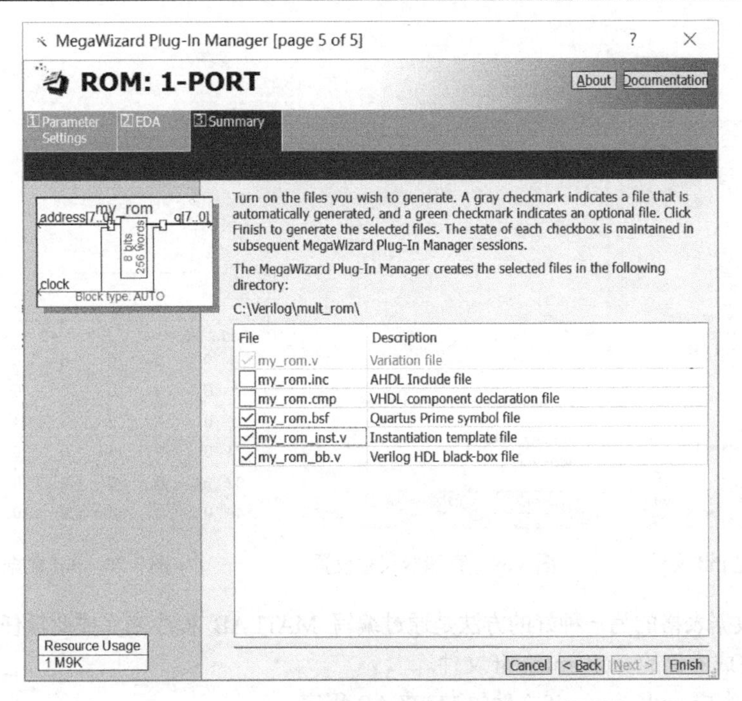

图 3.66　选择需要生成的文件

单击图 3.66 中的 Finish 按钮，结束设置参数的过程，完成 LPM_ROM 宏功能模块的定制。

（3）原理图输入：选择菜单 File→New，在弹出的 New 对话框中选择源文件的类型为 Block Diagram/Schematic File，新建一个原理图文件。

在原理图中调入刚定制好的 my_rom 模块，再调入 input、output 等元件，连线（注意总线型连线的网表命名方法），完成原理图设计，图 3.67 所示为基于 LPM_ROM 实现的 4×4 无符号数乘法器原理图，将该原理图存盘（本例为 C:\Verilog\mult_rom\mult_ip.bdf）。

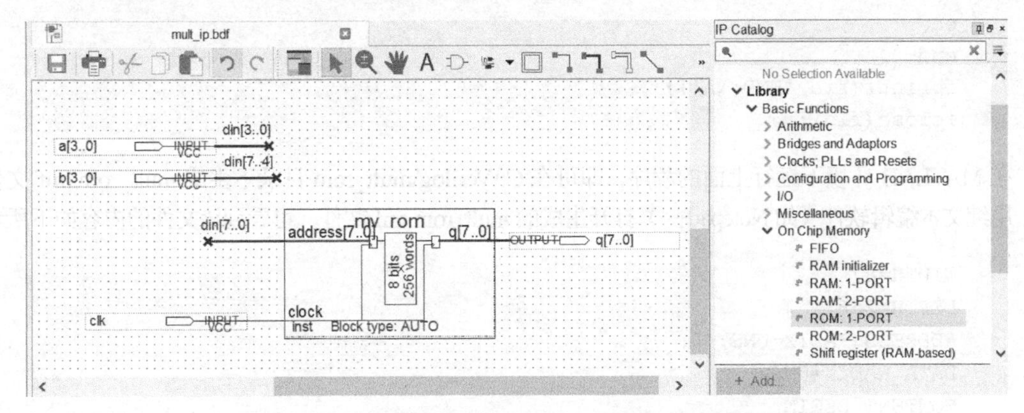

图 3.67　基于 LPM_ROM 实现的 4×4 无符号数乘法器原理图

（4）mif 文件的生成：ROM 存储器的内容存储在*.mif 文件中，生成*.mif 文件的步骤如下。在 Quartus Prime 软件中选择菜单 File→New，在 New 对话框中选择 Memory Files 下的 Memory Initialization File（如图 3.68 所示），单击 OK 按钮，出现图 3.69 所示的对话框，在对话框中填写 ROM 的大小为 256，数据位宽取 8，单击 OK 按钮，将出现空的 mif 数据表格，如图 3.70 所示，可直接将乘法结果填写到表中，填好后保存文件，取名为 mult_rom.mif。

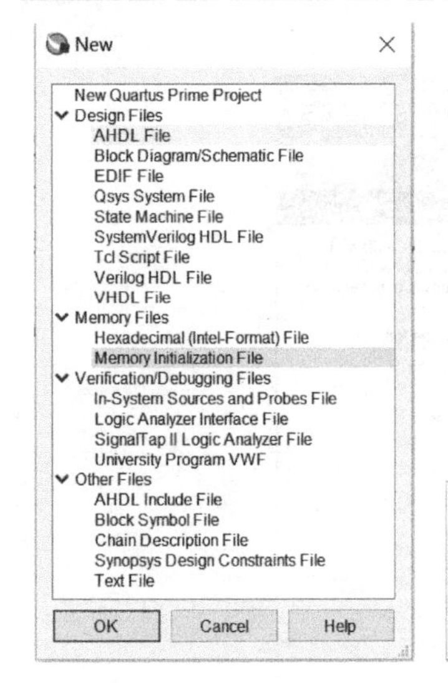

图 3.68　新建 mif 文件

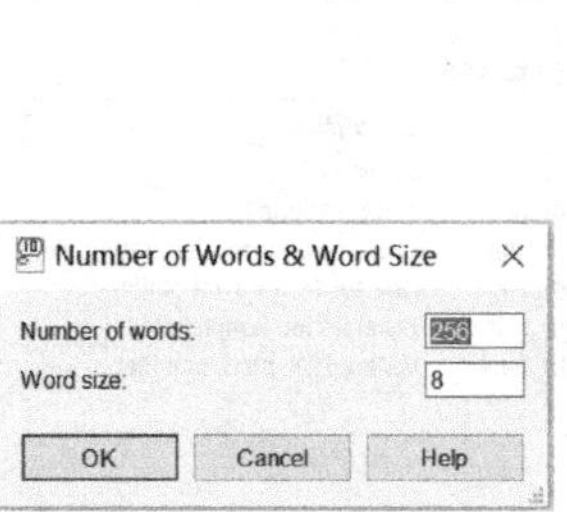

图 3.69　存储器尺寸设置

mult_rom.mif*

Add	+0	+1	+2	+3	+4	+5	+6	+7
0	0	0	0	0	0	0	0	0
8	0	0	0	0	0	0	0	0
16	0	1	2	3	4	5	6	7
24	8	9	10	0	0	0	0	0
32	0	0	0	0	0	0	0	0
40	0	0	0	0	0	0	0	0

图 3.70　mif 数据表格

填写 mif 数据表格的另一种好的方法是通过编写 MATLAB 程序来完成此项任务，可用如下的 MATLAB 程序生成本例的 mult_rom.mif 文件。

【例 3.4】　生成 mult_rom.mif 文件的 MATLAB 程序。

```
fid=fopen('C:\Verilog\mult_rom\mult_rom.mif','w');
fprintf(fid,'WIDTH=8;\n');
fprintf(fid,'DEPTH=256;\n\n');
fprintf(fid,'ADDRESS_RADIX=UNS;\n');
fprintf(fid,'DATA_RADIX=UNS;\n\n');
fprintf(fid,'CONTENT BEGIN\n');
for i=0:15  for j=0:15
fprintf(fid,'%d : %d;\n',i*16+j,i*j);
end
end
fprintf(fid,'END;\n');
fclose(fid);
```

在 MATLAB 环境下运行上面的程序，即可在 C:\Verilog\mult_rom 目录下生成 mult_rom.mif 文件。用纯文本编辑软件（如 Notepad++）打开生成的 mult_rom.mif 文件，可看到该文件的内容如下所示。

```
WIDTH=8;
DEPTH=256;
ADDRESS_RADIX=UNS;
DATA_RADIX=UNS;
CONTENT BEGIN
    [0..16]: 0; 17 : 1; 18 : 2; 19 : 3; 20 : 4;21 : 5; 22 : 6; 23 : 7;
24 : 8;25 : 9;26 : 10;27 : 11;28 : 12;29 : 13;30 : 14;31 : 15;32 : 0;
33 : 2;34 : 4;35 : 6;36 : 8;37 : 10;38 : 12;39 : 14;40 : 16;41 : 18;
42 : 20;43 : 22;44 : 24;45 : 26;46 : 28;47 : 30;48 : 0;49 : 3;50 : 6;
51 : 9;52 : 12;53 : 15;54 : 18;55 : 21;56 : 24;57 : 27;58 : 30;59 : 33;
60 : 36;61 : 39;62 : 42;63 : 45;64 : 0;65 : 4;66 : 8;67 : 12;68 : 16;
69 : 20;70 : 24;71 : 28;72 : 32;73 : 36;74 : 40;75 : 44;76 : 48;77 : 52;
```

```
78 : 56;79 : 60;80 : 0;81 : 5;82 : 10;83 : 15;84 : 20;85 : 25;86 : 30;
87 : 35;88 : 40;89 : 45;90 : 50;91 : 55;92 : 60;93 : 65;94 : 70;95 : 75;
96 : 0;97 : 6;98 : 12;99 : 18;100 : 24;101 : 30;102 : 36;103 : 42;
104 : 48;105 : 54;106 : 60;107 : 66;108 : 72;109 : 78;110 : 84;111 : 90;
112 : 0;113 : 7;114 : 14;115 : 21;116 : 28;117 : 35;118 : 42;119 : 49;
120 : 56;121 : 63;122 : 70;123 : 77;124 : 84;125 : 91;126 : 98;127 : 105;
128 : 0;129 : 8;130 : 16;131 : 24;132 : 32;133 : 40;134 : 48;135 : 56;
136 : 64;137 : 72;138 : 80;139 : 88;140 : 96;141 : 104;142 : 112;
143 : 120;144 : 0;145 : 9;146 : 18;147 : 27;148 : 36;149 : 45;150 : 54;
151 : 63;152 : 72;153 : 81;154 : 90;155 : 99;156 : 108;157 : 117;
158 : 126;159 : 135;160 : 0;161 : 10;162 : 20;163 : 30;164 : 40;165 : 50;
166 : 60;167 : 70;168 : 80;169 : 90;170 : 100;171 : 110;172 : 120;
173 : 130;174 : 140;175 : 150;176 : 0;177 : 11;178 : 22;179 : 33;
180 : 44;181 : 55;182 : 66;183 : 77;184 : 88;185 : 99;186 : 110;187 : 121;
188 : 132;189 : 143;190 : 154;191 : 165;192 : 0;193 : 12;194 : 24;
195 : 36;196 : 48;197 : 60;198 : 72;199 : 84;200 : 96;201 : 108;
202 : 120;203 : 132;204 : 144;205 : 156;206 : 168;207 : 180;208 : 0;
209 : 13;210 : 26;211 : 39;212 : 52;213 : 65;214 : 78;215 : 91;216 : 104;
217 : 117;218 : 130;219 : 143;220 : 156;221 : 169;222 : 182;223 : 195;
224 : 0;225 : 14;226 : 28;227 : 42;228 : 56;229 : 70;230 : 84;231 : 98;
232 : 112;233 : 126;234 : 140;235 : 154;236 : 168;237 : 182;238 : 196;
239 : 210;240 : 0;241 : 15;242 : 30;243 : 45;244 : 60;245 : 75;246 : 90;
247 : 105;248 : 120;249 : 135;250 : 150;251 : 165;252 : 180;
253 : 195;  254 : 210;  255 : 225;
END;
```

需注意的是，上面数据的书写格式应一个数据一行，此处为节省篇幅，做了改动。

（5）编译：至此已完成源文件输入，参照前面的例子，利用 New Project Wizard 建立工程，本例中设立的工程名为 my_mult，选择菜单 Project→Set As Top-Level Entity，将 mult_ip.bdf 设为顶层实体，选择菜单 Processing→Start Compilation（或者单击▶按钮）对设计进行编译。编译完成后的 Flow Summary 页面如图 3.51 所示，可以发现，本例只使用了 2048（8×256）bits 的存储器，没有用到 LE 单元。

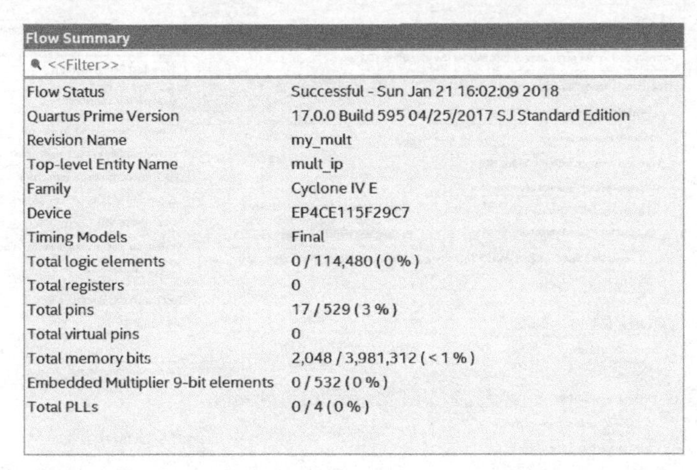

Flow Summary

<<Filter>>

Flow Status	Successful - Sun Jan 21 16:02:09 2018
Quartus Prime Version	17.0.0 Build 595 04/25/2017 SJ Standard Edition
Revision Name	my_mult
Top-level Entity Name	mult_ip
Family	Cyclone IV E
Device	EP4CE115F29C7
Timing Models	Final
Total logic elements	0 / 114,480 (0 %)
Total registers	0
Total pins	17 / 529 (3 %)
Total virtual pins	0
Total memory bits	2,048 / 3,981,312 (< 1 %)
Embedded Multiplier 9-bit elements	0 / 532 (0 %)
Total PLLs	0 / 4 (0 %)

图 3.71　4×4 无符号数乘法器编译完成后的 Flow Summary 页面

（6）仿真：本例的 Test Bench 文件如例 3.5 所示。

【例 3.5】　4×4 无符号数乘法器的 Test Bench 文件。

```
`timescale 1 ns/ 1 ns
module mult_ip_vlg_tst();
reg [3:0] a,b;
reg clk;
wire [7:0]  q;
mult_ip i1(.a(a),.b(b),.clk(clk),.q(q));
initial
begin
   a=6;  b=8;
# 40  b=9;
# 40 b=10;
# 40 a=8;
# 40 a=9;
# 40 a=10;
# 100 $stop;
$display("Running testbench");
end
always  begin
  clk = 1'b0;
  clk = #20 1'b1;
  # 20;
  end
endmodule
```

还需对 Test Bench 做进一步的设置，选择菜单 Assignments→Settings，弹出 Settings 对话框，选中 EDA Tool Settings 下的 Simulation 项，单击 Compile test bench 栏右边的 Test Benches 按钮，出现 Test Benches 对话框，单击其中的 New 按钮，出现 New Test Bench Settings 对话框，在其中填写 Test bench name 为 mult_ip_vlg_tst，同时，Top level module in test bench 也填写为 mult_ip_vlg_tst；Test bench and simulation files 选择 C:/Verilog/mult_rom/simulation/modelsim/mult_ip.vt，并将其加载。上述的设置过程如图 3.72 所示。

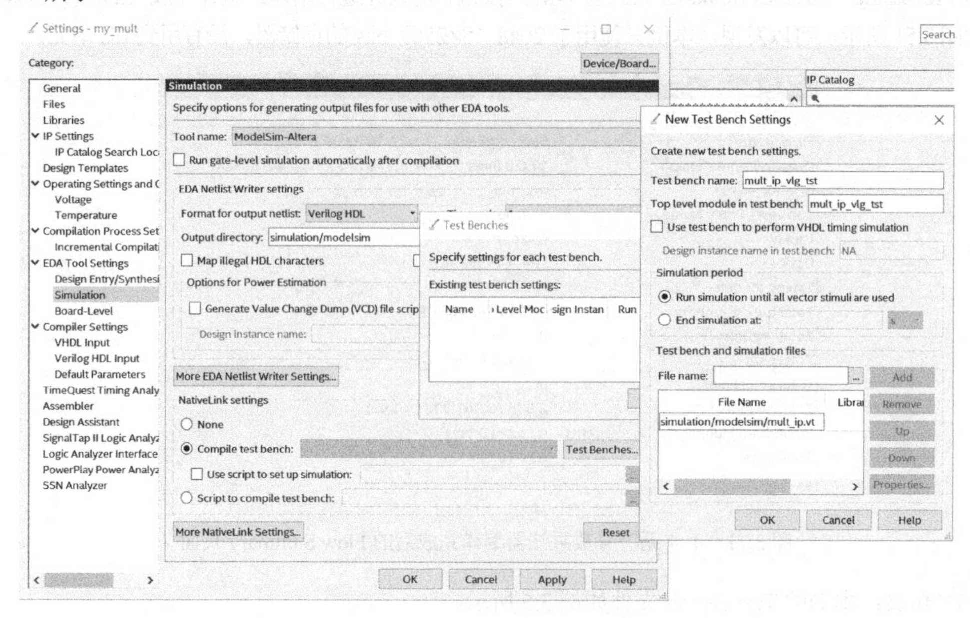

图 3.72　进一步设置 Test Bench

本例的门级仿真结果如图 3.73 所示，可以看出，在 CLK 时钟的上升沿到来时，ROM 模块将相应地址存储的数据输出。

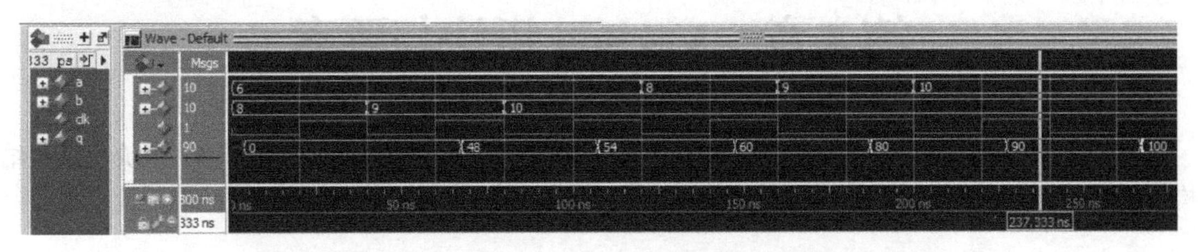

图 3.73　基于 LPM_ROM 的 4×4 无符号数乘法器的门级仿真结果

在本例中，LPM_ROM 输入地址的高 4 位作为被乘数，输入地址的低 4 位作为乘数，计算结果存储在该地址所对应的存储单元中，这样就把乘法运算转换为了查表操作。

采用与本例类似的方法，用 ROM 查表方式可以完成多种数值运算，也可以用于实现波形信号发生器的设计，这也是 FPGA 设计中一种常用的方法。目前多数 FPGA 器件内都有片内存储器，这些片内存储器速度快，读操作的时间一般为 3～4ns，写操作的时间大约为 5ns 或更短，用这些片内存储器可实现 RAM、ROM 或 FIFO 等功能，非常灵活，为实现数字信号处理（DSP）、数据加密或数据压缩等复杂数字逻辑的设计提供了便利。

第 4 章　Verilog 语法与要素

本章从 Verilog 的例子入手，使读者对用 Verilog 进行数字电路设计有初步的了解，并介绍模块结构及一些基本的语法现象。

4.1　Verilog 的历史

Verilog 是 1983 年由 GDA（Gateway Design Automation）公司的 Phil Moorby 首创的，之后 Moorby 又设计了 Verilog-XL 仿真器，Verilog-XL 仿真器大获成功，也使得 Verilog 得到推广使用。1989 年，Cadence 收购了 GDA，1990 年，Cadence 公开发表了 Verilog，并成立了 OVI（Open Verilog International）组织专门负责 Verilog 的发展。由于 Verilog 语言具有简洁、高效、易用、功能强等优点，因此逐渐被众多设计者所接受和喜爱。Verilog 的发展经历了下面几个重要节点。

- 1995 年，Verilog 成为 IEEE 标准，称为 IEEE Std 1364—1995（Verilog—1995）；
- 2001 年，IEEE Std 1364—2001 标准（Verilog—2001）获得通过，目前多数的综合器、仿真器都已经支持 Verilog—2001 标准，如 Quartus Prime、ModelSim 等。Verilog—2001 对 Verilog 语言做了扩充和增强，提高了 Verilog 行为级和 RTL 建模的能力；改进了 Verilog 在深亚微米设计和 IP 建模方面的能力；纠正了 Verilog—1995 标准中的错误和局限之处。
- 2002 年，为了使综合器输出的结果和基于 IEEE Std 1364—2001 标准的仿真与分析工具的结果相一致，推出了 IEEE Std 1364[1].1—2002 标准，为 Verilog 的 RTL 综合定义了一系列的建模准则。

Verilog 语言是在 C 语言的基础上发展而来的。从语法结构上看，Verilog 语言继承、借鉴了 C 语言的很多语法结构，两者有许多相似之处。表 4.1 所示为两种语言中一些相同或相似的语句，当然，Verilog 作为一种硬件描述语言，与 C 语言还是有本质区别的。

表 4.1　Verilog 与 C 语言的比较

C 语言	Verilog
function	module,function
if-then-else	if-then-else
for	for
while	while
case	case
break	break
define	define
printf	printf
int	int

概括地说，Verilog 语言具有下述一些特点。

- 既适用于可综合的电路设计，又可胜任电路与系统的仿真。

- 能在多个层次上对所设计的系统加以描述，从开关级、门级、寄存器传输级（RTL）到行为级，都可以胜任，同时 Verilog 语言不对设计规模施加任何限制。
- 灵活多样的电路描述风格，可进行行为描述，也可进行结构描述；支持混合建模，在一个设计中各个模块可以在不同的设计层次上建模和描述。
- Verilog 的行为描述语句，如条件语句、赋值语句和循环语句等，类似于软件高级语言，便于学习和使用。
- 内置各种基本逻辑门，如 and、or 和 nand 等，可方便地进行门级结构描述；内置各种开关级元件，如 pmos、nmos 和 cmos 等，可进行开关级的建模。
- 用户定义原语（UDP）创建的灵活性。用户定义的原语既可以是组合逻辑，又可以是时序逻辑；可通过编程语言接口（PLI）机制进一步扩展 Verilog 的描述能力。

另外，Verilog 语言更易入门，可使设计者迅速上手；Verilog 语言的功能强大，可满足各个层次设计者的需要，正是以上优点使得它广泛流行。在 ASIC 设计领域，Verilog 语言一直就是事实上的标准。

4.2　Verilog 模块的结构

Verilog 程序的基本设计单元是“模块”（module），一个模块由几个部分组成，下面通过实例对 Verilog 模块的基本结构进行解析。图 4.1 所示为一个简单的“与-或-非”门电路。

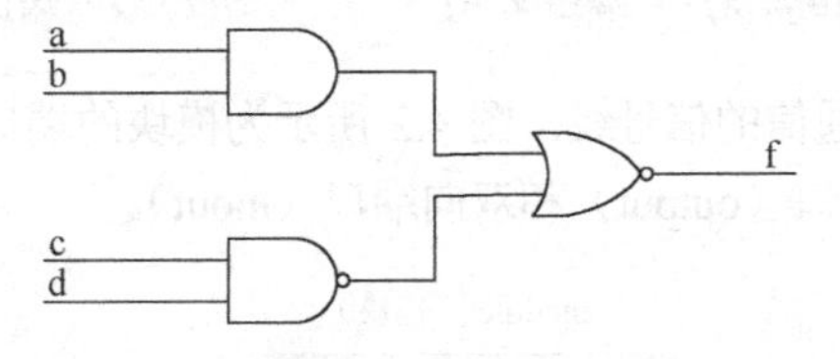

图 4.1　一个简单的“与-或-非”门电路

该电路表示的逻辑函数可表示为：$f=\overline{ab+cd}$，用 Verilog 语言对该电路描述如下。

【例 4.1】　“与-或-非”门电路。

```
module aoi(a,b,c,d,f);          /* 模块名为aoi,端口列表a、b、c、d、f */
input a,b,c,d;                  //模块的输入端口为a、b、c、d
output f;                       //模块的输出端口为f
wire a,b,c,d,f;                 //定义端口的数据类型
assign f=~((a&b)|(~(c&d)));     //逻辑功能描述
endmodule
```

通过上例，我们对 Verilog 程序有一个初步的印象，从书写形式上看，Verilog 程序具有以下一些特点。

（1）Verilog 程序是由模块构成的。每个模块的内容都嵌在 module 和 endmodule 两个关键字之间，每个模块实现特定的功能。

（2）每个模块首先要进行端口定义，并说明输入端口和输出端口（input、output 或 inout），之后对模块的功能进行定义。

（3）Verilog 程序书写格式自由，一行可以写几个语句，一个语句也可以分多行写。

（4）除 endmodule 等少数语句外，每个语句的最后必须有分号。

（5）可以用 /*……*/ 和 //……对 Verilog 程序做注释。好的源程序都应当加上必要的注释，以增

强程序的可读性和可维护性。

上面是我们的直观认识，如果将例 4.1 与图 4.1 所示的原理图进行对照，可对 Verilog 程序有更为具体的认识。该程序的第 1 行为模块的名字、模块的端口列表；第 2、3 行为输入/输出端口声明，第 4 行定义了端口的数据类型；第 5 行对输入、输出端口间的逻辑功能进行了描述。

Verilog 模块结构完全嵌在 module 和 endmodule 关键字之间，每个 Verilog 程序包括 4 个主要部分：模块声明、端口定义、信号类型声明和逻辑功能定义。

1. 模块声明

模块声明包括模块名字、模块输入/输出端口列表。模块声明格式为

```
module 模块名(端口 1,端口 2,端口 3,…);
```

模块结束的标志为关键字 endmodule。

2. 端口（Port）定义

对模块的输入/输出端口要明确说明，其格式为

```
input  端口名 1, 端口名 2,… 端口名 n;          //输入端口
output 端口名 1, 端口名 2,… 端口名 n;          //输出端口
inout  端口名 1, 端口名 2,… 端口名 n;          //双向端口
```

端口是模块与外界连接和通信的信号线，图 4.2 所示为模块的端口示意图。有三种端口类型，分别是输入端口（input）、输出端口（output）和双向端口（inout）。

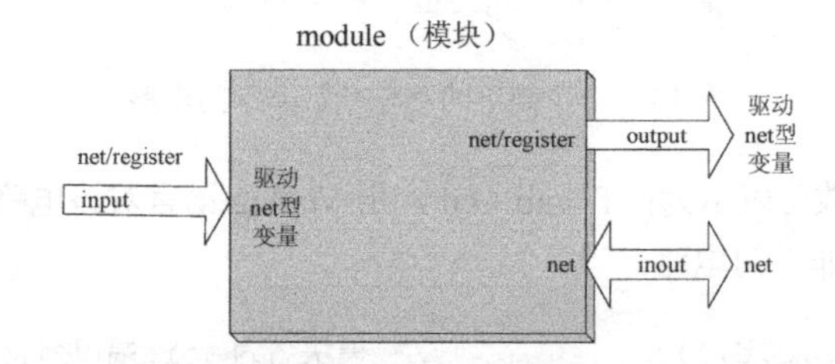

图 4.2 模块的端口示意图

定义端口时应注意如下几点。

- 每个端口除要声明是输入、输出还是双向端口外，还要声明其数据类型，是 wire 型、reg 型，还是其他类型。
- 输入端口和双向端口不能声明为 reg 型。
- 在测试模块中不需要定义端口。

3. 信号类型声明

对模块中所用到的所有信号（包括端口信号、节点信号等）都必须进行数据类型的定义。Verilog 提供了各种信号类型，分别模拟实际电路中的各种物理连接和物理实体。

下面是定义信号类型的几个例子。

```
reg cout;                    //定义信号 cout 的数据类型为 reg 型
reg[3:0] out;                //定义信号 out 的数据类型为 4 位 reg 型
wire a,b,c,d,f;              //定义信号 a、b、c、d、f 为 wire 型
```

如果信号的数据类型没有定义，则综合器将其默认为 wire 型。

在 Verilog—2001 标准中，规定可将端口定义和信号类型声明放在一条语句中完成，例如

```
output reg f;                  //f 为输出端口,其数据类型为 reg 型
output reg[3:0] out;           //out 为输出端口,其数据类型为 4 位 reg 型
```

还可以将端口定义和信号类型声明放在模块列表中，而不放在模块内部，更接近 ANSI C 语言的风格，比如例 4.1 可写为下面的形式。

【例 4.2】　将端口定义和信号类型声明放在模块列表中。

```
module aoi_2001             //模块声明采用 Verilog—2001 格式
                  (input wire a,b,c,d,
                   output wire f);
assign f=~((a&b)|(~(c&d)));
endmodule
```

例 4.2 与例 4.1 在功能上没有区别，在书写形式上更简洁。将端口类型和信号类型放在模块列表中声明后，在模块内部就无须重复声明。

4．逻辑功能定义

模块中最核心的部分是逻辑功能定义。有多种方法可在模块中描述和定义逻辑功能，还可以调用函数（function）和任务（task）来描述逻辑功能。下面介绍定义逻辑功能的几种基本方法。

（1）用 assign 持续赋值语句定义

例如

```
assign f=~((a&b)|(~(c&d)));
```

assign 语句一般用于组合逻辑的赋值，称为持续赋值方式。赋值时，只需将逻辑表达式放在关键字 assign 后即可。

（2）用 always 过程块定义

例 4.1 也可以用 always 过程块进行定义，如例 4.3 所示。

【例 4.3】　用 always 过程块描述例 4.1。

```
module aoi_a(a,b,c,d,f);               //模块名及端口列表
input a,b,c,d;                         //模块的输入端口
output f;                              //模块的输出端口
reg f;                                 //在 always 过程块中赋值的变量应定义为 reg 型
always @(a or b or c or d)             //always 过程块及敏感信号列表
  begin
  f=~((a&b)|(~(c&d)));                 //逻辑功能描述
  end
endmodule
```

例 4.3 的功能与例 4.1 的完全相同，如果用综合器综合，其结果是相同的，模块声明采用 Verilog—2001 格式，可写为下面的形式。

【例 4.4】　将端口类型和信号类型的声明放在模块列表中。

```
module aoi_b                    //模块声明采用Verilog—2001格式
        (input a,b,c,d,
         output reg f);
always @(*)                     //通配符,等价于a or b or c or d
  begin
  f=~((a&b)|(~(c&d)));
  end
endmodule
```

（3）调用元件（元件例化）

调用元件的方法类似于在电路图输入方式下调入图形符号来完成设计，这种方法侧重于电路的结构描述。在Verilog语言中，可通过调用如下元件的方式来描述电路的结构。

- 调用Verilog内置门元件（门级结构描述）；
- 调用开关级元件（开关级结构描述）；
- 在多层次结构电路设计中，高层次模块调用低层次模块。

下面是内置门元件调用的例子：

```
and a3(out,a,b,c);                    //调用了一个三输入与门
and c2(out,in1,in2);                  //调用二输入与门
```

综上所述，可给出Verilog模块的模板如下。

```
module <顶层模块名> (<输入输出端口列表>);
input 输入端口列表;                    //输入端口声明
output 输出端口列表;                   //输出端口声明
/*定义数据,信号的类型,函数声明,用关键字wire、reg、task、function等定义*/
wire 信号名;
reg 信号名;
//逻辑功能定义
assign <结果信号名>=<表达式>;          //使用assign语句定义逻辑功能
//用always块描述逻辑功能
always @(<敏感信号表达式>)
  begin
   //过程赋值
   //if-else,case语句;for循环语句
   //task,function调用
  end
//调用其他模块
<调用模块名> <例化模块名> (<端口列表>);
//门元件例化
门元件关键字<例化门元件名> (<端口列表>);
endmodule
```

4.3 Verilog语言要素

Verilog程序由各种符号流构成，这些符号包括空白符（White space）、数字（Numbers）、字符串（Strings）、注释（Comments）、标识符（Identifiers）、关键字（Key words）、运算符（Operators）等，

下面分别予以介绍。

1．空白符（White space）

在 Verilog 代码中，空白符包括空格、Tab、换行和换页。空白符使程序中的代码错落有致，阅读起来更方便。在综合时空白符被忽略。

Verilog 程序可以不分行，也可以加入空白符采用多行书写。

例如

```
initial begin ina=3'b001;inb=3'b011; end
```

这段程序等同于下面的书写格式

```
initial
   begin                //加入空格、换行等,使代码错落有致,提高可读性
      ina=3'b001;
      inb=3'b011;
end
```

2．注释（Comments）

在 Verilog 程序中有两种形式的注释。

- 单行注释：从“//”开始到本行结束，不允许续行。
- 多行注释：以“/*”开始，到“*/”结束。

3．标识符（Identifiers）

标识符是用户在编程时给 Verilog 对象起的名字，模块、端口和实例的名字都是标识符。标识符可以是任意一组字母、数字及符号“$”和“_”（下画线）的组合，但标识符的第一个字符必须是字母（a～z、A～Z）或是下画线“_”，标识符最长可以包含 1023 个字符。此外，标识符是区分大小写的。

以下是几个合法的标识符的例子。

```
count
COUNT                  //COUNT 与 count 是不同的
_A1_d2                 //以下画线开头
R56_68
FIVE
```

而下面几个例子则是不正确的。

```
30count                //非法：标识符不允许以数字开头
out*                   //非法：标识符中不允许包含字符*
```

还有一类标识符称为转义标识符（Escaped identifiers），转义标识符以符号“\”开头，以空白符结尾，可以包含任何字符。例如

```
\7400
\~#@sel
```

反斜线和结束空白符并不是转义标识符的一部分，因此，标识符“\OutGate”和标识符“OutGate”恒等。

4. 关键字（Key words）

Verilog内部已经使用的词称为关键字或保留字，用户不能随便使用这些保留字。需注意的是，所有关键字都是小写的，例如，ALWAYS（标识符）不是关键字，它与always（关键字）是不同的。

5. 运算符（Operators）

与C语言类似，Verilog提供了丰富的运算符。有关运算符的内容将在4.8节详细介绍。

4.4 常　　量

在程序运行过程中，其值不能被改变的量称为常量（constants），Verilog 中的常量主要有如下 3 种类型：

- 整数；
- 实数；
- 字符串。

其中，整数型常量是可以综合的，而实数型和字符串型常量是不可综合的。

4.4.1 整数

整数（Integer）按如下方式书写

```
+/-<size>'<base><value>
```

即

```
+/-<位宽>'<进制><数字>
```

size对应二进制数的位宽；base为进制；value为基于进制的数字序列。其中，进制有如下4种表示形式：

- 二进制（b或B）；
- 十进制（d或D或默认）；
- 十六进制（h或H）；
- 八进制（o或O）。

另外，在书写时，十六进制中的a～f与值x和z一样，不区分大小写。

下面是一些合法的书写整数的例子。

```
8'b11000101          //位宽为8位的二进制数11000101
8'hd5                //位宽为8位的十六进制数d5
5'O27                //5位八进制数
4'D2                 //4位十进制数2
4'B1x_01             //4位二进制数1x01
5'Hx                 //5位x（扩展的x），即xxxxx
4'hZ                 //4位z,即zzzz
8□'h□2A              /*在位宽和'之间,以及进制和数值之间允许出现空格,但'和进制之间、
                      数值之间是不允许出现空格的,比如8'□h2A、8'h2□A等形式都是不
                       合法的写法 */
```

下面是一些不合法的书写整数的例子。

```
3'□b001              //非法：'和基数b之间不允许出现空格
4'd-4                //非法：数值不能为负,有负号应放最左边
(3+2)'b10            //非法：位宽不能为表达式
```

在书写和使用整数时需注意下面一些问题。

（1）在较长的数之间可用下画线分开，如16'b1010_1101_0010_1001。

下画线符号“_”可以随意用在整数或实数中，它们本身没有意义，只用来提高可读性；但数字的第一个字符不能是下画线“_”，下画线也不可以用在位宽和进制处，只能用在具体的数字之间。

（2）如果没有定义一个整数的位宽（unsized number），则默认为32位。例如

```
'b1101               //默认为32'b00000000000000000000000000001101
'haf                 //默认为32'b00000000000000000000000010101111
```

（3）如果定义的位宽比数值的位数长，通常在左边填0补位。但如果数的最左边一位为x或z，就相应地用x或z在左边补位。例如

```
10'b10               //左边补0，0000000010
10'bx0x1             //左边补x，xxxxxxx0x1
```

如果定义的位宽比数值的位数短，那么左边的位被截掉。例如

```
3'b1001_0011         //与3'b011相等
5'H0FFF              //与5'H1F相等
```

（4）“?”是高阻态z的另一种表示符号。在数字的表示中，字符“?”和Z（或z）是完全等价的，可互相替代。

（5）x（或z）在二进制中代表1位x（或z），在八进制中代表3位x（或z），在十六进制值中代表4位x（或z），其代表的宽度取决于所用的进制。例如

```
8'h9x                //等价于8'b1001xxxx
8'haz                //等价于8'b1010zzzz
```

（6）整数可以有符号（正、负号），并且正、负号应写在最左边。负数通常表示为二进制补码的形式。

（7）当位宽与进制省略时，默认是十进制的数。例如

```
32                   //表示十进制数32
-15                  //十进制数-15
```

（8）在位宽和'之间，以及进制和数值之间允许出现空格，但'和进制之间及数值之间不允许出现空格。

（9）在Verilog—2001中，扩展了有符号的整数定义。例如

```
8'sh5a          //一个8位的十六进制有符号整数5a
```

4.4.2 实数

实数（Real）有下面两种表示法。

（1）十进制表示法

例如

```
2.0
5.678
0.1                     //以上3例是合法的实数表示形式
2.                      //非法：小数点两侧都必须有数字
```

（2）科学计数法

例如

```
43_5.1e2                //其值为43510.0
9.6E2                   //960.0(e与E相同)
5E-4                    //0.0005
```

Verilog语言定义了将实数转换为整数的方法。实数通过四舍五入被转换为最相近的整数。

例如

```
42.446，42.45           //若转换为整数,则都是42
92.5，92.699            //若转换为整数,则都是93
-16.62                  //若转换为整数,则是-17
-25.22                  //若转换为整数,则是-26
```

4.4.3 字符串

字符串（Strings）是双引号内的字符序列。字符串不能分成多行书写。例如

```
"INTERNAL ERROR"
"this is an example for Verilog"
```

Verilog采用reg型变量来存储字符串，例如

```
reg [8*12:1] stringvar;
initial
begin
stringvar = "Hello world!";
end
```

在上面的例子中，存储12个字符构成的字符串“Hello world!”需要一个宽度为8×12（96b）的reg型变量。

如果字符串用做Verilog表达式或赋值语句中的操作数，则字符串被视为8位的ASCII码序列，在操作过程中，如果声明的reg型变量的位数大于字符串的实际长度，则在赋值操作后，字符串变量的左端（高位）补0，这一点与非字符串的赋值操作是一致的；如果声明的reg型变量的位数小于字符串的实际长度，那么字符串的左端被截去。下面是一个字符串操作的例子。

【例4.5】 字符串操作的例子。

```
module string_test;
reg [8*14:1] stringvar;
initial begin
```

```
stringvar = "Hello world";
$display("%s is stored as %h", stringvar,stringvar);
stringvar = {stringvar,"!!!"};
$display("%s is stored as %h", stringvar,stringvar);
end
endmodule
```

输出结果为

```
Hello world is stored as 00000048656c6c6f20776f726c64
Hello world!!! is stored as 48656c6c6f20776f726c64212121
```

字符串中有一类特殊字符，特殊字符必须用字符“\”来说明，如表 4.2 所示。

表 4.2　特殊字符

特 殊 字 符	说　明
\n	换行
\t	Tab 键
\\	符号\
\“	符号“
\ddd	八进制数 ddd 对应的 ASCII 字符

例如

```
\123        八进制数 123 对应的 ASCII 字符是大写字母 S
```

4.5　数 据 类 型

数据类型（Data Type）用来表示数字电路中的物理连线、数据存储和传输单元等物理量。

Verilog 的数据类型在下面 4 种逻辑状态中取值（四值逻辑）。

- 0：低电平、逻辑 0 或逻辑非；
- 1：高电平、逻辑 1 或“真”；
- z 或 Z：高阻态；
- x 或 X：不确定或未知的逻辑状态。

Verilog 中的所有数据类型都在上述 4 种逻辑状态中取值，其中 0、1、z 可综合，x 表示不定值，通常只用在仿真中。

注意： x 和 z 是不区分大小写的，也就是说，值 0x1z 与值 0X1Z 是等同的。

此外，在可综合的设计中，只有端口变量可赋值为 z，因为三态逻辑仅在 FPGA 器件的 I/O 引脚中是物理存在的，可物理实现高阻逻辑。

Verilog 主要有两种数据类型：

- net 型；
- variable 型。

net 型中常用的有 wire 型、tri 型，variable 型包括 reg 型、integer 型等。

注意： 在 Verilog—1995 标准中，variable 型变量称为 register 型；在 Verilog—2001 标准中，将 register

一词改为了variable，以避免初学者将register和硬件中的寄存器概念混淆。

4.5.1 net型

net型数据相当于硬件电路中的各种物理连接，其特点是输出值紧跟输入值的变化而变化。net型数据的值取决于驱动的值，对net型变量有两种驱动方式：一种方式是在结构描述中将其连接到一个门元件或模块的输出端；另一种方式是用持续赋值语句assign对其进行赋值。如果net型变量没有连接到驱动，其值为高阻态z（trireg除外）。

net型变量包括多种类型，如表4.3所示，表中符号“√”表示可综合。

表4.3 常用的net型变量

类　型	功　能	可综合性
wire, tri	连线类型	√
wor, trior	具有线或特性的多重驱动连线	
wand, triand	具有线与特性的多重驱动连线	
tri1, tri0	分别为上拉电阻和下拉电阻	
supply1, supply0	分别为电源（逻辑1）和地（逻辑0）	√
trireg	具有电荷保持作用的连线，可用于电容的建模	

1. wire型

Wire型是最常用的net型数据变量，Verilog模块中的输入/输出信号没有明确指定数据类型时都被默认为wire型。wire型变量可以用做任何表达式的输入，也可以用做assign语句和实例元件的输出。对于综合器而言，其取值可为0、1、X、Z，如果wire型变量没有连接到驱动，则其值为高阻态z。

wire型变量的定义格式如下

```
wire 数据名1,数据名2,…,数据名I;
```

例如

```
wire a,b;                              //声明了两个wire型变量a和b
```

上面两个变量a、b的宽度都是一位，若定义一个多位的wire型数据（如总线），可按如下方式

```
wire[n-1:0] 数据名1,数据名2,…,数据名i;  //数据的宽度为n位
```

或

```
wire[n:1] 数据名1,数据名2,…,数据名i;
```

如下面的例子定义了8位宽的数据总线和20位宽的地址总线

```
wire[7:0] databus;                     //databus的宽度是8位
wire[19:0] addrbus;                    //addrbus的宽度是20位
```

或

```
wire[8:1] databus;
wire[20:1] addrbus;
```

这种多位的 wire 型数据也称为 wire 型向量（Vector），在 4.7 节中将进一步说明。

2. tri 型

tri 型和 wire 型的功能及使用方法是完全一样的，对于 Verilog 综合器来说，对 tri 型变量和 wire 型变量的处理是完全相同的，将信号定义为 tri 型，只是为了增加程序的可读性，可以更清楚地表示该信号综合后的电路连线具有三态的功能。

4.5.2 variable 型

variable 型变量必须放在过程语句（如 initial、always）中，通过过程赋值语句赋值；在 always、initial 等过程块内被赋值的信号也必须定义成 variable 型。需要注意的是：variable 型变量（在 Verilog—1995 标准中，称为 register 型）并不意味着一定对应硬件上的一个触发器或寄存器等存储元件，在综合器进行综合时，variable 型变量会根据其被赋值的具体情况来确定是映射成连线还是映射成存储元件（触发器或寄存器）。

variable 型变量包括 4 种类型，如表 4.4 所示，表中符号“√”表示可综合。

表 4.4 常用的 variable 型变量

类 型	功 能	可综合性
reg	常用的寄存器型变量	√
integer	32 位有符号整型变量	√
real	64 位有符号实型变量	
time	64 位无符号时间变量	

表 4.4 中的 real 型和 time 型变量都是纯数学的抽象描述，不对应任何具体的硬件电路，real 型和 time 型变量不能被综合。time 型主要用于对模拟时间的存储与处理，real 型表示实数寄存器，主要用于仿真。

1. reg 型

reg 型变量是最常用的 variable 型变量，reg 型变量的定义格式类似 wire 型，如下所示

```
reg 数据名 1,数据名 2,…,数据名 i;
```

例如

```
reg a,b;                          //声明了 2 个 reg 型变量 a、b
```

上面两个变量 a、b 的宽度都是 1 位，若定义一个多位的 reg 型向量（寄存器），则可按如下方式

```
reg[n-1:0] 数据名 1,数据名 2,…,数据名 i;
reg[n:1] 数据名 1,数据名 2,…,数据名 i;     //数据的宽度为 n 位
```

如下面的语句定义了 8 位宽的 reg 型向量

```
reg[7:0] qout;                    //qout 是 8 位宽的 reg 型向量
reg[8:1] qout;                    //qout 也是 8 位宽的 reg 型向量
```

reg 型变量并不意味着一定对应硬件上的寄存器或触发器，在综合时，综合器会根据具体情况来

确定将其映射成寄存器还是映射成连线。

【例 4.6】 reg 型变量的综合。

```
module abc
            (input a,b,c,
             output f1,f2);
reg f1,f2;                          //在 always 过程块中赋值的变量需定义为 reg 型
always @(a or b or c)
     begin
     f1=a|b; f2=f1^c;               //f1、f2 综合时不会映射为寄存器
     end
endmodule
```

例 4.6 用 Synplify 综合器进行综合，会得到图 4.3 所示的电路，可见，变量 f1、f2 虽然被定义为 reg 型，但综合器并没有将其映射为寄存器，而是映射为连线。综合时，reg 型变量的初始值为 x。

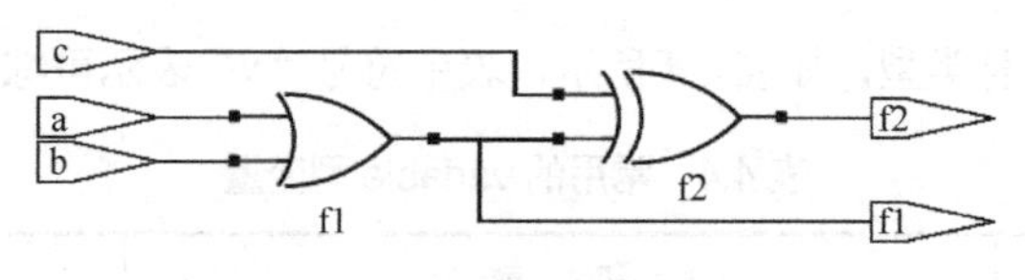

图 4.3 reg 型变量综合为连线

2. integer 型

integer 型变量多用于表示循环变量，如用来表示循环次数等。integer 型变量的定义与 reg 型变量的相同。下面是 integer 型变量定义的例子

```
integer  i,j;              //i、j 为 integer 型变量
integer[31:0] d;
```

integer 型变量不能作为位向量访问。例如，对于上面的 integer 型变量 d，d[6]和 d[16:10]是非法的。在综合时，integer 型变量的初始值为 x。

4.6 参　数

在 Verilog 语言中，用参数 parameter 来定义符号常量，即用 parameter 定义一个参数名来代表一个常量。参数常用来定义延时和变量的宽度。使用参数说明的常量只能被赋值一次。

4.6.1 参数 parameter

参数声明的格式如下

```
parameter  参数名 1=表达式 1,参数名 2=表达式 2,…;
```

参数名通常用大写字母表示[1]，例如

```
parameter SEL=8,CODE=8'ha3;
```

[1] 建议参数名用大写字母表示，而标识符、变量等一律采用小写字母表示。

```
        //为参数 SEL 赋值 8（十进制），为参数 CODE 赋值 a3（十六进制）
parameter DATAWIDTH=8,ADDRWIDTH=DATAWIDTH*2;
        //为参数 DATAWIDTH 赋值 8，为参数 ADDRWIDTH 赋值 16（8*2）
parameter STROBE_DELAY=18,DATA=16'bx;
parameter BYTE=8,PI=3.14;
```

下例的数据比较器中采用 parameter 定义了数据的位宽，比较的结果有大于、等于和小于三种。改变 parameter 的数值，可将比较器改为任意宽度。

【例 4.7】　采用参数定义的数据比较器。

```
module compare_w(a,b,larger,equal,less);
parameter SIZE=6;          //参数声明
input[SIZE-1:0] a,b;
output wire larger,equal,less;
assign larger=(a>b);
assign equal=(a==b);
assign less=(a<b);
endmodule
```

4.6.2　Verilog—2001 中的参数声明

在 Verilog—2001 中，改进了端口的声明语句，采用#(参数声明语句 1,参数声明语句 2,…)的形式来定义参数；同时允许将端口声明和数据类型声明放在同一条语句中。Verilog—2001 标准的模块声明语句如下

```
module 模块名
    #(parameter_declaration, parameter_declaration,…)
     (端口声明 端口名 1, 端口名 2,…,
      port_declaration port_name, port_name,…);
```

下例采用参数定义了加法器操作数的位宽，使用了 Verilog—2001 的声明格式。

【例 4.8】　采用参数定义的加法器。

```
module add_w                        //模块声明采用 Verilog—2001 格式
        #(parameter MSB=15,LSB=0)      //参数声明,注意没有分号
        (input[MSB:LSB] a,b,
         output[MSB+1:LSB] sum);
assign sum=a+b;
endmodule
```

下例的约翰逊（Johnson）计数器也使用了参数，Johnson 计数器属于移位型计数器，其移位的规则为：将最高有效位取反后从最低位移入。该例的模块声明同样采用了 Verilog—2001 格式，图 4.4 所示为 Johnson 计数器门级综合原理图（Synplify Pro）。

【例 4.9】　采用参数声明的 Johnson 计数器。

```
module johnson_w                    //模块声明采用 Verilog—2001 格式
           # (parameter WIDTH=8)       //参数声明
             (input clk,clr,
              output reg[(WIDTH-1):0] qout);
```

```
always @(posedge clk or posedge clr)
     begin    if(clr)           qout<=0;
              else      begin     qout<=qout<<1;
                        qout[0]<=~qout[WIDTH-1];
                             end
     end
endmodule
```

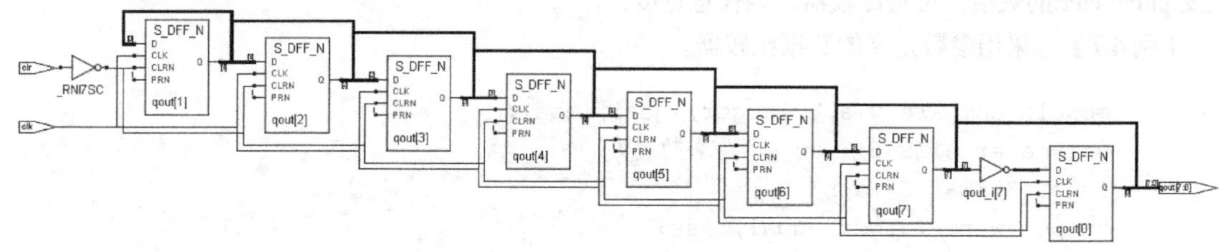

图 4.4　Johnson 计数器门级综合原理图（Synplify Pro）

4.6.3　参数的传递

parameter 还具有参数传递（重载）功能。

在多层次的设计中涉及高层模块对下层模块的例化（调用），此时可利用 parameter 的参数传递功能更改下层模块的规模（尺寸）。

有三种方式实现参数的传递。

（1）用“#”符号隐式地重载：重载的顺序必须与参数在原定义模块中声明的顺序相同，并且不能跳过任何参数。

（2）在线显式重载（in-line explicit redefinition）参数方式：Verilog—2001 标准增加了这种参数传递方式，允许在线参数值按照任意顺序排列。

（3）使用 defparam 语句显式地重载。

参数的传递将在 6.6 节中通过例子更为详细地介绍，此处不再赘述。

4.6.4　localparam

Verilog 还有一个 localparam 关键字，用于定义局部参数。localparam 定义的参数作用的范围仅限于本模块，不可用于参数传递，也就是说在实例化的时候不能通过层次引用进行重定义，只能通过源代码来改变，常用于状态机参数的定义。

在下面的例子中，采用 localparam 语句定义了一个局部参数 HSB=MSB+1，该例的功能与例 4.8 的功能相同。

【例 4.10】　采用 localparam 的加法器。

```
module add_localp
          #(parameter MSB=15,LSB=0)      //parameter 参数定义
           (input[MSB:LSB] a,b,
            output[HSB:LSB] sum);
localparam HSB=MSB+1;                    //localparam 参数定义
assign sum=a+b;
endmodule
```

4.7 向　量

1. 标量与向量

宽度为 1 位的变量称为标量，如果在变量声明中没有指定位宽，则默认为标量（1 位）。举例如下

```
wire a;                  //a 为标量
reg  clk;                //clk 为标量、reg 型变量
```

线宽大于 1 位的变量（包括 net 型和 variable 型）称为向量（vector）。向量的宽度用下面的形式定义

```
[MSB : LSB]
```

方括号中左边的数字表示向量的最高有效位（Most Significant Bit，MSB），右边的数字表示最低有效位（Lease Significant Bit，LSB），例如

```
wire[3:0]  bus;          //4 位的总线
reg[7:0] ra,rb;          //定义了两个 8 位寄存器,其中 ra[7]、rb[7]分别为最高有效位
reg[0:7] rc;             //rc[0]为最高有效位,rc[7]为最低有效位
```

2. 位选择和域选择

在表达式中可任意选中向量中的一位或相邻几位，分别称为位选择（bit-select）和域选择（part-select），例如

```
A=mybyte[6];                 //将 mybyte 的第 6 位赋值给变量 A,位选择
B=mybyte[5:2];               //将 mybyte 的第 5、4、3、2 位的值赋给变量 B,域选择
```

再例如

```
reg[7:0] a,b; reg[3:0] c; reg d;
d=a[7]&b[7];                 //位选择
c=a[7:4]+b[3:0];             //域选择
```

用位选择和域选择赋值时，应注意等号左右两端的宽度要一致。例如

```
wire[7:0] out; wire[3:0] in;
assign out[5:2]=in;                //out 向量的第 2 到第 5 位与 in 向量相等
```

它等效于

```
assign out[5]=in[3];
assign out[4]=in[2];
assign out[3]=in[1];
assign out[2]=in[0];
```

还有一类向量是不支持位选择和域选择的，即向量类向量。向量可分为两种：标量类向量和向量类向量。标量类向量支持位选择和域选择，在定义时用关键字 scalared 说明；向量类向量不支持位选择和域选择，只能作为一个统一的整体进行操作，在定义时用关键字 vectored 说明。例如

```
wire vectored [7:0]  databus;     //向量类向量
reg scalared [31:0] rega;         //rega 为 32 位标量类向量
```

标量类向量的说明可以默认，如上面的例子可以写为

```
reg[31:0] rega;
```

凡没有注明 vectored 关键字的向量，都认为是标量类向量，可以对其进行位选择和域选择。

3．存储器

在数字系统设计中，经常需要用到存储器（Memory）。存储器可视为二维向量，或由一组寄存器构成的阵列，若干相同宽度的寄存器向量构成的阵列（array）即构成了一个存储器。

用 Verilog 定义存储器时，需定义存储器的容量和字长，容量表示存储器存储单元的数量，字长则是每个存储单元的数据宽度。例如

```
reg[7:0] mymem[63:0];
```

上面的声明语句定义了一个 64 个单元（容量）、每个单元宽度（字长）为 8b 的存储器，该存储器的名字是 mymem，可将其视为由 64 个 8 位寄存器构成的阵列。再例如

```
reg[3:0] Amem[63:0];          //Amem 是容量为 64、字长为 4 位的存储器
reg Bmem[5:1];                //Bmem 是容量为 5、字长为 1 位的存储器
```

也可以用 parameter 参数定义存储器的尺寸，例如

```
parameter WIDTH=8,MEMSIZE=1024;
reg[WIDTH-1:0] mymem[MEMSIZE-1:0];
   //定义了一个宽度为 8b、容量为 1024 个存储单元的存储器
```

对存储器赋值时需注意的是：只能对存储器的某一单元整体赋值，例如

```
reg[7:0] mymem[63:0];     //存储器定义
mymem[8]=8'b10001001;     //mymem 存储器的第 8 个单元被赋值为二进制数 10001001
mymem[25]=65;
//mymem 存储器的第 25 个单元被赋值为十进制数 65，即二进制数 01000001
```

在 Verilog—1995 中不允许直接对存储器进行位选择和域选择，只能首先将存储器的值赋给寄存器，然后对寄存器进行位选择和域选择。在 Verilog—2001 标准中，已经允许直接对存储器进行位选择和域选择，并扩展了多维矩阵存储器，具体可参看 5.9 节的内容。

为存储器赋值的另一种方法是使用系统任务（仅限在电路仿真中使用）：

```
$readmemb（加载二进制值）
$readmemb（加载十六进制值）
```

这些系统任务从指定的文本文件中读取数据并加载到存储器。文本文件必须包含相应的二进制数或十六进制数。

在 Verilog 设计中，需要注意寄存器和存储器的区别，比如下面的声明语句

```
reg[1:8] rega;            //定义了一个 8 位的寄存器
reg mema[1:8];            //定义了一个字长为 1、容量为 8 的存储器
```

但在赋值时，两者有区别，所表示的意义也不同

```
rega[2]=1'b1;          //对寄存器 rega 的第 2 位赋值 1,合法
mema[2]=1'b1;          //对存储器 mema 的第 2 个单元赋值 1,合法
rega=8'b01011000;      //对寄存器 rega 整体赋值,合法
mema=8'b01011000;      //非法,不允许对存储器的多个或所有单元一次性赋值
```

实际设计中如果需要用到存储器，更多的是采用设计软件所提供的存储器宏功能模块去实现，这样，设计软件（如 Quartus Prime）在综合时，在没有人工指定的情况下，会自动采用 FPGA 器件中的嵌入式存储器块去物理实现。

4.8 运 算 符

Verilog 语言提供了丰富的运算符，按功能区分，包括：算术运算符、逻辑运算符、位运算符、关系运算符、等式运算符、缩减运算符、移位运算符、指数运算符、条件运算符和位拼接运算符等；如果按运算符所带操作数的个数来区分，可分为三类。

- 单目运算符（unary operators）：运算符只带一个操作数。
- 双目运算符（binary operators）：运算符可带两个操作数。
- 三目运算符（ternary operators）：运算符可带三个操作数。

下面按功能的不同对这些运算符分别介绍。

1. 算术运算符（Arithmetic operators）

常用的算术运算符包括

- \+ 加
- \- 减
- * 乘
- / 除
- % 求模

以上的算术运算符都属于双目运算符。符号“+、-、*、/”分别表示常用的加、减、乘、除四则运算，“%”是求模运算符，或称为求余运算符，如 9%3 的值为 0，9%4 的值为 1，9%5 的值则为 4。

2. 逻辑运算符（Logical operators）

- && 逻辑与
- || 逻辑或
- ! 逻辑非

如 A 的非表示为!A；A 和 B 的与表示为 A&&B；A 和 B 的或表示为 A||B。

在逻辑运算符的运算中，若操作数是一位的，则逻辑运算的真值表如表 4.5 所示。

表 4.5 逻辑运算符的真值表

A	B	A&&B	A||B	!A	!B
1	1	1	1	0	0
1	0	0	1	0	1

续表

A　　B	A&&B	A||B	!A　　!B
0　　1	0	1	1　　0
0　　0	0	0	1　　1

如果操作数不止一位，则应将操作数作为一个整体来对待，即如果操作数全是0，则相当于逻辑0，但只要某一位是1，则操作数就应该整体视为逻辑1。

逻辑运算符的操作结果是1位的，要么为逻辑1，要么为逻辑0。

例如：若A=4'b0000；B=4'b0101；C=4'b0011；D=4'b0000；

则有

!A=1; !B=0; A&&B=0；　B&&C=1；　A&&C=0；　A&&D=0；

A||B=1；　B||C=1；　A||C=1；　A||D=0。

3. 位运算符（Bitwise operators）

位运算，即将两个操作数按对应位分别进行逻辑运算。位运算符包括

- ~　　　　按位取反
- &　　　　按位与
- |　　　　按位或
- ^　　　　按位异或
- ^~，~^　　按位同或（符号^~与~^是等价的）

按位与、按位或、按位异或的真值表如表4.6所示。

表4.6　按位与、按位或、按位异或的真值表

&	0	1	x	|	0	1	x	^	0	1	x
0	0	0	0	0	0	1	x	0	0	1	x
1	0	1	x	1	1	1	1	1	1	0	x
x	0	x	x	x	x	1	x	x	x	x	x

例如：若A=5'b11001；B=5'b10101；则有

~A=5'b00110; A&B=5'b10001; A|B=5'b11101; A^B=5'b01100。

需要注意的是：两个不同长度的数据在进行位运算时，会自动地将两个操作数按右端对齐，位数少的操作数会在高位用0补齐。

4. 关系运算符（Relational operators）

- <　　　　小于
- <=　　　 小于或等于
- >　　　　大于
- >=　　　 大于或等于

注：其中，“<=”操作符也用于表示信号的一种赋值操作。

在进行关系运算时，如果声明的关系是假，则返回值是0；如果声明的关系是真，则返回值是1；如果某个操作数的值不定，则关系的结果是模糊的，返回值是不定值。

5. 等式运算符（Equality operators）

等式运算符有 4 种，分别为

- == 等于
- != 不等于
- === 全等
- !== 不全等

这 4 种运算符都是双目运算符，得到的结果是 1 位的逻辑值。如果得到 1，说明声明的关系为真；如果得到 0，说明声明的关系为假。

相等运算符（==）和全等运算符（===）的区别是：参与比较的两个操作数必须逐位相等，其相等比较的结果才为 1，如果某些位是不定态或高阻值，其相等比较得到的结果是不定值；而全等比较（===）则是对这些不定态或高阻值的位也进行比较，两个操作数必须完全一致，其结果才是 1，否则结果是 0。

相等运算符（==）和全等运算符（===）的真值表如表 4.7 所示。

表 4.7 相等运算符（==）和全等运算符（===）的真值表

==	0	1	x	z	===	0	1	x	z
0	1	0	x	x	0	1	0	0	0
1	0	1	x	x	1	0	1	0	0
x	x	x	x	x	x	0	0	1	0
z	x	x	x	x	z	0	0	0	1

例如：如果寄存器变量 a=5'b11x01，b=5'b11x01，则“a==b”得到的结果为不定值 x，而“a===b”得到的结果为 1。

6. 缩减运算符（Reduction operators）

缩减运算符是单目运算符，它包括

- & 与
- ~& 与非
- | 或
- ~| 或非
- ^ 异或
- ^~，~^ 同或

缩减运算符与位运算符的逻辑运算法则一样，但缩减运算是对单个操作数进行与、或、非递推运算的，它放在操作数的前面。缩减运算符将一个矢量缩减为一个标量。例如

```
reg[3:0] a;
b=&a;                        //等效于 b=((a[0]&a[1])&a[2])&a[3];
```

再例如，若 A=5'b11001，则

```
&A=0;                        //只有 A 的各位都为 1 时，其与缩减运算的值才为 1
|A=1;                        //只有 A 的各位都为 0 时，其或缩减运算的值才为 0
```

```
~|A=0;
```

7. 移位运算符（Shift operators）

- >> 右移
- << 左移
- >>> 算术右移
- <<< 算术左移

Verilog—1995 的移位运算符只有两个——左移和右移。其用法为 A>>*n* 或 A<<*n*。表示把操作数 A 右移或左移 *n* 位。该移位是逻辑移位，移出的位用 0 添补。

例如，若 A=5'b11001，则

A>>2 的值为 5'b00110;　　　//将 A 右移 2 位,用 0 添补移出的位

A<<2 的值为 5'b00100;　　　//将 A 左移 2 位,用 0 添补移出的位

Verilog—1995 中没有指数运算符。但是，移位操作符可用于支持部分指数操作。例如，若 A=8'b0000_0100，则二进制的 A^3 可以使用移位操作实现

```
A<<3                    //执行后,A 的值变为 8'b0010_0000
```

在 Verilog—2001 中增加了算术移位操作符“>>>”和“<<<”，对于有符号数，执行算术移位操作时，将符号位填补移出的位，以保持数值的符号。例如，如果定义有符号二进制数 A = 8'sb10100011，则执行逻辑右移和算术右移后的结果如下

```
A>>3;                   //逻辑右移后其值为 8'b00010100
A>>>3;                  //算术右移后其值为 8'b11110100
```

8. 指数运算符（Power operator）

Verilog-2001 标准中增加了指数运算符“**”，执行指数运算，一般更多使用的是底为 2 的指数运算，如 2^n。例如

```
parameter WIDTH=16;
parameter DEPTH=8;
reg[WIDTH-1:0] mem [0:(2**DEPTH)-1];
  //定义了一个位宽 16 位,2^8(256)个单元的存储器
```

9. 条件运算符（Conditional operators）

```
?:
```

这是一个三目运算符，对三个操作数进行运算，其定义同 C 语言中的定义一样，方式如下

```
signal=condition ? true_expression : false_expression;
```

即

```
信号=条件?表达式 1:表达式 2;
```

当条件成立时，信号取表达式 1 的值，反之，取表达式 2 的值。

例如，对 2 选 1 MUX 可用条件运算符描述为

```
out=sel ? in1 : in0;          //sel=1 时 out=in1;sel=0 时 out=in0
```

或者

```
out=(sel==0)?in0:in1;          //与上面的语句等价
```

10. 位拼接运算符（Concatenation operators）

```
{ }
```

该运算符将两个或多个信号的某些位拼接起来。使用如下

```
{信号 1 的某几位,信号 2 的某几位,…,信号 n 的某几位}
```

例如，在进行加法运算时，可将进位与和拼接在一起使用

```
input[3:0] ina,inb; input cin;
output[3:0] sum; output cout;
assign {cout,sum}=ina+inb+cin;   //进位与和拼接在一起
```

位拼接可用来进行符号位扩展，例如

```
wire[7:0] data;
wire[11:0] s_data;
s_data={{4{data[7]}},data};        //将 data 的符号位扩展
```

位拼接可以嵌套使用，还可以用复制法来简化书写，例如

```
{3{a,b}}           //复制 3 次,等价于{{a,b},{a,b},{a,b}}或{a,b,a,b,a,b}
{2{3'b101}}        //复制 2 次,结果为 101101
```

位拼接可以用来进行移位操作，例如

```
f = a*4 + a/8;
```

假如 a 的宽度是 8 位，则可以用位拼接运算符来进行移位操作，实现上面的运算

```
f = {a[5:0],2b'00} +{3b'000,a[7:3]};
```

11. 运算符的优先级

运算符的优先级（Precedence）如表 4.8 所示。对不同的综合开发工具，在执行这些优先级时可能有微小的差别，因此在书写程序时建议用括号（）来控制运算的优先级，这样也能有效地避免错误，同时增加程序的可读性。

表 4.8　运算符的优先级

<table>
<tr><th>类　别</th><th>运 算 符</th><th>优 先 级</th></tr>
<tr><td>单目运算符
（包括正负号、非逻辑运算符、缩减运算符）</td><td>+ － ! ~ & ~& | ~| ^ ~^ ^~</td><td rowspan="4">高优先级
↓
低优先级</td></tr>
<tr><td>指数运算符</td><td>**</td></tr>
<tr><td rowspan="2">算术运算符</td><td>* / %</td></tr>
<tr><td>+ －</td></tr>
</table>

续表

<table>
<tr><th>类　别</th><th>运 算 符</th><th>优 先 级</th></tr>
<tr><td>移位运算符</td><td><<　>>　<<<　>>></td><td rowspan="10">高优先级
↓
低优先级</td></tr>
<tr><td>关系运算符</td><td><　<=　>　>=</td></tr>
<tr><td>等式运算符</td><td>==　!=　===　!==</td></tr>
<tr><td rowspan="3">位运算符</td><td>&</td></tr>
<tr><td>^　^~　~^</td></tr>
<tr><td>|</td></tr>
<tr><td rowspan="2">逻辑运算符</td><td>&&</td></tr>
<tr><td>||</td></tr>
<tr><td>条件运算符</td><td>?:</td></tr>
<tr><td>位拼接运算符</td><td>{}　{{}}</td></tr>
</table>

习　题　4

4.1　下列标识符哪些是合法的？哪些是错误的？

```
Cout, 8sum, \a*b, _data, \wait, initial, $latch
```

4.2　下列数字的表示是否正确？

```
6'd18, 'Bx0, 5'b0x110, 'da30, 10'd2, 'hzF
```

4.3　reg型和wire型变量有什么本质区别？

4.4　如果wire型变量没有被驱动，其值为多少？

4.5　reg型变量的初始值一般是什么？

4.6　定义如下的变量和常量：

（1）定义一个名为count的整数；

（2）定义一个名为ABUS的8位wire总线；

（3）定义一个名为address的16位reg型变量，并将该变量的值赋为十进制数128；

（4）定义参数Delay_time，参数值为8；

（5）定义一个名为DELAY的时间变量；

（6）定义一个容量为128、字长为32位的存储器MYMEM。

4.7　在Verilog的运算符中，哪些运算符的运算结果是一位的？

4.8　能否对存储器进行位选择和域选择？

4.9　用Verilog设计一个8位加法器，进行综合和仿真，查看综合和仿真结果。

4.10　用Verilog设计一个模60的BCD码计数器，进行综合和仿真，查看综合和仿真结果。

实验与设计：Synplify Pro综合器的使用方法

1．实验要求

用Verilog设计4位Johnson计数器并用Synplify Pro综合器进行综合，查看综合结果，并转至Quartus II进行仿真。

2．实验内容

（1）Synplify Pro 综合器。Synplify、Synplify Pro 和 Synplify Premier 是 Synplicity（Synopsys 公司于 2008 年收购了 Synplicity）提供的专门针对 FPGA/CPLD 的逻辑综合工具，Synplicity 的工具涵盖 FPGA/CPLD 器件的综合、调试、物理综合及原型验证等领域。

Synplify Pro 包含 BEST 算法，对设计进行整体优化；自动对关键路径做 Retiming，可以提高设计性能；支持 VHDL 和 Verilog 的混合设计输入，支持网表*.edn 文件的输入；增强了对 System Verilog 的支持；流水线（Pipeline）功能提高了乘法器和 ROM 的性能；有限状态机优化器可以自动找到最优的编码方式；在 timing 报告和 RTL 视图及 RTL 源代码之间进行交互索引；自动识别 RAM。

Synplify Pro 支持对 Verilog/VHDL 的图形调试功能：即将 HDL 设计文件综合后，产生相应的电路原理图，以便用户观察结果，此功能十分利于 Verilog/VHDL 的学习。并且在图形显示时，可交叉参考对应的 HDL 源代码。产生的原理图有两种：RTL 视图和门级视图。RTL 视图是通用原理图描述，不随选定的目标器件的不同而不同，仅与 Verilog/VHDL 代码描述的功能有关；门级视图是针对选定器件的门级结构原理图，它随选定器件的不同而不同。

（2）用 Verilog 设计 4 位 Johnson 计数器。Johnson（约翰逊）计数器是一种移位计数器，采用的是把输出的最高位取非，然后反馈至最低位触发器的输入端，其编码特点是在每个时钟下其输出只有一个比特位发生变化。

【例 4.11】　Johnson 计数器（异步复位）。

```
module johnson(clk,clr,qout);
parameter WIDTH=4;
input clk,clr;
output reg[(WIDTH-1):0] qout;
always @(posedge clk or posedge clr)
     begin  if(clr)          qout<=0;
               else   begin   qout<=qout<<1;
                              qout[0]<=~qout[WIDTH-1];
                         end
     end
endmodule
```

（3）建立工程，输入设计。首先启动 Synplify Pro，进入 Synplify Pro 集成环境，如图 4.5 所示。

新建一个工程文件（Project File），选择菜单 File→New，弹出图 4.6 所示的对话框，选择 Project File（Project）选项，填写 Project Names 为 myproj，之后就在项目浏览窗口出现当前项目的层次图。

然后创建 Verilog 源文件。仍然选择菜单 File→New，出现与图 4.6 同样的对话框，只不过这次选择 Verilog File 选项，填写 File Names 为 johnson（如图 4.7 所示），选择 Verilog 程序存储的目录，然后进入 Verilog 文本编辑器，在文本编辑器中输入例 4.11 所示的 Johnson 计数器源程序。

注：如果是调用现成的设计文件进入 Synplify Pro 进行综合，可先在设计文件的目录下建立一个工程，然后将此目录内的有关 Verilog 文件通过按钮 Add File... 加入工程，如果工程中有多个 Verilog 文件（不同结构层次的），应将此工程的所有文件调入，统一进行综合。顶层设计文件应排在最下面。如果不是，可用鼠标拖动文件，改动此文件在工程中的位置，这样就可以随意指定顶层设计文件。

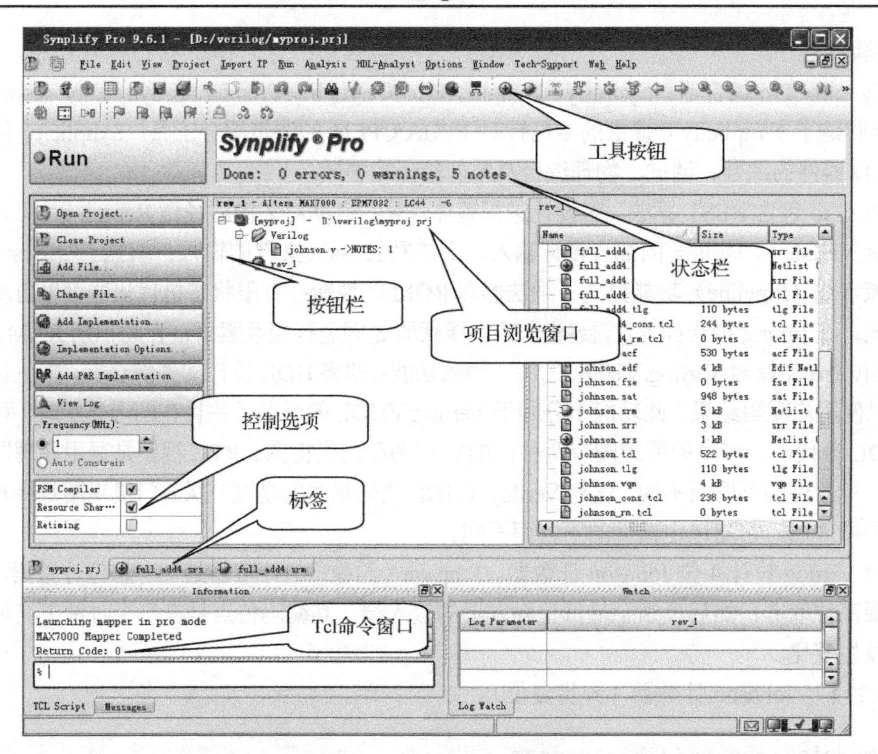

图4.5　Synplify Pro集成环境

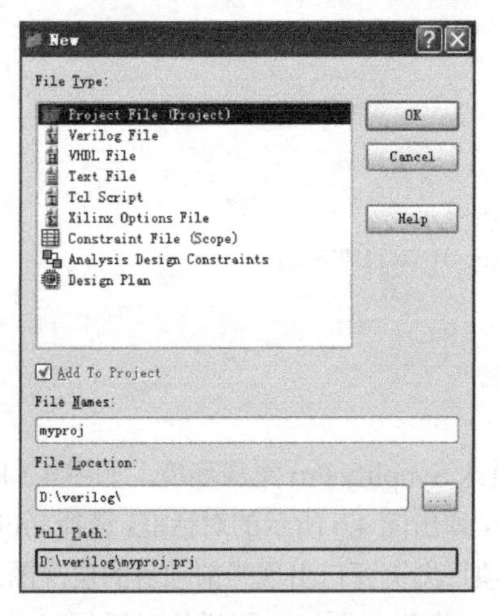

图4.6　Synplify Pro新建项目对话框

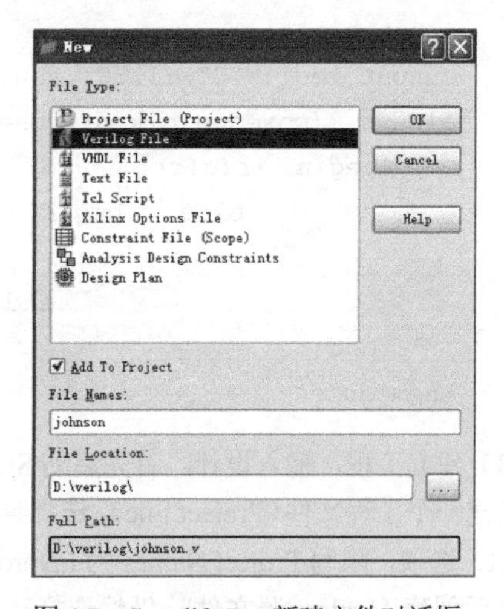

图4.7　Synplify Pro新建文件对话框

（4）选择目标器件。单击图4.8中的Implementation Options按钮，在弹出的Implementation Options对话框（如图4.8所示）中Device标签页的Technology一栏中选择Altera MAX7000系列，Part（型号）选择EPM7032，Package（封装）为LC44，Speed（速度）为-6，单击OK按钮，表明此设计的目标器件为Altera的EPM7032（可根据具体情况选择器件）。

（5）综合前选项设置。在对工程进行综合前，应根据源文件的不同特点做一些针对改善综合方式的设置。例如，设计者希望在不改变源文件的情况下，对设计项目中的电路结构进行资源共享优化，或对其中的有限状态机进行优化，或对在众多组合电路块中的触发器重新放置以提高运行速度，可以分别选中图4.8中的综合控制选项：FSM Compiler（状态机编译器）、Resource Sharing（资源共享）、

Retiming 等，这些设置的详细功能可以参考软件 Help 提供的资料。

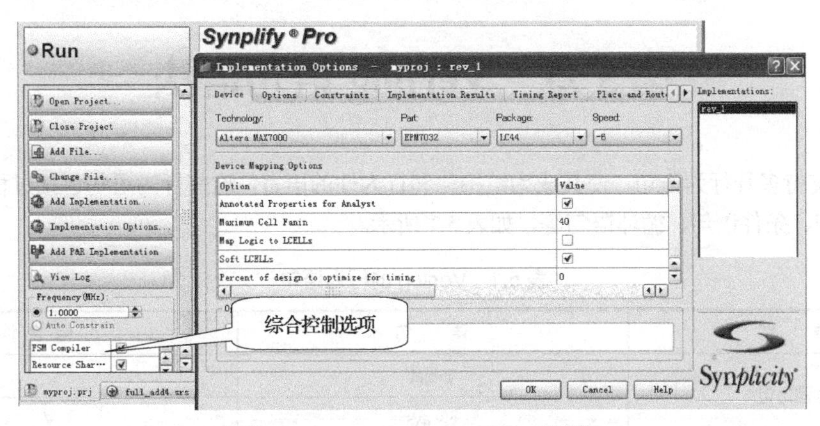

图 4.8　Implementation Options 对话框

（6）综合。最后单击 Run 按钮，即启动了综合过程，Synplify Pro 开始对设计项目中的源文件进行综合。如果源文件中有语法错误，会报错，双击源文件则光标会自动定位错误出处（也可单击 View Log 按钮，查看是什么错误），修改错误后，重新综合。

综合完成后，将在状态栏中显示“Done!”。综合后，将在项目文件所在的目录下生成一系列输出文件：johnson.edf（EDIF 格式文件）、johnson.vqm（网表输出文件）、johnson.srs（RTL 原理图文件）、johnson.srm（门级原理图文件）和 johnson.acf（Altera 的配置文件）等。

（7）查看综合结果。在综合完成后，单击工具按钮中的按钮，或者选择菜单 HDL-Analyst→RTL→Hierarchical View，进入 RTL 原理图观察窗，通过此窗可以浏览经过综合生成的 RTL 原理图，本例的 RTL 综合原理图如图 4.9 所示，仔细核对此电路与设计程序的功能描述是否吻合。此功能可用于定性检查原设计的正确性，对调试 Verilog 设计非常有用。

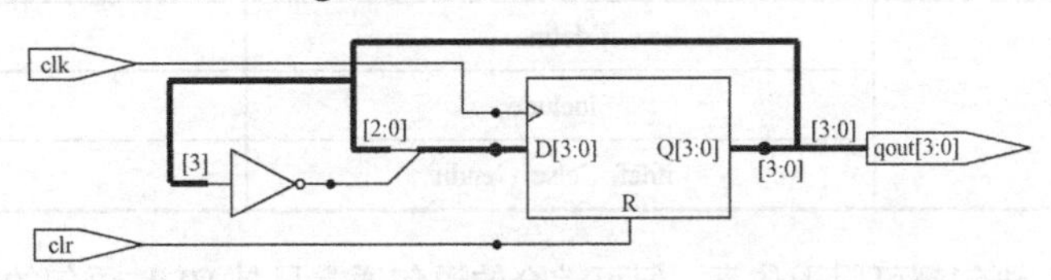

图 4.9　Johnson 计数器综合后的 RTL 综合原理图

此外，还可查看门级综合原理图，单击工具按钮中的按钮，或者选择菜单 HDL-Analyst→Technology→Hierarchical View，可观察门级综合原理图。本例的门级综合原理图如图 4.10 所示。

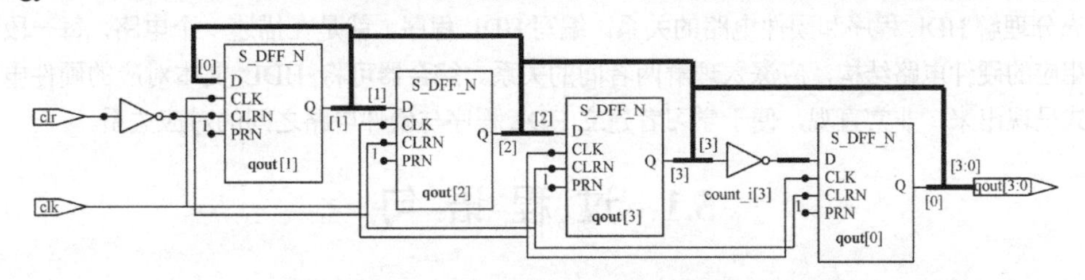

图 4.10　Johnson 计数器综合后的门级综合原理图（MAX7000 器件）

注：逻辑功能一样，但若指定不同的目标器件，则其门级综合原理图是不一样的。

这样，用 Synplify Pro 综合 Johnson 计数器的过程已基本完成，如有需要，可将 Synplify Pro 生成的.edf 文件送给 Quartus Prime 做进一步处理（布局布线、仿真等）。

第 5 章　Verilog 语句语法

Verilog 支持多种行为语句，使其成为结构化和行为性的语言，这些行为语句包括过程语句、块语句、赋值语句、条件语句、循环语句等，如表 5.1 所示。

表 5.1　Verilog 的行为语句

类　别	语　句	可综合性
过程语句	initial	
	always	√
块语句	串行块 begin-end	√
	并行块 fork-join	
赋值语句	持续赋值 assign	√
	过程赋值=、<=	√
条件语句	if-else	√
	case	√
循环语句	for	√
	repeat	
	while	
	forever	
编译指示语句	`define	√
	`include	
	`ifdef，`else，`endif	√

几乎所有的 HDL 语句都可用于仿真，但可综合的语句通常只是 HDL 语句的一个核心子集，不同的综合器所支持的 HDL 语句集通常有所不同。学习行为语句时，应该对语句的可综合性有所了解。目前，可综合的 Verilog 子集也在向标准化发展，已经推出的 IEEE Std 1364[1].1—2002 标准为 Verilog 的 RTL 综合定义了一系列建模准则。

应充分理解 HDL 程序和硬件电路的关系。编写 HDL 程序，就是在描述一个电路，每一段程序都对应着相应的硬件电路结构，应深入理解两者间的关系。综合器可将 HDL 文本对应的硬件电路以图形的方式呈现出来，非常直观，便于学习者建立 HDL 程序与硬件电路之间的对应关系。

5.1 过 程 语 句

Verilog 中的多数过程模块都从属于以下两种过程语句：

- initial
- always

在一个模块（module）中，使用 initial 和 always 语句的次数是不受限制的。initial 语句常用于仿真中的初始化，initial 过程块中的语句只执行一次；always 块内的语句则是不断重复执行的。always 过程语句是可综合的，在可综合的电路设计中广泛采用。

5.1.1 always 过程语句

always 过程语句使用模板如下

```
always @(<敏感信号列表 sensitivity list>)
begin
    //过程赋值
    //if-else、case、casex、casez 选择语句
    //while、repeat、for 循环
    //task、function 调用
end
```

always 过程语句通常是带有触发条件的，触发条件写在敏感信号表达式中，只有当触发条件满足时，其后的 begin-end 块语句才能被执行。因此，此处首先讨论敏感信号列表“sensitivity list”的含义及如何写敏感信号表达式。

1. 敏感信号列表“sensitivity list”

所谓敏感信号列表，又称事件表达式或敏感信号表达式，即当该列表中变量的值改变时，就会引发块内语句的执行。因此敏感信号列表中应列出影响块内取值的所有信号。若有两个或两个以上信号，则之间用“or”连接。

例如

```
@(a)                                //当信号 a 的值发生改变时
@(a or b)                           //当信号 a 或信号 b 的值发生改变时
@(posedge clock)                    //当 clock 的上升沿到来时
@(negedge clock)                    //当 clock 的下降沿到来时
@(posedge clk or negedge reset)     //当 clk 的上升沿或 reset 信号的下降沿到来时
```

比如下面例 5.1 中用 case 语句描述的 4 选 1 数据选择器，只要输入信号 in0、in1、in2、in3，或者选择信号 sel 中的任一个改变，则输出改变，所以敏感信号列表写为

```
@ (in0 or in1 or in2 or in3 or sel)
```

【例 5.1】 用 case 语句描述的 4 选 1 数据选择器。

```
module mux4_1(out,in0,in1,in2,in3,sel);
input in0,in1,in2,in3;
input[1:0] sel; output reg out;
always @(in0 or in1 or in2 or in3 or sel)         //敏感信号列表
   case(sel)
   2'b00:   out=in0;
   2'b01:   out=in1;
   2'b10:   out=in2;
   2'b11:   out=in3;
   default:out=2'bx;
```

```
    endcase
endmodule
```

敏感信号可以分为两种类型：一种为边沿敏感型，另一种为电平敏感型。每一个 always 过程最好只由一种类型的敏感信号来触发，避免将边沿敏感型和电平敏感型信号列在一起。比如下面的例子

```
always @(posedge clk or posedge clr)
    //两个敏感信号都是边沿敏感型
always @(A or B)
    //两个敏感信号都是电平敏感型
always @(posedge clk or clr)
    //不建议这样用,不宜将边沿敏感型和电平敏感型信号列在一起
```

2. posedge 与 negedge 关键字

对于时序电路，事件通常是由时钟边沿触发的，为表达边沿这个概念，Verilog 提供了 posedge 和 negedge 两个关键字来描述。如例 5.2 所示。

【例 5.2】 同步置数、同步清零的计数器。

```
module count              //模块声明采用 Verilog—2001 格式
         (input load,clk,reset,
          input[7:0] data,
          output reg[7:0] out);
always @ (posedge clk)                         //clk 上升沿触发
  begin
    if(!reset)     out<=8'h00;                 //同步清零,低电平有效
    else if(load)  out<=data;                  //同步预置
    else           out<=out+1;                 //计数
  end
endmodule
```

在例 5.2 中，posedge clk 表示时钟信号 clk 的上升沿作为触发条件，而 negedge clk 表示时钟信号 clk 的下降沿作为触发条件。

例 5.2 中，没有将 load、reset 信号列入敏感信号列表，因此属于同步置数、同步清零，这两个信号要起作用，必须有时钟的上升沿来到。对于异步的清零/置数，应按以下格式书写敏感信号列表，比如时钟信号为 clk，clr 为异步清零信号，则敏感信号列表应写为

```
always @(posedge clk or posedge clr)
                       //clr 信号上升沿到来时清零,故高电平清零有效
always @(posedge clk or negedge clr)
                       //clr 信号下降沿到来时清零,故低电平清零有效
```

若有其他异步控制信号，则可按此方式加入。

注意：块内的逻辑描述要与敏感信号列表中信号的有效电平一致。

例如，下面的描述是错误的

```
always @(posedge clk or negedge clr)          //低电平清零有效
begin
  if(clr) out<=0;        //与敏感信号列表中低电平清零有效矛盾,应改为 if(!clr)
```

```
    else out<=in;
end
```

3. Verilog—2001 标准中对敏感信号列表新的规定

Verilog—2001 标准中对敏感信号列表做了新的规定。

（1）敏感信号列表中可用逗号分隔敏感信号

在 Verilog—2001 中可用逗号分隔敏感信号，比如

```
always @(a or b or cin)
always @(posedge clk or negedge clr)
```

上面的语句按照 Verilog—2001 标准可写为下面的形式

```
always @(a,b,cin)                    //用逗号分隔信号
always @(posedge clk,negedge clr)
```

（2）在敏感信号列表中使用通配符“*”

用 always 过程块描述组合逻辑时，应在敏感信号列表中列出所有的输入信号，在 Verilog—2001 中可用通配符“*”来表示包括该过程块中的所有信号变量。

比如，在 Verilog—1995 中，一般这样写敏感信号列表

```
always @(a or b or cin)
    {cout,sum}=a+b+cin;
```

上面的敏感信号列表在 Verilog—2001 中可表示为如下两种形式，这两种形式是等价的。

```
always @*                        //形式 1
    {cout,sum}=a+b+cin;
always @(*)                      //形式 2
    {cout,sum}=a+b+cin;
```

4. 用 always 过程块实现较复杂的组合逻辑电路

always 过程语句通常用来对寄存器类型的数据进行赋值，但 always 过程语句也可以用来设计组合逻辑。在有些情况下，使用 assign 来实现组合逻辑电路会显得冗长且效率低下，而适当地采用 always 过程语句来实现，能收到更好的效果。

下面是一个简单的指令译码电路的设计示例。该电路通过对指令的判断，对输入数据执行相应的操作，包括加、减、求与、求或、求反，并且无论是指令作用的数据还是指令本身发生变化，结果都能做出及时的反应。显然，这是一个较为复杂的组合逻辑电路，如果采用 assign 语句描述，表达起来非常复杂。在本例中使用了电平敏感的 always 过程块，所谓电平敏感的触发条件是指在@后的括号内敏感信号列表中的任何一个信号电平发生变化，都能触发 always 过程块的动作，并且运用 case 结构来进行分支判断，不但使设计思想得到直观的体现，而且代码看起来整齐有序，便于理解。

【例 5.3】 用 always 过程语句描述的简单算术逻辑单元。

```
`define add      3'd0
`define minus    3'd1
`define band     3'd2
`define bor      3'd3
```

```
`define bnot    3'd4
module alu(out,opcode,a,b);
input[2:0] opcode;                    //操作码
input[7:0] a,b;                       //操作数
output reg[7:0] out;
always@*                              //或写为always@(*)
begin   case(opcode)
          `add:   out=a+b;            //加操作
          `minus: out=a-b;            //减操作
          `band:  out=a&b;            //按位与
          `bor:   out=a|b;            //按位或
          `bnot:  out=~a;             //按位取反
          default:out=8'hx;           //未收到指令时，输出任意态
          endcase
end
endmodule
```

5.1.2　initial 过程语句

initial 过程语句的使用格式如下

```
initial
  begin
    语句1;
    语句2;
    …
  end
```

initial 过程语句不带触发条件，initial 过程中的块语句沿时间轴只执行一次。initial 过程语句通常用于仿真模块中对激励向量的描述，或用于给寄存器变量赋初值，它是面向模拟仿真的过程语句，通常不能被逻辑综合工具支持。

下面对 initial 过程语句的使用举例说明。比如，下面的测试模块中利用 initial 过程语句完成对测试变量 a、b、c 的赋值。

【例 5.4】　用 initial 过程语句对测试变量赋值。

```
`timescale 1ns/1ns
module test;
reg a,b,c;
initial  begin   a=0;b=1;c=0;
                #50  a=1;b=0;
                #50  a=0;c=1;
                #50  b=1;
                #50  b=0;c=0;
                #50 $finish;  end
endmodule
```

上面例子对 a、b、c 的赋值相当于描述了如图 5.1 所示的波形。

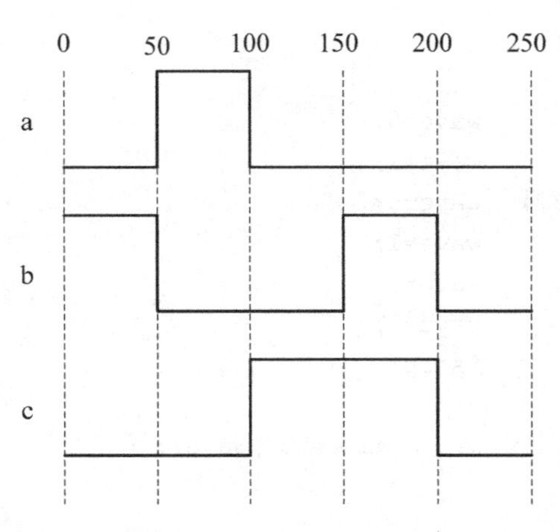

图 5.1　例 5.4 所定义的波形

在下面的例子中，用 initial 过程语句对存储器进行初始化。

```
initial
 begin
  for(addr=0;addr<size;addr=addr+1)
  memory[addr]=0;        //对 memory 存储器进行初始化
 end
```

在上面的例子中，使用 initial 过程语句对 memory 存储器进行初始化，将其所有的存储单元的初始值都置为 0。

5.2 块 语 句

块语句是由块标志符 begin-end 或 fork-join 界定的一组语句，当块语句只包含一条语句时，块标志符可以省略。下面分别介绍串行块 begin-end 和并行块 fork-join。

5.2.1 串行块 begin-end

串行块 begin-end 中的语句按串行方式顺序执行。比如

```
begin
  regb=rega;
  regc=regb;
end
```

由于 begin-end 串行块内的语句顺序执行，在最后，将 regb、regc 的值都更新为 rega 的值，该 begin-end 块执行完后，regb、regc 的值是相同的。

在仿真时，begin-end 串行块中的每条语句前面的延时都是相对于前一条语句执行结束的相对时间。比如：下面的模块产生了一段周期为 10 个时间单位的信号波形。

【例 5.5】 用 begin-end 串行块产生信号波形。

```
`timescale 10ns/1ns
module wave1;
parameter CYCLE=10;
```

```
reg wave;
initial
  begin                 wave=0;
    #(CYCLE/2)          wave=1;
        #(CYCLE/2)      wave=0;
    #(CYCLE/2)          wave=1;
    #(CYCLE/2)          wave=0;
    #(CYCLE/2)          wave=1;
    #(CYCLE/2)          $stop;
end
initial $monitor($time,,,"wave=%b",wave);
endmodule
```

将上面的程序用 ModelSim 编译仿真后，可得到一段周期为 10 个时间单位（100ns）的信号波形，如图 5.2 所示。

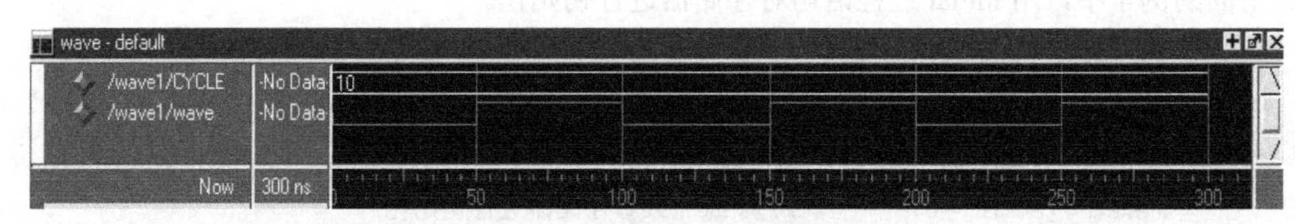

图 5.2　例 5.5 所描述的波形

5.2.2　并行块 fork-join

并行块 fork-join 中的所有语句是并发执行的。比如

```
fork
regb=rega;
regc=regb;
join
```

由于 fork-join 并行块中的语句是同时执行的，在上面的块语句执行完后，regb 更新为 rega 的值，而 regc 的值更新为没有改变前的 regb 的值，故执行完后，regb 与 regc 的值是不同的。

在进行仿真时，fork-join 并行块中的每条语句前面的延时都是相对于该并行块的起始执行时间的。比如要用 fork-join 并行块产生一段与例 5.5 相同的信号波形，应该像例 5.6 这样标注延时。

【例 5.6】　用 fork-join 并行块产生信号波形。

```
`timescale 10ns/1ns
module wave2;
parameter CYCLE=5;
reg wave;
initial
  fork           wave=0;
    #(CYCLE)     wave=1;
    #(2*CYCLE)   wave=0;
    #(3*CYCLE)   wave=1;
    #(4*CYCLE)   wave=0;
```

```
    #(5*CYCLE)  wave=1;
    #(6*CYCLE)  $stop;
join
initial $monitor($time,,,"wave=%b",wave);
endmodule
```

将上面的程序用 ModelSim 编译仿真后，可得到与图 5.2 相同的信号波形。将例 5.5 和例 5.6 进行对比，可体会 begin-end 串行块和 fork-join 并行块的区别。

5.3 赋 值 语 句

5.3.1 持续赋值与过程赋值

Verilog 有以下两种赋值方式和赋值语句。

1. 持续赋值语句（Continuous Assignments）

assign 为持续赋值语句，主要用于对 wire 型变量的赋值。比如

```
assign c=a&b;
```

在上面的赋值中，a、b、c 三个变量皆为 wire 型变量，a 和 b 信号的任何变化都将随时反映到 c 上。下面的例子是用持续赋值方式定义的 2 选 1 多路选择器。

【例 5.7】　持续赋值方式定义的 2 选 1 多路选择器。

```
module mux2_1                    //模块声明采用 Verilog—2001 格式
          (input a,b,sel,
           output out);
assign out=(sel==0)?a:b;         //持续赋值,如果 sel 为 0,则 out=a;否则 out=b
endmodule
```

例 5.8 采用 assign 语句描述了一个基本 RS 触发器，图 5.3 所示为其综合结果。

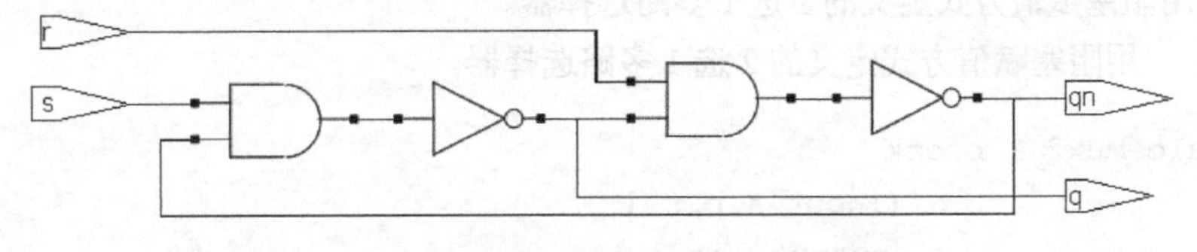

图 5.3　基本 RS 触发器综合结果（Synplify Pro）

【例 5.8】　基本 RS 触发器。

```
module rs_ff                //模块声明采用 Verilog—2001 格式
          (input r,s,
          output q,qn);
assign qn=~(r & q);
assign  q=~(s & qn);
endmodule
```

例 5.9 采用持续赋值语句实现了对 8 位有符号二进制数的求补码运算，图 5.4 所示为求补电路综

合结果，采用的是按位取反再加 1 的实现方法。

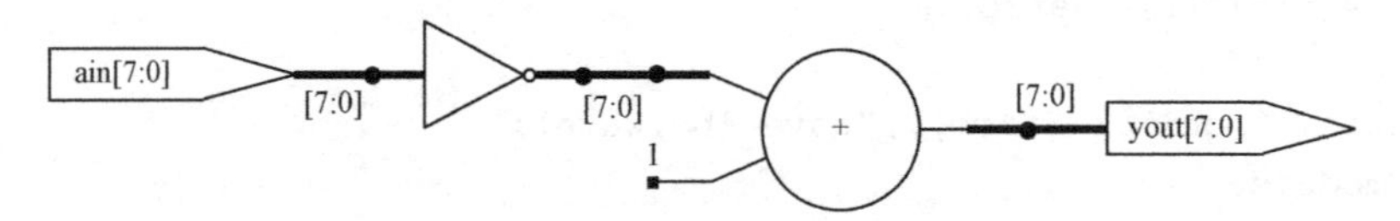

图 5.4　求补电路综合结果（Synplify Pro）

【例 5.9】　用持续赋值语句实现对 8 位有符号二进制数的求补码运算。

```
module buma
          ( input[7:0] ain,             //8 位二进制数
            output[7:0] yout);          //补码输出信号
assign yout=~ain+1;                     //求补
endmodule
```

2．过程赋值语句（Procedural Assignments）

过程赋值语句多用于对 reg 型变量进行赋值。过程赋值有非阻塞赋值和阻塞赋值两种方式。

（1）非阻塞（non_blocking）赋值方式

赋值符号为“<=”，比如

```
b<=a;
```

非阻塞赋值在整个过程块结束时才完成赋值操作，即 b 的值并不是立刻改变的。

（2）阻塞（blocking）赋值方式

赋值符号为“=”，比如

```
b=a;
```

阻塞赋值在该语句结束时立即完成赋值操作，即 b 的值在该条语句结束后立刻改变。如果在一个块语句中有多条阻塞赋值语句，那么在前面的赋值语句没有完成时，后面的语句不能被执行，仿佛被阻塞了（blocking）一样，因此称为阻塞赋值方式。

例 5.10 是用阻塞赋值方式定义的 2 选 1 多路选择器。

【例 5.10】　用阻塞赋值方式定义的 2 选 1 多路选择器。

```
module mux2_1_block
                (input a,b,sel,
                 output reg out);
always@*
  begin  if(sel==0) out=a;
  else out=b;  end
endmodule
```

5.3.2　阻塞赋值与非阻塞赋值

阻塞赋值方式和非阻塞赋值方式的区别常给设计人员带来问题。问题主要是对 always 模块内的 reg 型变量的赋值不易把握。为区分非阻塞赋值与阻塞赋值，可看下面两例。

【例 5.11】　非阻塞赋值与阻塞赋值。

```
//非阻塞赋值模块
module non_block
     (input clk,a,
      output reg c,b);
always @(posedge clk)
  begin
  b<=a;
  c<=b;
  end
endmodule
```

```
//阻塞赋值模块
module block
      (input clk,a,
       output reg c,b);
always @(posedge clk)
  begin
  b=a;
  c=b;
  end
endmodule
```

将上面两段代码进行综合和仿真，分别得到如下波形，如图 5.5（非阻塞赋值仿真波形图）和图 5.6（阻塞赋值仿真波形图）所示。

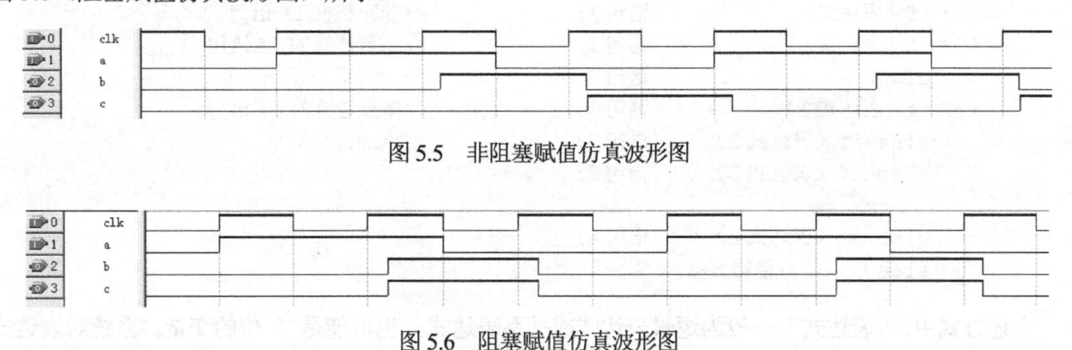

图 5.5　非阻塞赋值仿真波形图

图 5.6　阻塞赋值仿真波形图

从图中可看出二者的区别：对于非阻塞赋值，c 的值落后 b 的值一个时钟周期，这是因为该 always 过程块中的两条语句是同时执行的，因此每次执行完后，b 的值得到更新，而 c 的值仍是上一时钟周期的 b 的值。对于阻塞赋值，c 的值和 b 的值一样，因为 b 的值是立即更新的，更新后又赋给了 c，因此 c 与 b 的值相同。

上述两例综合结果分别如图 5.7 和图 5.8 所示。

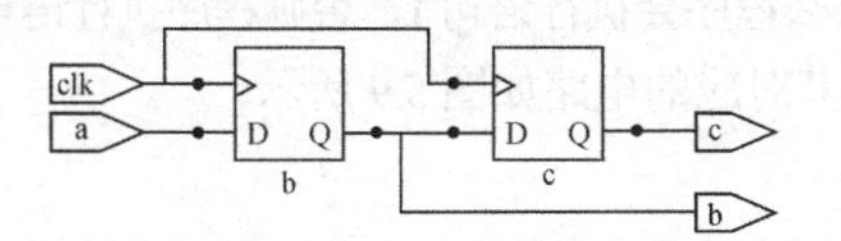

图 5.7　非阻塞赋值综合结果（Synplify Pro）

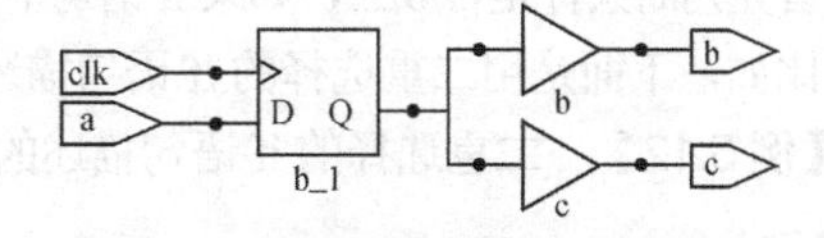

图 5.8　阻塞赋值综合结果（Synplify Pro）

通过上面的讨论我们可以认为：在 always 过程块中，阻塞赋值可以理解为赋值语句是顺序执行的，而非阻塞赋值可以理解为赋值语句是并发执行的。为避免出错，在同一块过程内，最好不将输出再作为输入使用。为用阻塞赋值方式完成与上述非阻塞赋值同样的功能，可采用两个 always 过程块来实现，如下所示。在下面的例子中，两个 always 过程块是并发执行的。

```
module non_block(input clk,a,
                 output reg c,b);
always @(posedge clk)
  begin  b=a;  end
always @(posedge clk)
  begin  c=b;  end
```

```
endmodule
```

阻塞赋值与非阻塞赋值是学习Verilog语言的难点之一，关于这两种赋值方式的使用方法，将在后面做进一步讨论。

5.4 条件语句

条件语句有if-else语句和case语句两种，都属于顺序语句，应放在always过程块内。下面对这两种语句分别介绍。

5.4.1 if-else语句

其格式与C语言中的if-else语句类似，使用方法有以下几种。

```
(1) if (表达式)              语句1;              //非完整性if语句
(2) if (表达式)              语句1;              //二重选择的if语句
    else                     语句2;
(3) if (表达式1)             语句1;              //多重选择的if语句
    else if (表达式2)        语句2;
    else if (表达式3)        语句3;
       …
    else if (表达式n)        语句n;
    else          语句n+1;
```

上述方式中，“表达式”一般为逻辑表达式或关系表达式，也可能是1位的变量。系统对表达式的值进行判断，若为0、x、z，则按“假”处理；若为1，则按“真”处理，执行指定语句。语句可是单句，也可是多句，多句时用begin-end块语句括起来。if语句也可以多重嵌套，对于if语句的嵌套，若不清楚if和else的匹配，最好用begin-end语句括起来。

下面对if语句常用的几种使用方法做举例说明。

1．二重选择的if语句

首先判断条件是否成立，如果if语句中的条件成立，那么程序会执行语句1，否则程序执行语句2。比如，下面是用二重选择的if语句描述的三态非门，其对应的电路如图5.9所示。

【例5.12】 二重选择的if语句描述的三态非门。

```
module tri_not(x,oe,y);
input x,oe; output reg y;
always @(x,oe)
 begin  if(!oe)        y<=~x;
          else         y<=1'bZ;
 end
endmodule
```

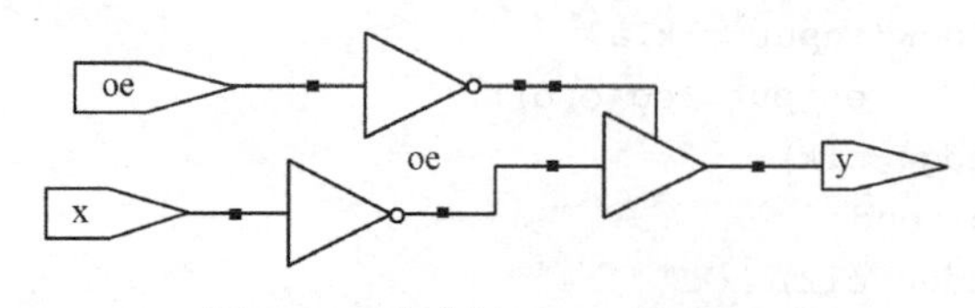

图5.9 三态非门（Synplify Pro）

2. 多重选择的 if 语句

下面的例子用多重选择的 if 语句描述了一个 1 位二进制数比较器。

【例 5.13】 1 位二进制数比较器。

```
module compare1(a,b,less,equ,larg);
input a,b; output reg less,equ,larg;
always @(a,b)
  begin if(a>b) begin larg<=1'b1;equ<=1'b0;less<=1'b0;end
    else if(a==b) begin equ<=1'b1;larg<=1'b0;less<=1'b0;end
    else begin less<=1'b1;larg<=1'b0;equ<=1'b0;end
end
endmodule
```

3. 多重嵌套的 if 语句

if 语句可以嵌套，多用于描述具有复杂控制功能的逻辑电路。

多重嵌套的 if 语句的格式如下

```
if（条件 1）  语句 1;
if（条件 2）  语句 2;
    …
```

下例是用多重嵌套的 if 语句实现的模 60 的 8421BCD 码加法计数器。

【例 5.14】 模 60 的 8421BCD 码加法计数器。

```
module count60                                    //模块声明采用 Verilog—2001 格式
                ( input load,clk,reset,
                  input[7:0] data,
                  output reg[7:0] qout,
                  output cout);
always @(posedge clk)                             //时钟上升沿时计数
  begin
    if(reset)          qout<=0;                   //同步复位
    else if(load)      qout<=data;                //同步置数
    else  begin
        if(qout[3:0]==9)                          //低位是否为 9
          begin qout[3:0]<=0;                     //回 0
          if  (qout[7:4]==5)  qout[7:4]<=0;       //判断高位是否为 5，若是，则回 0
          else qout[7:4]<=qout[7:4]+1;            //高位不为 5，则加 1
          end
        else qout[3:0]<=qout[3:0]+1;              //低位不为 9，则加 1
          end
  end
assign cout=(qout==8'd59)?1:0;                    //产生进位输出信号
endmodule
```

5.4.2 case 语句

相对 if 语句只有两个分支而言，case 语句是一种多分支语句，故 case 语句常用于多条件译码电路，如描述译码器、数据选择器、状态机及微处理器的指令译码等。case 语句有 case、casez、casex 三种表示方式，这里分别予以说明。

1. case 语句

case 语句的使用格式如下。

```
case  (敏感表达式)
      值 1:语句 1;                     //case 分支项
      值 2:语句 2;
         …
      值 n:语句 n;
      Default:语句 n+1;
endcase
```

当敏感表达式的值为值 1 时，执行语句 1；为值 2 时，执行语句 2；依此类推。若敏感表达式的值与上面列出的值都不符，则执行 default 后面的语句。若前面已列出了敏感表达式所有可能的取值，则 default 语句可以省略。

例 5.15 是一个用 case 语句描述的 3 人表决电路，其综合结果如图 5.10 所示（器件选择 MAX7000 中的 7032），该电路由与门、或门实现。

【例 5.15】 用 case 语句描述的 3 人表决电路。

```
module vote3                          //模块声明采用 Verilog—2001 格式
          ( input a,b,c,
           output reg pass);
always @(a,b,c)
  begin
    case({a,b,c})                     //用 case 语句进行译码
    3'b000: pass=1'b0;                //表决不通过
    3'b001: pass=1'b0;
    3'b010: pass=1'b0;
    3'b011: pass=1'b1;                //表决通过
    3'b100: pass=1'b0;
    3'b101: pass=1'b1;                //表决通过
    3'b110: pass=1'b1;                //表决通过
    3'b111: pass=1'b1;                //表决通过
    default: pass=1'b0;
    endcase
  end
endmodule
```

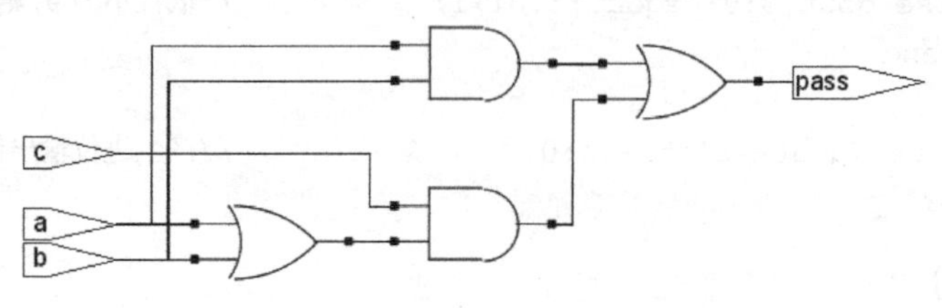

图 5.10　3 人表决电路（Synplify Pro）

下面的例子是用 case 语句编写的 BCD 码–七段数码管译码电路，实现 4 位 8421BCD 码到七段数码管显示译码的功能。七段数码管实际上是由 7 个长条形的发光二极管组成的（一般用 a、b、c、d、e、f、g 分别表示 7 个发光二极管），多用于显示字母、数字，图 5.11 所示为七段数码管的结构与共阴极、共阳极两种连接方式示意图。假定采用共阴极连接方式，用七段数码管显示 0～9 这 10 个数字，则相应的译码电路的 Verilog 描述如例 5.16 所示。

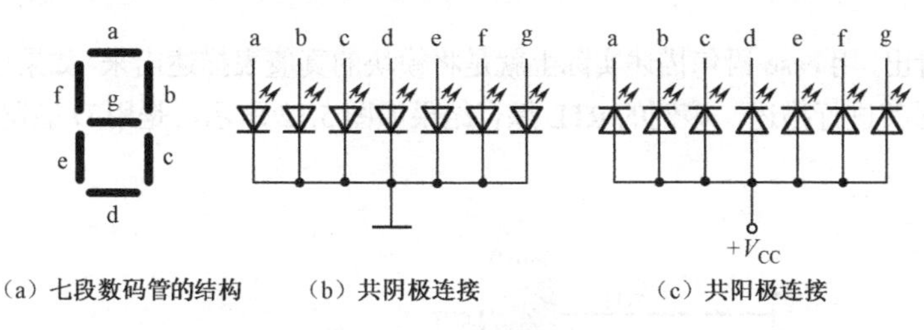

图 5.11　七段数码管

【例 5.16】　BCD 码–七段数码管译码器。

```
module decode4_7
                  ( input D3,D2,D1,D0,              //输入的 4 位 8421BCD 码
                   output reg a,b,c,d,e,f,g);
always @*                                           //使用通配符
  begin
    case({D3,D2,D1,D0})                             //用 case 语句进行译码
    4'd0:{a,b,c,d,e,f,g}=7'b1111110;                //显示 0
    4'd1:{a,b,c,d,e,f,g}=7'b0110000;                //显示 1
    4'd2:{a,b,c,d,e,f,g}=7'b1101101;                //显示 2
    4'd3:{a,b,c,d,e,f,g}=7'b1111001;                //显示 3
    4'd4:{a,b,c,d,e,f,g}=7'b0110011;                //显示 4
    4'd5:{a,b,c,d,e,f,g}=7'b1011011;                //显示 5
    4'd6:{a,b,c,d,e,f,g}=7'b1011111;                //显示 6
    4'd7:{a,b,c,d,e,f,g}=7'b1110000;                //显示 7
    4'd8:{a,b,c,d,e,f,g}=7'b1111111;                //显示 8
    4'd9:{a,b,c,d,e,f,g}=7'b1111011;                //显示 9
    default:{a,b,c,d,e,f,g}=7'b1111110;             //其他均显示 0
    endcase
  end
endmodule
```

下例是用 case 语句描述的下降沿触发的 JK 触发器。

【例 5.17】　用 case 语句描述的下降沿触发的 JK 触发器。

```
module jk_ff
               (input clk,j,k,
                output reg q);
always @(negedge clk)
  begin
    case({j,k})
    2'b00: q<=q;                  //保持
```

```
        2'b01: q<=1'b0;              //置 0
        2'b10: q<=1'b1;              //置 1
        2'b11: q<=~q;                //翻转
        endcase
      end
    endmodule
```

从上例可以看出，用 case 语句描述实际上就是将模块的真值表描述出来，如果已知模块的真值表，不妨用 case 语句对其进行描述，该例的 RTL 综合结果如图 5.12 所示，是用 D 触发器和数据选择器构成的。

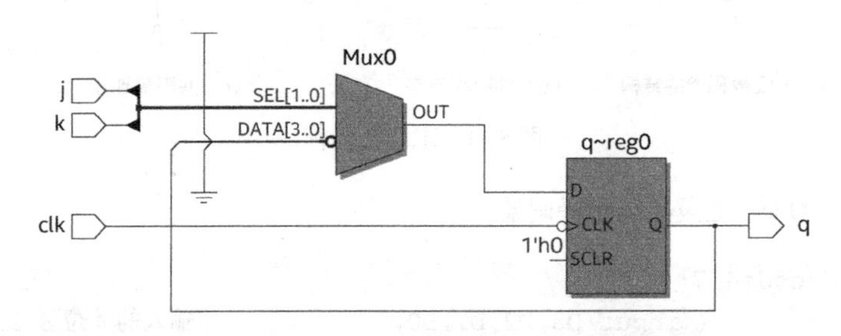

图 5.12　JK 触发器的 RTL 综合结果（Quartus Prime）

2. casez 与 casex 语句

case 语句中，敏感表达式与值 1～*n* 之间的比较是一种全等比较，必须保证两者的对应位全等。casez 与 casex 语句是 case 语句的两种变体，在 casez 语句中，如果分支表达式某些位的值为高阻 z，那么对这些位的比较就不予考虑，因此只需关注其他位的比较结果。而在 casex 语句中，则把这种处理方式进一步扩展到对 x 的处理，即如果比较的双方有一方的某些位的值是 x 或 z，那么这些位的比较就都不予考虑。

表 5.2 所示为 case、casez 和 casex 语句的比较规则。

表 5.2　case、casez 和 casex 语句的比较规则

case	0	1	x	z	casez	0	1	x	z	casex	0	1	x	z
0	1	0	0	0	0	1	0	0	1	0	1	0	1	1
1	0	1	0	0	1	0	1	0	1	1	0	1	1	1
x	0	0	1	0	x	0	0	1	1	x	1	1	1	1
z	0	0	0	1	z	1	1	1	1	z	1	1	1	1

此外，还有另外一种标识 x 或 z 的方式，即用表示无关值的符号“？”来表示。比如

```
case(a)
2'b1x:out=1;            //只有 a=1x,才有 out=1
casez(a)
2'b1x:out=1;            //如果 a=1x、1z,则有 out=1
casex(a)
2'b1x:out=1;            //对于 a=10、11、1x、1z 等,都有 out=1
casez(a)
```

```
3'b1??:out=1;          //对于 a=100、101、110、111 或 1xx、1zz 等，都有 out=1
3'b01?:out=1;          //对于 a=010、011、01x、01z，都有 out=1
```

下面是一个采用 casez 语句描述并使用了符号“？”的数据选择器的例子。

【例 5.18】　用 casez 语句描述的数据选择器。

```
module mux_casez
            (input a,b,c,d, input[3:0] select,
             output reg out);
always @*
begin
   casez(select)
   4'b???1:out=a;
   4'b??1?:out=b;
   4'b?1??:out=c;
   4'b1???:out=d;          //无须再加 default 语句
   endcase
  end
endmodule
```

在使用条件语句时，应注意列出所有条件分支，否则，当编译器认为条件不满足时，会引进一个触发器保持原值。这一点可用于设计时序电路，如在计数器的设计中，若条件满足，则加 1，否则保持不变；而在组合电路设计中，应避免这种隐含触发器的存在。当然，一般不可能列出所有分支，因为每一变量至少有 4 种取值 0、1、z、x。为包含所有分支，可在 if 语句最后加上 else，在 case 语句的最后加上 default 语句。

下面是一个隐含锁存器的例子。

【例 5.19】　隐含锁存器的例子。

```
module buried_ff
             (input b,a,
              output reg c);
always @(a or b)
   begin if((b==1)&&(a==1))  c=a&b; end
endmodule
```

设计者原意是设计一个二输入与门，但因 if 语句中没有 else 语句，在对此语句进行逻辑综合时会默认 else 语句为“c=c;”，即保持不变，所以形成了一个隐含锁存器，该例的综合结果如图 5.13 所示。

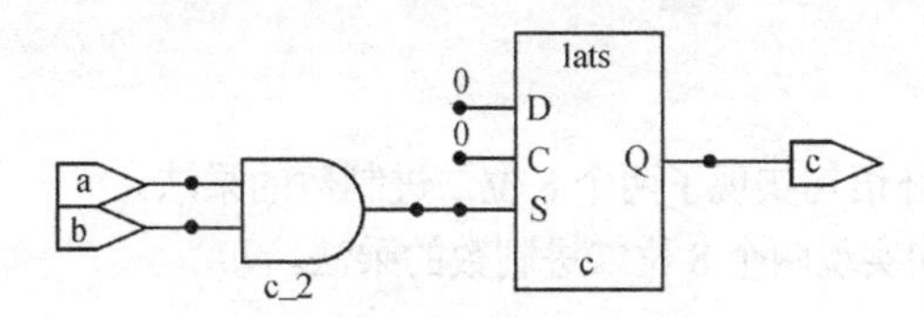

图 5.13　隐含锁存器综合结果

在对上例进行仿真时，只要出现 a=1 且 b=1，c=1 后，c 的值就一直维持为 1。为改正此错误，只需加上“else c=0;”语句即可。即 always 过程块变为

```
always @(a or b)
begin  if((b==1)&&(a==1)) c=a&b;
 else c=0;
end
```

在利用if-else语句设计组合电路时要防止出现此类问题。

5.5 循环语句

Verilog中存在4种类型的循环语句，用来控制语句的执行次数。

（1）for：有条件的循环语句。

（2）repeat：连续执行一条语句*n*次。

（3）while：执行一条语句直到某个条件不满足。

（4）forever：连续地执行语句，多用在initial块中，以生成时钟等周期性波形。

5.5.1 for语句

for语句的使用格式如下（同C语言中）

```
for（循环变量赋初值;循环结束条件;循环变量增值）
执行语句;
```

下面通过7人表决器的例子说明for语句的使用：通过一个循环语句统计赞成的人数，若超过4人赞成，则通过。用vote[7:1]表示7人的投票情况，1代表赞成，即vote[*i*]为1代表第*i*个人赞成，pass=1表示表决通过。

【例5.20】 用for语句描述的7人表决器。

```
module voter7
                (input[7:1] vote,
                 output reg pass);
reg[2:0] sum; integer i;
always @(vote)
  begin  sum=0;
    for(i=1;i<=7;i=i+1)                   //for语句
        if(vote[i]) sum=sum+1;
        if(sum[2])   pass=1;              //若超过4人赞成,则pass=1
        else         pass=0;
  end
endmodule
```

下面的例子中用for循环语句实现了两个8位二进制数的乘法。

【例5.21】 用for语句实现两个8位二进制数的乘法。

```
module mult_for                     //模块声明采用Verilog—2001格式
                 #(parameter SIZE=8)
                  (input[SIZE:1] a,b,                //操作数
                   output reg[2*SIZE:1] outcome);   //结果
integer i;
```

```
always @(a or b)
     begin  outcome<=0;
       for(i=1;i<=SIZE;i=i+1)     //for 语句
       if(b[i]) outcome<=outcome+(a<<(i-1));
     end
endmodule
```

下面是一个用 for 语句生成奇校验位的例子。

【例 5.22】 用 for 语句生成奇校验位。

```
module parity_check
                    (input[7:0] a,
                     output reg y);
integer i;
always @(a)
   begin  y=1'b1;                       //注意此处不能采用非阻塞赋值<=
   for(i=0;i<=7;i=i+1)                  //for 语句
      y=y ^ a[i];  end                  //此处不能采用非阻塞赋值<=
endmodule
```

在例 5.22 中，for 语句执行 1⊕a[0]⊕a[1]⊕a[2]⊕a[3]⊕a[4]⊕a[5]⊕a[6]⊕a[7]运算，综合后生成的 RTL 视图如图 5.14 所示。如果将变量 y 的初值改为“0”，则上例变为偶校验电路。

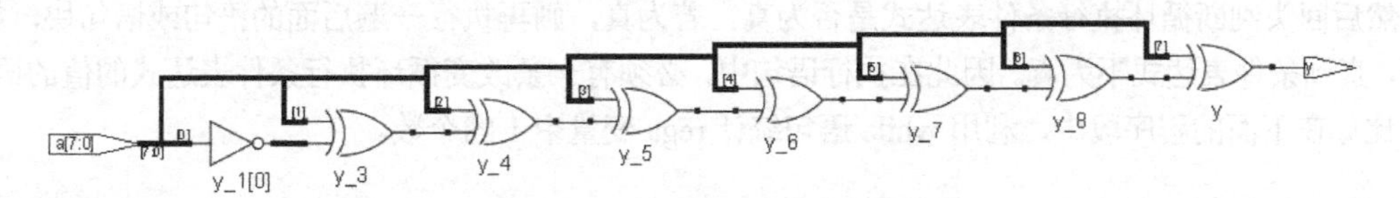

图 5.14 RTL 视图（Synplify Pro）

绝大多数综合器都支持 for 语句，在可综合的设计中，若需要用到循环语句，则应首先考虑用 for 语句实现。

5.5.2 repeat、while、forever 语句

1. repeat 语句

repeat 语句的使用格式为

```
repeat(循环次数表达式) begin
                       语句或语句块
                      end
```

在下面的例子中，利用 repeat 语句和移位运算符实现了两个 8 位二进制数的乘法。

【例 5.23】 用 repeat 语句实现两个 8 位二进制数的乘法。

```
module mult_repeat
                     #(parameter SIZE=8)
                      (input[SIZE:1] a,b,
                       output reg[2*SIZE:1] result);
```

```
reg[2*SIZE:1] temp_a; reg[SIZE:1] temp_b;
always @(a or b)
  begin
    result=0; temp_a=a; temp_b=b;
    repeat(SIZE)                    //repeat 语句,SIZE 为循环次数
      begin
      if(temp_b[1])                 //如果 temp_b 的最低位为 1,则执行下面的加法
      result=result+temp_a;
      temp_a=temp_a<<1;             //操作数 a 左移一位
      temp_b=temp_b>>1;             //操作数 b 右移一位
      end
  end
endmodule
```

2. while 语句

while 语句的使用格式为

```
while（循环执行条件表达式） begin
                         语句或语句块
                        end
```

while 语句在执行时，首先判断循环执行条件表达式是否为真，若为真，则执行后面的语句或语句块，然后回头判断循环执行条件表达式是否为真，若为真，则再执行一遍后面的语句或语句块，如此不断，直到条件表达式不为真。因此在执行语句中，必须有一条改变循环执行条件表达式的值的语句。

比如在下面的程序段中，利用 while 语句统计 rega 变量中 1 的个数。

```
begin : count1s
reg [7:0] tempreg;
count = 0;
tempreg = rega;
while (tempreg) begin
  if (tempreg[0])
     count = count + 1;
     tempreg = tempreg >> 1;
end
end
```

下面的例子分别用 repeat 和 while 语句显示 4 个 32 位整数。

```
module loop1;
integer i;
initial //repeat 循环
 begin i=0; repeat(4)
   begin
 $display("i=%h",i);i=i+1;
   end  end
endmodule
```

```
module loop2;
integer i;
initial  //while 循环
 begin  i=0; while(i<4)
  begin
$display("i=%h",i);i=i+1;
  end  end
endmodule
```

用 ModelSim 软件运行，其输出结果均如下所示：

```
i=00000001        //i 是 32 位整数
i=00000002
i=00000003
i=00000004
```

3. forever 语句

forever 语句的使用格式为

```
forever  begin
      语句或语句块
end
```

forever 语句连续不断地执行后面的语句或语句块，常用来产生周期性的波形。forever 语句一般用在 initial 过程语句中，若要用它进行模块描述，则可用 disable 语句进行中断。

5.6 编译指示语句

Verilog 语言和 C 语言一样也提供了编译指示功能。Verilog 语言允许在程序中使用特殊的编译指示（Compiler Directives）语句，在编译时，通常先对这些编译指示语句进行预处理，然后将预处理的结果和源程序一起进行编译。

编译指示语句以符号“`”开头，以区别于其他语句。Verilog 提供了十几条编译指示语句，如`define、`ifdef、`else、`endif、`restall 等。比较常用的有`define、`include 和`ifdef、`else、`endif，下面就这些常用语句分别进行介绍。

1. 宏替换`define

`define 语句用于使用一个简单的名字或标志符（或称为宏名）来代替一个复杂的名字、字符串或表达式，其使用格式为

```
`define 宏名（标志符） 字符串
```

比如

```
`define sum ina+inb+inc
```

在上面的语句中，用宏名 sum 来代替一个复杂的表达式 ina+inb+inc，采用了这样的定义后，如果程序中出现

```
assign out=`sum+ind;                //等价于 out=ina+inb+inc+ind;
```

再比如

```
`define WORDSIZE 8
reg[`WORDSIZE:1] data;              //相当于定义 reg[8:1] data;
```

从上面的例子可以看出以下几点。

（1）`define 宏定义语句的行末是没有分号的。

（2）在引用已定义的宏名时，必须在宏名的前面加上符号“`”，以表示该名字是一个宏定义的名字。

（3）`define 的作用范围是跨模块（module）的，可以是整个工程，就是说在一个模块中定义的`define 指令，可以被其他模块调用，直到遇到`undef 时失效。所以用`define 定义常量和参数时，一般习惯将定义语句放在模块外。与`define 相比较，用 parameter 定义的参数作用范围是本模块内，但上层模块例化下层模块时，可通过参数传递，重新定义下层模块中参数的值。

2．文件包含`include

`include 是文件包含语句，它可将一个文件全部包含到另一个文件中。其格式为

```
`include "文件名"
```

`include 类似于 C 语言中的#include <filename.h>结构，后者用于将内含全局或公用定义的头文件包含在设计文件中，`include 则用于指定包含任何其他文件的内容。被包含的文件既可以使用相对路径定义，又可以使用绝对路径定义。如果没有路径信息，则默认在当前目录下搜寻要包含的文件。`include 命令后加入的文件名称必须放在双引号中。

使用`include 语句时应注意以下几点。

（1）一个`include 语句只能指定一个被包含的文件。如果需要包含多个文件，则需要使用多个`include 命令，多个`include 命令可以写在一行，但命令行中只可以出现空格和注释。比如

```
`include "file1.v"  `include "file2.v"
```

（2）`include 语句可以出现在源程序的任何地方。被包含的文件若与包含文件不在同一个子目录下，则必须指明其路径名。

（3）文件包含允许多重包含，比如文件 1 包含文件 2、文件 2 又包含文件 3 等。

（4）`include 语句一般只用于仿真，多数综合器并不支持该语句。

3．条件编译`ifdef、`else、`endif

条件编译语句`ifdef、`else、`endif 可以指定仅对程序中的部分内容进行编译，这三个语句有如下两种使用形式。

（1）

```
`ifdef 宏名
语句块
`endif
```

这种形式的含义是：当宏名在程序中被定义过时（用`define 语句定义），则下面的语句块参与源文件的编译，否则，该语句块将不参与源文件的编译。

（2）

```
`ifdef 宏名
语句块 1
`else    语句块 2
`endif
```

这种形式的含义是：若宏名在程序中被定义过（用`define 语句定义），则语句块 1 将被编译到源

文件中，否则，语句块 2 将被编译到源文件中。

【例 5.24】 条件编译语句举例。

```
module compile
            ( input a,b,
             output out);
`ifdef add                  //宏名为 add
      assign out=a+b;
`else  assign out=a-b;
`endif
endmodule
```

在上面的例子中，若在程序中定义了“`define add”，则执行“assign out=a+b;”操作，若没有该语句，则执行“assign out=a-b;”操作。

5.7 任务与函数

任务和函数的关键字分别是 task 和 function，利用任务和函数可以把一个大的程序模块分解成许多小的子模块，以方便调试，并且能使程序结构清晰。

5.7.1 任务（task）

任务（task）定义与调用的格式分别如下

```
task <任务名>;                //注意无端口列表
     端口及数据类型声明语句;
     其他语句;
     endtask
```

任务调用的格式为

```
    <任务名>（端口 1,端口 2,…）;
```

需要注意的是，任务调用时和定义时的端口变量应是一一对应的。比如，下面是一个定义任务的例子。

```
task test;
input in1,in2; output out1,out2;
#1 out1=in1&in2;
#1 out2=in1|in2;
endtask
```

当调用该任务时，可使用如下语句

```
test(data1,data2,code1,code2);
```

调用任务 test 时，变量 data1 和 data2 的值赋给 in1 和 in2；任务执行完后，out1 和 out2 的值则赋给了 code1 和 code2。

在下面的例子中，定义了一个完成两个操作数按位与操作的任务，然后在后面的算术逻辑单元的描述中，调用该任务完成与操作。

【例 5.25】 任务举例。

```
module alutask(code,a,b,c);
input[1:0] code; input[3:0] a,b;
output reg[4:0] c;
task my_and;                          //任务定义,注意无端口列表
input[3:0] a,b;                       //a、b、out 名称的作用域范围为 task 任务内部
output[4:0] out;
integer i;  begin for(i=3;i>=0;i=i-1)
     out[i]=a[i]&b[i];                //按位与
end
endtask
always@(code or a or b)
     begin  case(code)
     2'b00:my_and(a,b,c);             /*调用任务 my_and,需注意端口列表的顺序应与任务
定义时一致,这里的 a、b、c 分别对应任务定义中的 a、b、out */
     2'b01:c=a|b;                     //或
     2'b10:c=a-b;                     //相减
     2'b11:c=a+b;                     //相加
     endcase
     end
endmodule
```

为检验程序的功能，编写下面的激励脚本，对其进行仿真。

【例 5.26】 激励脚本。

```
`timescale 100 ps/ 1 ps
module alutask_vlg_tst();
parameter DELY=100;
reg eachvec;
reg [3:0] a;reg [3:0] b;reg [1:0] code;
wire [4:0]  c;
 alutask i1(.a(a),.b(b),.c(c),.code(code));
initial   begin
code=4'd0;a=4'b0000;b=4'b1111;
#DELY   code=4'd0;a=4'b0111;b=4'b1101;
#DELY   code=4'd1;a=4'b0001;b=4'b0011;
#DELY   code=4'd2;a=4'b1001;b=4'b0011;
#DELY   code=4'd3;a=4'b0011;b=4'b0001;
#DELY   code=4'd3;a=4'b0111;b=4'b1001;
$display("Running testbench");
end
always  begin
@eachvec;
end
endmodule
```

用 ModelSim 运行上面的程序，得到图 5.15 所示的仿真波形。

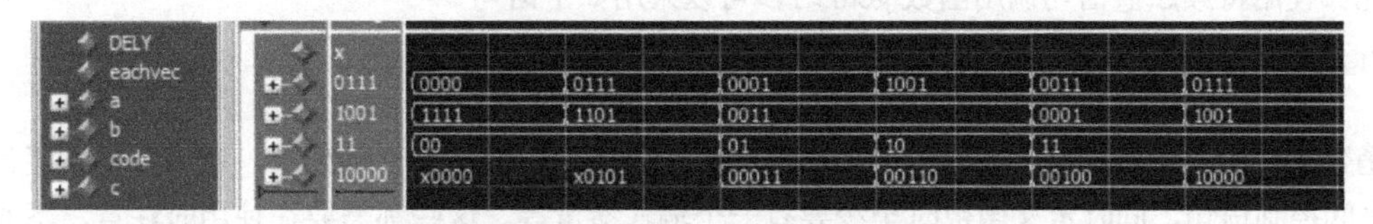

图 5.15　例 5.26 仿真波形（ModelSim）

在使用任务时，应注意以下几点。

- 任务的定义与调用须在一个 module 模块内。
- 定义任务时，没有端口名列表，但需要紧接着进行输入/输出端口和数据类型的说明。
- 当任务被调用时，任务被激活。任务的调用与模块调用一样通过任务名调用实现，调用时需列出端口名列表，端口名的排序和类型必须与任务定义时相一致。
- 一个任务可以调用别的任务和函数，可以调用的任务和函数的个数不受限制。

5.7.2　函数（function）

在 Verilog 模块中，如果多次用到重复的代码，则可以把这部分重复的代码摘取出来，定义成函数。在综合时，每调用一次函数，则复制或平铺（flatten）该电路一次，所以函数不宜过于复杂。

函数可以有一个或多个输入，但只能返回一个值，通常在表达式中调用函数的返回值。函数的定义格式为

```
function  <返回值位宽或类型说明> 函数名;
                端口声明;
                局部变量定义;
                其他语句;
endfunction
```

<返回值位宽或类型说明>是一个可选项，如果省略，则返回值为 1 位寄存器类型的数据。

下面是一个函数定义的例子。

【例 5.27】　函数定义。

```
function[7:0] get0;
input[7:0] x; reg[7:0] count; integer i;
    begin count=0;
   for(i=0;i<=7;i=i+1)
    if(x[i]=1'b0)  count=count+1; get0=count;
    end
endfunction
```

上面的 get0 函数循环核对输入数据 x 的每一位，计算 x 中 0 的个数，并返回一个适当的值。

函数的定义中蕴涵了一个与函数同名的、函数内部的寄存器。在函数定义时，将函数返回值所使用的寄存器名称设为与函数同名的内部变量，因此函数名被赋予的值就是函数的返回值。例如，上面的例子中 get0 最终赋予的值即为函数的返回值。

函数的调用是通过将函数作为表达式中的操作数来实现的。调用格式如下

```
<函数名>(<表达式><表达式>);
```

比如使用持续赋值语句调用函数get0时，可以采用如下语句

```
assign out=is_legal?get0(in):1'b0;
```

函数的使用与任务相比，有更多的限制和约束。例如，函数不能启动任务，在函数中不能包含任何的时间控制语句，同时定义函数时至少要有一个输入参量等。这些都需要在使用时注意。下面的例子用函数和case语句定义了一个8-3编码器。

【例5.28】 用函数和case语句定义的8-3编码器（不含优先顺序）。

```
module code_83(din,dout);
input[7:0] din; output[2:0] dout;
function[2:0] code;                         //函数定义
input[7:0] din;                             //函数只有输入,输出为函数名本身
    casex(din)
      8'b1xxx_xxxx:code=3'h7;
      8'b01xx_xxxx:code=3'h6;
      8'b001x_xxxx:code=3'h5;
      8'b0001_xxxx:code=3'h4;
      8'b0000_1xxx:code=3'h3;
      8'b0000_01xx:code=3'h2;
      8'b0000_001x:code=3'h1;
      8'b0000_000x:code=3'h0;
      default:code=3'hx;
    endcase
endfunction
assign dout=code(din);                      //函数调用
endmodule
```

与C语言类似，Verilog语言使用函数以适应对不同操作数采取同一运算的操作。函数在综合时被转换成具有独立运算功能的电路，每调用一次函数，相当于改变这部分电路的输入，以得到相应的计算结果。

下面的例子中定义了一个实现阶乘运算的函数factorial，该函数返回一个32位的寄存器类型的值。采用同步时钟触发运算的执行，每个clk时钟周期都会执行一次运算。

【例5.29】 阶乘运算的函数。

```
module funct(clk,n,result,reset);
input reset,clk; input[3:0] n; output reg[31:0] result;
always @(posedge clk)              //在clk的上升沿执行运算
    begin if(!reset) result<=0;
    else  begin result<=2*factorial(n); end //调用factorial函数
    end
function[31:0] factorial;          //阶乘运算函数定义（注意无端口列表）
input[3:0] opa;                    //函数只能定义输入端口,输出端口为函数名本身
reg[3:0] i;
```

```
    begin  factorial=(opa>=4'b1)?1:0;
   for(i=2;i<=opa;i=i+1)          //for 语句若要综合,则 opa 应赋具体的数值,比如 9
    factorial=i*factorial;        //阶乘运算
    end
endfunction
endmodule
```

Verilog—2001 中定义了一种递归函数（function automatic），增加了一个关键字 automatic，表示函数的迭代调用，比如上面的阶乘运算采用递归函数来描述的话，如例 5.30 所示，通过函数自身的迭代调用，实现了 32 位无符号整数的阶乘运算（***n***!）。

比较例 5.29 与例 5.30 的不同，可体会函数与递归函数的区别。

【例 5.30】 阶乘递归函数。

```
module tryfact;
function automatic integer factorial;       //函数定义
input [31:0] operand;
if (operand >= 2)
factorial = factorial (operand - 1) * operand;
else
factorial = 1;
endfunction

integer result;
integer n;
initial begin
for (n = 0; n <= 7; n = n+1) begin
result = factorial(n);                       //函数调用
$display("%0d factorial=%0d", n, result);
end end
endmodule // tryfact
```

上例的仿真结果如下：

```
0 factorial=1
1 factorial=1
2 factorial=2
3 factorial=6
4 factorial=24
5 factorial=120
6 factorial=720
7 factorial=5040
```

在使用函数时，应特别注意以下几点。

- 函数的定义与调用必须在一个 module 模块内。
- 函数只允许有输入变量且至少有一个输入变量，输出变量由函数名本身担任，比如在例 5.29

中，函数名 factorial 即是输出变量，在调用该函数时，“result<=2* factorial(n);”自动将 n 的值赋给函数的输入变量 opa，完成函数计算后，将结果通过 factorial 名字本身返回，作为一个操作数参与 result 表达式的计算。因此，在定义函数时，需声明函数名的数据类型和位宽。

- 定义函数时没有端口名列表，但调用函数时，需列出端口名列表，端口名的排序和类型必须与定义时相一致，这一点与任务相同。
- 函数可以出现在持续赋值 assign 的右端表达式中。
- 函数不能调用任务，而任务可以调用别的任务和函数，且调用任务和函数的个数不受限制。

表 5.3 所示为任务与函数的区别。

表 5.3　任务与函数的区别

	任务（task）	函数（function）
输入与输出	可有任意多个各种类型的参数	至少有一个输入，不能将 inout 类型作为输出
调用	任务只可在过程语句中调用，不能在连续赋值语句 assign 中调用	函数可作为表达式中的一个操作数来调用，在过程赋值和连续赋值语句中均可以调用
定时事件控制（#，@和 wait）	任务可以包含定时和事件控制语句	函数不能包含这些语句
调用其他任务和函数	任务可调用其他任务和函数	函数可调用其他函数，但不可以调用其他任务
返回值	任务不向表达式返回值	函数向调用它的表达式返回一个值

本节介绍了 task 和 function 的使用，合理使用 task 和 function 会使程序显得结构清晰而简洁，一般的综合器对 task 和 function 都是支持的，但也有些综合器不支持 task，需要在使用时注意。

5.8　顺序执行与并发执行

在 Verilog 设计中，搞清楚哪些操作是同时发生的、哪些是顺序发生的是非常重要的。首先，always 过程块、assign 持续赋值语句、实例元件调用等操作都是同时执行的。在 always 模块内部，对于非阻塞赋值语句，是并发执行的；对于阻塞赋值语句，是按照指定的顺序执行的，语句的书写顺序对程序的执行结果有着直接的影响。比如下面的例子。

【例 5.31】　顺序执行。

```
//顺序执行模块 1
module serial1
   ( input clk,
     output reg q,a);
always @(posedge clk)
  begin
   q=~q;
   a=~q;
  end
endmodule
```

```
//顺序执行模块 2
module serial2
      ( input clk,
        output reg q,a);
always @(posedge clk)
  begin
   a=~q;
   q=~q;
  end
endmodule
```

上面两个例子，其区别只是在 always 模块内，把两个赋值语句的顺序相互颠倒。分别对上面两个模块进行模拟，得到的仿真波形图如图 5.16 和图 5.17 所示。从仿真波形图可以看到，在模块 1 中，q 先取反，然后再取反给 a；在模块 2 中，q 取反后赋值给 q 和 a，a 和 q 的波形是完全一样的。

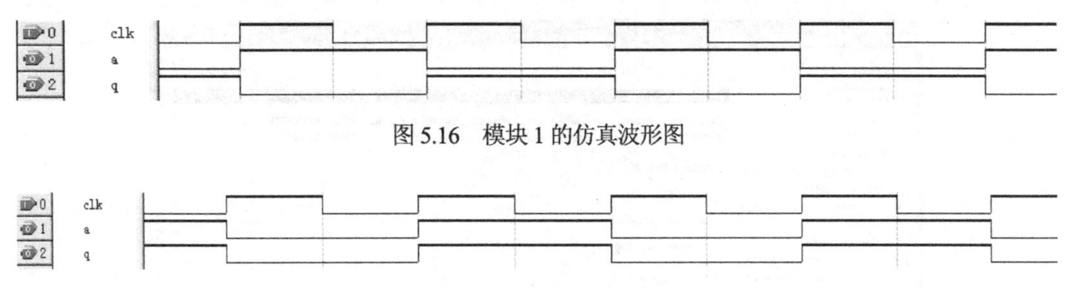

图 5.16　模块 1 的仿真波形图

图 5.17　模块 2 的仿真波形图

模块 1 和模块 2 的综合结果分别如图 5.18 和图 5.19 所示。

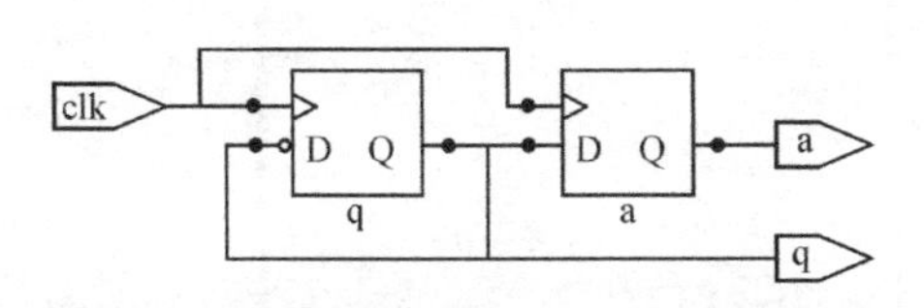

图 5.18　模块 1 的综合结果（Synplify Pro）

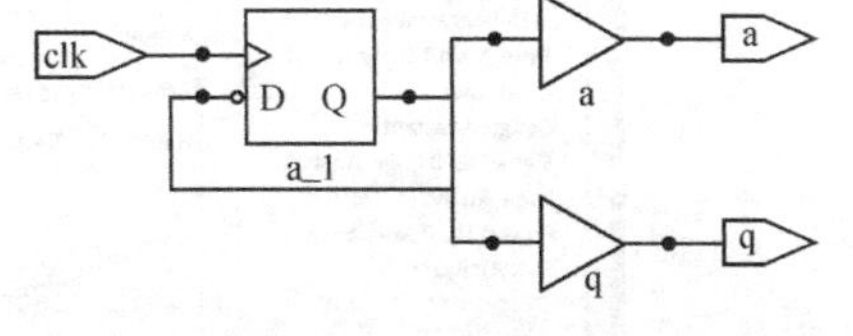

图 5.19　模块 2 的综合结果（Synplify Pro）

如果将上述两句赋值语句分别放在两个 always 模块中，如例 5.32 所示，则经过仿真可以发现：这两个 always 模块放置的顺序对结果并没有影响，因为这两个模块是并发执行的。

【例 5.32】　并行模块。

```
module parall
            (input clk,
             output reg q,a);
always @(posedge clk)
    begin  q=~q;  end
always @(posedge clk)
    begin  a=~q;  end
endmodule
```

例 5.32 的仿真波形图与模块 2 的仿真波形图相同，如图 5.17 所示。

5.9　Verilog—2001 语言标准

Verilog 语言处于不断的发展中，1995 年 IEEE 将 Verilog 采纳为标准，推出 Verilog—1995 标准（IEEE 1364—1995）；2001 年 3 月，IEEE 又批准了 Verilog—2001 标准（IEEE 1364—2001）。

到目前几乎所有的综合器、仿真器（Quartus Prime、Synplify Pro 等）都能很好地支持 Verilog—2001 标准。比如，从图 5.20 可看出，Quartus Prime 软件支持的 Verilog 标准包括 Verilog—1995、Verilog—2001、SystemVerilog。

Verilog—2001 标准越来越重要，有必要较为深入地了解和学习 Verilog—2001 标准。

Verilog—2001 对 Verilog 语言的改进和增强主要表现在三个方面：

（1）提高 Verilog 行为级和 RTL 建模的能力；

（2）改进 Verilog 在深亚微米设计和 IP 建模的能力；

（3）纠正和改进了 Verilog—1995 标准中的错误与易产生歧义之处。

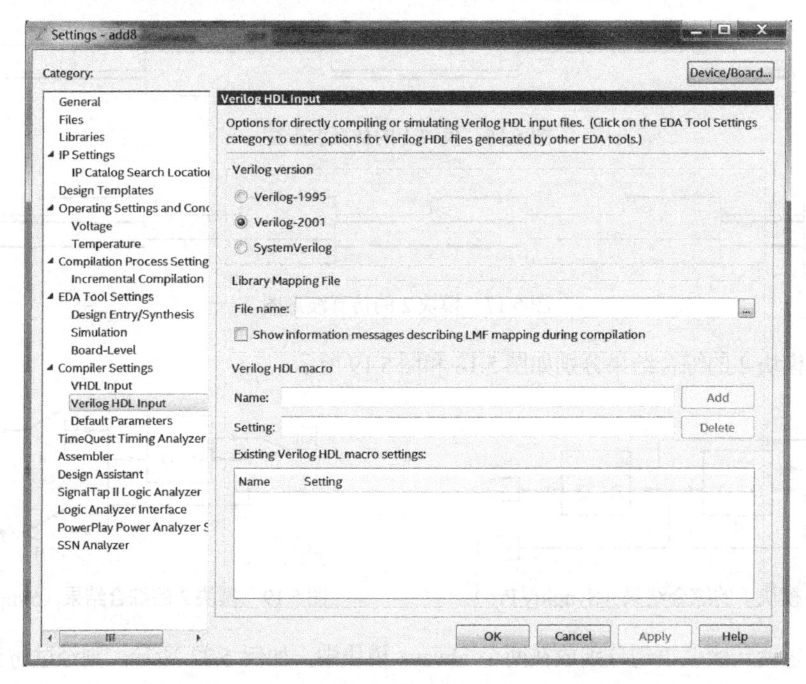

图 5.20 Quartus Prime 软件支持的 Verilog 标准

下面举例说明具体的改进。

1．ANSI C 风格的模块声明

Verilog—2001 改进了端口的声明语句，使其更接近 ANSI C 语言的风格，可用于 module、task 和 function。同时允许将端口声明和数据类型声明放在同一条语句中。比如，在 Verilog—1995 标准中，可采用如下方式声明一个 FIFO 模块

```
module fifo(in,clk,read,write,reset,out,full,empty);
parameter MSB=3,DEPTH=4;
input[MSB:0] in;
input clk,read,write,reset;
output[MSB:0] out; output full,empty;
reg[MSB:0] out; reg full,empty;
```

上面的模块声明在 Verilog—2001 中可以写为下面的形式

```
module fifo_2001
#(parameter MSB=3,DEPTH=4)      //参数定义,注意前面有"#"
( input[MSB:0] in,              //端口声明和数据类型声明放在同一条语句中
input clk,read,write,reset,
output reg[MSB:0] out,
output reg full,empty);
```

下面的 4 位格雷码计数器的模块声明部分采用了 Verilog—2001 格式。

【例 5.33】　4 位格雷码计数器。

```
module graycount  #(parameter WIDTH = 4)
         (output reg[WIDTH-1:0]  graycount,   //格雷码输出信号
          input wire  enable,clear,clk);      //使能、清零、时钟信号
reg [WIDTH-1:0]  bincount;
always @ (posedge clk)
  if(clear) begin
   bincount<={WIDTH{1'b 0}} + 1;
   graycount <= {WIDTH{1'b 0}};
   end
   else if(enable) begin
     bincount <=bincount + 1;
     graycount<={bincount[WIDTH-1],
     bincount[WIDTH-2:0] ^ bincount[WIDTH-1:1]};
    end
endmodule
```

4 位格雷码计数器的 RTL 仿真波形如图 5.21 所示，可以看到，其输出按照格雷码编码，相邻码字之间只有一个比特位不同。

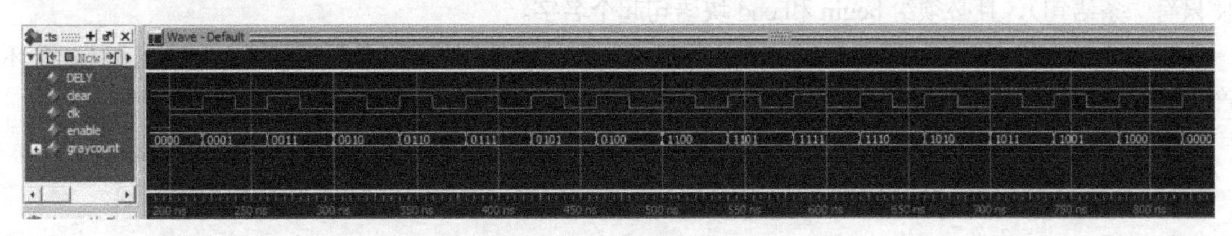

图 5.21　4 位格雷码计数器的 RTL 仿真波形

2. 逗号分隔的敏感信号列表

Verilog—1995 中，我们在书写敏感信号列表时，通常用 or 来连接敏感信号，比如

```
always @(a or b or cin)
    {cout,sum}=a+b+cin;
always @(posedge clk or negedge clr)
    if(!clr) q<=0;  else q<=d;
```

在 Verilog—2001 中可用逗号分隔敏感信号，上面的语句可写为下面的形式

```
always @(a, b, cin)          //用逗号分隔敏感信号
      {cout,sum}=a+b+cin;
always @(posedge clock,negedge clr)
      if(!clr) q<=0; else  q<=d;
```

3. 在组合逻辑敏感信号列表中使用通配符“*”

用 always 过程块描述组合逻辑时，应在敏感信号列表中列出所有的输入信号，在 Verilog—2001 中可用通配符“*”来表示包含该过程块中的所有输入信号变量。

下面是在 Verilog—1995 和 Verilog—2001 中，4 选 1 数据选择器的敏感信号列表书写格式的对比

```
//Verilog—1995
always @(sel or a or b or c or d)
    case(sel)
      2'b00:y=a;
      2'b01:y=b;
      2'b10:y=c;
      2'b11:y=d;
    endcase
```

```
//Verilog—2001
always @ *  //通配符
    case(sel)
      2'b00:y=a;
      2'b01:y=b;
      2'b10:y=c;
      2'b11:y=d;
    endcase
```

4．generate 语句

Verilog—2001新增了语句generate，通过generate循环可以产生一个对象（比如module、primitive，或者 variable、net、task、function、assign、initial 和 always）的多个例化，为可变尺度的设计提供了便利。

generate语句一般和循环语句、条件语句（for、if、case）一起使用。为此，Verilog—2001增加了4个关键字generate、endgenerate、genvar和localparam。genvar是一个新的数据类型，用在generate循环中的标尺变量必须定义为genvar型数据。还要注意的是：for循环的内容必须加begin和end（即使只有一条语句），且必须给begin和end块语句起个名字。

下面是一个用generate语句描述的4位行波进位加法器的例子，它采用了generate语句和for循环产生元件的例化与元件间的连接关系。

【例5.34】 采用generate语句描述的4位行波进位加法器。

```
module add_ripple #(parameter SIZE=4)
(input[SIZE-1:0] a,b,
 input cin,
 output[SIZE-1:0] sum,
output cout);

wire[SIZE:0] c;
assign c[0]=cin;
generate
genvar i;
for(i=0;i<SIZE;i=i+1)
    begin : add
     wire n1,n2,n3;
xor g1(n1,a[i],b[i]);
xor g2(sum[i],n1,c[i]);
and g3(n2,a[i],b[i]);
and g4(n3,n1,c[i]);
or g5(c[i+1],n2,n3);  end
endgenerate
assign cout=c[SIZE];
endmodule
```

将上例用Quartus Prime软件综合，其RTL综合原理图如图5.22所示，从图中能看到，在generate

执行过程中，每次循环中有唯一的名字，比如 add[0]、add[1]等，这也是为什么 begin-end 块语句需要起名字的一个原因。

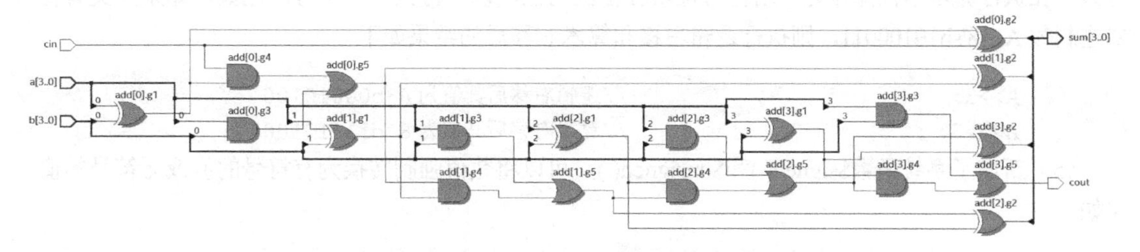

图 5.22　4 位行波进位加法器 RTL 综合原理图（Quartus Prime）

下面的程序使用 generate 语句描述了一个可扩展的乘法器，当乘法器的 a 和 b 的位宽小于 8 时，生成 CLA 超前进位乘法器，否则生成 WALLACE 树状乘法器。

```
module multiplier(a, b, product);
parameter a_width = 8, b_width = 8;
localparam product_width = a_width+b_width;
input [a_width-1:0] a;
input [b_width-1:0] b;
output[product_width-1:0] product;
generate
if((a_width < 8) || (b_width < 8))
CLA_multiplier #(a_width, b_width)
u1 (a, b, product);
else
WALLACE_multiplier #(a_width, b_width)
u1 (a, b, product);
endgenerate
endmodule
```

5. 有符号的算术扩展

signed 是 Verilog—1995 中的保留字，但没有使用。在 Verilog—2001 中，用 signed 来定义有符号的数据类型、端口、整数、函数等。

在 Verilog—2001 中，对有符号的算术运算做了如下几点扩充。

（1）wire 型和 reg 型变量可以声明为有符号（signed）变量。比如

```
wire signed[7:0] a,b;
reg signed[15:0] data;
output signed[15:0] sum;
```

（2）任何进制的整数都可以有符号，参数也可以有符号。比如

```
12'sh54f                //一个 12 位的十六进制有符号整数 54f
parameter p0=2`sb00,p1=2`sb01;
```

（3）函数的返回值可以有符号。比如

```
function signed[31:0] alu;
```

（4）增加了算术移位操作符。Verilog—2001增加了算术移位操作符“>>>”和“<<<”，对于有符号数，在执行算术移位操作时，用符号位填补移出的位，以保持数值的符号。比如，如果定义有符号二进制数A = 8'sb10100011，则执行逻辑右移和算术右移后的结果如下

```
A>>3;                         //逻辑右移后其值为8'b00010100
A>>>3;                        //算术右移后其值为8'b11110100
```

（5）新增了系统函数$signed( )和$unsigned( )，可以将数值强制转换为有符号的值或无符号的值。比如

```
reg[63:0]  a;                 //定义a为无符号数据类型
always@(a)  begin
  result1=a/2;                //无符号运算
  result2=$signed(a)/2;       //a变为有符号数
end
```

6. 指数运算符**（Power operator）

Verilog—2001增加了指数运算符“**”执行指数运算，一般使用的是底为2的指数运算（2^n）。比如

```
parameter WIDTH=16;
parameter DEPTH=8;
reg[WIDTH-1:0] data [0:(2**DEPTH)-1];
  //定义了一个位宽16位,2^8（256）个单元的存储器
```

7. 变量声明时进行赋值

Verilog—2001标准规定可以在变量声明时对其赋初始值，所赋的值必须是常量，并且在下次赋值之前，变量都会保持该初始值不变。变量在声明时的赋值不适用于矩阵。

比如下面的例子，在Verilog—1995中需要先声明一个reg变量a，然后在initial块中为其赋值为4'h4。而在Verilog—2001可直接在声明时赋值，两者是等价的。

```
//Verilog—1995
reg[3:0] a;
 initial
  a=4'h4;
```

```
//Verilog—2001
reg[3:0] a=4'h4;
```

也可同时声明多个变量，为其中的一个或几个赋值，比如

```
integer i=0, j, k=1;
real r1=2.5, n300k=3E6;
```

在声明矩阵时，为其赋值是非法的，比如下面的代码是非法的。

```
reg [3:0] array [3:0]=0;   //非法
```

8. 常数函数

Verilog—2001标准增加了一类特殊的函数——常数函数，其定义和其他Verilog函数的定义相同，

不同之处在于其赋值是在编译或详细描述（elaboration）时被确定的。

常数函数有助于创建可改变维数和规模的可重用模型。如以下定义了一个常数函数 clogb2，该函数返回一个整数，可根据 ram 的深度（ram 的单元数）来确定 ram 地址线的宽度。

```
module ram(address_bus, write, select, data);
parameter SIZE = 1024;
input [clogb2(SIZE)-1:0] address_bus;
…
function integer clogb2 (input integer depth);
begin
    for(clogb2=0; depth>0; clogb2=clogb2+1)
    depth = depth >> 1;
end
endfunction
…
endmodule
```

注：常数函数只能调用常数函数，不能调用系统函数，常数函数内部用到的参数（parameter）必须在该常数函数被调用之前定义。

9. 向量的位选和域选

在 Verilog—1995 中，可以从向量中取出一个或相连的若干比特，称为位选和域选，但被选择的部分必须是固定的。

Verilog—2001 对向量的部分选择进行了扩展，增加了一种方式：索引的部分选择（indexed part selects），其形式如下

```
[base_expr     +:   width_expr]
// 起始表达式  正偏移     位宽
[base_expr     -:   width_expr]
// 起始表达式  负偏移     位宽
```

包括起始表达式（base_expr）和位宽（width_expr），其中，位宽必须是常数，而起始表达式可以是变量。偏移方向表示选择区间是表达式加上位宽（正偏移），还是表达式减去位宽（负偏移）。比如

```
reg [63:0] word;
reg [3:0] byte_num;     //取值范围为 0 到 7
wire [7:0] byteN = word[byte_num*8 +: 8];
```

上例中，如果变量 byte_num 当前的值是 4，则 byteN = word[39:32]，起始位为 32（byte_num×8），终止位 39 由宽度和正偏移 8 确定。

再比如

```
reg[63:0] vector1;        //小端（little-endian）次序
reg[0:63] ventor2;        //大端（big-endian）次序
Byte=vector1[31-:8];      //Byte=vector1[31:24]
Byte=vector1[24+:8];      //Byte=vector1[31:24]
Byte=vector2[31-:8];      //Byte=vector2[24:31]
Byte=vector2[24+:8];      //Byte=vector2[24:31]
```

10．多维矩阵

Verilog—1995 中只允许一维的矩阵变量（memory），Verilog—2001 对其进行了扩展，允许使用多维矩阵。矩阵单元的数据类型也扩展至 Variable 型（比如 reg 型）和 Net 型（比如 wire 型），比如

```
reg [7:0] array1 [0:255];
  //一维矩阵,存储单元为 reg 型
wire [7:0] out1 = array1[address];
  //一维矩阵,存储单元为 wire 型
wire [7:0] array3 [0:255][0:255][0:15];
  //三维矩阵,存储单元为 wire 型
wire [7:0] out3 = array3[addr1][addr2][addr3];
  //三维矩阵,存储单元为 wire 型
```

11．矩阵的位选择和部分选择

在 Verilog—1995 中，不允许直接访问矩阵的某一位或某几位，必须首先将整个矩阵单元转移到一个暂存变量中，再从暂存中访问。比如

```
reg[7:0]  mem[0:1023];         //存储器（一维矩阵）
reg[7:0]  temp;
reg[3:0]  vect;
initial
  begin  temp=mem[55];
  vect=temp[3:0];              //合法
  vect=mem[55][3:0];           //非法
end
```

而在 Verilog—2001 标准中，可以直接访问矩阵的某个单元的一位或几位。比如

```
reg [31:0] array2 [0:255][0:15];
wire [7:0] out2 = array2[100][7][31:24];
           //选择宽度为 32 位的二维矩阵中[100][7]单元的[31:24]字节
```

12．模块实例化时的参数重载

当模块例化时，其内部定义的参数（parameter）值是可以改变的（或称为参数重载）。在 Verilog—1995 中，有两种方法改变参数值：一种是使用 defparam 语句显式重载；另一种就是模块实例化时使用“#”符号隐式重载，重载的顺序必须与参数在原定义模块中声明的顺序相同，并且不能跳过任何参数。由于这种方法容易出错，而且代码的含义不易理解，所以 Verilog—2001 标准增加了一种在线显式重载（in-line explicit redefinition）参数的方式，这种方式允许在线参数值按照任意顺序排列。比如

```
module ram(…);                        //ram 模块定义
parameter WIDTH = 8;
parameter SIZE = 256;
…
endmodule

module my_chip (…);
…
```

```
RAM ram1 (…);                            //ram模块例化1
defparam ram1.SIZE = 1023;
//使用defparam语句显式地重新定义SIZE=1023
RAM #(8,1023) ram2 (…);                  //ram模块例化2
//使用"#"符号隐式地重载参数，注意参数的排列顺序
RAM #(.SIZE(1023)) ram3 (…);             //ram模块例化3
//在线显式重载参数SIZE为1023
endmodule
```

13. register改为variable

在Verilog诞生后，一直用register这个词表示一种数据类型，但初学者很容易将register和硬件中的寄存器概念混淆，而实际中register数据类型的变量也常常被综合器映射为组合逻辑电路。

Verilog—2001标准将register一词改为了variable，以避免混淆。

14. 新增条件编译语句

Verilog—1995支持条件编译命令`ifdef、`else、`endif，可以指定仅对程序中的部分内容进行编译。Verilog—2001增加了条件编译语句`elsif和`ifndef。

15. 超过32位的自动宽度扩展

在Verilog—1995中对超过32位的总线赋高阻时，如果不指定位宽，会只将低32位赋成高阻，高位则补0。如果要将所有位都置为高阻，必须明确指定位宽。比如

```
//Verilog—1995标准中的超过32位的总线赋高阻
parameter WIDTH = 64;
reg [WIDTH-1:0] data;
data = 'bz;         //赋值后,data='h00000000zzzzzzzz
data = 64'bz;       //赋值后,data='hzzzzzzzzzzzzzzzz
```

Verilog—2001改变了赋值扩展规则，将高阻z或不定态x赋给未指定位宽的信号时，可以自动扩展到信号的整个位宽范围。比如

```
//Verilog—2001标准中将高阻或不定态赋给未指定位宽的信号
parameter WIDTH = 64;
reg [WIDTH-1:0] data;
data ='bz;          //赋值后,data='hzzzzzzzzzzzzzzzz
```

16. 可重入任务（Re-entrant tasks）和递归函数（Recursive functions）

Verilog—2001增加了一个关键字automatic，可用于任务和函数的定义中。

（1）可重入任务：任务本质上是静态的（static task），同时并发执行的多个任务共享存储区。当某个任务在模块中的多个地方被同时调用时，这两个任务对同一块地址空间进行操作，结果可能是错误的。Verilog—2001中增加了关键字automatic，空间是动态分配的，使任务成为可重入的。若定义任务时使用了automatic，则定义了一个可重入任务。这两种类型的任务所消耗的资源是不同的。

（2）递归函数：如将关键字automatic用于函数，则表示函数的迭代调用，比如下面的例子中通过函数自身的迭代调用，实现了32位无符号整数的阶乘运算（*n*!）。

```
function automatic [63:0] factorial;
input [31:0] n;
 if (n == 1)  factorial = 1;
 else
 factorial = n * factorial(n-1);   //迭代调用
endfunction
```

由于 Verilog—2001 增加了关键字 signed，所以函数的定义还可在 automatic 后面加上 signed，返回有符号数。比如

```
function automatic signed [63:0] factorial;
```

17. 文件和行编译指示

Verilog 编译和仿真工具需要不断地跟踪源代码的行号与文件名，Verilog 可编程语言接口（PLI）可以取得并利用行号和源文件的信息，以标记运行中的错误。但是如果 Verilog 代码经过其他工具的处理，源代码的行号和文件名可能丢失。故在 Verilog—2001 中增加了`line，用来标定源代码的行号和文件名。

18. 增强的文件输入/输出操作

Verilog—1995 在文件的输入/输出操作方面的功能非常有限，文件操作通常借助于 Verilog PLI，通过与 C 语言的文件输入/输出库的访问来处理的，并且规定同时打开的 I/O 文件数目不能超过 31 个。

Verilog—2001 增加了新的系统任务和函数，为 Verilog 语言提供了强大的文件输入/输出操作，而不再需要使用 PLI，并将可以同时打开的文件数目扩展至 230。这些新增的文件输入/输出系统任务和函数包括$ferror、$fgetc、$fgets、$fflush、$fread、$fscanf、$fseek、$fscanf、$ftel、$rewind 和$ungetc；还有读/写字符串的系统任务，包括$sformat、$swrite、$swriteb、$swriteh、$swriteo 和$sscanf，用于生成格式化的字符串或从字符串中读取信息。

增加了命令行输入任务$test$plusargs 和$value$plusargs。

习　题　5

5.1　阻塞赋值和非阻塞赋值有什么本质的区别？

5.2　用持续赋值语句描述一个 4 选 1 数据选择器。

5.3　用行为语句设计一个 8 位计数器，每次在时钟的上升沿计数器加 1，当计数器溢出时，自动从零开始重新计数。计数器有同步复位端。

5.4　设计一个 4 位移位寄存器。

5.5　initial 语句与 always 语句的关键区别是什么？

5.6　分别用任务和函数描述一个 4 选 1 多路选择器。

5.7　在 Verilog 中，哪些操作是并发执行的？哪些操作是顺序执行的？

5.8　试编写求补码的 Verilog 程序，输入是有符号的 8 位二进制数。

5.9　试编写两个 4 位二进制数相减的 Verilog 程序。

5.10　有一个比较电路，当输入的一位 8421BCD 码大于 4 时，输出为 1，否则为 0，试编写出 Verilog 程序。

5.11　用 Verilog 设计 8 位加法器，用 Quartus Prime 软件进行综合和仿真。

5.12　用 Verilog 设计 8 位计数器，用 Quartus Prime 软件进行综合和仿真。

实验与设计：用 altpll 锁相环模块实现倍频和分频

1．实验要求

基于 Quartus Prime 软件，用 altpll 锁相环模块实现倍频和分频，将输入的 50MHz 参考时钟信号经过锁相环，输出一路 9MHz（占空比为 50%）的分频信号，一路有 5ns 相移的 100MHz（占空比为 40%）倍频信号，并进行仿真验证。

2．实验内容

（1）altpll 是参数化锁相环模块：目前多数 FPGA 内部集成了锁相环（Phase Locked Loop，PLL），用以完成时钟的高精度、低抖动的倍频、分频、占空比调整、移相等，其精度一般在 ps 数量级。善用芯片内部的 PLL 资源完成时钟的分频、倍频、移相等操作，不仅简化了设计，并且能有效地提高系统的精度和稳定性。

altpll 是 Quartus Prime 软件自带的参数化锁相环模块，altpll 以输入时钟信号作为参考信号实现锁相，输出若干同步倍频或分频的片内时钟信号。与直接来自片外的时钟相比，片内时钟可以减少时钟延迟，减小片外干扰，还可以改善时钟的建立时间和保持时间，是系统稳定工作的保证。

（2）配置 altpll 锁相环模块：在 Quartus Prime 软件中利用 New Project Wizard 建立一个名为 expll 的工程。打开 IP Catalog，在 Basic Functions 目录下找到 altpll 模块，双击该模块，出现图 5.23 所示的 Save IP Variation 对话框，在其中为自己的 altpll 模块命名，比如 mypll，同时，选择其语言类型为 Verilog。

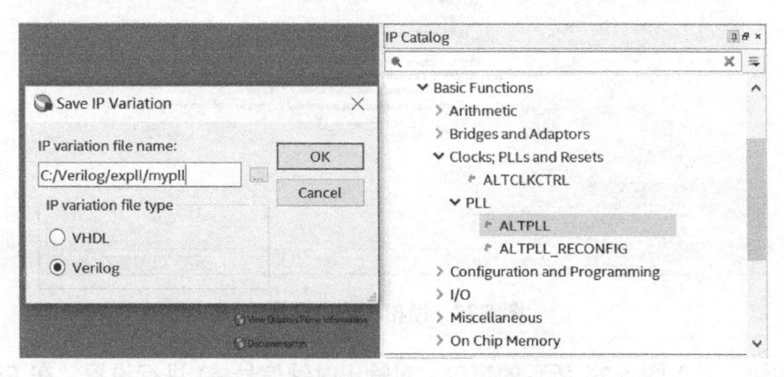

图 5.23　Save IP Variation 对话框

单击 OK 按钮，自动启动 MegaWizard Plug-In Manager，对 altpll 模块进行参数设置。首先出现图 5.24 所示的窗口，在此窗口中选择芯片系列、速度等级和参考时钟，芯片系列选择 Cyclone IV E 系列，输入时钟 inclk0 的频率设置为 50MHz，设置 device speed grade 为 7，其他保持默认。

单击 Next 按钮，进入图 5.25 所示的窗口，在此窗口中主要设置锁相环的端口，Optional Inputs 框中有使能信号 pllena（高电平有效）、异步复位信号 areset（高电平有效）和 pfdena 信号（相位/频率检测器的使能端，高电平有效）。为了方便操作，我们只选择了 areset 异步清零端；同时 Lock Output 下使能 locked，通过此端口可以判断锁相环是否失锁，若失锁，则该端口为 0，高电平表示正常。

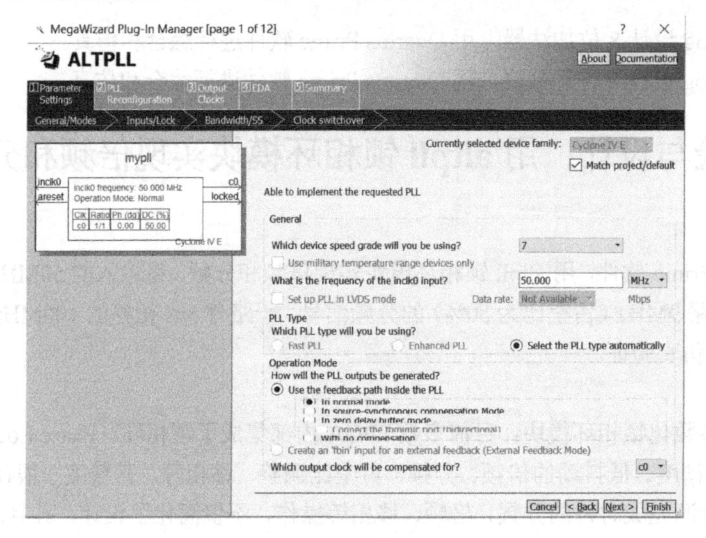

图 5.24　选择芯片和设置参考时钟

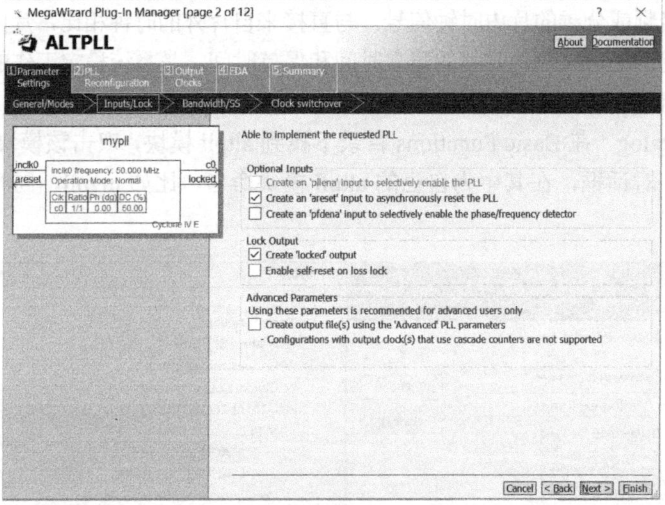

图 5.25　锁相环端口设置

单击 Next 按钮，进入图 5.26 所示的窗口，对输出时钟信号 c0 进行设置。在 Enter output clock frequency 后面输入所需得到的时钟频率；Clock multiplication factor 和 Clock division factor 分别是时钟的倍频系数和分频系数，也就是输入的参考时钟分别乘以一个系数再除以一个系数，得到所需的时钟频率，当输入所需的输出频率后，倍频系数和分频系数都会自动计算出来，只要单击 Copy 按钮即可。

注：也可以直接设置倍频系数和分频系数得到所需要的频率。本例中的倍频系数和分频系数分别为 9 和 50，便可从输入的 50MHz 参考时钟信号得到 9MHz 的分频信号。

在 Clock phase shift 中设置相移，此处设为 0。在 Clock duty cycle 中设置输出信号的占空比，此处设为 50%。注意，若在设置窗口上方出现蓝色的 Able to implement the requested PLL 提示，表示所设置的参数可以接受；若出现红色的 Cannot implement the requested PLL，则说明所设置的参数超出所能接受的范围，应修改设置参数。

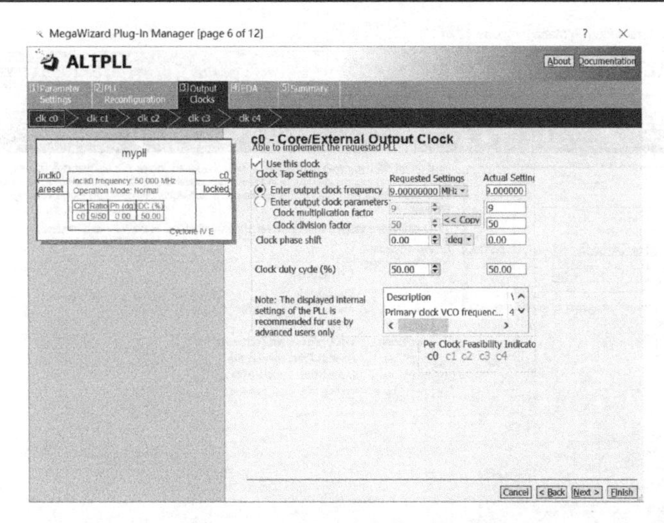

图 5.26　输出时钟信号 c0 设置

单击 Next 按钮，进入图 5.27 所示的界面，对输出时钟信号 c1 进行设置，可以像设置 c0 那样对 c1 进行设置。直接设置倍频系数和分频系数为 2 和 1，便可从输入的 50MHz 参考时钟信号得到 100MHz 的时钟信号；在 Clock phase shift 中设置相移为 5ns，在 Clock duty cycle 中设置输出信号的占空比为 40%。

注：图中的 Use this clock 需要选中。

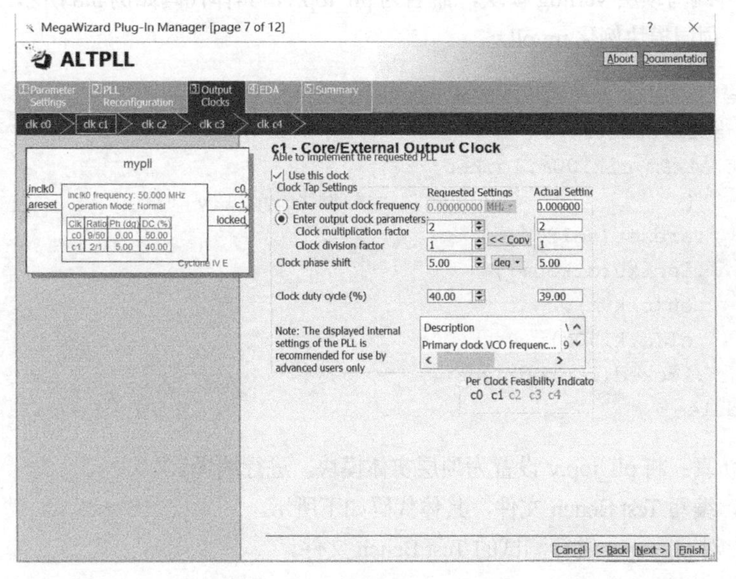

图 5.27　输出时钟信号 c1 设置

设置完 c0、c1 输出时钟信号的频率、相位和占空比等参数后，连续单击 Next 按钮（忽略设置 c2、c3、c4 的页面，altpll 模块最多可以产生 5 个时钟信号），最后弹出图 5.28 所示的界面，设置需要产生的输出文件格式。其中，mypll.v 文件是设计源文件，系统默认选中；mypll_inst.v 文件展示了在文本顶层模块中例化引用的方法；mypll.bsf 文件是模块符号文件，如果顶层采用原理图输入方法，需要选中该文件。

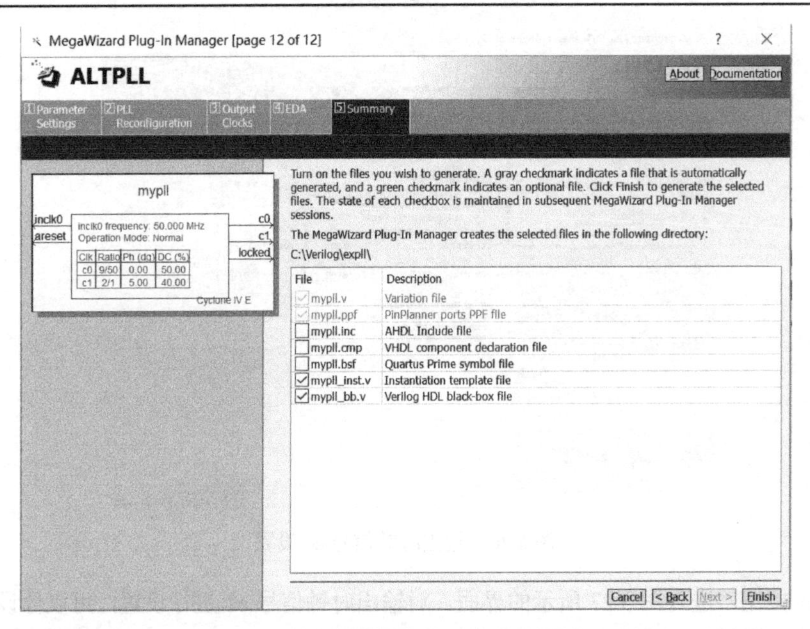

图5.28　选择需要的输出文件格式

单击图5.28中的Finish按钮，定制完毕。

（3）用文本方式调用定制好的pll模块：新建顶层文本文件，例化刚生成的mypll.v文件。

建立工程，并编写顶层Verilog模块，命名为pll_top.v，具体代码如例5.8所示。

【例5.35】　顶层模块例化mypll.v。

```
module pll_top(aclr,clk50m,clk9m,clk100m,locked);
input aclr,clk50m;
output clk9m,clk100m,locked;
mypll i1(                              //例化mypll.v
        .areset(aclr),
        .inclk0(clk50m),
        .c0(clk9m),
        .c1(clk100m),
        .locked(locked));
endmodule
```

（4）编译和仿真：将pll_top.v设置为顶层实体模块，进行编译。

编译通过后，编写Test Bench文件，具体代码如下所示。

【例5.36】　对pll_top.v进行测试的Test Bench文件。

```
`timescale 1 ns/ 1 ps
module pll_top_vlg_tst();
reg eachvec;
reg aclr;
reg clk50m;
wire clk9m;
wire clk100m;
wire locked;
```

```
pll_top i1(
.aclr(aclr),
.clk9m(clk9m),
.clk50m(clk50m),
.clk100m(clk100m),
.locked(locked));
initial
begin
    aclr=1'b1;
# 100  aclr=1'b0;
# 1000 $stop;
$display("Running testbench");
end
always  begin
  clk50m = 1'b0;
  clk50m = #10 1'b1;
  # 10;
  end
endmodule
```

在 Quartus Prime 中对仿真环境进行设置：选择菜单 Assignments→Settings，弹出 Settings 对话框，选中 Simulation 项，单击 Test Benches 按钮，出现 Test Benches 对话框，单击其中的 New 按钮，出现 New Test Bench Settings 对话框，在其中填写 Test bench name 为 pll_top_vlg_tst，Test bench and simulation files 选择当前目录下的 pll_top.vt，并将其加载。

上述的设置过程如图 5.29 所示。

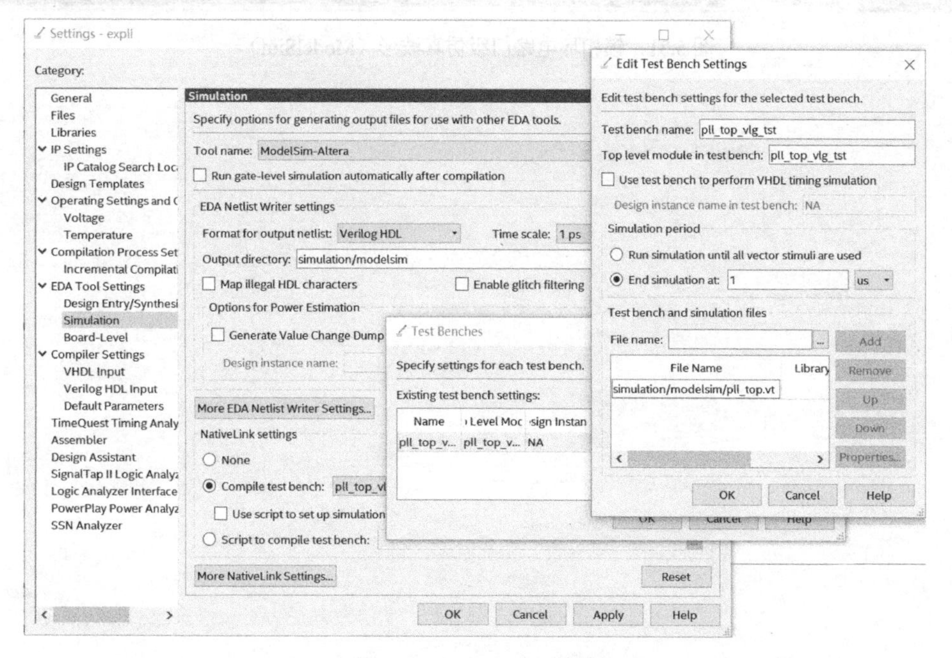

图 5.29　Test Bench 设置

选择菜单 Tools→Run Simulation Tool→Gate Level Simulation，选择门级仿真，会弹出图 5.30 所示

的选择器件的时序模型的对话框，从下拉菜单中选择 Fast -M 1.2V 0 Model，单击 Run 按键，启动门级仿真。

也可以选择菜单 Tools→Run Simulation Tool→RTL Simulation，实现 RTL 仿真。

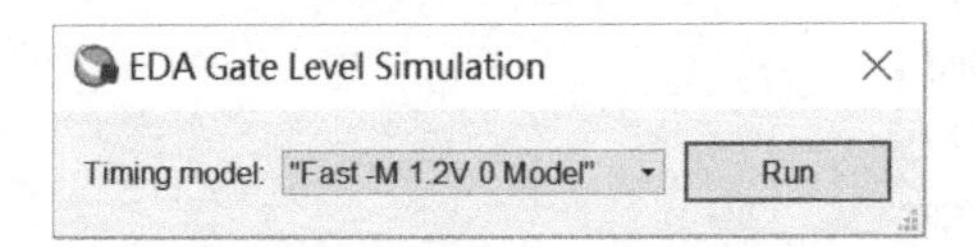

图 5.30　选择器件的时序模型

图 5.31 所示为门级仿真波形，可以观察到输入信号 clk50m 和输出信号 clk9m、clk100m 之间的周期和相位关系。

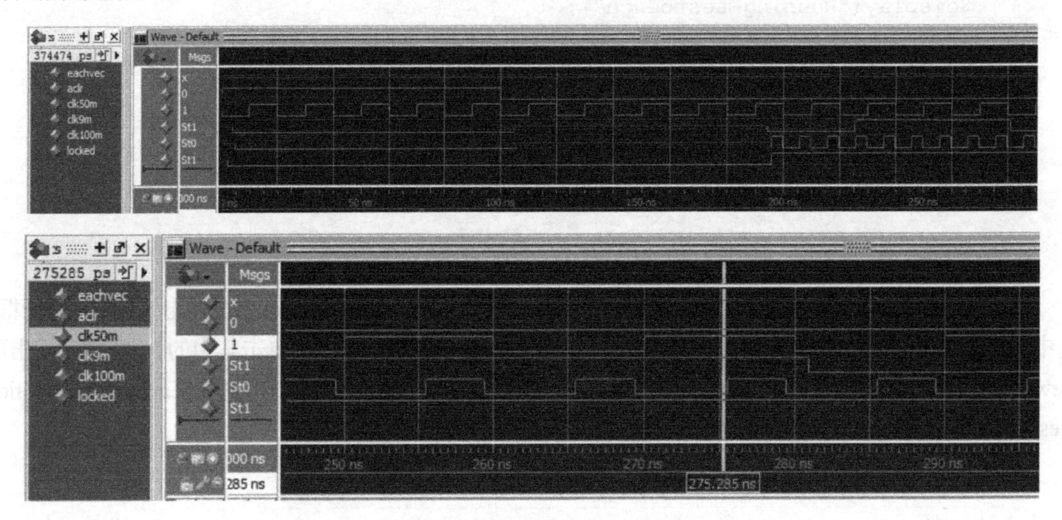

图 5.31　锁相环电路门级仿真波形（ModelSim）

第 6 章　Verilog 设计进阶

本章介绍 Verilog 数字设计的描述风格，包括门级结构描述、行为描述、数据流描述等，同时介绍如何用 Verilog 描述多层次结构的设计。

6.1　Verilog 设计的层次

Verilog 是一种用于数字逻辑设计的语言，用 Verilog 语言描述的电路就是该电路的 Verilog 模型。Verilog 既是一种行为描述语言，又是一种结构描述语言，也就是说，既可以描述电路的功能，又可以用元件及其相互之间的连接来建立所设计电路的 Verilog 模型。

Verilog 是一种能够在多个层级对数字系统进行描述的语言，Verilog 模型可以是实际电路不同级别的抽象。这些抽象级别可分为 5 级。

（1）系统级（System Level）；

（2）算法级（Algorithm Level）；

（3）寄存器传输级（RTL，Register Transfer Level）；

（4）门级（Gate Level）；

（5）开关级（Switch Level）。

其中，前 3 种属于高级别的描述方法；门级描述主要利用逻辑门来构筑电路模型；而开关级的模型则主要描述器件中晶体管和存储节点及它们之间的连接关系（由于在数字电路中，晶体管通常工作于开关状态，因此将基于晶体管的设计层次称为开关级）。Verilog 在开关级提供了完整的原语（primitive），可以精确地建立 MOS 器件的底层模型。

Verilog 允许设计者用以下三种方式来描述逻辑电路：

- 结构（Structural）描述；
- 行为（Behavioural）描述；
- 数据流（Data Flow）描述。

结构描述是调用电路元件（比如逻辑门，甚至晶体管）来构建电路的，行为描述则通过描述电路的行为特性来设计电路，也可以采用上述方式的混合来描述设计。

6.2　门级结构描述

所谓结构描述方式，就是指在设计中，通过调用库中的元件或已设计好的模块来完成设计实体功能的描述。在结构体中，描述只表示元件（或模块）和元件（或模块）之间的互连，就像网表一样。当调用库中不存在的元件时，必须首先进行元件的创建，然后将其放在工作库中，这样才可以通过调用工作库来调用元件。

在 Verilog 程序中可通过如下方式描述电路的结构：

- 调用 Verilog 内置门元件（门级结构描述）；
- 调用开关级元件（晶体管级结构描述）；
- 用户自定义元件 UDP（也在门级）；

● 多层次结构电路的设计中，不同模块间的调用也属于结构描述。

在上述的结构描述方式中，用户自定义元件（UDP）由于主要与仿真有关，因此在第 9 章介绍，开关级结构描述不是本书讨论的重点，本节重点介绍 Verilog 门元件和门级结构描述。

6.2.1　Verilog 门元件

Verilog 内置 26 个基本元件（Basic Primitive），其中 14 个是门级元件（Gate-level Primitive），12 个是开关级元件（Switch-level Primitive），这 26 个基本元件及其类型如表 6.1 所示。

表 6.1　Verilog 内置基本元件及其类型

类　型		元　件
基本门（Basic Gate）	多输入门	and, nand, or, nor, xor, xnor
	多输出门	buf, not
三态门（Tristate Drivers）	允许定义驱动强度	buif0, bufif1, notif0, notif1
MOS 开关（MOS Switches）	无驱动强度	nmos, pmos, cmos, rnmos, rpmos, rcmos
双向开关（Bi-directional Switches）	无驱动强度	tran, tranif0, tranif1
	无驱动强度	rtran, rtranif0, rtranif1
上拉、下拉电阻	允许定义驱动强度	pullup, pulldown

Verilog 中丰富的门元件为电路的门级结构描述提供了方便。Verilog 的内置门元件如表 6.2 所示。

表 6.2　Verilog 的内置门元件

类　别	关 键 字	符号示意图	门 名 称
多输入门	and		与门
	nand		与非门
	or		或门
	nor		或非门
	xor		异或门
	xnor		异或非门
多输出门	buf		缓冲器
	not		非门

续表

类　别	关 键 字	符号示意图	门 名 称
三态门	bufif1	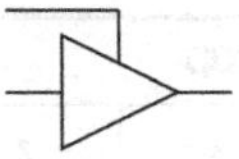	高电平使能三态缓冲器
	buif0	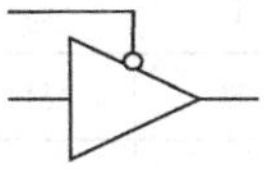	低电平使能三态缓冲器
	notif1	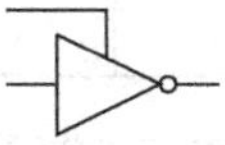	高电平使能三态非门
	notif0	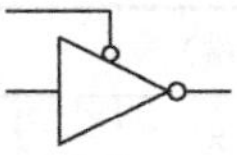	低电平使能三态非门

1. 基本门的逻辑真值表

在下面的表格中将各种基本门的真值表进行了罗列，表 6.3、表 6.4、表 6.5 分别是与非门和或非门、异或门和异或非门、缓冲器和非门的真值表。

表 6.3　nand（与非门）和 nor（或非门）的真值表

nand	0	1	x	z	nor	0	1	x	z
0	1	1	1	1	0	1	0	x	x
1	1	0	x	x	1	0	0	0	0
x	1	x	x	x	x	x	0	x	x
z	1	x	x	x	z	x	0	x	x

表 6.4　xor（异或门）和 xnor（异或非门）的真值表

xor	0	1	x	z	xnor	0	1	x	z
0	0	1	x	x	0	1	0	x	x
1	1	0	x	x	1	0	1	x	x
x	x	x	x	x	x	x	x	x	x
z	x	x	x	x	z	x	x	x	x

表 6.5　buf（缓冲器）和 not（非门）的真值表

buf		not	
输　入	输　出	输　入	输　出
0	0	0	1
1	1	1	0
x	x	x	x
z	x	z	x

bufif1、bufif0、notif1、notif0 这 4 种三态门的真值表分别如表 6.6 和表 6.7 所示。表中的 L 代表 0

或z，H代表1或z。

表6.6 bufif1（高电平使能三态缓冲器）和bufif0（低电平使能三态缓冲器）的真值表

bufif1		Enable（使能端）				bufif0		Enable（使能端）			
		0	1	x	z			0	1	x	z
输入	0	z	0	L	L	输入	0	0	z	L	L
	1	z	1	H	H		1	1	z	H	H
	x	z	x	x	x		x	x	z	x	x
	z	z	x	x	x		z	x	z	x	x

表6.7 notif1（高电平使能三态非门）和notif0（低电平使能三态非门）的真值表

notif1		Enable（使能端）				notif0		Enable（使能端）			
		0	1	x	z			0	1	x	z
输入	0	z	1	H	H	输入	0	1	z	H	H
	1	z	0	L	L		1	0	z	L	L
	x	z	x	x	x		x	x	z	x	x
	z	z	x	x	x		z	x	z	x	x

2. 门元件的调用

调用门元件的格式为

```
门元件名字 <例化的门名字>（<端口列表>）
```

其中普通门的端口列表按下面的顺序列出

```
（输出,输入1,输入2,输入3,…）;
```

比如

```
and a1(out,in1,in2,in3);          //三输入与门,其名字为a1
and a2(out,in1,in2);              //二输入与门,其名字为a2
```

对于三态门，则按以下顺序列出输入/输出端口

```
（输出,输入,使能控制端）;
```

比如

```
bufif1 g1(out,in,enable);             //高电平使能的三态门
bufif0 g2(out,a,ctrl);                //低电平使能的三态门
```

对于buf和not两种元件的调用需要注意的是，它们允许有多个输出，但只能有一个输入。比如

```
not g3(out1,out2,in);                 //1个输入in,2个输出out1、out2
buf g4(out1,out2,out3,in);            //1个输入in,3个输出out1、out2、out3
```

6.2.2　门级结构描述

图 6.1 所示为用基本门实现的 4 选 1 数据选择器（MUX）的原理图。对于该电路，用 Verilog 语言进行门级结构描述如下。

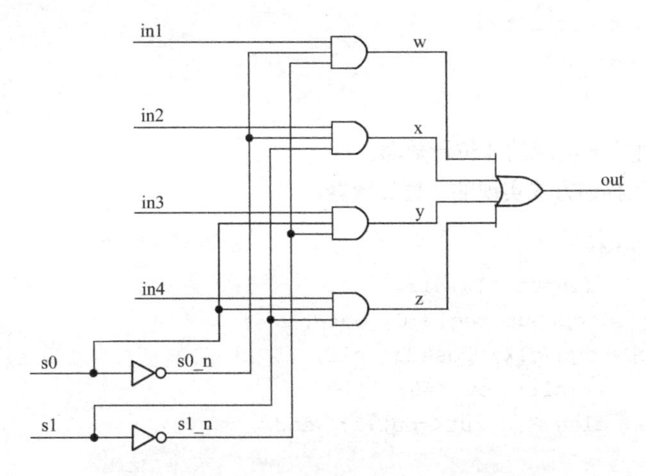

图 6.1　用基本门实现的 4 选 1 MUX 的原理图

【例 6.1】　调用门元件实现的 4 选 1 MUX。

```
module mux4_1a
            (input in1,in2,in3,in4,s0,s1,
             output out);
wire s0_n,s1_n,w,x,y,z;
not (s0_n,s0),(s1_n,s1);
and (w,in1,s0_n,s1_n),(x,in2,s0_n,s1),
    (y,in3,s0,s1_n),(z,in4,s0,s1);
or (out,w,x,y,z);
endmodule
```

6.3　行 为 描 述

所谓行为描述，就是对设计实体的数学模型的描述，其抽象程度远高于结构描述。行为描述类似于高级编程语言，当描述一个设计实体的行为时，无须知道具体电路的结构，只需描述清楚输入与输出信号的行为，而不必花费精力关注设计功能的门级实现。

可综合的 Verilog 行为描述方式多采用 always 过程语句实现，这种行为描述方式既适于设计时序逻辑电路，又适于设计组合逻辑电路。如下所示为用行为描述方式实现的例 6.1 中的 4 选 1 MUX，用 case 语句实现。

【例 6.2】　用 case 语句实现的 4 选 1 MUX。

```
module mux4_1b
            ( input in1,in2,in3,in4,s0,s1,
              output reg out);
Always @*                      //通配符
```

```
        case({s0,s1})
        2'b00:out=in1;
        2'b01:out=in2;
        2'b10:out=in3;
        2'b11:out=in4;
        default:out=2'bx;
        endcase
    endmodule
```

下面是用行为描述方式实现的4位计数器。

【例6.3】 用行为描述方式实现的4位计数器。

```
module count4
            (input clk,clr,
             output reg[3:0] out);
always @(posedge clk, posedge clr)
   begin    if(clr) out<=0;
            else    out<=out+1;  end
endmodule
```

采用行为描述方式时需注意以下几点。

- 用行为描述方式设计电路可以降低设计难度。行为描述只需表示输入与输出之间的关系，不需要包含任何结构方面的信息。
- 设计者只需写出源程序，而挑选电路方案的工作由EDA软件自动完成，最终选取的电路的优化程度往往取决于综合软件的技术水平和器件的支持能力、可能最终选取的电路方案所耗用的器件资源并非是最少的。
- 在电路规模较大或需要描述复杂的逻辑关系时，应首先考虑用行为描述方式设计电路，如果设计的结果不能满足资源耗用的要求，则应改变描述方式。

6.4 数据流描述

数据流描述方式主要使用持续赋值语句，多用于描述组合逻辑电路，其格式为

```
assign  LHS_net=RHS_expression;
```

无论右边表达式中的操作数何时发生变化，都会引起表达式值的重新计算，并将重新计算后的值赋予左边表达式的net型变量。比如，前面的4选1数据选择器如果采用数据流描述，则如例6.4所示。

【例6.4】 数据流描述的4选1 MUX。

```
module mux4_1c
            (input in1,in2,in3,in4,s0,s1,
             output out);
assign out=(in1 & ~s0 & ~s1)|(in2 & ~s0 & s1)|
           (in3& s0 & ~s1)|(in4 & s0 & s1);
endmodule
```

另一种用条件运算符完成的数据流描述如例6.5所示。

【例 6.5】用条件运算符描述的 4 选 1 MUX。

```
module mux4_1d
          (input in1,in2,in3,in4,s0,s1,
           output out);
assign out=s0?(s1?in4:in3):(s1?in2:in1);
endmodule
```

用数据流描述方式设计电路与用传统的逻辑方程设计电路很相似。设计中只要有了布尔代数表达式，就很容易将它用数据流方式表达出来。表达方法是用 Verilog 语言中的逻辑运算符置换布尔逻辑运算符即可。比如，如果逻辑表达式为 $f = ab + \overline{cd}$，则用数据流方式描述为 assign f = (a&b)|(~(c&d))。

数据流描述有时也表示行为，有时还含有结构信息，因此，有的描述形式究竟属于哪一种模式会很难界定，但这绝对不会影响对具体描述的应用。

下面用 2 选 1 MUX 的例子对三种不同的描述方式做比较。要实现图 6.2 所示的 2 选 1 MUX，可采用结构描述、行为描述和数据流描述方式，如例 6.6 所示。其中调用门元件实现的 2 选 1 MUX 的门级原理图如图 6.3 所示。

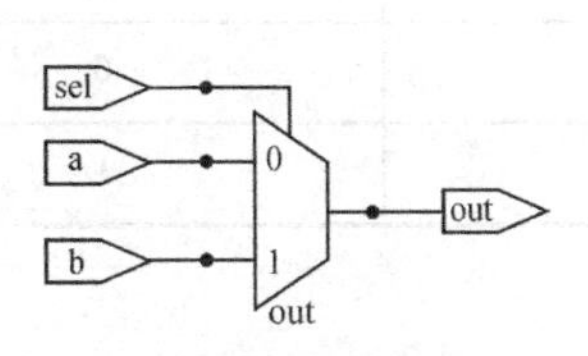

图 6.2　2 选 1 MUX

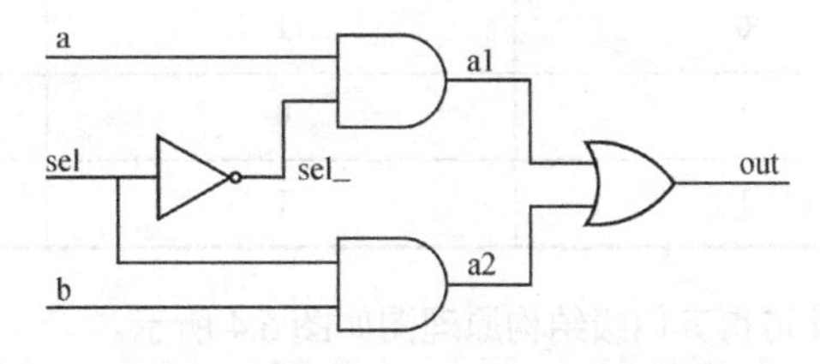

图 6.3　2 选 1MUX 的门级原理图

【例 6.6】　2 选 1 MUX。

```
//结构描述
module mux2_1a
      (input a,b,sel,
       output out);
not(sel_,sel);
and(a1,a,sel_),(a2,b,sel);
or(out,a1,a2);
endmodule
```

```
//行为描述
module mux2_1b
      (input a,b,sel,
       output reg out);
always @*
begin if(sel) out=b;
   else out=a; end
endmodule
```

```
//数据流描述
module mux2_1c
      (input a,b,sel,
       output out);
assign out=sel?b:a;
endmodule
```

6.5 不同描述风格的设计

对设计者而言，宜采用高层级的设计；对综合器而言，行为描述为综合器的优化提供了更大的空间，较之门级结构描述更能发挥综合器的性能，所以除一些关键路径的设计采用门级结构描述外，一般更多地采用行为建模方式。

6.5.1 半加器设计

首先以1位半加器为例比较三种不同的描述风格，半加器的真值表如表6.8所示。

表6.8 半加器的真值表

输 入		输 出	
a	b	so	co
0	0	0	0
0	1	1	0
1	0	1	0
1	1	0	1

由此可得其门级结构原理图如图6.4所示。

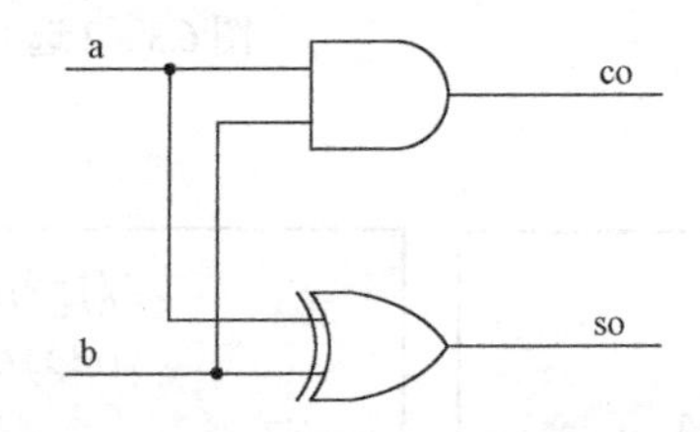

图6.4 半加器的门级结构原理图

例6.7分别用门元件例化、数据流描述和行为描述实现了上面的半加器。

【例6.7】 半加器。

```
//门元件例化
module half_add1
    (input a,b,
     output so,co);
and(co,a,b);
xor(so,a,b);
endmodule
```

```
//数据流描述
module half_add_df
    (input a,b,
     output so,co);
assign so=a^b;
assign co=a&b;
endmodule
```

```
module half_add_bh       //行为描述
              (input a,b,
               output reg so,co);
always @(a, b)
begin   case({a,b})  //用 case 语句描述真值表
        2'b00:begin so=0;co=0;end
        2'b01:begin so=1;co=0;end
        2'b10:begin so=1;co=0;end
        2'b11:begin so=0;co=1;end
      endcase
end
endmodule
```

6.5.2　1 位全加器设计

1. 门级结构描述

例 6.8 分别用门级结构描述、数据流描述和行为描述实现了该 1 位全加器。门元件例化实现 1 位全加器的综合视图如图 6.5 所示。

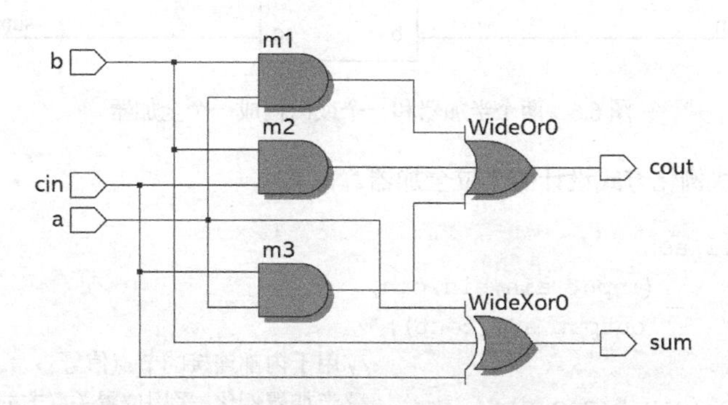

图 6.5　门元件例化实现 1 位全加器的综合视图

【例 6.8】　1 位全加器。

```
//门级结构描述
module full_add1
       ( input a,b,cin,
         output sum,cout);
wire s1,m1,m2,m3;
and (m1,a,b),(m2,b,cin),(m3,a,cin);
xor (sum,a,b,cin);
or (cout,m1,m2,m3);
endmodule
```

```
//数据流描述
module full_add_df
       (input a,b,cin,
        output sum,cout);
assign sum=a^b^cin;
assign cout=(a&b)|(b&cin)|(cin&a);
endmodule
```

```
//行为描述
module full_add_bh
      (input a,b,cin,
       output reg sum,cout);
always @*  begin
  {cout,sum}=a+b+cin; end
endmodule
```

2. 采用层次化方式设计 1 位全加器

用两个半加器和一个或门可以构成 1 位全加器，其连接关系如图 6.6 所示。下面通过调用半加器模块 half_add、或门（or）实现该电路，此设计方式相当于采用了层次化的设计方法，半加器为底层模块，全加器为顶层模块，在顶层模块中调用底层模块（或称为模块例化），类似于在原理图设计中调用元件、器件来构成整个系统，层次化的设计方法将在 6.6 节中做更为详细的介绍。

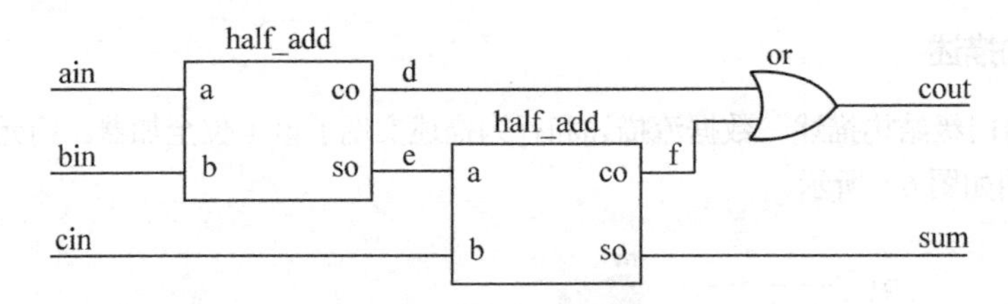

图 6.6　两个半加器和一个或门构成一个全加器

【例 6.9】　用模块例化方式设计的 1 位全加器。

```
module full_add
             (input ain,bin,cin,
              output sum,cout);
wire d,e,f;                         //用于内部连接的节点信号
half_add u1(ain,bin,e,d);           //半加器例化,采用位置关联方式
half_add u2(e,cin,sum,f);
or u3(cout,d,f);                    //或门例化
endmodule

module half_add                     //半加器模块
              (input a,b,
               output so,co);
assign co=a&b;  assign so=a^b;
endmodule
```

6.5.3　加法器的级连

1 位全加器级连即可构成多位加法器，比如用 4 个 1 位全加器按图 6.7 级连，可实现 4 位加法器，其 Verilog 描述如例 6.10 所示。

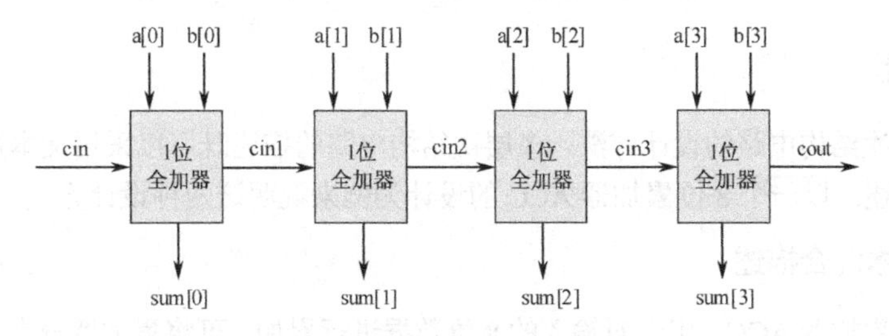

图 6.7　4 位加法器结构示意图

【例 6.10】　结构描述的 4 位级连加法器。

```
module add4_jl
           (input cin, input[3:0] a,b,
            output[3:0] sum, output cout);
full_add1 f0(a[0],b[0],cin,sum[0],cin1);      //级连描述
full_add1 f1(a[1],b[1],cin1,sum[1],cin2);     //full_add1 源码见例 6.8
full_add1 f2(a[2],b[2],cin2,sum[2],cin3);
full_add1 f3(a[3],b[3],cin3,sum[3],cout);
endmodule
```

上面的元件例化仍然烦琐，Verilog—2001 新增了语句 generate，可以更好地实现上面的级连描述，通过 generate 和 for 循环，可产生一个对象的多个例化，在例 6.11 中采用了 generate 语句和 for 循环产生元件的例化和元件间的连接关系，更简洁也更容易扩展。

【例 6.11】　用 generate 语句和 for 循环描述的 8 位级连加法器。

```
module add8_gene
             #(parameter SIZE=8)
              (input cin, input[SIZE-1:0] a,b,
               output[SIZE-1:0] sum, output cout);
wire[SIZE:0] c;
assign c[0]=cin;
generate
genvar i;
for(i=0;i<SIZE;i=i+1)
begin : add
full_add1 fi(a[i],b[i],c[i],sum[i],c[i+1]);
end
endgenerate
assign cout=c[SIZE];
endmodule
```

6.6　多层次结构电路的设计

如果数字系统比较复杂，可采用 Top-down 的方法进行设计。把系统分为几个模块，每个模块再分为几个子模块，以此类推，直到易于实现为止。这种 Top-down 的方法能够把复杂的设计分解为许多简单的逻辑来实现，同时也适合于多人分工合作，如同用 C 语言编写大型软件一样，Verilog 语言能够很好地支持这种 Top-down 的设计方法。

6.6.1 模块例化

本节介绍多层次结构电路的设计方法，多层次结构电路的描述既可以采用文本描述，又可以采用图形与文本混合描述。以一个 8 位累加器 ACC 的设计为例来说明这两种设计方式。

1. 图形与文本混合描述

设计一个 8 位累加器 ACC，用于对输入的 8 位数据进行累加。可将累加器分为两个模块，一个是 8 位全加器，另一个是 8 位寄存器。全加器负责对不断输入的数据和进位进行累加，寄存器负责暂存累加和，并把累加和输出反馈到累加器输入端，以进行下一次累加。在划分好模块后，再把每个模块的端口和连接关系设计好，就可以设计各个功能模块了。

下面首先设计全加器和寄存器。

【例 6.12】 8 位全加器。

```
module add8
          #(parameter MSB=8,LSB=0)
            (input[MSB-1:LSB] a,b,
             input cin,
             output[MSB-1:LSB] sum,
             output cout);
assign {cout,sum}=a+b+cin;
endmodule
```

【例 6.13】 8 位寄存器。

```
module reg8
          #(parameter SIZE=8)
            (input clk,clear,
             input[SIZE-1:0] in,
             output reg[SIZE-1:0] qout);
always @(posedge clk, posedge clear)
     begin if(clear) qout<=0;          //异步清零
          else  qout<=in;
     end
endmodule
```

对 8 位全加器和 8 位寄存器模块用 Quartus Prime 软件分别进行编译，选择菜单 File→Create/Update→Create Symbol Files for Current File，将上面两个程序分别生成两个模块符号，再把两个模块连接，加上输入端口和输出端口，就构成了完整的累加器顶层原理图，如图 6.8 所示。顶层连接用图形方式设计具有端口连接清晰、直观的优点。

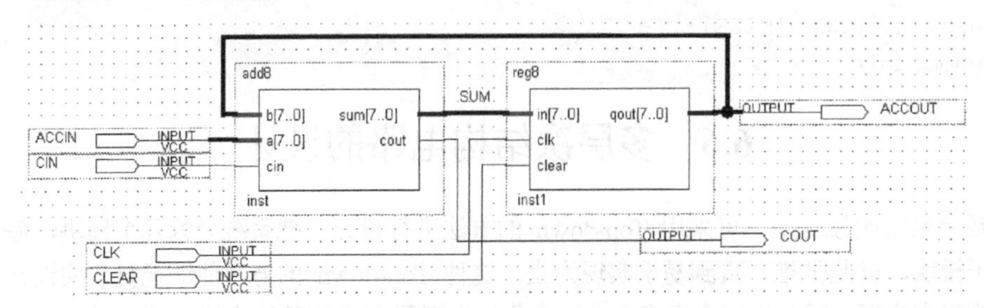

图 6.8 累加器顶层原理图（Quartus Prime）

2. 文本描述

对于顶层电路的连接关系，也可以用文本描述，如例 6.14 所示。

【例 6.14】　文本描述。

```
module acc
         #(parameter WIDTH=8)
            (input[WIDTH-1:0] accin,
             input cin,clk,clear,
             output[WIDTH-1:0] accout,
             output cout);
wire[DEPTH-1:0] sum;
add8 u1(.cin(cin),.a(accin),.b(accout),.cout(cout),.sum(sum));
             //例化 add8 子模块,信号名关联
reg8 u2(.qout(accout),.clear(clear),.in(sum),.clk(clk));
             //例化 reg8 子模块,信号名关联
endmodule
```

该文本描述与图 6.8 所示的图形方式的效果完全相同。

在模块例化时，需注意端口信号的对应关系。在例 6.14 中采用的是信号名关联方式（对应方式），这种方式在调用时可按任意顺序排列信号。

还可以按照位置对应（或称为位置关联）的方式进行模块例化，此时例化端口列表中信号的排列顺序应与模块定义时端口列表中的信号排列顺序相同。比如，上面对 add8 和 reg8 的例化，采用位置关联方式应写为下面的形式，可以比较 add8 和 reg8 模块定义时与例化时的端口列表顺序。

```
add8 u3(accin,accout,cin,sum,cout);
                 //例化 add8 子模块,位置关联
reg8 u4(clk,clear,sum,accout);
                 //例化 reg8 子模块,位置关联
```

建议采用信号名关联的方式进行模块例化，这样不易出错。

3. 库管理

如何让综合器知道此处调用的 add8 和 reg8 就是前面所编写的模块呢？这和所用的综合器有关。一般有以下几种指定的方式。

（1）文件复制方式

将 add8 和 reg8 的代码复制到 acc.v 中，在综合时指明顶层模块。

（2）库管理方式

多数综合器中提供了库管理功能，由用户指明所调用的低层文件所在的目录。比如 Quartus Prime 软件提供了全局库（Global Library）和项目库（Project Library）管理功能，全局库中的元件适用于任何设计，项目库中的元件只适用于当前项目。选择菜单 Assignments→Settings，会出现图 6.9 所示的对话框，在左边 Category 栏中选择 Libraries 项，在右边的 Global library name 栏中，将目录 c:\my_design\mylib（假定文件 add8.v 和 reg8.v 等元件都在该目录下）找到并单击 Add 按钮将其加载。项目库的设置与此类似，这样综合器在综合时会自动从该目录中寻找元件并调用。如果在别的目录下还有跟当前项目相关的设计文件，只需将其所在的目录按上述步骤加入即可。

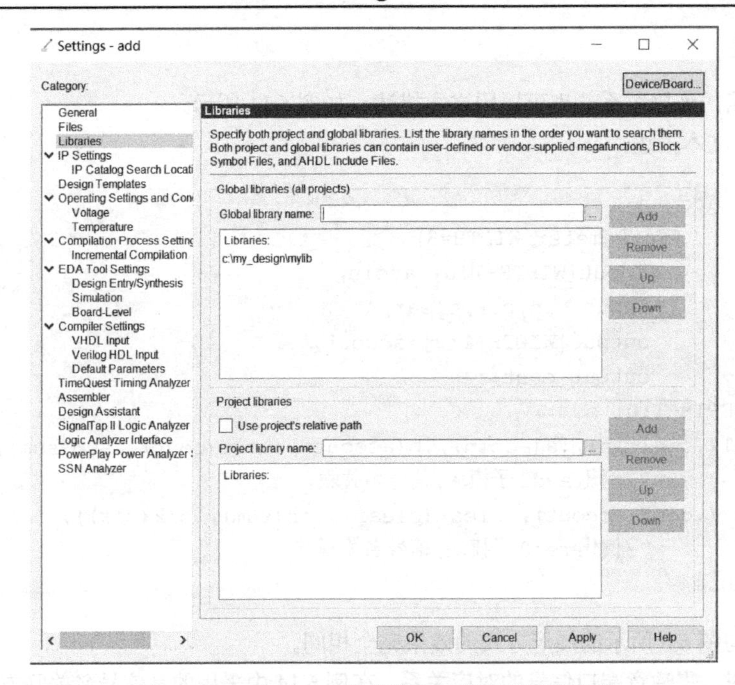

图 6.9 Quartus Prime 软件的全局库和项目库设置

6.6.2 用 parameter 进行参数传递

在高层模块中例化底层模块时，底层内部定义的参数（parameter）值是可以在高层模块中直接改变的，称为参数传递或参数重载。

1．用“#”符号隐式重载参数方式

在 Verilog—1995 中可使用“#”符号隐式地重载参数，用这种方式重载参数，参数重载的顺序必须与参数在原定义模块中声明的顺序相同，并且不能跳过任何参数。

比如在前面的设计中，累加器 acc 是 8 位宽度，如果要将其改为 16 位宽度，可采用“#”符号，如例 6.15 所示。

【例 6.15】 用“#”符号进行参数重载。

```
module acc16
            #(parameter WIDTH=16)
             (input[WIDTH-1:0] accin,
              input cin,clk,clear,
              output[WIDTH-1:0] accout,
              output cout);
wire[WIDTH-1:0] sum;
add8 #(16,0)
    //用“#”符号重载参数方式,参数排列必须与被引用模块中的参数一一对应
u1 (.cin(cin),.a(accin),.b(accout),.cout(cout),.sum(sum));
                //例化 add8 子模块
reg8 #(16)          //用“#”符号重载参数
u2 (.qout(accout),.clear(clear),.in(sum),.clk(clk));
```

```
                //例化 reg8 子模块
endmodule
```

例 6.15 用 Quartus Prime 综合后的 RTL 视图如图 6.10 所示，可见整个设计的尺度已变为 16 位。

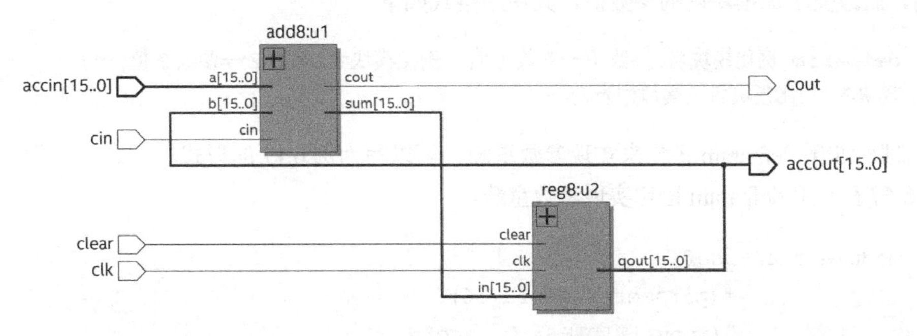

图 6.10　16 位累加器综合后的 RTL 视图（Quartus Prime）

2. 在线显式重载参数方式

用“#”符号重载参数方式容易出错，Verilog—2001 标准中增加了一种在线显式重载（in-line explicit redefinition）参数方式，这种方式允许在线参数值按照任意顺序排列。假如对例 6.15 采用显式重载参数方式的话，如例 6.16 所示。

【例 6.16】　在线显式重载参数方式。

```
module acc16n
          #(parameter WIDTH=16)
           (input[WIDTH-1:0] accin,
            input cin,clk,clear,
            output[WIDTH-1:0] accout,
            output cout);
wire[WIDTH-1:0] sum;
add8 #(.MSB(16),.LSB(0))           //在线显式重载参数方式
  u1 (.cin(cin),.a(accin),.b(accout),.cout(cout),.sum(sum));
                //例化 add8 子模块
reg8 #(.SIZE(16))                  //在线显式重载参数方式
  u2 (.qout(accout),.clear(clear),.in(sum),.clk(clk));
                //例化 reg8 子模块
endmodule
```

例 6.16 用 Quartus Prime 综合后的 RTL 视图与图 6.10 相同。在该例中，用 add8 #(.MSB(16),.LSB(0)) 修改了 add8 模块中的两个参数的值，显然，此时原来模块中的参数值已失效，已被顶层例化语句中的参数值代替。

综上，可以总结参数传递的两种格式如下

```
模块名 # (.参数1(参数1值),.参数2(参数2值),…) 例化模块名 (端口列表);
     //在线显式重载参数方式
模块名 # (参数1值,参数2值,…) 例化模块名 (端口列表);
     //用“#”符号隐式重载参数方式
```

6.6.3 用 defparam 进行参数重载

还可以在高层模块中采用 defparam 语句来显式更改（重载）底层模块的参数值，defparam 语句在例化之前，就改变了原模块内的参数值，其使用格式如下

```
defparam 例化模块名.参数1 =参数1值, 例化模块名.参数2 =参数2值,…;
模块名 例化模块名 (端口列表);
```

如果例 6.15 用 defparam 语句来实现参数重载，可以写为例 6.17 的形式。

【例 6.17】 用 defparam 语句实现参数重载。

```
module acc16_def
            #(parameter WIDTH=16)
             (input[WIDTH-1:0] accin,
              input cin,clk,clear,
              output[WIDTH-1:0] accout,
              output cout);
wire[WIDTH-1:0] sum;
defparam u1.MSB =16, u1.LSB =0;        //用 defparam 进行参数重载
add8 u1  (.cin(cin),.a(accin),.b(accout),.cout(cout),.sum(sum));
                   //例化 add8 子模块
defparam u2.SIZE = 16;                 //用 defparam 进行参数重载
reg8 u2  (.qout(accout),.clear(clear),.in(sum),.clk(clk));
                   //例化 reg8 子模块
endmodule
```

defparam 语句是可综合的，例 6.17 的综合结果与例 6.15、例 6.16 的相同。

在以上 3 种参数重载方式中，建议选择 Verilog—2001 的在线显式重载参数方式。

6.7 常用组合逻辑电路设计

本节介绍常用组合逻辑电路（Combinational Logic Circuit）的设计和描述。

6.7.1 门电路

图 6.11 所示为一个基本门电路，可调用门元件或用运算符对其描述，如例 6.18 所示。

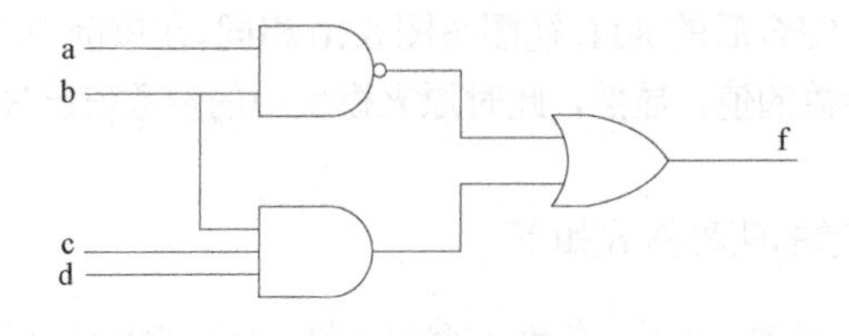

图 6.11 一个基本门电路

【例 6.18】 门电路描述。

```
//调用门元件
module g1
    ( input a,b,c,d,
      output f);
nand(f1,a,b);      //与非门
and(f2,b,c,d);
or(f,f1,f2);
endmodule
```

```
//用运算符描述
module g2
      (input a,b,c,d,
       output f);
assign f=(~(a&b))|(b&c&d);
endmodule
```

6.7.2　编译码器

1. 3-8 译码器（Decoder）

例 6.19 用 case 语句描述了一个 3-8 译码器（功能与 74138 相同），74138 有一个高电平使能信号 g1、两个低电平使能信号 g2a 和 g2b，只有当 g1、g2a、g2b 为 100 时，译码器才使能，其输出低电平有效。

【例 6.19】　74138 的 Verilog 描述。

```
module ttl74138
               (input[2:0] a,
                input g1,g2a,g2b,
 output reg[7:0] y);
always @(*)
  begin if(g1 & ~g2a & ~g2b)       //当 g1、g2a、g2b 为 100 时,译码器使能
     begin  case(a)
     3'b000:y=8'b11111110;         //译码输出
     3'b001:y=8'b11111101;
     3'b010:y=8'b11111011;
     3'b011:y=8'b11110111;
     3'b100:y=8'b11101111;
     3'b101:y=8'b11011111;
     3'b110:y=8'b10111111;
     3'b111:y=8'b01111111;
     default:y=8'b11111111;
     endcase  end
     else  y=8'b11111111;
  end
endmodule
```

2. 8-3 优先编码器（Priority Encoder）

优先编码器（Priority Encoder）的特点是：当多个输入信号有效时，编码器只对优先级最高的信号进行编码。74148 是一个 8-3 优先编码器，其功能表如表 6.9 所示。编码器的输入为 din[7]～din[0]，编码优先顺序从高到低为从 din[7]到 din[0]，输出为 dout[2]～dout[0]，ei 是输入使能，eo 是输出使能，

gs是组选择输出信号，只有当编码器输出二进制编码时，gs才为低电平。

表6.9 74148优先编码器功能表

输 入		输 出	
ei	din[0] din[1] din[2] din[3] din[4] din[5] din[6] din[7]	dout[2] dout[1] dout[0]	gs eo
1	x x x x x x x x	1 1 1	1 1
0	1 1 1 1 1 1 1 1	1 1 1	1 0
0	x x x x x x x 0	0 0 0	0 1
0	x x x x x x 0 1	0 0 1	0 1
0	x x x x x 0 1 1	0 1 0	0 1
0	x x x x 0 1 1 1	0 1 1	0 1
0	x x x 0 1 1 1 1	1 0 0	0 1
0	x x 0 1 1 0 1 1	1 0 1	0 1
0	x 0 1 1 1 0 1 1	1 1 0	0 1
0	0 1 1 1 1 0 1 1	1 1 1	0 1

例6.20是采用多重选择if语句描述的8-3优先编码器74148，作为条件语句，if-else语句的分支是有优先顺序的，利用if-else语句的特点，正好可实现优先编码器的设计。

【例6.20】 8-3优先编码器74148的Verilog描述。

```
module ttl74148(input ei,
                input[7:0] din,
                output reg gs,eo,
                output reg[2:0] dout);
always @(ei,din)
 begin if(ei) begin  dout<=3'b111;gs<=1'b1;eo<=1'b1; end
    else if(din==8'b11111111) begin dout<=3'b111;gs<=1'b1;eo<=1'b0;end
    else if(!din[7]) begin dout<=3'b000;gs<=1'b0;eo<=1'b1;end
    else if(!din[6]) begin dout<=3'b001;gs<=1'b0;eo<=1'b1;end
    else if(!din[5]) begin dout<=3'b010;gs<=1'b0;eo<=1'b1;end
    else if(!din[4]) begin dout<=3'b011;gs<=1'b0;eo<=1'b1;end
    else if(!din[3]) begin dout<=3'b100;gs<=1'b0;eo<=1'b1;end
    else if(!din[2]) begin dout<=3'b101;gs<=1'b0;eo<=1'b1;end
    else if(!din[1]) begin dout<=3'b110;gs<=1'b0;eo<=1'b1;end
    else begin dout<=3'b111;gs<=1'b0;eo<=1'b1;end
 end
endmodule
```

例6.21用函数定义了一个功能相对简单的8-3优先编码器。

【例6.21】 用函数定义的8-3优先编码器。

```
module coder_83(din,dout);
input[7:0] din; output[2:0] dout;
function[2:0] code;                 //函数定义
input[7:0] din;                     //函数只有输入端口,输出为函数名本身
```

```
if(din[7])        code=3'd7;
else if(din[6])  code=3'd6;
else if(din[5])  code=3'd5;
else if(din[4])  code=3'd4;
else if(din[3])  code=3'd3;
else if(din[2])  code=3'd2;
else if(din[1])  code=3'd1;
else                  code=3'd0;
endfunction
assign dout=code(din);              //函数调用
endmodule
```

3. 奇偶校验（Parity Check）位产生器

例 6.22 对并行输入的 8 位数据 a 进行奇偶校验，生成奇校验位 odd_bit 和偶校验位 even_bit，图 6.12 所示为其综合结果。

【例 6.22】　奇偶校验位产生器。

```
module parity
            (input[7:0] a,
            output even_bit,odd_bit);
assign even_bit= ^a;
  //生成偶校验位,等效于 even_bit=((a[0]^a[1])^a[2]) … ^a[7];
assign odd_bit=~even_bit;          //生成奇校验位
endmodule
```

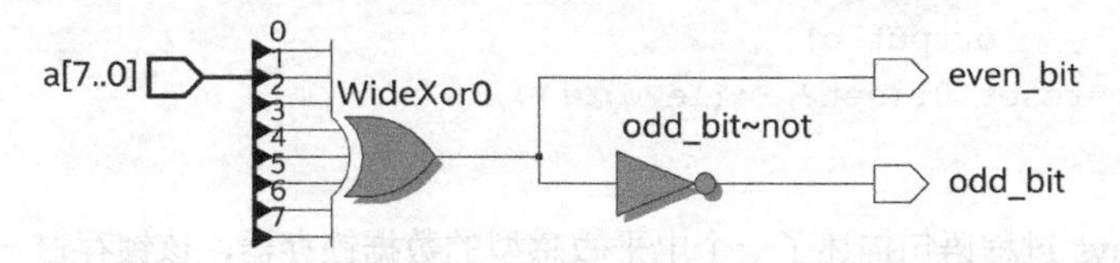

图 6.12　奇偶校验位产生器的综合结果（Quartus Prime）

6.8　常用时序逻辑电路设计

本节介绍常用时序逻辑电路（Sequential Logic Circuit）的 Verilog 设计。

6.8.1　触发器

例 6.23 所示为带异步清零、异步置 1（低电平有效）功能的 JK 触发器的描述。

【例 6.23】　带异步清零、异步置 1 功能的 JK 触发器。

```
module jkff_rs
            (input clk,j,k,set,rs,
             output reg q);
always @(posedge clk, negedge rs, negedge set)
    begin  if(!rs)  q<=1'b0;
    else if(!set) q<=1'b1;
```

```
        else case({j,k})
            2'b00:q<=q;
            2'b01:q<=1'b0;
            2'b10:q<=1'b1;
            2'b11:q<=~q;
            default:q<=1'bx;
            endcase
        end
    endmodule
```

6.8.2 锁存器与寄存器

例6.24描述了一个电平敏感的1位数据锁存器。

【例6.24】 电平敏感的1位数据锁存器。

```
module latch1
                (input d,le,
                 output q);
assign q=le?d:q;        //当le为高电平时,将输入数据锁存
endmodule
```

例6.25用assign语句描述了一个带置位和复位端的电平敏感型的1位数据锁存器。

【例6.25】 带置位和复位端的电平敏感型的1位数据锁存器。

```
module latch2
               (input d,le,set,reset,
                output q);
assign q=reset?0:(set? 1:(le?d:q));
endmodule
```

例6.26用always过程语句描述了一个电平敏感型的数据锁存器，该锁存器一次锁存8位数据，其功能类似74LS373，图6.13所示为其RTL综合结果。

【例6.26】 8位数据锁存器（74LS373）。

```
module ttl373
                (input le,oe,
                 input[7:0] d,
                 output reg[7:0] q);
always @*
     begin if(~oe & le) q<=d;
    //或写为if((!oe) && (le))
     else q<=8'bz;
     end
endmodule
```


图6.13 8位数据锁存器（74LS373）的RTL综合结果（Quartus Prime）

下面介绍寄存器的设计，首先看一下数据锁存器（latch）和数据寄存器（register）的区别。从寄存数据的角度看，锁存器和寄存器的功能是相同的。两者的区别在于：锁存器一般由电平信号来控制，属于电平敏感型，而寄存器一般由时钟信号控制，属于边沿敏感型。两者有不同的使用场合，主要取决于控制方式及控制信号和数据信号之间的时序关系：若数据滞后于控制信号，则只能使用锁存器；若数据提前于控制信号，并要求同步操作，则可以选择寄存器来存放数据。

例 6.27 设计了一个 8 位数据寄存器，该寄存器每次对 8 位并行输入的数据信号（din）进行同步寄存，还具有异步清零端（clr）。

【例 6.27】 8 位数据寄存器。

```
module reg_w
        #(parameter WIDTH=8)
         (input clk,clr,
          input[WIDTH-1:0] din,
          output reg[WIDTH-1:0] dout);
always @(posedge clk, posedge clr)
   begin
   if(clr) dout<=0;else dout<=din; end
endmodule
```

例 6.28 设计了一个 8 位移位寄存器。该寄存器有信号串行输入（din）、8 位并行输出（dout），每个时钟周期内输出信号左移 1 位，同时将串行输入的 1 位补充到输出信号的最低位，其综合结果如图 6.14 所示，由一个 2 选 1 MUX 和 8 个 D 触发器构成。

【例 6.28】 8 位移位寄存器。

```
module shift8
         (input din,clk,clr,
          output reg[7:0] dout);
always @(posedge clk)
    begin if(clr) dout<=8'b0;          //同步清零,高电平有效
    else    begin
            dout<=dout<<1;             //输出信号左移 1 位
            dout[0]<=din;              //输入信号补充到输出信号的最低位
            end
    end
endmodule
```

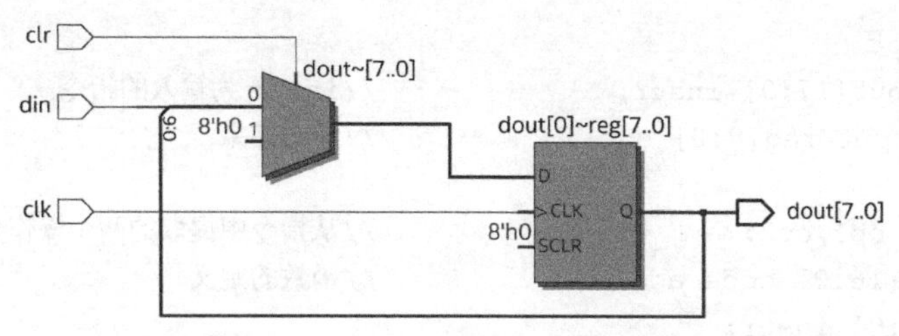

图 6.14　8 位移位寄存器的综合结果（Quartus Prime）

6.8.3 计数器与串并转换器

例6.29描述了一个可变模加法/减法计数器。计数器有一个加/减控制端up_down，当控制端为高电平时，实现加法计数；当为低电平时，实现减法计数。

【例6.29】 可变模加法/减法计数器。

```
module updown_count
                (input clk,clear,load,up_down,
                 input[7:0] d, output[7:0] qd);
reg[7:0] cnt;
assign qd=cnt;
always @(posedge clk)
    begin  if(!clear)    cnt<=8'h00;       //同步清零,低电平有效
    else if(load)        cnt<=d;           //同步预置
    else if(up_down)     cnt<=cnt+1;       //加法计数
    else                 cnt<=cnt-1;       //减法计数
    end
endmodule
```

例6.30设计了一个4位串并转换器。

【例6.30】 4位串并转换器。

```
module serial_pal
                (input clk,reset,en,in,
                 output reg[3:0] out);
always @(posedge clk)
    begin   if(reset)   out<=4'h0;
        else if(en) out<={out,in};          //使用拼接运算符
    end
endmodule
```

6.8.4 简易微处理器

例6.31设计了一个简单的微处理器，该微处理器根据输入的指令，能实现4种操作，分别为两数相加、两数相减、操作数加1、操作数减1。操作码和操作数均从输入指令中提取。

【例6.31】 用函数设计一个简单的微处理器。

```
module mpc
     (input[17:0] instr,                //instr为输入的指令
      output reg[8:0] out);             //输出结果
reg func;
reg[7:0] op1,op2;                       //从指令中提取的两个操作数
function[16:0] code_add;                //函数的定义
input[17:0] instr;
reg add_func;  reg[7:0] code,opr1,opr2;
    begin
    code=instr[17:16];                  //输入指令instr的高2位是操作码
    opr1=instr[7:0];                    //输入指令instr的低8位是操作数opr1
```

```
        case(code)
        2'b00:  begin  add_func=1;
                opr2=instr[15:8]; end       //从 instr 中取第二个操作数
        2'b01:  begin  add_func=0;
                opr2=instr[15:8]; end       //从 instr 中取第二个操作数
        2'b10:  begin  add_func=1;
                opr2=8'd1;   end            //第二个操作数取为 1,实现加 1 操作
        default:begin add_func=0;
                opr2=8'd1; end              //实现减 1 操作
        endcase
        code_add={add_func,opr2,opr1};
        end
    endfunction
    always @(instr)
        begin
        {func,op2,op1}=code_add(instr);  //调用函数
        if(func==1)        out=op1+op2;     //实现两数相加、操作数 1 加 1 操作
        else               out=op1-op2;     //实现两数相减、操作数 1 减 1 操作
        end
    endmodule
```

上述微处理器的 RTL 综合结果如图 6.15 所示。为了对以上微处理器的功能进行检验，编写例 6.32 所示的激励代码。

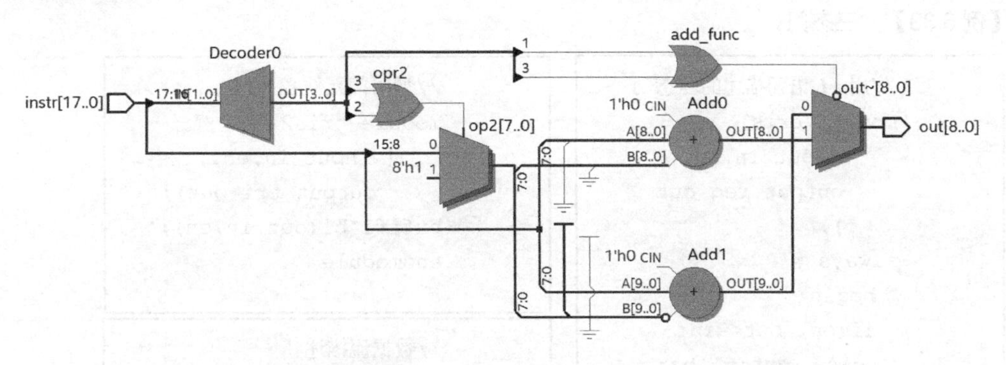

图 6.15　微处理器的 RTL 综合结果（Quartus Prime）

【例 6.32】　微处理器的激励代码。

```
`timescale 1 ns/ 1 ps
module mpc_vlg_tst();
parameter DELY=10;
reg [17:0] instr;
wire [8:0]  out;
mpc i1(.instr(instr),.out(out));
initial
begin
instr=18'd0;
#DELY instr=18'b00_01001101_00101111;
```

```
#DELY instr=18'b00_11001101_11101111;
#DELY instr=18'b01_01001101_11101111;
#DELY instr=18'b01_01001101_00101111;
#DELY instr=18'b10_01001101_00101111;
#DELY instr=18'b11_01001101_00101111;
#DELY instr=18'b00_01001101_00101111;
$display("Running testbench");
end
endmodule
```

用 ModelSim 软件对激励代码进行仿真，其时序仿真波形如图 6.16 所示，实现了所设计的 4 种功能。

图 6.16 微处理器的时序仿真波形

6.9 三态逻辑设计

在数字系统中经常要用到三态逻辑电路，三态门是在普通门的基础上加控制端构成的，在需要信息双向传输的地方，三态门是必需的。例 6.33 分别采用 if 语句、调用门元件 bufif1、数据流描述等方式描述了一个三态门，该三态门当 en 为 1 时，输出 out=in；当 en 为 0 时，输出高阻态。

【例 6.33】 三态门。

```
//用 if 语句描述的三态门
module tris1
   (input in,en,
    output reg out
    );
always @*
  begin
  if(en) out<=in;
   else  out<=1'bz;
  end
endmodule
```

```
//调用门元件 bufif1
module tris2
    ( input in,en,
      output tri out);
bufif1 b1(out,in,en);
endmodule
```

```
//数据流描述
module tris3
(input in,en, output out);
assign   out=en?in:1'bz;
       endmodule
```

如果一个 I/O 引脚既要作为输入，又要作为输出，则必然需要用到三态门。比如在例 6.34 中定义了一个 1 位三态双向缓冲器，其 RTL 综合结果如图 6.17 所示。从图中可看出，端口 y 可作为双向 I/O 端口使用，当 en 为 1，三态门呈现高阻态时，y 作为输入端口，否则 y 作为输出端口。

【例 6.34】 三态双向缓冲器。

```
module bidir
          (input a,en,
           output b, inout y);
```

```
assign y=en ? a : 1'bz;
assign b=y;
endmodule
```

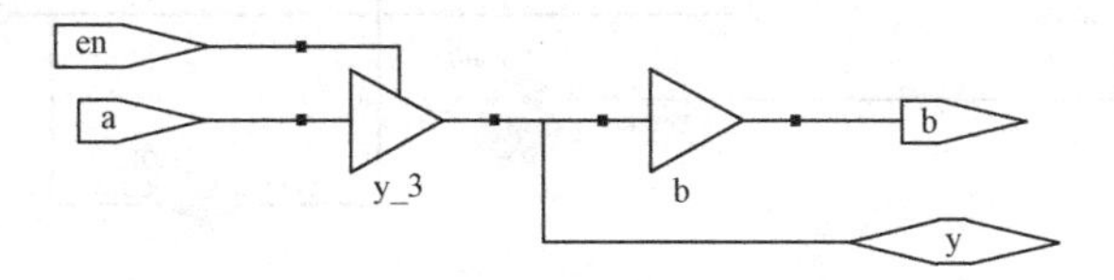

图 6.17　三态双向缓冲器 RTL 综合结果（Synplify Pro）

注：在可综合的设计中，凡赋值为 z 的变量必须定义为端口，因为对于 FPGA 器件来说，三态缓冲器仅在器件的 I/O 引脚中是物理存在的。

例 6.34 也可以采用行为描述，如例 6.35 所示。

【例 6.35】　三态双向缓冲器。

```
module bidir_b
             (input a,en,
              output b, inout y);
reg temp;
always @*
  begin  if(en) temp<=a;
         else temp<=1'bz; end
assign y=temp; assign b=y;
endmodule
```

设计一个功能类似于 74LS245 的 8 位三态双向总线缓冲器，其功能表如表 6.10 所示，两个 8 位数据端口（a 和 b）均为双向端口，oe 和 dir 分别为使能端和数据传输方向控制端。设计源程序如例 6.36 所示，其 RTL 综合视图如图 6.18 所示。

表 6.10　8 位三态双向总线缓冲器功能表

输　入		输　出
oe	dir	
0	0	b→a
0	1	a→b
1	x	隔开

【例 6.36】　8 位三态双向总线缓冲器。

```
module ttl245
        ( input oe,dir,            //使能端和数据传输方向控制端
          inout[7:0] a,b);         //双向数据线
assign a=({oe,dir}==2'b00)?b:8'bz;
assign b=({oe,dir}==2'b01)?a:8'bz;
endmodule
```

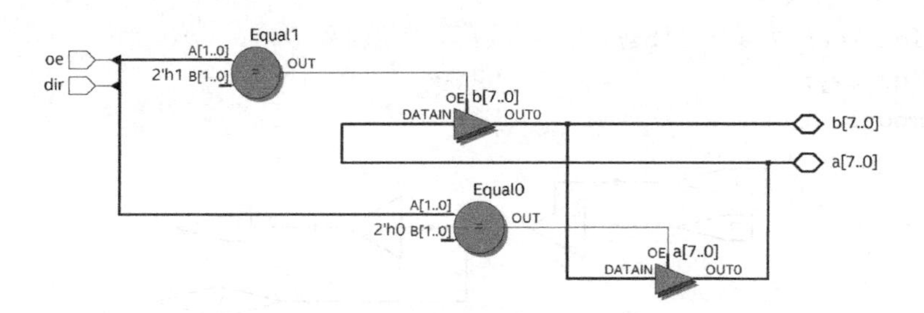

图6.18 三态双向总线缓冲器RTL综合视图（Quartus Prime）

习 题 6

6.1 Verilog支持哪几种描述方式？各有什么特点？

6.2 分别用结构描述和行为描述方式设计一个基本的D触发器，在此基础上，采用结构描述的方式，用8个D触发器构成一个8位移位寄存器。

6.3 分别用结构描述和行为描述方式设计一个JK触发器，并进行综合。

6.4 试编写同步模5计数器程序，有进位输出和异步复位端。

6.5 编写4位串并转换程序。

6.6 编写4位并串转换程序。

6.7 编写4位除法电路程序。

6.8 编写8路彩灯控制程序，要求彩灯有以下3种演示类型：

（1）8路彩灯同时亮灭；

（2）从左至右逐个亮（每次只有1路亮）；

（3）8路彩灯每次4路灯亮，4路灯灭，且亮灭相间，交替亮灭。

实验与设计：表决电路

1．实验要求

用不同的描述方式设计表决电路，同意为1，不同意为0，若同意者过半，则表决通过，指示灯亮；若表决不通过，则指示灯灭。表决人数为5人，并可扩展至7人、10人、20人等，比较程序的可扩展性。

2．实验内容

（1）5人表决电路的Verilog描述：例6.37和例6.38分别是用case语句和for语句描述的5人表决电路。

【例6.37】 用case语句描述的5人表决电路。

```
module vote5
        ( input [5:1] vote,
          output reg pass);
always @(vote)
begin  case(vote)
5'b00111:  pass=1;5'b01011:  pass=1;5'b01101:  pass=1;
5'b01110:  pass=1;5'b01111:  pass=1;5'b10011:  pass=1;
```

```
5'b10101:  pass=1;5'b10110:  pass=1;5'b10111:  pass=1;
5'b11001:  pass=1;5'b11010:  pass=1;5'b11011:  pass=1;
5'b11100:  pass=1;5'b11101:  pass=1;5'b11110:  pass=1;
5'b11111:  pass=1;  default: pass=1'b0;
endcase  end
endmodule
```

【例 6.38】　用 for 语句描述的 5 人表决电路。

```
module vote5f
            ( input[5:1] vote,
             output pass);
reg[2:0] sum;
integer i;  reg pass;
always@(vote)
begin  sum=0;
  for(i=1;i<=5;i=i+1)
    if (vote[i])  sum=sum+1;
    if (sum>=3)  pass=1;  else  pass=0;  end
endmodule
```

（2）7 人表决电路的 Verilog 描述：将表决人数改为 7 人，显然，用 for 语句描述的表决电路具有更好的可扩展性，用 for 语句描述的 7 人表决电路如例 6.39 所示。

【例 6.39】　用 for 语句描述的 7 人表决电路。

```
module vote7
            ( input[7:1] vote,
             output pass);
reg[2:0] sum;
integer i;  reg pass;
always@(vote)
begin  sum=0;
  for(i=1;i<=7;i=i+1)
    if(vote[i])  sum=sum+1;
    if(sum>=4)  pass=1;  else  pass=0;  end
endmodule
```

（3）为表决电路增加票数显示功能：采用数码管显示赞成票数，增加了票数显示功能的 7 人表决电路如例 6.40 所示。

【例 6.40】　用 for 语句描述的 7 人表决电路，增加票数显示功能。

```
module vote7
            ( input[7:1] vote,
             output reg pass);
reg[2:0] sum;
reg a,b,c,d,e,f,g; integer i;
always@(vote)
begin  sum=0;
```

```
  for(i=1;i<=7;i=i+1)
    if (vote[i])  sum=sum+1;
    if (sum>=4)  pass=1;   else  pass=0;  end
always@(sum)          //票数显示与译码,数码管为共阳模式
begin  case(sum)
3'd0:{a,b,c,d,e,f,g}=7'b0000001;          //显示0
3'd1:{a,b,c,d,e,f,g}=7'b1001111;          //显示1
3'd2:{a,b,c,d,e,f,g}=7'b0010010;          //显示2
3'd3:{a,b,c,d,e,f,g}=7'b0000110;          //显示3
3'd4:{a,b,c,d,e,f,g}=7'b1001100;          //显示4
3'd5:{a,b,c,d,e,f,g}=7'b0100100;          //显示5
3'd6:{a,b,c,d,e,f,g}=7'b0100000;          //显示6
3'd7:{a,b,c,d,e,f,g}=7'b0001111;          //显示7
default:{a,b,c,d,e,f,g}=7'b0000001;
endcase  end
endmodule
```

（4）将7人表决电路进行引脚锁定和下载：进行了引脚锁定的7人表决电路如例6.41所示。在该例中，采用了引脚属性定义语句进行引脚的锁定，需要说明的是，该属性定义语句只适用于Quartus Prime或Quartus II软件，并且事先应指定目标器件。很多EDA软件（包括综合器和仿真器等）都可以使用自定义的属性（Attributes）来完成一些特定的功能，用来实现诸如引脚锁定、布局布线控制、指定约束条件等功能，具体用法请查阅相关软件的使用说明。

本例的目标板采用了Intel（Altera）的DE2-117实验板，FPGA芯片为EP4CE115F29C7。

【例6.41】 增加引脚锁定功能的7人表决电路。

```
/*  引脚锁定基于DE2-115,芯片为EP4CE115F29C7  */
module vote7g(pass,vote,a,b,c,d,e,f,g);
 (*chip_pin="AD26,AC26,AB27,AD27,AC27,AC28,AB28"*) input[7:1] vote;
(*chip_pin="E21"*) output reg pass; //用引脚属性定义语句进行引脚锁定
(*chip_pin="G18"*) output reg a;
(*chip_pin="F22"*) output reg b;
(*chip_pin="E17"*) output reg c;
(*chip_pin="L26"*) output reg d;
(*chip_pin="L25"*) output reg e;
(*chip_pin="J22"*) output reg f;
(*chip_pin="H22"*) output reg g;
reg[2:0] sum;  integer i;
always@(vote)
begin  sum=0;
  for(i=1;i<=7;i=i+1)
    if (vote[i])  sum=sum+1;
    if (sum>=4)  pass=1;   else  pass=0;  end
always@(sum)          //票数显示与译码,数码管为共阳模式
begin  case(sum)
3'd0:{a,b,c,d,e,f,g}=7'b0000001;          //显示0
3'd1:{a,b,c,d,e,f,g}=7'b1001111;          //显示1
3'd2:{a,b,c,d,e,f,g}=7'b0010010;          //显示2
```

```
3'd3:{a,b,c,d,e,f,g}=7'b0000110;          //显示 3
3'd4:{a,b,c,d,e,f,g}=7'b1001100;          //显示 4
3'd5:{a,b,c,d,e,f,g}=7'b0100100;          //显示 5
3'd6:{a,b,c,d,e,f,g}=7'b0100000;          //显示 6
3'd7:{a,b,c,d,e,f,g}=7'b0001111;          //显示 7
default:{a,b,c,d,e,f,g}=7'b0000001;
endcase  end
endmodule
```

本例将 vote 锁至 SW0～SW6 这 7 个拨动开关，将 pass 锁至 LEDG0，sum 在数码管 HEX0 上显示。

（5）将表决人数改为 10 人、20 人……，显然，用 for 语句描述的表决电路具有很好的可扩展性，说明行为描述具有更好的可扩展性。

第 7 章　Verilog 常用外设驱动

本章通过若干可综合的实例讨论基于 Verilog 的设计方法与技术，可以把设计与 EDA 实验开发装置结合，将设计生成的可配置数据下载后，观察实际效果。

7.1　4×4 矩阵键盘

矩阵键盘又称为行列式键盘，4×4 矩阵键盘是由 4 条行线、4 条列线组成的键盘，其电路如图 7.1 所示，在行线和列线的每一个交叉点上设置一个按键，按键的个数是 4×4 个，按键排列如图 7.2 所示。当按下某个按键后，为了辨别和读取键值信息，一般采用如下的方法：向 A 口扫描输入一组只含一个 0 的 4 位数据，如 1110、1101、1011、0111，若有按键按下，则 B 口一定会输出对应的数据，因此，只要结合 A 口、B 口的数据，就能判断按键的位置，比如图 7.1 中，S1 按键的位置编码是{A,B}＝1110_0111。

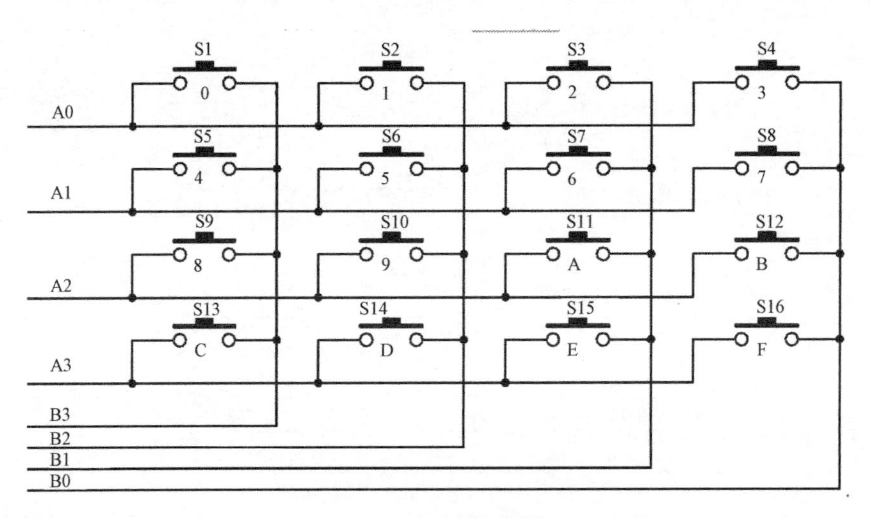

图 7.1　4×4 矩阵键盘电路

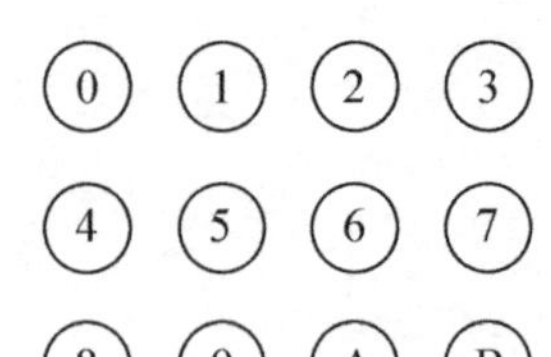

图 7.2　按键排列

例 7.1 是用 Verilog 编写的 4×4 矩阵键盘扫描检测程序，键盘扫描检测程序由 1 个 always 模块构成，在 always 模块中先进行模 4 计数，在计数器的每个状态从 FPGA 内部送出一列扫描数据给键盘，然后读入经过去抖处理的 4 行数据，根据行、列数据，确定按下的是哪个键。

【例 7.1】 4×4 矩阵键盘扫描检测程序。

```
//*********************************************************
//* 4×4 矩阵键盘读取并在数码管上显示键值
//*********************************************************
module key4x4(rst,clk50M,a,b,led7s);
input clk50M;                    //键盘扫描时钟信号
input rst;
input [3:0] b;
output reg[3:0] a;               //输出扫描信号给键盘
output reg[6:0] led7s;
reg[3:0] keyvalue;
reg [1:0] q;
reg clk;
reg [14:0] count;
always @(posedge rst or posedge clk50M)
       //晶振为 50MHz,进行 25000 分频产生扫描时钟（1000Hz)
 begin
 if(rst)  begin clk <= 0; count <= 0; end
 else if (count == 25000 )  begin count <= 0;  clk <= ~ clk;end
    else  count <= count + 1;
end
always @(posedge clk)
begin   q<=q+1;
    case(q)                      //给键盘 A 口送出扫描数据
     0: a<=4'b1110;
     1: a<=4'b1101;
     2: a<=4'b1011;
     3: a<=4'b0111;
     default: a<=4'b0000;
   endcase
case ({a,b})                     //判断键值
8'b1110_0111:begin keyvalue <=4'b0000;led7s <=8'b1000000; end   //key0
8'b1110_1011:begin keyvalue <=4'b0001;led7s <=8'b1111001; end   //key1
8'b1110_1101:begin keyvalue <=4'b0010;led7s <=8'b0100100; end
8'b1110_1110:begin keyvalue <=4'b0011;led7s <=8'b0110000; end
8'b1101_0111:begin keyvalue <=4'b0100;led7s <=8'b0011001; end
8'b1101_1011:begin keyvalue <=4'b0101;led7s <=8'b0010010; end
8'b1101_1101:begin keyvalue <=4'b0110;led7s <=8'b0000010; end
8'b1101_1110:begin keyvalue <=4'b0111;led7s <=8'b1111000; end
8'b1011_0111:begin keyvalue <=4'b1000;led7s <=8'b0000000; end
8'b1011_1011:begin keyvalue <=4'b1001;led7s <=8'b0010000; end   //key9
8'b1011_1101:begin keyvalue <=4'b1010;led7s <=8'b0001000; end   //keyA
8'b1011_1110:begin keyvalue <=4'b1011;led7s <=8'b0000011; end
8'b0111_0111:begin keyvalue <=4'b1100;led7s <=8'b1000110; end
8'b0111_1011:begin keyvalue <=4'b1101;led7s <=8'b0100001; end
8'b0111_1101:begin keyvalue <=4'b1110;led7s <=8'b0000110; end   //keyE
```

```
8'b0111_1110:begin keyvalue <=4'b1111;led7s <=8'b0001110; end  //keyF
8'b0000_1111:begin keyvalue <=4'b0000;led7s <=8'b1111111; end
default : begin keyvalue<=4'b1111;led7s <=8'b1111111; end
endcase
end
endmodule
```

将此设计进行芯片和引脚的锁定，下载至实验板进行实际验证。目标板采用DE2-115实验板，FPGA芯片为EP4CE115F29C7。首先选择菜单Assignments→Pin Planner，在弹出的Pin Planner对话框中进行引脚的锁定。其次，需要将端口b设置为弱上拉，选择菜单Assignments→Assignment Editor，在弹出的图7.3所示的对话框中将b[0]、b[1]、b[2]、b[3]引脚的Assignment Name设置为Weak Pull-Up Resistor，将其Value设置为On。存盘编译后，将4×4矩阵键盘连接至DE2-115实验板的GPIO扩展口，下载后观察按键的实际效果。

	tatu	From	To	Assignment Name	Value
1	✔		led7s[0]	Location	PIN_G18
2	✔		led7s[1]	Location	PIN_F22
3	✔		led7s[2]	Location	PIN_E17
4	✔		led7s[3]	Location	PIN_L26
5	✔		led7s[4]	Location	PIN_L25
6	✔		led7s[5]	Location	PIN_J22
7	✔		led7s[6]	Location	PIN_H22
8	✔		clk50M	Location	PIN_Y2
9	✔		rst	Location	PIN_AB28
10	✔		b[0]	Location	PIN_AC15
11	✔		b[1]	Location	PIN_Y17
12	✔		b[2]	Location	PIN_Y16
13	✔		b[3]	Location	PIN_AE16
14	✔		a[0]	Location	PIN_AF16
15	✔		a[1]	Location	PIN_AF15
16	✔		a[2]	Location	PIN_AE21
17	✔		a[3]	Location	PIN_AC22
18	✔		b[0]	Weak Pull-Up Resistor	On
19	✔		b[1]	Weak Pull-Up Resistor	On
20	✔		b[2]	Weak Pull-Up Resistor	On
21	✔		b[3]	Weak Pull-Up Resistor	On

图 7.3　在 Assignment Editor 对话框中将端口 b 设置为弱上拉

7.2　标准 PS/2 键盘

日常的键盘很多是采用PS/2接口的，本节以通用的PS/2键盘为输入，设计一个能够识别PS/2键盘输入编码（至少能够识别0～9的数字键和26个英文字母）并把键值通过数码管显示出来的电路。

1．标准 PS/2 键盘物理接口的定义

PS/2键盘物理接口标准是由IBM在1987年推出的，该标准定义了84～101键的键盘，主机和键盘之间采用6脚mini-DIN连接器连接，采用双向串行通信协议进行通信。标准PS/2键盘mini-DIN连接器及其引脚定义如表7.1所示，6个引脚中只使用了4个，其中，第3脚接地，第4脚接+5V电源，第2脚与第6脚保留；第1脚为Data（数据），第5脚为Clock（时钟），Data与Clock这两个引脚采用了集电极开路设计，因此，标准PS/2键盘与接口相连时，这两个引脚要接一个上拉电阻方可使用。

表 7.1　标准 PS/2 键盘 mini-DIN 连接器及其引脚定义

标准 PS/2 键盘 mini-DIN 连接器		引 脚 号	名　称	功　能
5 6 3 4 1 2	6 5 4 3 2 1	1	Data	数据
		2	N.C	未用
		3	GND	电源地
		4	VCC	+5V 电源
		5	Clock	时钟
插头（Plug）	插座（Socket）	6	N.C	未用

2．标准 PS/2 接口时序及通信协议

PS/2 接口与主机之间的通信采用双向同步串行协议。PS/2 接口的 Data 与 Clock 这两个引脚都是集电极开路的，平时都是高电平。数据从 PS/2 设备发送到主机或从主机发送到 PS/2 设备，时钟都由 PS/2 设备产生；主机对时钟控制有优先权，即主机想发送控制指令给 PS/2 设备时，可以拉低时钟线至少 100μs，然后再下拉数据线，传输完成后释放时钟线为高。

当 PS/2 设备准备发送数据时，它首先检查 Clock 是否为高。如果为低，则认为主机抑制了通信，此时它缓冲数据直到获得总线的控制权。如果 Clock 为高电平，则 PS/2 开始向主机发送数据，数据发送按帧进行。

PS/2 键盘接口时序和数据格式如图 7.4 所示。数据位在 Clock 为高电平时准备好，在 Clock 下降沿被主机读入。数据帧格式为：1 个起始位（逻辑 0）；8 个数据位，低位在前；1 个奇偶校验位；1 个停止位（逻辑 1）；1 个应答位（仅用在主机对设备的通信中）。

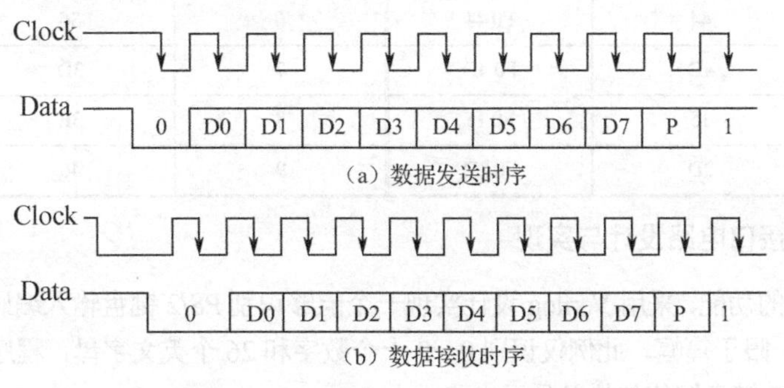

（a）数据发送时序

（b）数据接收时序

图 7.4　PS/2 键盘接口时序和数据格式

3．PS/2 键盘扫描码

现在 PC 使用的 PS/2 键盘都默认采用第二套扫描码集，扫描码有两种不同的类型：通码（make code）和断码（break code）。当一个键被按下或持续按住时，键盘会将该键的通码发送给主机；而当一个键被释放时，键盘会将该键的断码发送给主机。每个键都有自己唯一的通码和断码。

通码都只有 1 字节宽，但也有少数“扩展按键”的通码是 2 字节宽或 4 字节宽，根据通码字节数，可将按键分为如下 3 类。

第 1 类按键，通码为 1 字节，断码为 0xF0+通码形式。如 A 键，其通码为 0x1C，断码为 0xF0 0x1C；

第 2 类按键，通码为 2 字节 0xE0 + 0xXX 形式，断码为 0xE0+0xF0+0xXX 形式。如 Right Ctrl 键，其通码为 0xE0 0x14，断码为 0xE0 0xF0 0x14；

第 3 类特殊按键有两个：Print Screen 键的通码为 0xE0 0x12 0xE0 0x7C，断码为 0xE0 0xF0 0x7C 0xE0 0xF0 0x12；Pause 键的通码为 0x El 0x14 0x77 0xEl 0xF0 0x14 0xF0 0x77，断码为空。

PS/2 键盘中 0～9 十个数字键和 26 个英文字母键对应的通码、断码如表 7.2 所示。

表 7.2 PS/2 键盘中 0～9 十个数字键和 26 个英文字母键对应的通码、断码

键	通　码	断　码	键	通　码	断　码
A	1C	F0 1C	S	1B	F0 1B
B	32	F0 32	T	2C	F0 2C
C	21	F0 21	U	3C	F0 3C
D	23	F0 23	V	2A	F0 2A
E	24	F0 24	W	1D	F0 1D
F	2B	F0 2B	X	22	F0 22
G	34	F0 34	Y	35	F0 35
H	33	F0 33	Z	1A	F0 1A
I	43	F0 43	0	45	F0 45
J	3B	F0 3B	1	16	F0 16
K	42	F0 42	2	1E	F0 1E
L	4B	F0 4B	3	26	F0 26
M	3A	F0 3A	4	25	F0 25
N	31	F0 31	5	2E	F0 2E
O	44	F0 44	6	36	F0 36
P	4D	F0 4D	7	3D	F0 3D
Q	15	F0 15	8	3E	F0 3E
R	2D	F0 2D	9	46	F0 46

4. PS/2 键盘接口电路设计与实现

根据 PS/2 键盘的功能，采用 Verilog 设计实现一个能够识别 PS/2 键盘输入编码并把键值通过数码管显示出来的电路，限于篇幅，此例仅识别 0～9 十个数字和 26 个英文字母，程序如例 7.2 所示。

【例 7.2】 PS/2 键盘键值扫描及显示电路。

```
/*  引脚锁定基于 DE2-115,芯片为 EP4CE115F29C7  */
module ps2(clk,rst,ps2_clk,ps2_dat,ps2_state,ps2_h1,ps2_h2,ps2_asc);
input clk;                    //50MHz 时钟信号
input rst;                    //复位信号
inout ps2_clk;                //PS/2 接口时钟信号
inout ps2_dat;                //PS/2 接口数据信号
output ps2_state;             //键盘当前状态,ps2_state=1 表示有键被按下
output reg[7:0] ps2_asc;      //接收数据的相应 ASCII 码
output[6:0] ps2_h1,ps2_h2;
//--------------------------------------------------
seg7 u1(.out(ps2_h1),.indat(ps2_asc[3:0]));
seg7 u2(.out(ps2_h2),.indat(ps2_asc[7:4]));
```

```
        //驱动两个数码管显示当前按键的键值
reg ps2_clk_r0,ps2_clk_r1,ps2_clk_r2;     //ps2_clk 状态寄存器
wire neg_ps2_clk;                          //ps2_clk 下降沿标志位
reg ps2_state;
always @ (posedge clk, negedge rst) begin
if(!rst) begin
        ps2_clk_r0 <= 1'b0;
        ps2_clk_r1 <= 1'b0;
        ps2_clk_r2 <= 1'b0;
    end
else begin                                 //锁存状态,进行滤波
        ps2_clk_r0 <= ps2_clk;
        ps2_clk_r1 <= ps2_clk_r0;
        ps2_clk_r2 <= ps2_clk_r1;
    end
end
assign neg_ps2_clk = ~ps2_clk_r1 & ps2_clk_r2;
    //以 PS/2 键盘的时钟作为主时钟,检测 PS/2 键盘时钟信号的下降沿
reg[7:0] ps2_byte;          //接收来自 PS/2 的 1 字节数据寄存器
reg[7:0] temp_data;         //当前接收数据寄存器
reg[15:0] temp_data16;
reg[3:0] num;               //计数器

always @ (posedge clk,negedge rst)
begin
if(!rst) begin
        num <= 4'd0;
        temp_data <= 8'd0;
        temp_data16 <= 16'd0;
    end
else if(neg_ps2_clk) begin   //检测到ps2_clk 的下降沿
        case (num)
            4'd0:   begin
                        num <= num+1'b1;key_f <= 1'b0;
                    end
            4'd1:   begin
                        num <= num+1'b1;
                        temp_data[0] <= ps2_dat; //bit0
                    end
            4'd2:   begin
                        num <= num+1'b1;
                        temp_data[1] <= ps2_dat; //bit1
                    end
            4'd3:   begin
                        num <= num+1'b1;
                        temp_data[2] <= ps2_dat; //bit2
                    end
```

```
            4'd4:   begin
                        num <= num+1'b1;
                        temp_data[3] <= ps2_dat; //bit3
                    end
            4'd5:   begin
                        num <= num+1'b1;
                        temp_data[4] <= ps2_dat; //bit4
                    end
            4'd6:   begin
                        num <= num+1'b1;
                        temp_data[5] <= ps2_dat; //bit5
                    end
            4'd7:   begin
                        num <= num+1'b1;
                        temp_data[6] <= ps2_dat; //bit6
                    end
            4'd8:   begin
                        num <= num+1'b1;
                        temp_data[7] <= ps2_dat; //bit7
                    end
            4'd9:   begin
                        num <= num+1'b1;            //奇偶校验位,不做处理
                    end
            4'd10: begin
                        num <= 4'd0;                //num清零
                        temp_data16<={temp_data16[7:0],temp_data};
                        ps2_byte<= temp_data;       //锁存当前键值
                        key_f <= 1'b1;
                    end
            default: ;
            endcase
    end
end

reg key_f;            //键盘当前状态,key_f=1表示有键被按下
always @ (posedge clk, negedge rst)
begin
if(!rst) begin
        ps2_state <= 1'b0;
        ps2_asc <= 8'h0;
    end
else if(key_f == 1'b1)
begin
if((temp_data16[15:8]== 8'hf0)||(temp_data16[7:0]== 8'hf0))
begin
ps2_asc <= 8'h0;            //说明收到断码
ps2_state <= 1'b0;
```

```
end
else begin
case (ps2_byte)      //键值转换为ASCII码,限于篇幅,此处只处理字母
    8'h1c: ps2_asc <= 8'h41; //A
    8'h32: ps2_asc <= 8'h42; //B
    8'h21: ps2_asc <= 8'h43; //C
    8'h23: ps2_asc <= 8'h44; //D
    8'h24: ps2_asc <= 8'h45; //E
    8'h2b: ps2_asc <= 8'h46; //F
    8'h34: ps2_asc <= 8'h47; //G
    8'h33: ps2_asc <= 8'h48; //H
    8'h43: ps2_asc <= 8'h49; //I
    8'h3b: ps2_asc <= 8'h4a; //J
    8'h42: ps2_asc <= 8'h4b; //K
    8'h4b: ps2_asc <= 8'h4c; //L
    8'h3a: ps2_asc <= 8'h4d; //M
    8'h31: ps2_asc <= 8'h4e; //N
    8'h44: ps2_asc <= 8'h4f; //O
    8'h4d: ps2_asc <= 8'h50; //P
    8'h15: ps2_asc <= 8'h51; //Q
    8'h2d: ps2_asc <= 8'h52; //R
    8'h1b: ps2_asc <= 8'h53; //S
    8'h2c: ps2_asc <= 8'h54; //T
    8'h3c: ps2_asc <= 8'h55; //U
    8'h2a: ps2_asc <= 8'h56; //V
    8'h1d: ps2_asc <= 8'h57; //W
    8'h22: ps2_asc <= 8'h58; //X
    8'h35: ps2_asc <= 8'h59; //Y
    8'h1a: ps2_asc <= 8'h5a; //Z
    default:ps2_asc <= 8'h0;
    endcase
    ps2_state  <= 1'b1;
    end
end
else ps2_state  <= 1'b0;
end
endmodule

module seg7(out,indat);      //七段数码管译码电路
input [3:0] indat;
output reg[6:0] out;
always @*
begin
    case(indat)
    4'h1: out = 7'b1111001;
```

```
        4'h2: out = 7'b0100100;
        4'h3: out = 7'b0110000;
        4'h4: out = 7'b0011001;
        4'h5: out = 7'b0010010;
        4'h6: out = 7'b0000010;
        4'h7: out = 7'b1111000;
        4'h8: out = 7'b0000000;
        4'h9: out = 7'b0011000;
        4'ha: out = 7'b0001000;
        4'hb: out = 7'b0000011;
        4'hc: out = 7'b1000110;
        4'hd: out = 7'b0100001;
        4'he: out = 7'b0000110;
        4'hf: out = 7'b0001110;
        4'h0: out = 7'b1000000;
        endcase
    end
    endmodule
```

将上面的程序编译后，基于DE2-115平台进行验证，引脚锁定如下：

Node Name	Direction	Location
clk	Input	PIN_Y2
ps2_clk	Bidir	PIN_G6
ps2_dat	Bidir	PIN_H5
ps2_h1[6]	Output	PIN_H22
ps2_h1[5]	Output	PIN_J22
ps2_h1[4]	Output	PIN_L25
ps2_h1[3]	Output	PIN_L26
ps2_h1[2]	Output	PIN_E17
ps2_h1[1]	Output	PIN_F22
ps2_h1[0]	Output	PIN_G18
ps2_h2[6]	Output	PIN_U24
ps2_h2[5]	Output	PIN_U23
ps2_h2[4]	Output	PIN_W25
ps2_h2[3]	Output	PIN_W22
ps2_h2[2]	Output	PIN_W21
ps2_h2[1]	Output	PIN_Y22
ps2_h2[0]	Output	PIN_M24
ps2_state	Output	PIN_E21
rst	Input	PIN_M23

clk50M接50MHz晶体输入（引脚Y2），speaker接到DE2-115的40脚扩展端口GPIO的AC15引脚，DE2-115平台上有专门的PS/2接口，直接把PS/2键盘连接至此接口，按动键盘上的数字键和英文字母键，可以将按键的通码在数码管上显示出来。

7.3 字符液晶

本实验基于DE2-115，用FPGA控制字符液晶实现字符的显示。DE2-115上的字符液晶采用的是LCD1602B。LCD1602B液晶模块是一款常用的字符型液晶显示屏，它可以显示16×2个5×7大小的点阵字符，模块的字模存储器CGROM（Character Generator ROM）中固化192个常用字符的字模，另外还有8个允许用户自定义的字符存储器CGRAM（Character Generator RAM），可用于少量的自定义图形显示（如汉字）。

1．字符液晶 LCD1602B 及端口特性

LCD1602B 拥有 1 个 16 引脚的单排插针外接端口，其引脚及其功能定义如表 7.3 所示。其中，DB0～DB7 为 8 位双向数据线；E 为使能信号；RS 为寄存器选择信号，高电平时选择数据寄存器，低电平时选择指令寄存器；R/W 为读/写控制信号。

表 7.3　LCD1602B 的引脚及其功能定义

引 脚 号	名　称	功　能
1	GND	电源地端
2	VCC	电源正极
3	V0	背光偏压
4	RS	数据/指令寄存器，0 为指令寄存器，1 为数据寄存器
5	R/W	读/写控制，0 为写，1 为读
6	E	使能信号
7～14	DB[0]～DB[7]	8 位数据
15	BLA	背光阳极
16	BLK	背光阴极

2．LCD1602B 的数据读/写时序

LCD1602B 的数据读/写时序如图 7.5 所示，其读/写操作时序由使能信号 E 完成。对读/写操作的识别是判断 R/W 信号上的电平状态：当 R/W 为 0 时，向显示数据存储器写数据，数据在使能信号 E 的上升沿被写入；当 R/W 为 1 时，将液晶模块的数据读入。RS 信号用于识别数据总线 DB0～DB7 上的数据是指令代码还是数据代码。

从图 7.5 中还可以看出一些关键时间参数（不同厂商的产品有差异），一般要求数据读/写周期 T_C≥13μs；使能脉冲宽度 T_{PW}≥1.5μs；数据建立时间 T_{DSW}≥1μs；数据保持时间 T_H≥20ns；地址建立和保持时间（T_{AS}和 T_{AH}）不得小于 1.5μs。在驱动 LCD 时，需要满足上面的时间参数要求。

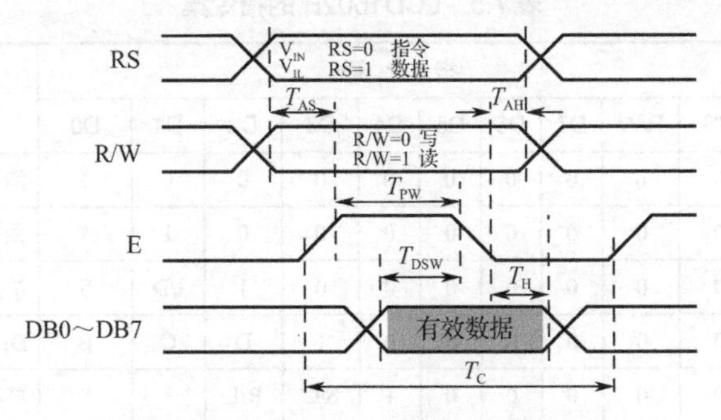

图 7.5　LCD1602B 的数据读/写时序

3．LCD1602B 的字符集

LCD1602B 模块内部的字模存储器（CGROM）中固化 192 个常用字符的字模，其中常用的字符与代码的对应关系如表 7.4 所示，这些字符有阿拉伯数字、大小写英文字母和常用的符号等，每个字符都有一个固定的代码。比如，大写的英文字母 A 的代码是 01000001B（41H），模块把地址 41H 中的点阵字符图形显示出来，就能看到字母 A。

表 7.4　CGROM 中常用的字符与代码的对应关系

低位＼高位	0000	0010	0011	0100	0101	0110	0111
0000	CGRAM		0	@	P	\	p
0001		!	1	A	Q	a	q
0010		”	2	B	R	b	r
0011		#	3	C	S	c	s
0100		$	4	D	T	d	t
0101		%	5	E	U	e	u
0110		&	6	F	V	f	v
0111		’	7	G	W	g	w
1000		(	8	H	X	h	x
1001		)	9	I	Y	i	y
1010		*	:	J	Z	j	z
1011		+	;	K	[	k	{
1100		,	<	L	¥	l	|
1101		–	=	M	]	m	}
1110		.	>	N	^	n	→
1111		/	?	O	_	o	←

4．LCD1602B 的指令集

LCD1602B 的读/写操作、屏幕和光标的设置都是通过指令来实现的，共支持 11 条控制指令，LCD1602B 的指令集如表 7.5 所示。

表 7.5　LCD1602B 的指令集

指　令	指令码										说　明
	RS	R/W	D7	D6	D5	D4	D3	D2	D1	D0	
清显示	0	0	0	0	0	0	0	0	0	1	清显示，光标回位
光标复位	0	0	0	0	0	0	0	0	1	*	回原位
光标和显示模式	0	0	0	0	0	0	0	1	I/D	S	决定是否移动及移动方向
显示开关控制	0	0	0	0	0	0	1	D	C	B	D：显示；C：光标；B：光标闪烁
光标或显示移位	0	0	0	0	0	1	S/C	R/L	*	*	移动光标及整体显示
功能设置	0	0	0	0	1	DL	N	F	*	*	DL：数据位数；L：行数；F：字体
CGRAM 地址设置	0	0	0	1	A5	A4	A3	A2	A1	A0	设置字符发生器 RAM 的地址
DDRAM 地址设置	0	0	1	A6	A5	A4	A3	A2	A1	A0	设置显示数据 RAM 的地址
忙标志/读地址计数器	0	1	BF	AC6	AC5	AC4	AC3	AC2	AC1	AC0	读出忙标志位（BF）及 AC 值
CGRAM/DDRAM 数据写	1	0	写数据								将内容写入 RAM 中
CGRAM/DDRAM 数据读	1	1	读数据								将内容从 RAM 中读出

指令 1。清显示：指令码为 01H，光标复位到地址 00H 位置。

指令 2。光标复位：光标返回到地址 00H。

指令 3。光标和显示模式：I/D——光标移动方向，高电平右移，低电平左移；S——屏幕上所有文字是否左移或右移，高电平表示有效，低电平表示无效。

指令 4。显示开关控制：D——控制整体显示的开与关，高电平表示开显示，低电平表示关显示；C——控制光标的开与关，高电平表示有光标，低电平表示无光标；B——控制光标是否闪烁，高电平闪烁，低电平不闪烁。

指令 5。光标或显示移位 S/C：高电平时移动显示的文字，低电平时移动光标。

指令 6。功能设置：DL——高电平时为 4 位总线，低电平时为 8 位总线；N——低电平时为单行显示，高电平时为双行显示；F——低电平时显示 5×7 的点阵字符，高电平时显示 5×10 的点阵字符。

指令 7。CGRAM 地址设置。

指令 8。DDRAM 地址设置。

指令 9。忙标志/读地址计数器：BF——忙标志，高电平表示忙，此时模块不能接收命令或数据；如果为低电平，则表示不忙。

指令 10。写数据。

指令 11。读数据。

液晶模块属于慢显示设备，因此在执行每条指令之前一定要确认模块的忙标志为低电平，表示不忙，否则此指令失效。显示字符时要先输入显示字符地址，也就是告诉模块在哪里显示字符，表 7.6 所示为 LCDH1602B 的内部显示地址。

表 7.6　LCD1602B 的内部显示地址

显示位置	1	2	3	4	5	6	7	8	9	10	11	12	13	14	15	16
第 1 行	80	81	82	83	84	85	86	87	88	89	8A	8B	8C	8D	8E	8F
第 2 行	C0	C1	C2	C3	C4	C5	C6	C7	C8	C9	CA	CB	CC	CD	CE	CF

5. LCD1602B 的初始化

LCD1602B 在开始显示前需要进行必要的初始化设置，即设置显示模式、显示地址等，LCD1602B 常用的初始化指令及其功能如表 7.7 所示。

表 7.7　LCD1602B 常用的初始化指令及其功能

初始化过程	初始化指令	功　能
1	8'h38	设置显示模式：16×2 显示，5×7 点阵，8 位数据接口
2	8'h01	清显示，将以前的显示内容清除
3	8'h06	光标设置：光标右移，字符不移
4	8'h0c	开显示，光标不显示（如要显示光标，可改为 8'h0e）
行地址	1 行：'h80	第 1 行地址
	2 行：'hc0	第 2 行地址

6. 用状态机驱动 LCD1602B 实现字符的显示

用 Verilog 编写 LCD1602B 驱动程序，实现字符和数字的显示，程序代码如例 7.3 所示，这里采用了状态机设计，状态编码采用 One-Hot 方式。本例的显示效果如图 7.6 所示，滚动显示图中的字符和数字。

图7.6 LCD1602B的显示效果

【例7.3】 控制字符液晶LCD1602B，实现字符和数字的显示。

```
/*  引脚锁定基于DE2-115,芯片为EP4CE115F29C7  */
module lcd_hs1602(clk50m,rst,en,rw,rs,DB,lcd_on,lcd_bg);
(* chip_pin="Y2" *)input clk50m;
(* chip_pin="AB28" *)input rst;
(* chip_pin="L4" *)output en;
(* chip_pin="M1" *)output rw;
(* chip_pin="M2" *)output rs;
(* chip_pin="L5" *)output lcd_on;
(* chip_pin="L6" *)output lcd_bg;
(* chip_pin="M5,M3,K2,K1,K7,L2,L1,L3" *)output reg[7:0] DB;
reg rw,rs,clk4hz,lcd_on;
reg[10:0] state; reg[6:0] count;
reg[5:0] disp_count; reg[23:0] cnt; reg[255:0] data_in_buf;
parameter SET0      =7'b0000001;
parameter SET1      =7'b0000010;
parameter SET2      =7'b0000100;
parameter SET3      =7'b0001000;
parameter SET4      =7'b0010000;
parameter SHIFT =7'b0100000;
parameter WRITE =7'b1000000;
parameter DATA_IN="Welcome to China 0123456789:OK! ";
//定义显示的内容,注意空格也是字符,共两行32个字符
always@(posedge clk50m)             //由50MHz时钟分频得到4Hz时钟
  begin if(cnt==23'h5F5E10)
    begin cnt<=0; clk4hz<=~clk4hz;  end
    else  cnt<=cnt+1;
  end
assign en=clk4hz;
assign lcd_bg=1;
always @ (posedge clk4hz or posedge rst)
    if(rst)
    begin   state<=SET0;
                lcd_on<=0;  disp_count<=6'b0;
    end
    else  begin
        lcd_on<=1;
```

```
    case(state)
    SET0: begin  rs<=0;  rw<=0;
        DB<=8'h38;          //设置显示模式:16×2 显示,5×7 点阵,8 位数据接口
        data_in_buf<=DATA_IN;
        state<=SET1;  end
    SET1: begin
        rs<=0;  rw<=0;
        DB<=8'h01;          //清屏,将以前的显示内容清除
        state<=SET2;end
    SET2: begin
        rs<=0;  rw<=0;
        DB<=8'h06;          //光标设置:光标右移,字符不移
        state<=SET3;end
    SET3: begin
        rs<=0;  rw<=0;
        DB<=8'h0c;          //开显示,光标不显示
        state<=SET4;end
    SET4: begin
        rs<=0;  rw<=0;
        DB<=8'h80;          //设置地址,第 1 行
        state<=WRITE; end
    SHIFT: begin            //两行显示结束后清屏并重新循环显示以上字符
        rs<=1;  rw<=0;
        DB<=data_in_buf[255:248];
        data_in_buf<=(data_in_buf<<8);
        disp_count<=disp_count+1'b1;
        state<=WRITE; end
    WRITE: begin
        rs<=1; rw<=0;
        if(disp_count==32)
        begin
        disp_count<=4'b0; state<=SET0;
        end
        else if(disp_count==16)
            begin
            rs<=0;  rw<=0;
            DB<=8'hc0;          //设置地址,第 2 行
            state<=SHIFT; end
            else  begin
                DB<=data_in_buf[255:248];
                data_in_buf<=(data_in_buf<<8);
                disp_count<=disp_count+1'b1;
                state<=WRITE; end
        end
    endcase
  end
endmodule
```

用Quartus Prime软件对上面的程序进行综合，然后在DE2-115实验板上下载。拨动开关SW0作为rst复位信号，当rst为0时，系统复位；当rst为1时，可观察到液晶屏上的字符显示。由于液晶是慢显示设备，如果读/写速度过快，可能导致显示错乱，在设计时须注意。

7.4 汉字图形点阵液晶

图形点阵液晶显示模块广泛应用于智能仪器仪表、工业控制领域、通信和家用电器中。本节用FPGA控制LCD12864B汉字图形点阵液晶实现字符和图形的显示。LCD12864B可显示汉字及图形，内置8192个中文汉字（16×16点阵）、128个字符（8×16点阵）及64×256点阵显示RAM（GDRAM）。

1. LCD12864B的外部引脚特性

LCD12864B是一种含有国标一级、二级简体中文字库的图形点阵液晶显示模块；具有串/并多种接口方式，内置了8192个16×16点阵汉字和128个16×8点阵ASCII字符集，它在字符显示模式下可以显示8×4个16×16点阵的汉字或16×4个16×8点阵的英文（ASCII）字符，也可以在图形模式下显示分辨率为128×64的二值化图形。

LCD12864B拥有1个20引脚的单排插针外接端口，端口引脚及其功能如表7.8所示。其中，DB0～DB7为数据；E为使能信号；RS为寄存器选择信号；R/W为读/写控制信号；RST为复位信号。

表7.8 LCD12864B的端口引脚及其功能

引 脚 号	名 称	功 能
1	GND	电源地端
2	VCC	电源正极
3	V0	背光偏压
4	RS	数据/指令寄存器，0为数据寄存器，1为指令寄存器
5	R/W	读/写控制，0为写，1为读
6	E	使能信号
7~14	DB[0]～DB[7]	8位数据
15	PSB	串并模式
16，18	NC	空脚
17	RST	复位信号
19	BLA	背光阳极
20	BLK	背光阴极

2. LCD12864B的数据读/写时序

如果LCD12864B液晶模块工作在8位并行数据传输模式（PSB=1、RST=1）下，其数据读/写时序与7.3节中的LCD1602B的数据读/写时序完全一致（如图7.5所示），LCD模块的读/写操作时序由使能信号E完成；对读/写操作的识别是判断RW信号上的电平状态，当R/W为0时，向显示数据存储器写数据，数据在使能信号E的上升沿被写入，当R/W为1时，将液晶模块的数据读入；RS信号用于识别数据总线DB0～DB7上的数据是指令代码还是数据代码。一些关键时间参数在图7.5中也做了标注，这里不再赘述。

3. LCD12864B 的指令集

LCD12864B 液晶模块有自己的一套指令集，用户就是通过这些指令来初始化液晶模块从而选择显示模式的，LCD12864B 的初始化指令如表 7.9 所示，对于 LCD 模块的图形显示模式，需要用到扩展指令集，并且需要分成上下两个半屏设置起始地址，上半屏垂直坐标 *Y* 为 8′h80～9′h9F（32 行），水平坐标 *X* 为 8′h80；下半屏的垂直坐标和上半屏的相同，而水平坐标 *X* 为 8′h88。

表 7.9　LCD12864B 的初始化指令

初始化过程	字 符 显 示	图 形 显 示
1	8′h38	8'h30
2	8′h0C	8'h3E
3	8′h01	8'h36
4	8′h06	8'h01
行地址/*XY*	1：′h80　2：′h90 3：′h88　4：′h98	*Y*：′h80～′h9F *X*：′h80/′h88

4. 用 Verilog 驱动 LCD12864B 实现汉字和字符的显示

用 Verilog 编写 LCD12864B 驱动程序，实现汉字和字符的显示，程序代码如例 7.4 所示，这里采用了状态机设计，该例的显示效果如图 7.7 所示，为静态显示。

图 7.7　显示效果

【例 7.4】　控制点阵液晶 LCD12864B，实现汉字和字符的静态显示。

```
//-----------------------------------------------------
//驱动 LCD12864B 点阵液晶,显示汉字和字符,LCD12864B 液晶接至 DE2-115 通用扩展接口 GPIO
//-----------------------------------------------------
module lcd12864(rst,psb,clk50m,rs, rw,en,DB);
(* chip_pin="AE16" *)output rst;
(* chip_pin="AE24" *)output psb;
(* chip_pin="Y2" *)input clk50m;
(* chip_pin="AE25,AD25,AD22,AF21,AC22,AE21,AF15,AF16" *) inout reg[7:0] DB;
        //液晶数据接口接在 DE2-115 的扩展接口 GPIO11～GPIO25
(* chip_pin="AC15" *) output reg rs;
(* chip_pin="Y17" *) output rw;
```

```
(* chip_pin="Y16" *) output en;
 reg clk1k;
 reg [15:0] count;
 reg [5:0] state;

 parameter  s0=6'h00;
 parameter  s1=6'h01;
 parameter  s2=6'h02;
 parameter  s3=6'h03;
 parameter  s4=6'h04;
 parameter  s5=6'h05;

 parameter  d0=6'h10;  parameter  d1=6'h11;
 parameter  d2=6'h12;  parameter  d3=6'h13;
 parameter  d4=6'h14;  parameter  d5=6'h15;
 parameter  d6=6'h16;  parameter  d7=6'h17;
 parameter  d8=6'h18;  parameter  d9=6'h19;
 parameter  d10=6'h20;  parameter  d11=6'h21;
 parameter  d12=6'h22;  parameter  d13=6'h23;
 parameter  d14=6'h24;  parameter  d15=6'h25;
 parameter  d16=6'h26;  parameter  d17=6'h27;
 parameter  d18=6'h28;  parameter  d19=6'h29;

assign  rst=1'b1;
assign  psb=1'b1;
assign  rw=1'b0;

always @(posedge clk50m)
begin
  if(count==16'd24999)
  begin clk1k<=~clk1k; count<=0; end    //得到 1kHz 时钟信号
  else begin  count<=count+1; end
end
assign  en=clk1k;          //en 使能信号

always @(posedge clk1k)
begin
 case(state)
          s0:   begin  rs<=0; DB<=8'h30; state<=s1; end
          s1:   begin  rs<=0; DB<=8'h0c; state<=s2; end  //全屏显示
          s2:   begin  rs<=0; DB<=8'h06; state<=s3; end
              //写一个字符后地址指针自动加 1
          s3:   begin  rs<=0; DB<=8'h01; state<=s4; end  //清屏
          s4:   begin  rs<=0; DB<=8'h80; state<=d0;end   //第 1 行地址
              //显示汉字,不同的驱动芯片,汉字的编码会有所不同,具体应查芯片手册
          d0:   begin  rs<=1; DB<=8'haa; state<=d1; end  //数
          d1:   begin  rs<=1; DB<=8'hfd; state<=d2; end
```

```
            d2:  begin rs<=1; DB<=8'hb7; state<=d3; end  //字
            d3:  begin rs<=1; DB<=8'hb6; state<=d4; end
            d4:  begin rs<=1; DB<=8'haf; state<=d5; end  //系
            d5:  begin rs<=1; DB<=8'h55; state<=d6; end
            d6:  begin rs<=1; DB<=8'had; state<=d7; end  //统
            d7:  begin rs<=1; DB<=8'h53; state<=d8; end
            d8:  begin rs<=1; DB<=8'ha9; state<=d9; end  //设
            d9:  begin rs<=1; DB<=8'he8; state<=d10; end
            d10: begin rs<=1; DB<=8'hdc; state<=d11; end //计
            d11: begin rs<=1; DB<=8'ha6; state<=s5; end

            s5:  begin rs<=0; DB<=8'h90; state<=d12;end  //第 2 行地址
            d12: begin rs<=1; DB<="f"; state<=d13; end
            d13: begin rs<=1; DB<="p"; state<=d14; end
            d14: begin rs<=1; DB<="g"; state<=d15; end
            d15: begin rs<=1; DB<="a"; state<=d16; end
            d16: begin rs<=1; DB<=8'h26; state<=d17; end //F
            d17: begin rs<=1; DB<=8'h30; state<=d18; end //P
            d18: begin rs<=1; DB<=8'h27; state<=d19; end //G
            d19: begin rs<=1; DB<=8'h21; state<=s4;  end //A
            default:state<=s0;
           endcase
    end
    endmodule
```

5. 实现字符的动态显示

以下的例 7.5 实现了字符的动态显示，显示效果为逐行显示字符“fpga!”，显示一行后清屏，然后到下一行重复显示，以此类推，同样采用了状态机设计。

【例 7.5】 控制点阵液晶 LCD12864B，实现字符的动态显示。

```
//------------------------------------------------------
//驱动 LCD12864B 液晶,实现字符的动态显示,LCD12864B 液晶接至 DE2-115 通用扩展接口 GPIO
//------------------------------------------------------
module lcd12864mv(rst,psb,clk50m,rs, rw,en,DB);
(* chip_pin="AE16" *)output rst;
(* chip_pin="AE24" *)output psb;
(* chip_pin="Y2" *)input clk50m;
(* chip_pin="AE25,AD25,AD22,AF21,AC22,AE21,AF15,AF16" *) inout reg[7:0] DB;
       //液晶数据接口接在 DE2-115 的扩展接口 GPIO11～GPIO25
(* chip_pin="AC15" *) output reg rs;
(* chip_pin="Y17" *) output rw;
(* chip_pin="Y16" *) output en;
reg clk10hz;
reg [31:0] count;
reg [7:0] state;

parameter  s0=8'h00;  parameter  s1=8'h01;
```

```
parameter  s2=8'h02;  parameter  s3=8'h03;
parameter  s4=8'h04;  parameter  s5=8'h05;
parameter  s6=8'h06;  parameter  s7=8'h07;
parameter  s8=8'h08;  parameter  s9=8'h09;
parameter  s10=8'h0a;

parameter  d01=8'h11;  parameter  d02=8'h12;
parameter  d03=8'h13;  parameter  d04=8'h14;
parameter  d05=8'h15;
parameter  d11=8'h21;  parameter  d12=8'h22;
parameter  d13=8'h23;  parameter  d14=8'h24;
parameter  d15=8'h25;
parameter  d21=8'h31;  parameter  d22=8'h32;
parameter  d23=8'h33;  parameter  d24=8'h34;
parameter  d25=8'h35;
parameter  d31=8'h41;  parameter  d32=8'h42;
parameter  d33=8'h43;  parameter  d34=8'h44;
parameter  d35=8'h45;

assign  rst=1'b1;
assign  psb=1'b1;
assign  rw=1'b0;

always @(posedge clk50m)
begin
 if(count==32'd4999999)
 begin clk10hz<=~clk10hz; count<=0; end    //得到10Hz时钟信号
 else begin  count<=count+1; end
end
assign  en=clk10hz;   //en使能信号

always @(posedge clk10hz)
begin
 case(state)
          s0:   begin  rs<=0; DB<=8'h30; state<=s1; end
          s1:   begin  rs<=0; DB<=8'h0c; state<=s2; end  //全屏显示
          s2:   begin  rs<=0; DB<=8'h06; state<=s3; end
              //写一个字符后地址指针自动加1
          s3:   begin  rs<=0; DB<=8'h01; state<=s4; end  //清屏
          s4:   begin  rs<=0; DB<=8'h80; state<=d01;end  //第1行地址

          d01:  begin  rs<=1; DB<="f"; state<=d02; end
          d02:  begin  rs<=1; DB<="p"; state<=d03; end
          d03:  begin  rs<=1; DB<="g"; state<=d04; end
          d04:  begin  rs<=1; DB<="a"; state<=d05; end
          d05:  begin  rs<=1; DB<=8'h41; state<=s5; end //!
```

```
        s5:  begin  rs<=0; DB<=8'h01; state<=s6; end  //清屏
        s6:  begin  rs<=0; DB<=8'h90; state<=d11;end  //第 2 行地址

        d11:  begin  rs<=1; DB<="f"; state<=d12; end
        d12:  begin  rs<=1; DB<="p"; state<=d13; end
        d13:  begin  rs<=1; DB<="g"; state<=d14; end
        d14:  begin  rs<=1; DB<="a"; state<=d15; end
        d15:  begin  rs<=1; DB<=8'h41; state<=s7;end //!

        s7:  begin  rs<=0; DB<=8'h01; state<=s8; end  //清屏
        s8:  begin  rs<=0; DB<=8'h88; state<=d21;end  //第 3 行地址

        d21:  begin  rs<=1; DB<="f"; state<=d22; end
        d22:  begin  rs<=1; DB<="p"; state<=d23; end
        d23:  begin  rs<=1; DB<="g"; state<=d24; end
        d24:  begin  rs<=1; DB<="a"; state<=d25; end
        d25:  begin  rs<=1; DB<=8'h41; state<=s9;end //!

        s9:  begin  rs<=0; DB<=8'h01; state<=s10;end  //清屏
        s10:  begin  rs<=0; DB<=8'h98; state<=d31;end  //第 4 行地址

        d31:  begin  rs<=1; DB<="f"; state<=d32; end
        d32:  begin  rs<=1; DB<="p"; state<=d33; end
        d33:  begin  rs<=1; DB<="g"; state<=d34; end
        d34:  begin  rs<=1; DB<="a"; state<=d35; end
        d35:  begin  rs<=1; DB<=8'h41; state<=s3;end //!

        default:state<=s0;
      endcase
  end
  endmodule
```

需注意的是，液晶属于慢显示设备，每次操作之前都应通过其状态寄存器判断其是否处在忙状态，如果处在忙状态，则对任何操作都无反应。

7.5 VGA 显示器

本节基于 DE2-115，采用 FPGA 器件实现 VGA 彩条信号和图像的显示。

7.5.1 VGA 显示原理与时序

1. DE2-115 的 FPGA 与 VGA 接口电路

DE2-115 实验板包含一个用于 VGA 视频输出的 15 引脚 D-SUB 接头。VGA 同步信号直接由 Cyclone IV E FPGA 所驱动，AD（Analog Device）公司的 ADV7123 三通道 10 位（仅取高 8 位连接到 FPGA）高速视频 DAC 芯片用来将输出的数字信号转换为模拟信号（R、G、B）。芯片可支持的分辨率为 SVGA 标准（1280×1024），带宽达 100MHz。FPGA 与 VGA 接口间的连接示意图如图 7.8 所示。

经 ADV7123 完成 D/A 转换后的视频、图像信号通过 15 脚的 D-SUB 接口输出至显示器，ADV7123 需要的消隐信号 VGA_BLANK、同步信号 VGA_SYNC 及时钟信号 VGA_CLK 也直接来自 FPGA 芯片；输出到 VGA 显示器的水平同步信号 VGA_HS 和垂直同步信号 VGA_VS 也需要由 FPGA 芯片提供。

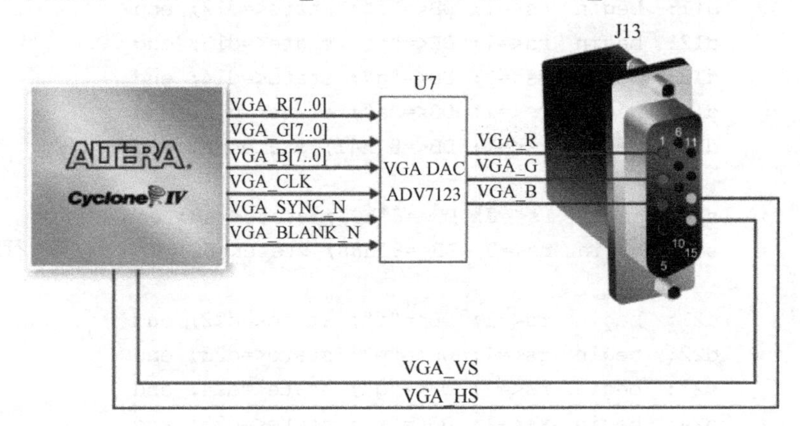

图 7.8 FPGA 与 VGA 接口间的连接示意图

2. VGA 显示的原理与模式

VGA（Video Graphics Array）是 IBM 在 1987 年随 PS2 机一起推出的一种视频传输标准，具有分辨率高、显示速率高、颜色丰富等优点，在彩色显示领域得到了广泛的应用。

FPGA 中存储的图像通过 VGA 接口（也称 D-SUB 接口）传输到显示器进行显示。显示器一般可分为两种：模拟 CRT 显示器和数字显示器（包括 LCD 液晶、DLP 等）。CRT 显示器只能接收模拟信号输入，因此以数字方式生成的图像信息，必须经数模转换器转换为 R、G、B 三原色信号和行、场同步信号，再经 VGA 接口送到相应的处理电路，驱动控制显像管生成图像；而对于 LCD、DLP 等数字显示设备，显示设备中需配置相应的 A/D 转换器，将模拟信号再转换为数字信号，在经过 D/A 和 A/D 的两次转换后，不可避免地造成一些图像细节的损失。

CRT 显示器的原理是采用光栅扫描方式，即轰击荧光屏的电子束在 CRT 显示器上从左到右、从上到下做有规律的移动，其水平移动受水平同步信号 HSYNC 控制，垂直移动受垂直同步信号 VSYNC 控制。扫描方式多采用逐行扫描。完成一行扫描的时间称为水平扫描时间，其倒数称为行频率；完成一帧（整屏）扫描的时间称为垂直扫描时间，其倒数称为场频，又称刷新率。

VGA 显示的时序可以用图 7.9 表示，不管是行信号还是场信号，其一个周期都可以分为 4 个区间：同步头区间 a；同步头结束与有效视频信号开始之间的时间间隔，即后沿（Back Porch）b；有效视频信号显示时间 c；有效视频显示结束与下一个同步头开始之间的时间间隔，即前沿（Front Porch）d。

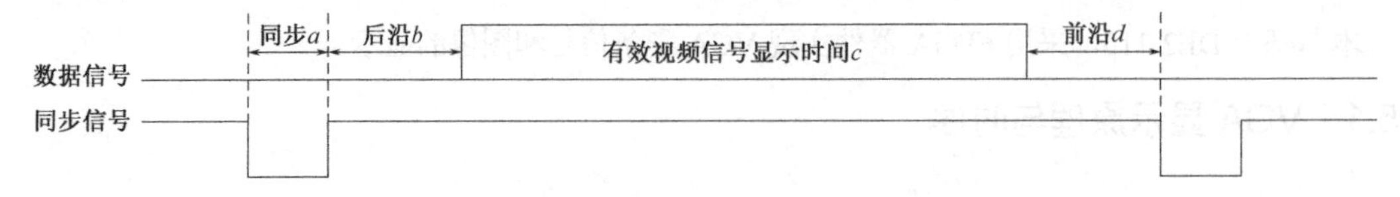

图 7.9 VGA 显示的时序

低电平有效信号指示了上一扫行的结束和新扫行的开始。随之而来的便是行扫后沿，这期间的 RGB 输入是无效的。紧接着是行显示区间，这期间的 RGB 信号将在显示器上逐点显示出来。最后是持续特定时间的行显示前沿，这期间的 RGB 信号也是无效的。场同步信号的时序完全类似，只不过场同步脉冲指示某一帧的结束和下一帧的开始，消隐期长度的单位不再是像素，而是行数（参考行时序）。

在不同的 VGA 显示模式下，上面的 *a*、*b*、*c*、*d* 时间参数是不同的，表 7.10 和表 7.11 所示为不同 VGA 模式下行和场同步时间参数。

表 7.10　不同 VGA 模式下的行同步时间参数

VGA 模式		行同步时间参数				
配　置	分 辨 率	*a*/μs	*b*/μs	*c*/μs	*d*/μs	像素时钟/MHz
VGA(60Hz)	640×480	3.8	1.9	25.4	0.6	25(640/c)
VGA(80Hz)	640×480	1.6	2.2	17.8	1.6	36(640/c)
SVGA(60Hz)	800×600	3.2	2.2	20	1	40(800/c)
SVGA(75Hz)	800×600	1.6	3.2	16.2	0.3	49(800/c)
SVGA(85Hz)	800×600	1.1	2.7	14.2	0.6	56(800/c)
XGA(60Hz)	1024×768	2.1	2.5	15.8	0.4	65(1024/c)
XGA(70Hz)	1024×768	1.8	1.9	9.7	0.3	75(1024/c)
XGA(85Hz)	1024×768	1.0	2.2	10.8	0.5	95(1024/c)
1280×1024(60Hz)	1280×1024	1.0	2.3	11.9	0.4	108(1280/c)

表 7.11　不同 VGA 模式下的场同步时间参数

VGA 模式		场同步时间参数			
配　置	分 辨 率	*a*/行	*b*/行	*c*/行	*d*/行
VGA(60Hz)	640×480	2	33	480	10
VGA(80Hz)	640×480	3	25	480	1
SVGA(60Hz)	800×600	4	23	600	1
SVGA(75Hz)	800×600	3	21	600	1
SVGA(85Hz)	800×600	3	27	600	1
XGA(60Hz)	1024×768	6	29	768	3
XGA(70Hz)	1024×768	6	29	768	3
XGA(85Hz)	1024×768	3	36	768	1
1280×1024(60Hz)	1280×1024	3	38	1024	1

3. 标准 VGA 显示模式与时序

下面以标准 VGA 显示模式（640×480@60Hz）为例进行更为详细的介绍。标准 VGA 显示模式要求的时钟频率如下。

时钟频率（Clock Frequency）：25.175MHz（像素输出的频率）；

行频（Line Frequency）：31 469Hz；

场频（Field Frequency）：59.94Hz（每秒图像刷新频率）。

在显示时，VGA 显示器从屏幕的左上角开始扫描，先扫完一行（640 个像素点）到最右边，再回到最左边（期间 CRT 对电子束进行行消隐）换下一行，继续扫描，直到扫描到屏幕的右下角（共 480 行），这样就扫描完一帧图像。然后，再回到屏幕左上角（期间 CRT 对电子束进行场消隐），开始下一帧图像的扫描。在标准 VGA 模式（640×480@60Hz）下，每秒必须扫描 60 帧，每个像素点的扫描周期大约为 40ns。

标准 VGA 显示模式行、场扫描的时序分别如图 7.10 和图 7.11 所示。具体的时序要求，即时间间隔分别如表 7.12 和表 7.13 所示。

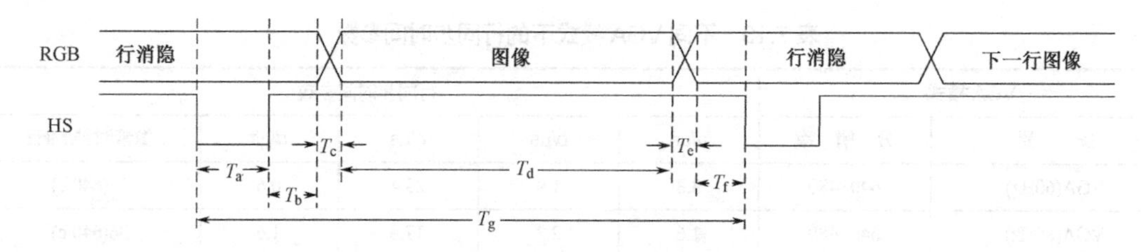

图 7.10　标准 VGA 显示模式行扫描的时序

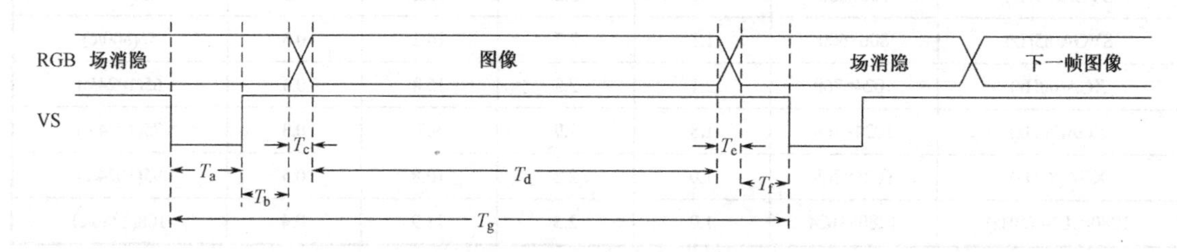

图 7.11　标准 VGA 显示模式场扫描的时序

表 7.12　标准 VGA 显示模式行扫描时序要求（单位：像素，即输出一个像素 Pixel 的时间间隔）

		行同步头			行图像		行周期
对应位置	H_Tf	H_Ta	H_Tb	H_Tc	H_Td	H_Te	H_Tg
时间/像素	8	96	40	8	640	8	800

表 7.13　标准 VGA 显示模式场扫描时序要求（单位：行，即输出一行 Line 的时间间隔）

		场同步头			场图像		场周期
对应位置	V_Tf	V_Ta	V_Tb	V_Tc	V_Td	V_Te	V_Tg
时间/行	2	2	25	8	480	8	525

4．SVGA 显示模式与时序

本节要实现的显示模式采用 SVGA 显示模式（800×600@72Hz），该模式的时钟频率如下。

时钟频率（Clock Frequency）：50MHz（像素频率，每个像素 20.0ns）；

行频（Line Frequency）：48.077kHz（20.8μs/line）；

场频（Field Frequency）：72.188Hz（13.9ms/frame）。

SVGA 显示模式（800×600@72Hz）行、场扫描的时序要求，即时间间隔分别如表 7.14 和表 7.15 所示。

表 7.14　SVGA 显示模式（800×600@72Hz）行扫描的时序要求（单位：像素）

		行同步头			行图像		行周期
对应位置	H_Tf	H_Ta	H_Tb	H_Tc	H_Td	H_Te	H_Tg
时间/像素	56	120	64	0	800	0	1040

表 7.15　SVGA 显示模式（800×600@72Hz）场扫描的时序要求（单位：行）

		场同步头			场图像		场周期
对应位置	V_Tf	V_Ta	V_Tb	V_Tc	V_Td	V_Te	V_Tg
时间/行	37	6	23	0	600	0	666

5．D-SUB 接口

来自 Cyclone IV E FPGA 器件的 VGA 同步信号、数据信号通过 ADV7123 变为模拟信号，然后通过 D-SUB 接口输出至 VGA 显示器进行图像和视频的显示。D-SUB 接口是 VGA 显示设备的通用信号接口，从外形上看，D-SUB 接口是一种 D 形接口（如图 7.12 所示），上面共有 15 个针孔，分成 3 排，每排 5 个，其序号排列从上到下、从右到左分别是 1～5 脚、6～10 脚、11～15 脚（按倒梯形来看）。其中，1、2、3 脚分别接红基色、绿基色、蓝基色信号；13 脚接行同步信号，14 脚接场同步信号；6、7、8、10 脚为接地端（其中，6 脚为模拟信号红的接地端，7 脚为模拟信号绿的接地端，8 脚为模拟信号蓝的接地端，10 脚为数字接地端）；5 脚为自测试端（不同厂家的定义不同）。实际中一般只需控制三基色信号（R、G、B）、行同步信号（HS）和场同步信号（VS）这 5 个信号端即可。

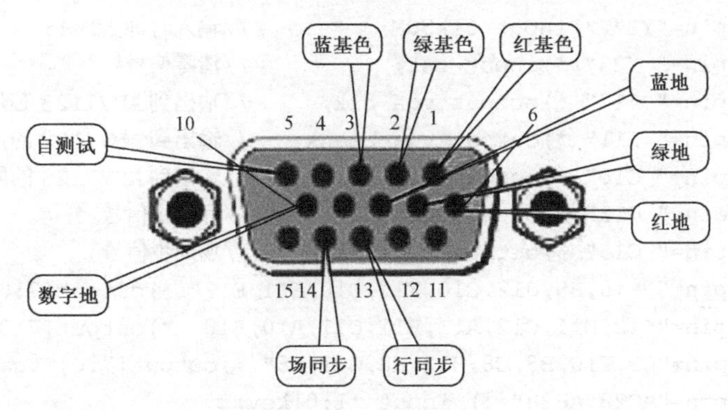

图 7.12　VGA 接口信号定义

7.5.2　VGA 彩条信号发生器

三基色信号 R、G、B 可显示 8 种颜色，表 7.16 所示为这 8 种颜色对应的编码。例 7.6 的彩条信号发生器可产生 3 种 VGA 彩条显示模式：横彩条、竖彩条和棋盘格。本例中的显示时序数据基于 SVGA 显示模式（800×600@72 Hz）计算得出，系统时钟直接采用 50MHz 时钟信号。

表 7.16　8 种颜色对应的编码

颜色	黑	蓝	红	青	绿	紫	黄	白
R	0	0	0	0	1	1	1	1
G	0	0	1	1	0	0	1	1
B	0	1	0	1	0	1	0	1

【例 7.6】　彩条信号发生器。

```
/*key：彩条选择信号，为"00"时显示竖彩条，为"01"时显示横彩条，其他情况显示棋盘格；
rgb：输出三基色；hs：行同步信号；vs：场同步信号*/
module color(clk50M,rst,vga_clk,key,hs,vs,vga_blank,vga_sync,
```

```
                    vga_r,vga_g,vga_b);
        parameter H_TA=120;
        parameter H_TB=64;
        parameter H_TC=0;
        parameter H_TD=800;
        parameter H_TE=0;
        parameter H_TF=56;
        parameter H_BLANK=H_TA+H_TB+H_TC;
        parameter H_TOTAL=H_TA+H_TB+H_TC+H_TD+H_TE+H_TF;
        parameter V_TA=6;
        parameter V_TB=23;
        parameter V_TC=0;
        parameter V_TD=600;
        parameter V_TE=0;
        parameter V_TF=37;
        parameter V_BLANK=V_TA+V_TB+V_TC;
        parameter V_TOTAL=V_TA+V_TB+V_TC+V_TD+V_TE+V_TF;
        (* chip_pin="Y2" *)input clk50M;            //输入时钟 50MHz
        (* chip_pin=" Y23" *)input rst;             //清零信号
        (* chip_pin=" A12" *)output vga_clk;        //输出到 ADV7123 芯片的时钟信号
        (* chip_pin=" F11" *)output vga_blank;      //输出到 ADV7123 的消隐信号
        (* chip_pin=" C10" *)output vga_sync;       //输出到 ADV7123 的同步信号
        (* chip_pin=" G13" *)output reg hs;         //行同步信号
        (* chip_pin=" C13" *)output reg vs;         //场同步信号
        (* chip_pin=" H10,H8,J12,G10,F12,D10,E11,E12" *)output[7:0] vga_r;
        (* chip_pin="D12,D11,C12,A11,B11,C11,A10,B10" *)output[7:0] vga_b;
        (* chip_pin="C9,F10,B8,C8,H12,F8,G11,G8" *)output[7:0] vga_g;
        (* chip_pin="AC28,AB28" *) input [1:0]key;
        reg[2:0] rgb,rgbx,rgby;
        reg[9:0] h_cont,v_cont;

        assign vga_r={8{rgb[2]}};
        assign vga_g={8{rgb[1]}};
        assign vga_b={8{rgb[0]}};
        assign  vga_clk=~clk50M;
        assign  vga_sync=1'b1;
        assign  vga_blank=~((h_cont<H_BLANK)||(v_cont<V_BLANK));

        always@(posedge clk50M)    //行计数
        begin
                if(h_cont==H_TOTAL-1) h_cont<=0;
                else h_cont<=h_cont+1'b1;
        end
        always@(posedge clk50M)
        begin
                if(h_cont<=H_TA-1)  hs<=0;    //产生行同步信号
                else hs<=1;
```

```
end
always@(negedge hs)                        //场计数
begin
        if(v_cont==V_TOTAL-1) v_cont<=0;
        else v_cont<=v_cont+1'b1;
end
always@(v_cont)
begin
        if(v_cont<=V_TA-1) vs<=0; //产生场同步信号
        else vs<=1;
end
always@(posedge clk50M)
begin                                   //竖彩条,说明显示位置及颜色
        if(h_cont<=H_TA+H_TB+H_TC-1) rgbx<=3'b000; //黑
        else if(h_cont<=H_TA+H_TB+H_TC+80-1) rgbx<=3'b001;//蓝
else if(h_cont<=H_TA+H_TB+H_TC+160-1) rgbx<=3'b010;//绿
else if(h_cont<=H_TA+H_TB+H_TC+240-1) rgbx<=3'b011;//青
else if(h_cont<=H_TA+H_TB+H_TC+320-1) rgbx<=3'b100;//红
else if(h_cont<=H_TA+H_TB+H_TC+400-1) rgbx<=3'b101;//紫
else if(h_cont<=H_TA+H_TB+H_TC+480-1) rgbx<=3'b000;//黑
else if(h_cont<=H_TA+H_TB+H_TC+560-1) rgbx<=3'b110;//黄
else if(h_cont<=H_TA+H_TB+H_TC+640-1) rgbx<=3'b111;//白
else rgbx<=3'b000;
if(v_cont<=V_TA+V_TB+V_TC-1) rgby<=3'b000; //横彩条,说明显示位置及颜色
else if(v_cont<=V_TA+V_TB+V_TC+60-1) rgby<=3'b001;
else if(v_cont<=V_TA+V_TB+V_TC+120-1) rgby<=3'b010;
else if(v_cont<=V_TA+V_TB+V_TC+180-1) rgby<=3'b011;
else if(v_cont<=V_TA+V_TB+V_TC+240-1) rgby<=3'b100;
else if(v_cont<=V_TA+V_TB+V_TC+300-1) rgby<=3'b101;
else if(v_cont<=V_TA+V_TB+V_TC+360-1) rgby<=3'b000;
else if(v_cont<=V_TA+V_TB+V_TC+420-1) rgby<=3'b110;
else if(v_cont<=V_TA+V_TB+V_TC+480-1) rgby<=3'b111;
else rgby<=3'b000;
end
always@(key)                               //按键选择条纹类型
begin
    if(key==2'b00)  rgb<=rgbx;             //横彩条
    else if(key==2'b01)  rgb<=rgby;        //竖彩条
    else rgb<=rgbx+rgby;                   //棋盘格
end
endmodule
```

7.5.3　VGA 图像显示与控制

如果 VGA 显示真彩色 BMP 图像，则需要用 R、G、B 信号各 8 位（共 24 位）表示一个像素值，多数情况下还采用 32 位表示一个像素值。为了节省存储空间，可采用高彩图像，即每个像素值用 16 位表示，R、G、B 信号分别使用 5 位、6 位、5 位，比真彩色图像数据量减少一半，同时又能满足显

示效果。本例中即采用此种方案，每个图像像素点用 16 位二进制数表示（R、G、B 信号分别用 5b、6b、5b 来表示），共可表示 2^{16} 种颜色；显示图像的尺寸为 256×256 点，图像的 R、G、B 数据预先存储在 FPGA 的片内 ROM 中，只要按照前面介绍的时序，给 VGA 显示器上对应的点赋值，就可以显示完整的图像。VGA 图像显示控制框图如图 7.13 所示。

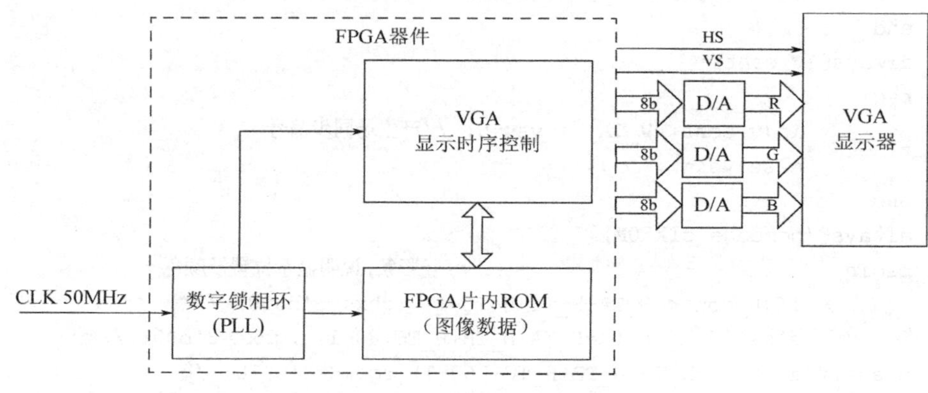

图 7.13　VGA 图像显示控制框图

1．VGA 图像数据的获取

本例显示的图像选择标准图像 LENA，如图 7.14 所示，图像的尺寸为 256×256 点，文件格式为.bmp，R、G、B 三基色信号分别采用 5b、6b、5b 表示的 LENA 图像的显示效果，与用真彩色显示的图像效果比较，直观感受没有很大的区别。图像数据从自己编写的 MATLAB 程序中得到，具体如例 7.7 所示，该程序从 lena.bmp 图像中得到 R、G、B 三基色数据并将数据写入 ROM 存储器的*.mif 文件（本例中为 lena16.mif）。

图 7.14　R、G、B 三基色信号分别采用 5b、6b、5b 表示的 LENA 图像

【例 7.7】　从 lena.bmp 图像中得到 R、G、B 三基色数据并将数据写入 lena16.mif 文件。

```
clear all;
clc;
p=imread('lena.bmp');
pr=uint16(p(:,:,1));
pg=uint16(p(:,:,2));
pb=uint16(p(:,:,3));
[pm,pn]=size(pr);
pixs=pm*pn;
c=1023;          %11,1111,1111
```

```
d=1047552;             %1111,1111,1100,0000,0000
f=240;                 %1111,0000
h=248;                 %1111,1000
% 取 R 的最高 5 位,G 的最高 6 位,B 的最高 5 位
pr_new=bitshift(pr,-3);
pg_new=bitshift(pg,-2);
pb_new=bitshift(pb,-3);
fid=fopen('C:\Verilog\VGA\lena16.mif','w');
fprintf(fid,'--Generated by MifMaker,Used by QuartusII\n\n');
fprintf(fid,'WIDTH=16;\n');
fprintf(fid,'DEPTH=%d;\n\n',pixs);
fprintf(fid,'ADDRESS_RADIX=UNS;\n');
fprintf(fid,'DATA_RADIX=UNS;\n\n');
fprintf(fid,'CONTENT BEGIN\n');
for i=1:pm
  for j=1:pn
  fprintf(fid,'\t%ld:%ld;\n',(i-1)*pn+j-1,pr_new(i,j)*2048+pg_new(i,j)
*32+pb_new(i,j));
    end
end
fprintf(fid,'END;\n');
fclose(fid);
```

存储图像的 ROM 存储单元需要 131 072 个，即地址线宽度需要 17b，数据线宽度为 16b。根据前面行、场扫描的时序要求，可设置两个计数器：一个是行扫描计数器 hcnt，进行模 1040 计数；另一个是场扫描计数器 vcnt，进行模 666 计数。行扫描计数器的驱动时钟频率（像素输出的频率）采用 50MHz。场扫描计数器以行同步信号 HS 为驱动时钟，当 HS 的下降沿到来时进行计数。设置完计数器后，即可对行图像 H_Td 和场图像 V_Td 所对应的 800×600=480 000 个点赋值。

2．VGA 图像显示顶层源程序

显示模式采用 SVGA 显示模式（800×600@72Hz），图像为 LENA 图像（图像大小设为 256×256 像素），Verilog 源程序如例 7.8 所示，程序中输入时钟 clk 采用 50MHz 作为 VGA 像素时钟，LENA 图像数据存储在 ROM 模块中，其地址宽度为 17 位，数据宽度为 16 位。程序中包含图像位置移动控制部分，可控制图像在屏幕范围内成 45° 角地移动，撞到边缘后变向，类似于屏保的显示效果。

【例 7.8】　VGA 图像显示与移动。

```
/*  引脚锁定基于 DE2-115,芯片为 EP4CE115F29C7  */
module VGA(clk50M,rst,vga_clock,vga_hs,vga_vs,vga_blank,
vga_sync,vga_r,vga_g,vga_b,vga_r0,vga_g0,vga_b0);
parameter H_TA=120;
parameter H_TB=64;
parameter H_TC=0;
parameter H_TD=800;
parameter H_TE=0;
parameter H_TF=56;
parameter H_BLANK=H_TA+H_TB+H_TC;
```

```
parameter H_TOTAL=H_TA+H_TB+H_TC+H_TD+H_TE+H_TF;
parameter LENGTH=256,WIDTH=256;
parameter V_TA=6;
parameter V_TB=23;
parameter V_TC=0;
parameter V_TD=600;
parameter V_TE=0;
parameter V_TF=37;
parameter V_BLANK=V_TA+V_TB+V_TC;
parameter V_TOTAL=V_TA+V_TB+V_TC+V_TD+V_TE+V_TF;
(* chip_pin="Y2" *)input clk50M;            //输入时钟50MHz
(* chip_pin=" AB28" *)input rst;           //清零信号
(* chip_pin=" A12" *)output vga_clock;    //输出到ADV7123芯片的时钟信号,50MHz
(* chip_pin=" F11" *)output vga_blank;    //输出到ADV7123的消隐信号
(* chip_pin=" C10" *)output vga_sync;     //输出到ADV7123的同步信号
(* chip_pin=" G13" *)output reg vga_hs;  //行同步信号
(* chip_pin=" C13" *)output reg vga_vs;  //场同步信号
(* chip_pin=" G10,F12,D10,E11,E12" *)output reg[4:0] vga_r;  //红色,5b
(* chip_pin="A11,B11,C11,A10,B10" *)output reg[4:0] vga_b;   //蓝色,5b
(* chip_pin="B8,C8,H12,F8,G11,G8" *)output reg[5:0] vga_g;   //绿色,6b
(* chip_pin="H10,H8,J12" *)output[2:0] vga_r0;
(* chip_pin="D12,D11,C12" *)output[2:0] vga_b0;
(* chip_pin="C9,F10" *)output[1:0] vga_g0;
/*  由于R、G、B分别用5b、6b、5b来表示,而DE2-115的D/A输出是10位宽度的,因此
vga_r0、vga_g0、vga_b0分别是R、G、B信号剩余不用的位,本例中接0  */
wire vga_read;
reg[16:0] address; wire[15:0] q;
reg[10:0] h_cont,v_cont;
reg[9:0] xpos,ypos;
reg[1:0] ij;
wire[4:0] ired=q[15:11];
wire[5:0] igreen=q[10:5];
wire[4:0] iblue=q[4:0];
assign  vga_sync=1'b1;
assign  vga_blank   =~((h_cont<H_BLANK)||(v_cont<V_BLANK));
assign  vga_clock   =~clk50M;
assign  vga_r0=3'h0;
assign  vga_g0=2'h0;
assign  vga_b0=3'h0;
always@(posedge clk50M or posedge rst)
begin  if(rst)
        begin   h_cont<=0; vga_hs<=1; end
        else begin
        if(h_cont<H_TOTAL)   h_cont<=h_cont+1'b1; else h_cont<=0;
        if(h_cont<=H_TA-1)   vga_hs<=1'b0; else vga_hs<=1'b1;
```

```
            end
    end
    always@(posedge vga_hs or posedge rst)
    begin   if(rst)
        begin v_cont<=0; vga_vs<=1; end
        else  begin
            if(v_cont<V_TOTAL) v_cont<=v_cont+1'b1; else v_cont<=0;
            if(v_cont<=V_TA-1)  vga_vs<=1'b0;   else vga_vs<=1'b1;
            end
    end
    always@(posedge clk50M)
    begin  if(rst) address<=17'h0;
        else begin
    if(h_cont<(xpos+H_TA+LENGTH)&&(h_cont>=xpos+H_TA)&&v_cont<
    (ypos+V_TA+V_TB+V_TC+WIDTH)&&(v_cont>=ypos++V_TA+V_TB+V_TC))
            begin
            address<=address+1;     vga_r<=ired;
            vga_g<=igreen;      vga_b<=iblue;
            end
          else  begin vga_r<=5'h0; vga_g<=6'h0;
              vga_b<=5'h0;  end
        end
    end
    always@(negedge vga_vs)
    begin  if(ij==2'b00)  begin
            xpos<=xpos+1;   ypos<=ypos+1;
            if(ypos+WIDTH==624)         ij<=2'b01;
            else if(xpos+LENGTH==880)   ij<=2'b10;  end
        else if(ij==2'b01)  begin
            xpos<=xpos+1;   ypos<=ypos-1;
            if(xpos+LENGTH==880)     ij<=2'b11;
            else if(ypos==0)         ij<=2'b00;  end
        else if(ij==2'b10)
        begin
            xpos<=xpos-1;   ypos<=ypos+1;
            if(xpos==0)     ij<=2'b00;
            else if(ypos+WIDTH==624)  ij<=2'b11;
        end
        else if(ij==2'b11)
        begin  xpos<=xpos-1;     ypos<=ypos-1;
            if(xpos==0)      ij<=2'b01;
            else if(ypos==0) ij<=2'b10;
        end
    end
            //调用 ROM 宏模块
```

```
vga_rom u1(.address(address), .clock(clk50M), .q(q));
endmodule
```

3. ROM模块的定制

LENA图像的数据存储在ROM中，ROM模块需定制，具体定制的过程可参考第3章实验与设计的相关内容，这里只做简要介绍。在Quartus Prime主界面打开IP Catalog，在Basic Functions的On Chip Memory目录下找到ROM:1-PORT模块，双击该模块，出现Save IP Variation对话框（如图7.15所示），将ROM模块命名为vga_rom，选择其语言类型为Verilog。单击Next按钮，进入图7.16所示的对话框，在此对话框中设置ROM模块的数据宽度和深度，选择数据宽度为16，深度为131 072；选择实现ROM模块的结构为Auto，同时选择读和写用同一个时钟信号。继续单击Next按钮，在图7.17所示的对话框中指定ROM模块的初始化数据文件，在当前目录下将存储LENA图像的lena16.mif文件指定给ROM模块，最后单击Finish按钮，完成定制过程。

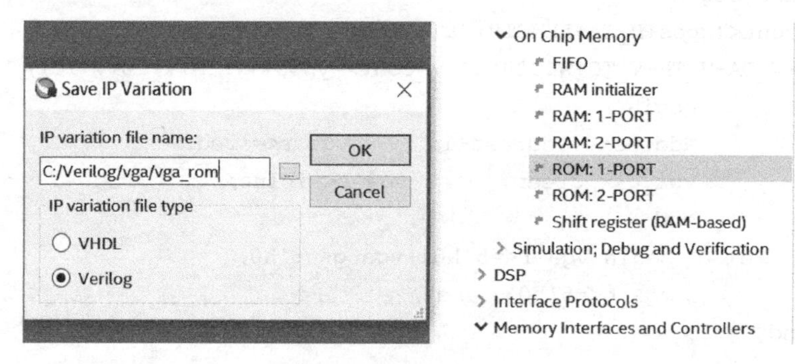

图7.15 ROM模块命名

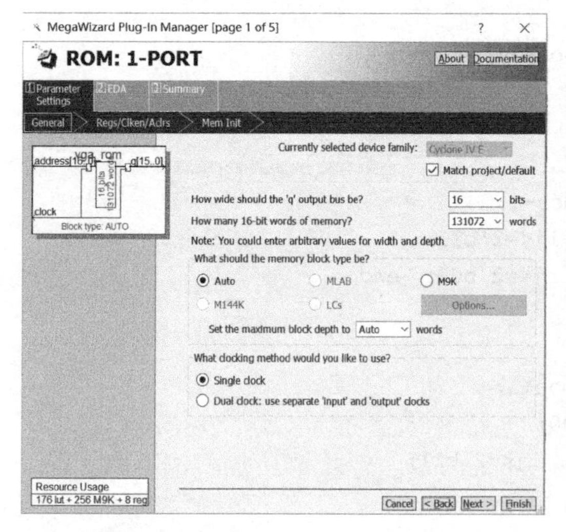

图7.16 设置ROM模块的数据宽度和深度

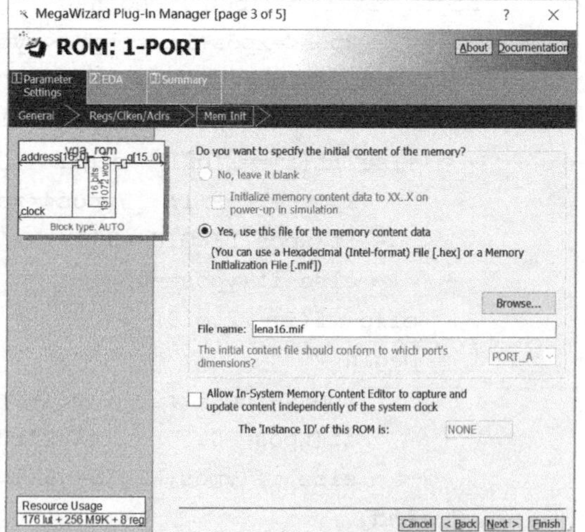

图7.17 指定ROM模块的初始化数据文件

4. 引脚锁定与下载

用Quartus Prime软件对工程进行编译，然后在DE2-115实验板上进行下载，引脚锁定如下：

Node Name	Direction	Location
clk50M	Input	PIN_Y2
rst	Input	PIN_AB28
vga_b[4]	Output	PIN_A11
vga_b[3]	Output	PIN_B11
vga_b[2]	Output	PIN_C11
vga_b[1]	Output	PIN_A10
vga_b[0]	Output	PIN_B10
vga_b0[2]	Output	PIN_D12
vga_b0[1]	Output	PIN_D11
vga_b0[0]	Output	PIN_C12
vga_blank	Output	PIN_F11
vga_clock	Output	PIN_A12
vga_g[5]	Output	PIN_B8
vga_g[4]	Output	PIN_C8
vga_g[3]	Output	PIN_H12

Node Name	Direction	Location
vga_g[2]	Output	PIN_F8
vga_g[1]	Output	PIN_G11
vga_g[0]	Output	PIN_G8
vga_g0[1]	Output	PIN_C9
vga_g0[0]	Output	PIN_F10
vga_hs	Output	PIN_G13
vga_r[4]	Output	PIN_G10
vga_r[3]	Output	PIN_F12
vga_r[2]	Output	PIN_D10
vga_r[1]	Output	PIN_E11
vga_r[0]	Output	PIN_E12
vga_r0[2]	Output	PIN_H10
vga_r0[1]	Output	PIN_H8
vga_r0[0]	Output	PIN_J12
vga_sync	Output	PIN_C10
vga_vs	Output	PIN_C13

将 VGA 显示器接到 DE2-115 平台。clk50M 接 50MHz 晶体输入（引脚 Y2），拨动开关 SW0 作为 rst 复位信号，rst 为高电平时，系统复位；rst 为低电平时，在显示器上可观察到图像的显示效果。

7.6 乐曲演奏电路

在本节中，采用 FPGA 器件驱动小扬声器构成一个乐曲演奏电路，演奏的乐曲选择“梁祝”片段，其曲谱如下：

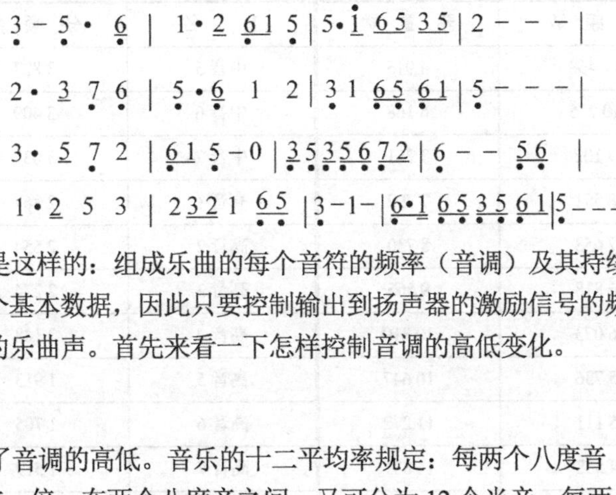

3 – 5 • 6 | 1 • 2 6 1 5 | 5 • 1 6 5 3 5 | 2 – – – |

2 • 3 7 6 | 5 • 6 1 2 | 3 1 6 5 6 1 | 5 – – – |

3 • 5 7 2 | 6 1 5 – 0 | 3 5 3 5 6 7 2 | 6 – – 5 6 |

1 • 2 5 3 | 2 3 2 1 6 5 | 3 – 1 – | 6 • 1 6 5 3 5 6 1 | 5 – – – |

乐曲演奏的原理是这样的：组成乐曲的每个音符的频率（音调）及其持续的时间（音长）是乐曲能连续演奏所需的两个基本数据，因此只要控制输出到扬声器的激励信号的频率和持续的时间，就可以使扬声器发出连续的乐曲声。首先来看一下怎样控制音调的高低变化。

1．音调的控制

频率的高低决定了音调的高低。音乐的十二平均率规定：每两个八度音（如简谱中的中音 1 与高音 1）之间的频率相差一倍。在两个八度音之间，又可分为 12 个半音，每两个半音的频率比为 $\sqrt[12]{2}$ 。另外，音名 A（简谱中的低音 6）的频率为 440Hz，音名 B 到 C 之间、E 到 F 之间为半音，其余为全音。由此可以计算出简谱中从低音 1 至高音 1 之间音名与频率的关系，如表 7.17 所示。

表 7.17 简谱中的音名与频率的关系

音　名	频　率/Hz	音　名	频　率/Hz	音　名	频　率/Hz
低音 1	261.6	中音 1	523.3	高音 1	1046.5
低音 2	293.7	中音 2	587.3	高音 2	1174.7
低音 3	329.6	中音 3	659.3	高音 3	1319.5
低音 4	349.2	中音 4	699.5	高音 4	1396.9
低音 5	392	中音 5	784	高音 5	1568
低音 6	440	中音 6	880	高音 6	1760
低音 7	493.9	中音 7	987.8	高音 7	1975.5

所有不同频率的信号都是由同一个基准频率分频得到的。由于音阶频率多为非整数，而分频数又不能为小数，故必须将计算得到的分频数四舍五入取整。若基准频率过低，则由于分频数太小，四舍五入取整后的误差较大；若基准频率过高，则虽然误差变小，但分频数将变大。实际的设计综合考虑这两个方面的因素，在尽量减小频率误差的前提下取合适的基准频率。本例中选取 6MHz 为基准频率。若无 6MHz 的时钟频率，则可以通过分频得到 6MHz（或近似 6MHz），或者换一个新的基准频率。实际上，只要各个音名间的相对频率关系不变，C 作 1 与 D 作 1 演奏出的音乐听起来都不会走调。

本例需要演奏的是“梁祝”乐曲，该乐曲各音阶频率对应的分频数及预置数如表 7.18 所示。为了减小输出的偶次谐波分量，最后输出到扬声器的波形应为对称方波，因此在到达扬声器之前有一个二分频的分频器。表 7.18 中的分频数就是在 6MHz 频率二分频得到的 3MHz 频率基础上计算得出来的。如果用正弦波代替方波来驱动扬声器，将会有更好的效果。

从表 7.18 可以看出，最大的分频数为 11 468，故采用 14 位二进制计数器分频可满足需要。在表 7.18 中，除给出了分频数以外，还给出了对应于不同音阶频率的计数器不同的预置数。对于不同的分频数，只要加载不同的预置数即可，对于乐曲中的休止符，只要将分频数设为 0，即初始值为 $2^{14}-1=16\,383$ 即可，此时扬声器将不会发声。采用加载预置数实现分频的方法比采用反馈复零法节省资源，实现起来也容易一些。

表 7.18　各音阶频率对应的分频数及预置数（从 3MHz 频率计算得出）

音　名	分 频 数	预 置 数	音　名	分 频 数	预 置 数
低音 1	11 468	4 915	中音 5	3 827	12 556
低音 2	10 215	6 168	中音 6	3 409	12 974
低音 3	9 102	7 281	中音 7	3 037	13 346
低音 4	8 591	7 792	高音 1	2 867	13 516
低音 5	7 653	8 730	高音 2	2 554	13 829
低音 6	6 818	9 565	高音 3	2 274	14 109
低音 7	6 073	10 310	高音 4	2 148	14 235
中音 1	5 736	10 647	高音 5	1 913	14 470
中音 2	5 111	11 272	高音 6	1 705	14 678
中音 3	4 552	11 831	高音 7	1 519	14 864
中音 4	4 289	12 094	休止符	0	16 383

2. 音长的控制

音符的持续时间根据乐曲的速度及每个音符的节拍数来确定。本例演奏的“梁祝”片段，最短的音符为四分音符，如果将全音符的持续时间设为 1s，则只需要再提供一个 4Hz 的时钟频率即可产生四分音符的时长。

图 7.18 所示为乐曲演奏电路的原理框图，其中，曲谱产生电路用来控制音乐的音调和音长。控制音调通过设置计数器的预置数来实现，预置不同的数值就可以使计数器产生不同频率的信号，从而产生不同的音调。控制音长是通过控制计数器预置数的停留时间来实现的，预置数停留的时间越长，该音符演奏的时间就越长。每个音符的演奏时间都是 0.25s 的整数倍，对于节拍较长的音符，如二分音符，在记谱时将该音名连续记录两次即可。

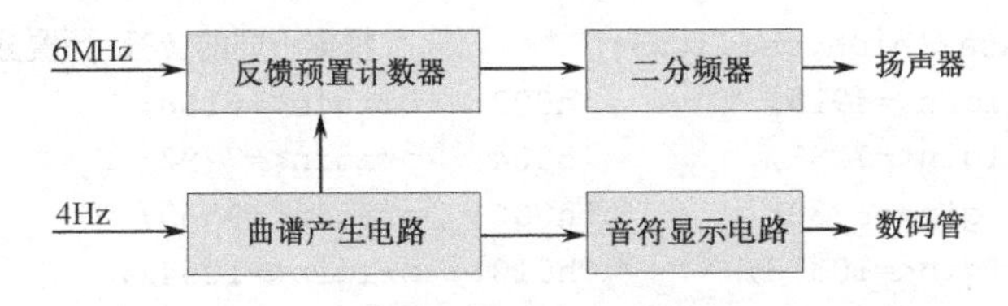

图 7.18　乐曲演奏电路的原理框图

音符显示电路用来显示乐曲演奏时对应的音符。可用数码管显示音符，实现演奏的动态显示。在本例中，HIGH[3:0]、MED[3:0]、LOW[3:0]等信号分别用于显示高音音符、中音音符和低音音符。为了使演奏能循环进行，需要另外设置一个时长计数器，当乐曲演奏完成时，保证能自动从头开始演奏。演奏电路的描述如例 7.9 所示。

【例 7.9】 “梁祝”乐曲演奏电路。

```
/*  引脚锁定基于 DE2-115,芯片为 EP4CE115F29C7  */
module song(clk50m,speaker,high_7s,med_7s,low_7s);
(* chip_pin="Y2" *) input clk50m;              //输入时钟 50MHz
(* chip_pin="AC15" *) output reg speaker;     //锁至 GPIO[0]引脚
                    //用于激励扬声器的输出信号,本例中为方波信号
(* chip_pin="W28,W27,Y26,W26,Y25,AA26,AA25" *) output[6:0] high_7s;
                    //用数码管 HEX2 显示高音音符
(* chip_pin="U24,U23,W25,W22,W21,Y22,M24" *) output[6:0] med_7s;
                    //用数码管 HEX1 显示中音音符
(* chip_pin="H22,J22,L25,L26,E17,F22,G18" *) output[6:0] low_7s;
                    //用数码管 HEX0 显示低音音符
reg clk_6mhz;       //用于产生各种音阶频率的基准频率
reg clk_4hz;        //用于控制音长（节拍）的时钟频率
reg[13:0] divider,origin; reg carry;
reg[7:0] counter; reg[3:0] high,med,low;
reg[2:0] count8;reg[19:0] count20;
always @(posedge clk50m)      //从 50MHz 分频得到 6MHz 时钟(实际为 6.25MHz)
    begin if(count8==7) begin count8<=0;clk_6mhz<=1; end
            else  begin count8<=count8+1;clk_6mhz<=0;end
end
always @(posedge clk_6mhz)   //从 6MHz 时钟分频得到 4Hz 时钟
    begin
        if(count20==781250)
            begin clk_4hz<=~clk_4hz;count20<=0; end
        else    count20<=count20+1;
    end
always @(posedge clk_6mhz)              //通过预置数,改变分频数
    begin   if(divider==16383)
            begin carry<=1;divider<=origin;end
            else  begin divider<=divider+1;carry<=0; end
end
always @(posedge carry)
begin speaker<=~speaker;end             //二分频得到方波信号
always @(posedge clk_4hz)
```

```
  begin  case({high,med,low})              //根据不同的音符,预置分频数
 'h001:  origin<=4915;        'h002:  origin<=6168;
 'h003:  origin<=7281;        'h004:  origin<=7792;
 'h005:  origin<=8730;        'h006:  origin<=9565;
 'h007:  origin<=10310;       'h010:  origin<=10647;
 'h020:  origin<=11272;       'h030:  origin<=11831;
 'h040:  origin<=12094;       'h050:  origin<=12556;
 'h060:  origin<=12974;       'h070:  origin<=13346;
 'h100:  origin<=13516;       'h200:  origin<=13829;
 'h300:  origin<=14109;       'h400:  origin<=14235;
 'h500:  origin<=14470;       'h600:  origin<=14678;
 'h700:  origin<=14864;       'h000:  origin<=16383;
endcase
  end
always @(posedge clk_4hz)
  begin
if(counter==134)     counter<=0;       //计时,以实现循环演奏
else                 counter<=counter+1;
case(counter)
0:   {high,med,low}<='h003;            //低音 3
1:   {high,med,low}<='h003;            //持续 4 个节拍
2:   {high,med,low}<='h003;
3:   {high,med,low}<='h003;
4:   {high,med,low}<='h005;            //低音 5
5:   {high,med,low}<='h005;            //持续 3 个节拍
6:   {high,med,low}<='h005;
7:   {high,med,low}<='h006;            //低音 6
8:   {high,med,low}<='h010;            //中音 1
9:   {high,med,low}<='h010;            //持续 3 个节拍
10:  {high,med,low}<='h010;
11:  {high,med,low}<='h020;            //中音 2
12:  {high,med,low}<='h006;            //低音 6
13:  {high,med,low}<='h010;
14:  {high,med,low}<='h005;
15:  {high,med,low}<='h005;
16:  {high,med,low}<='h050;            //中音 5
17:  {high,med,low}<='h050;
18:  {high,med,low}<='h050;
19:  {high,med,low}<='h100;            //高音 1
20:  {high,med,low}<='h060;        21:  {high,med,low}<='h050;
22:  {high,med,low}<='h030;        23:  {high,med,low}<='h050;
24:  {high,med,low}<='h020;        25:  {high,med,low}<='h020;
26:  {high,med,low}<='h020;        27:  {high,med,low}<='h020;
28:  {high,med,low}<='h020;        29:  {high,med,low}<='h020;
30:  {high,med,low}<='h000;        31:  {high,med,low}<='h000;
32:  {high,med,low}<='h020;        33:  {high,med,low}<='h020;
34:  {high,med,low}<='h020;        35:  {high,med,low}<='h030;
```

```
36: {high,med,low}<='h007;      37: {high,med,low}<='h007;
38: {high,med,low}<='h006;      39: {high,med,low}<='h006;
40: {high,med,low}<='h005;      41: {high,med,low}<='h005;
42: {high,med,low}<='h005;      43: {high,med,low}<='h006;
44: {high,med,low}<='h010;      45: {high,med,low}<='h010;
46: {high,med,low}<='h020;      47: {high,med,low}<='h020;
48: {high,med,low}<='h003;      49: {high,med,low}<='h003;
50: {high,med,low}<='h010;      51: {high,med,low}<='h010;
52: {high,med,low}<='h006;      53: {high,med,low}<='h005;
54: {high,med,low}<='h006;      55: {high,med,low}<='h010;
56: {high,med,low}<='h005;      57: {high,med,low}<='h005;
58: {high,med,low}<='h005;      59: {high,med,low}<='h005;
60: {high,med,low}<='h005;      61: {high,med,low}<='h005;
62: {high,med,low}<='h005;      63: {high,med,low}<='h005;
64: {high,med,low}<='h030;      65: {high,med,low}<='h030;
66: {high,med,low}<='h030;      67: {high,med,low}<='h050;
68: {high,med,low}<='h007;      69: {high,med,low}<='h007;
70: {high,med,low}<='h020;      71: {high,med,low}<='h020;
72: {high,med,low}<='h006;      73: {high,med,low}<='h010;
74: {high,med,low}<='h005;      75: {high,med,low}<='h005;
76: {high,med,low}<='h005;      77: {high,med,low}<='h005;
78: {high,med,low}<='h000;      79: {high,med,low}<='h000;
80: {high,med,low}<='h003;      81: {high,med,low}<='h005;
82: {high,med,low}<='h005;      83: {high,med,low}<='h003;
84: {high,med,low}<='h005;      85: {high,med,low}<='h006;
86: {high,med,low}<='h007;      87: {high,med,low}<='h020;
88: {high,med,low}<='h006;      89: {high,med,low}<='h006;
90: {high,med,low}<='h006;      91: {high,med,low}<='h006;
92: {high,med,low}<='h006;      93: {high,med,low}<='h006;
94: {high,med,low}<='h005;      95: {high,med,low}<='h006;
96: {high,med,low}<='h010;      97: {high,med,low}<='h010;
98: {high,med,low}<='h010;      99: {high,med,low}<='h020;
100:{high,med,low}<='h050;      101:{high,med,low}<='h050;
102:{high,med,low}<='h030;      103:{high,med,low}<='h030;
104:{high,med,low}<='h020;      105:{high,med,low}<='h020;
106:{high,med,low}<='h030;      107:{high,med,low}<='h020;
108:{high,med,low}<='h010;      109:{high,med,low}<='h010;
110:{high,med,low}<='h006;      111:{high,med,low}<='h005;
112:{high,med,low}<='h003;      113:{high,med,low}<='h003;
114:{high,med,low}<='h003;      115:{high,med,low}<='h003;
116:{high,med,low}<='h010;      117:{high,med,low}<='h010;
118:{high,med,low}<='h010;      119:{high,med,low}<='h010;
120:{high,med,low}<='h006;      121:{high,med,low}<='h010;
122:{high,med,low}<='h006;      123:{high,med,low}<='h005;
124:{high,med,low}<='h003;      125:{high,med,low}<='h005;
126:{high,med,low}<='h006;      127:{high,med,low}<='h010;
127:{high,med,low}<='h005;      128:{high,med,low}<='h005;
```

```
    129:{high,med,low}<='h005;        130:{high,med,low}<='h005;
    131:{high,med,low}<='h005;        132:{high,med,low}<='h005;
    133:{high,med,low}<='h000;        134:{high,med,low}<='h000;
    default: {high,med,low}<='h000;
        endcase
    end
    led7s u1(high,high_7s);           //高音音符显示
    led7s u2(med,med_7s);             //中音音符显示
    led7s u3(low,low_7s);             //低音音符显示
    endmodule
    module led7s(datain,ledout);           //七段数码管译码显示模块
    input[3:0] datain;output reg[6:0] ledout;
    always begin  case(datain)
            0:  ledout<=7'b1000000;      1:  ledout<=7'b1111001;
            2:  ledout<=7'b0100100;      3:  ledout<=7'b0110000;
            4:  ledout<=7'b0011001;      5:  ledout<=7'b0010010;
            6:  ledout<=7'b0000010;      7:  ledout<=7'b1111000;
            8:  ledout<=7'b0000000;      9:  ledout<=7'b0010000;
            10: ledout<=7'b0001000;      11: ledout<=7'b0000011;
            12: ledout<=7'b1000110;      13: ledout<=7'b0100001;
            14: ledout<=7'b0000110;      15: ledout<=7'b0001110;
            default:ledout<=7'b1000000;
        endcase end
    endmodule
```

将上面的程序编译后，基于DE2-115平台进行验证，clk50M接50MHz晶体输入（引脚Y2），speaker接到DE2-115的40脚扩展端口GPIO的AC15引脚，此引脚上外接一个扬声器，扬声器另一端接地（GPIO中有接地端），可听到乐曲的声音，同时将演奏发音相对应的高音音符、中音音符、低音音符通过数码管HEX2、HEX1、HEX0显示出来，实现动态演奏。

习　题　7

7.1　设计实现一个功能类似于74LS161的电路。

7.2　设计一个可预置的十六进制计数器，并仿真。

7.3　设计一个1101序列检测器。

7.4　用Verilog编写一个用七段数码管交替显示26个英文字母的程序，自己定义字符的形状。

7.5　设计一个乐曲演奏电路，实现乐曲“铃儿响叮当”的循环演奏，可将音符数据存于ROM模块中。

7.6　设计实现一个点唱机，在同一个ROM模块中装上多首歌曲，可手动或自动选择歌曲并播放。

7.7　设计实现一个简易电子琴，敲击不同的按键可发出相应的音调，同时将音符显示在数码管上。

7.8　设计一个IC卡电话计费器，在话卡插入后，计费器能将卡中的币值读出并显示出来，在通话过程中，根据话务种类（市话、长话和特话等）计话费并将话费从卡值中扣除，卡值余额每分钟更新一次，当卡上余额不足时产生告警信号，当告警时间达到一定长度时自动切断当前通话，计时与计费数据均以十进制形式显示。

7.9　设计一个自动售饮料机。假定每瓶饮料的售价为2.5元，可使用两种硬币，即5角、1元，

机器有找零功能。

7.10　设计十字路口交通灯控制电路。要求如下。

（1）通常主街道保持绿灯，支街道仅当有车来时才为绿灯。每当绿灯转红灯时，先亮黄灯并维持 10s，然后红灯才亮。

（2）两个方向同时有车来时，红灯、绿灯应每隔 30s 变灯一次。

（3）若仅在一个方向有车来时，做如下处理：

① 该方向原为红灯，应立即出现变灯信号；

② 该方向原为绿灯，应继续保持绿灯。

一旦另一方向有车来，就视为两个方向均有车来处理。

7.11　设计模拟乒乓球游戏。

（1）每局比赛开始之前，裁判按动每局开始发球开关，决定由其中一方首先发球，乒乓球光点即出现在发球者一方的球拍上，电路处于待发球状态；

（2）A 方与 B 方各持一个按钮开关，作为击球用的球拍，有若干光点作为乒乓球运动的轨迹。球拍按钮开关在球的一个来回中，只有第一次按动才起作用，若再次按动或持续按下不松开，将无作用。在击球时，只有在球的光点移至击球者一方的位置时，第一次按动击球按钮，击球才有效。击球无效时，电路处于待发球状态，裁判可判由哪方发球。

以上两个设计要求可由一人完成。另外可设计自动判发球、自动判球记分电路，可由另一人完成。自动判发球、自动判球记分电路的设计要求如下。

（1）自动判球记分。只要一方失球，对方记分牌上则自动加 1 分，在比分未达到 20:20 时，当一方记分达到 21 分时，即告胜利，该局比赛结束；若比分达到 20:20 以后，只有当一方净胜 2 分时，方告胜利。

（2）自动判发球。每球比赛结束，机器自动置电路于下一球的待发球状态。每方连续发球 5 次后，自动交换发球。当比分达到 20:20 以后，将每次轮换发球，直至比赛结束。

7.12　设计一个 8 位频率计，所测信号频率的范围为 1～99 999 999Hz，并将被测信号的频率在 8 个数码管上显示出来（或用字符液晶进行显示）。

7.13　设计保密数字电子锁。要求：

（1）电子锁的开锁密码为 8 位二进制码，用开关输入开锁密码；

（2）开锁密码是有序的，若不按顺序输入密码，即发出报警信号；

（3）设计报警电路，用灯光或音响报警。

7.14　设计一个 16 位移位相加乘法器，其设计思路是：乘法通过逐项移位相加来实现，根据乘数的每一位是否为 1 进行计算，若为 1，则将被乘数移位相加。

7.15　设计一个 VGA 图像显示控制器，将一幅图片显示在 VGA 显示器上，可增加必要的动画显示效果。

7.16　编写 Verilog 代码，用图形点阵液晶显示黑白图片。

实验与设计：数字跑表

1．实验要求

设计数字跑表，实现对单人和多人的精确计时。

2．实验内容

（1）数字跑表功能：计时精度为 10ms，计时范围为 59 分 59.99 秒。设置以下两种模式。模式 1：

对单人计数，能实现暂停、显示及清零功能，并在数码管上实时显示；模式 2：实现对多人的同时计时，在数码管上实时显示，并能在液晶屏上回显出 6 个时间，可控制显示。

模式 1 中设置了两个按键，即启动/暂停键和清零键，由其产生计数允许/保持和清零信号。启动/暂停键是多用途键，在“按下、松开、再按下、松开”的过程中，所起的作用分别是“启动、暂停、继续”。状态转换图如图 7.19 所示。

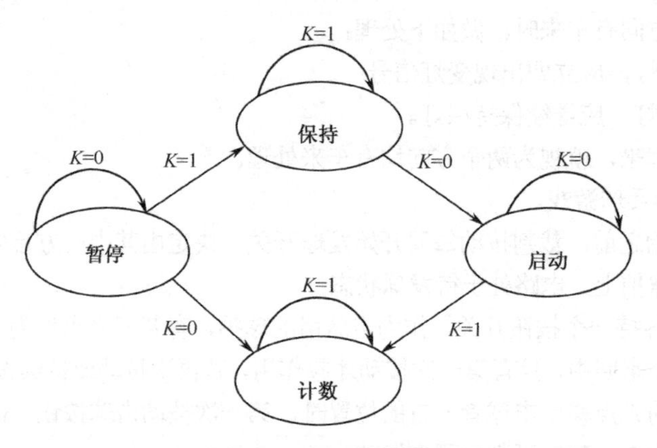

图 7.19　状态转换图

模式 2 中也设置了两个按键，分别为清零键和取时键，产生清零信号和实时中断取时信号。取时信号能够对当前时间进行显示中断却不会中断后台的继续计时，取时键在“按下、松开”的一个过程中实现对时间的实时显示。

本例的目标板基于 DE2-115，DE2-115 的时钟频率为 50MHz，因此需对 50MHz 时钟分频得到 100Hz 的计时时钟（计时精度为 10ms）。利用字符液晶对时间进行回显，每次显示两个时间，通过按键换屏，采用寄存器保存 6 个时间。液晶显示模块用状态机实现从状态设置到时间显示的功能。液晶采用 10Hz 时钟进行驱动，10Hz 时钟由 50MHz 分频得到。

（2）数字跑表分模块设计：数字跑表设置如下的子模块。

◇ 分频模块：由 50MHz 频率分频得到 100Hz 时钟，用于正常计时，精度为 10ms。

◇ 模式 1 控制模块：设置三个信号端，时钟输入、清零及计时/暂停功能。

◇ 模式 2 控制模块：设置三个信号端，时钟输入、清零及实时取时功能。

◇ 计时模块：得到毫秒低位、毫秒高位、秒低位、秒高位、分低位、分高位。

◇ 数码管译码模块：对时间的各位进行译码，并送至数码管显示。

◇ 液晶译码模块：对模式 2 中的时间进行存储译码，并送至液晶屏显示。

◇ 液晶显示模块：控制模式 2 中的时间的循环回显，并有清屏功能。

百分秒、秒和分等信号皆采用 BCD 码计数方式，根据上述设计要求，用 Verilog 对数字跑表描述如下。在例 7.10 中，仍然采用引脚属性定义语句进行引脚的锁定。

【例 7.10】 数字跑表。

```
/*  引脚锁定基于 DE2-115,芯片为 EP4CE115F29C7  */
module watch(clk50m,clr,rst,k1,k2,m,lcd_en,lcd_rw,lcd_rs,lcd_on,
lcd_bg,lcd_data,led_msl,led_msh,led_sl,led_sh,led_ml,led_mh);
(* chip_pin="Y2" *)  input clk50m;    //50MHz 时钟及其引脚锁定
(* chip_pin="AB28" *) input clr;      //时间清零信号,锁在 SW0
(* chip_pin="AC28" *)  input rst;     //液晶屏复位,锁至 SW1
```

```
(* chip_pin="M21" *) input k1;         //模式 1,锁在 KEY1 键
(* chip_pin="N21" *) input k2;         //模式 2,锁在 KEY2 键
(* chip_pin="AC27" *) input m;         //液晶屏换屏显示控制,锁至 SW2
(* chip_pin="L4" *)  output lcd_en;
(* chip_pin="M1" *)  output lcd_rw;
(* chip_pin="M2" *)  output lcd_rs;
(* chip_pin="L5" *)  output lcd_on;
(* chip_pin="L6" *)  output lcd_bg; //液晶屏控制端
(* chip_pin="M5,M3,K2,K1,K7,L2,L1,L3" *)  output[7:0] lcd_data;
                //液晶屏数据、控制信号线
(* chip_pin="H22,J22,L25,L26,E17,F22,G18" *) output[6:0] led_msl;
(* chip_pin="U24,U23,W25,W22,W21,Y22,M24" *)  output[6:0] led_msh;
(* chip_pin="W28,W27,Y26,W26,Y25,AA26,AA25" *)  output[6:0] led_sl;
(* chip_pin="Y19,AF23,AD24,AA21,AB20,U21,V21" *)  output[6:0] led_sh;
(* chip_pin="AE18,AF19,AE19,AH21,AG21,AA19,AB19" *)
 output[6:0] led_ml;
(* chip_pin="AH18,AF18,AG19,AH19,AB18,AC18,AD18" *)output[6:0] led_mh;
            //时钟分、秒、毫秒的十位及个位在数码管上的显示
wire clk100;
clk100 clk_100(clk50m,clk100,clr);
wire en;
key1 mod1(clk50m,clr,k1,en);
wire[3:0] msl,msh,sl,sh,ml,mh;
ct count(clk100,clr,en,msl,msh,sl,sh,ml,mh);
wire[3:0] omsl,omsh,osl,osh,oml,omh;
key2 mod2(clk50m,k2,clr,msl,msh,sl,sh,ml,mh,omsl,
omsh,osl,osh,oml,omh);seg seg0(omsl,led_msl);
seg seg1(omsh,led_msh);seg seg2(osl,led_sl);
seg seg3(osh,led_sh);seg seg4(oml,led_ml);
seg seg5(omh,led_mh);
wire[159:0] data_buf1,data_buf2,data_buf3;
 ctr ctr_lcd(clk50m,clr,k2,omsl,omsh,osl,osh,oml,omh,data_buf1,
data_buf2,data_buf3);
lcd_hs162 lcd_show(clk50m,rst,m,lcd_en,lcd_rw,lcd_rs,lcd_on,lcd_bg,
lcd_data,data_buf1,data_buf2,data_buf3);
endmodule
/*分频模块：由 50MHz 时钟分频出 100Hz 时钟*/
module clk100(clk50m,clk100,clr);
input clk50m,clr;  output reg clk100;
reg[18:0] cnt;
always@(posedge clk50m or negedge clr)
  begin
    if(!clr) begin cnt<=0; end
    else if(cnt==19'd250000)
        begin cnt<=0;clk100<=~clk100; end
        else cnt<=cnt+1;  end
endmodule
```

```
/*模式 1：实现对单人的计数及暂停功能；
  clr:对当前时间清零；
  k1：实现计数与暂停的转换；
  en：计数、暂停使能*/
module key1(clk,clr,k1,en);
input clk,clr,k1;
output reg en;  reg[1:0] state;
parameter s0=2'b00,s1=2'b01,s2=2'b10,s3=2'b11;
always@(posedge clk or negedge clr)
  begin
    if(!clr) begin state<=s0; en<=1'b0;end
    else  case(state)       //状态转移
          s0:begin en<=1'b0;if(k1)  begin state<=s0; end
//s1、s2:计数,en=1;   s0、s3:暂停,en=0
                    else state<=s1; end
          s1:begin en<=1'b1;if(!k1) begin state<=s1; end
                    else state<=s2; end
          s2:begin en<=1'b1;if(k1)  begin state<=s2; end
                    else state<=s3; end
          s3:begin en<=1'b0;if(!k1) begin state<=s3; end
                    else state<=s0; end
        endcase  end
endmodule
/*计时模块：实现计时功能
  clk:100Hz 时钟；
  en:计数、暂停使能；
  clr:对时间清零；
  msl、msh、sl、sh、ml、mh 分别为毫秒低位、毫秒高位、秒低位、秒高位、分低位、分高位*/
module ct(clk,clr,en,msl,msh,sl,sh,ml,mh);
input clk,clr,en;
output reg[3:0] msl,msh,sl,sh,ml,mh;  reg[18:0] q;
always@(posedge clk or negedge clr)
  begin
    if(!clr) begin q<=0;{mh,ml,sh,sl,msh,msl}<=24'h0; end
    else begin
      q<=q+1;
      if(en==1'b1) begin                  //计数使能
 if(!((q+1)%60000)) begin mh<=mh+1;{ml,sh,sl,msh,msl}<=20'h00000; end
              //60000 个时钟得 10min
 else if(!((q+1)%6000)) begin ml<=ml+1;{sh,sl,msh,msl}<=16'h0000;end
              //6000 个时钟得 1min
       else if(!((q+1)%1000)) begin sh<=sh+1;{sl,msh,msl}<=12'h000;end
              //1000 个时钟得 10s
       else if(!((q+1)%100))  begin sl<=sl+1;{msh,msl}<=8'h00;end
              //100 个时钟得 1s
       else if(!((q+1)%10))   begin msh<=msh+1;msl<=4'h0;end
              //10 个时钟进位
```

```
        else msl<=msl+1;  end
    end  end
endmodule
/*模式 2：实现对多人的同时计时;
  k2:每按一次实现对一个人的计时;
  msl,msh,sl,sh,ml,mh：正常计时的时间;
  omsl,omsh,osl,osh,oml,omh：记录每个人的实时时间*/
module key2(clk,k2,clr,msl,msh,sl,sh,ml,mh,omsl,omsh,osl,osh,oml,omh);
input clk,k2,clr;
input[3:0] msl,msh,sl,sh,ml,mh;
output reg[3:0] omsl,omsh,osl,osh,oml,omh;
reg[1:0] state;  reg en;
parameter s0=2'b00,s1=2'b01,s2=2'b10,s3=2'b11;
always@(posedge clk or negedge clr)
  begin  if(!clr) begin state<=s0; en<=1'b0; end
      else  case(state)             //状态转移
          s0:begin en<=1'b1;if(k2)  begin state<=s0; end
                 //s0、s3：记录实时时间;   s1、s2：保持
                  else state<=s1; end
          s1:begin en<=1'b0;if(!k2) begin state<=s1; end
                  else state<=s2; end
          s2:begin en<=1'b0;if(k2)  begin state<=s2; end
                  else state<=s3; end
          s3:begin en<=1'b1;if(!k2) begin state<=s3; end
                  else state<=s1; end
       endcase   end
always@(posedge clk or negedge clr)
  begin  if(!clr)
begin omsl<=4'b0000;omsh<=4'b0000;osl<=4'b0000;
     osh<=4'b0000;oml<=4'b0000;omh<=4'b0000; end
      else
if(en) begin omsl<=msl;omsh<=msh;osl<=sl;osh<=sh;oml<=ml;omh<=mh; end
  end
endmodule
/*译码电路：实现数码管的译码功能;
  bcd：每位时间的 4 位二进制表示;
  dout：数码管的七段控制电平*/
module seg(bcd,dout);
input[3:0] bcd;  output reg[6:0] dout;
always  begin
    case(bcd)
      4'b0000:dout<=8'b1000000;    4'b0001:dout<=8'b1111001;
      4'b0010:dout<=8'b0100100;    4'b0011:dout<=8'b0110000;
      4'b0100:dout<=8'b0011001;    4'b0101:dout<=8'b0010010;
      4'b0110:dout<=8'b0000010;    4'b0111:dout<=8'b1111000;
      4'b1000:dout<=8'b0000000;    4'b1001:dout<=8'b0010000;
      default:dout<=8'b1000000;
```

```
    endcase  end
 endmodule
 /*液晶控制模块：获取在液晶上显示的时间（以 6 人为例）;
   msl,msh,sl,sh,ml,mh：6 人的实时时间;
   data_buf1,data_buf2,data_buf3：每两人为一组的时间寄存器,共三个*/
 module ctr(clk,clr,k2,msl,msh,sl,sh,ml,mh,data_buf1,data_buf2,data_buf3);
 input clk,clr,k2;
 input [3:0] msl,msh,sl,sh,ml,mh;
 output reg[159:0] data_buf1,data_buf2,data_buf3;
 reg[2:0] en;  reg[2:0] state;
 parameter s1='d1,s2='d2,s3='d3,s4='d4,s5='d5,s6='d6;
 always@(negedge k2 or negedge clr)
   begin
     if(!clr) en<=3'b000; else
       if(en<6) en<=en+1; else  //只记录 6 人的时间
         en<=3'b110;  end
 always@(posedge clk)
   begin if(en==3'b000) begin state<=s1; end
     else begin
       case(state)  //6 个状态,不循环,每个状态记录 1 人的实时时间
         s1:begin data_buf1[159:80]={8'b00110001,8'b00101110,4'b0011,mh,4'b0011,
ml,8'b00111010,4'b0011,sh,4'b0011,sl,8'b00111010,4'b0011,msh,4'b0011,msl};
                 if(en==3'b010) state<=s2;
                 else state<=s1; end
         s2:begin data_buf1[79:0]={8'b00110010,8'b00101110,4'b0011,mh,4'b0011,
ml,8'b00111010,4'b0011,sh,4'b0011,sl,8'b00111010,4'b0011,msh,4'b0011,msl};
             if(en==3'b011) state<=s3;
             else state<=s2; end
        s3:begin data_buf2[159:80]={8'b00110011,8'b00101110,4'b0011,mh,4'b0011,
ml,8'b00111010,4'b0011,sh,4'b0011,sl,8'b00111010,4'b0011,msh,4'b0011,msl};
                 if(en==3'b100) state<=s4;
                 else state<=s3; end
         s4:begin data_buf2[79:0]={8'b00110100,8'b00101110,4'b0011,mh,4'b0011,
ml,8'b00111010,4'b0011,sh,4'b0011,sl,8'b00111010,4'b0011,msh,4'b0011,msl};
                 if(en==3'b101) state<=s5;
                 else state<=s4; end
         s5:begin data_buf3[159:80]={8'b00110101,8'b00101110,4'b0011,mh,4'b0011,
ml,8'b00111010,4'b0011,sh,4'b0011,sl,8'b00111010,4'b0011,msh,4'b0011,msl};
                 if(en==3'b110) state<=s6;
                 else state<=s5; end
         s6:begin data_buf3[79:0]={8'b00110110,8'b00101110,4'b0011,mh,4'b0011,
ml,8'b00111010,4'b0011,sh,4'b0011,sl,8'b00111010,4'b0011,msh,4'b0011,msl};
                 state<=s6;      end
         default: {data_buf1,data_buf2,data_buf3}<=0;
      endcase    end  end
 endmodule
 /*液晶显示模块：实现 6 个时间在液晶上的可控循环显示;
   rst：液晶复位信号;
```

```
  m：循环显示的控制信号，每按一次，顺序显示两个时间；
  lcd_en,lcd_rw,lcd_rs,lcd_on,lcd_bg：液晶控制信号；
  lcd_data：液晶数据/控制信号线；
  data_in1,data_in2,data_in3：当前所需显示的时间寄存器*/
module lcd_hs162(clk50m,rst,m,lcd_en,lcd_rw,lcd_rs,lcd_on,lcd_bg,
lcd_data,data_in1,data_in2,data_in3);
input clk50m,rst,m;
input[159:0] data_in1,data_in2,data_in3;
output lcd_en,lcd_rw,lcd_rs,lcd_on,lcd_bg;
output reg[7:0] lcd_data;
reg lcd_rw,lcd_rs,lcd_on,clk10hz;
reg[1:0] show_en,change;                    //决定液晶显示的时间是否改变
reg[4:0] disp_count;                        //显示字符个数
reg[10:0] state;                            //液晶状态
reg[22:0] cnt;                              //分频计数,液晶显示时钟频率为 10Hz
reg[159:0] data_in_buf;
parameter clear      =8'b00000001;
parameter setcgram   =8'b00000010;
parameter setfunction =8'b00000100;
parameter switchmode  =8'b00001000;
parameter setmode    =8'b00010000;
parameter shift      =8'b00100000;
parameter writeram   =8'b01000000;
parameter hold       =8'b10000000;
parameter cur_inc    =1;
parameter cur_noshift =0;parameter open_display=1;
parameter open_cur   =0;parameter blank_cur   =0;
parameter datawidth8  =0;parameter datawidth4  =1;
parameter twoline    =1;parameter oneline    =0;
parameter font5x10   =1;parameter font5x7    =0;
assign lcd_bg=1;
always@(posedge m or posedge rst)
  if(rst) show_en<=2'b00;
  else if(show_en<3) show_en=show_en+2'b01; else show_en=2'b01;
  //控制液晶循环显示时间,共三组
always@(posedge clk50m)
  begin if(cnt==23'd5000000) begin cnt<=0;clk10hz<=~clk10hz; end
     //由 50MHz 分频出液晶时钟 10Hz
       else cnt<=cnt+1;  end
assign lcd_en=clk10hz;
always@(posedge clk10hz or posedge rst)
  if(rst)
  begin state<=clear;lcd_on<=0;disp_count<=6'b0;data_in_buf<=data_in1;
end            //液晶复位
  else begin
    if(show_en!=2'b00) begin     lcd_on<=1;
     case(state)                        //5 个液晶显示方式设置状态
       clear:begin lcd_rs<=0;lcd_rw<=0;
```

```
            lcd_data<=8'b0000_0001; change<=show_en;
            state<=setcgram; end
        setcgram:begin lcd_rs<=0;lcd_rw<=0;
         lcd_data<=8'b10000011;  state<=setfunction; end
        setfunction:begin lcd_rs<=0;lcd_rw<=0;
         lcd_data[7:5]<=3'b001;  lcd_data[4]<=datawidth4;
         lcd_data[3]<=twoline;   lcd_data[2]<=font5x10;
         lcd_data[1:0]<=2'b00;   state<=switchmode; end
        switchmode:begin lcd_rs<=0;lcd_rw<=0;
         lcd_data[7:3]<=5'b00001;  lcd_data[2]<=open_display;
         lcd_data[1]<=open_cur;    lcd_data[0]<=blank_cur;
         state<=setmode; end
        setmode:begin lcd_rs<=0;lcd_rw<=0;
         lcd_data[7:2]<=6'b000001;  lcd_data[1]<=cur_inc;
         lcd_data[0]<=cur_noshift;  state<=writeram; end
        shift:begin lcd_rs<=1;lcd_rw<=0;
             //移位置数,实现时间的逐位显示
        lcd_data=data_in_buf[159:152]; data_in_buf<=(data_in_buf<<8);
        disp_count<=disp_count+1'b1;    state<=writeram; end
        writeram:begin lcd_rs<=1;lcd_rw<=0;
             //判断显示字符数,满10个换行显示,满20个显示完毕
           if(disp_count==19) begin
           disp_count<=5'b0;  lcd_data<=data_in_buf[159:152];
           state<=hold; end
           else if(disp_count==10) begin
           lcd_rs<=0;lcd_rw<=0;  lcd_data<=8'b11000011;
           state<=shift; end
           else begin
           lcd_data<=data_in_buf[159:152];
           data_in_buf<=(data_in_buf<<8);
           disp_count<=disp_count+1'b1;
           state<=writeram; end  end
        hold: begin lcd_rs<=0;lcd_rw<=1;          //保持状态
            lcd_data<=8'b10000000;
            if(change==show_en) state<=hold;    //判断是否显示下一组时间
            else begin
              case(show_en)
                2'b00:data_in_buf<=data_in1;
                2'b01:data_in_buf<=data_in1;
                2'b10:data_in_buf<=data_in2;
                2'b11:data_in_buf<=data_in3;
              endcase  state<=clear; end
          end  endcase   end   end
endmodule
```

（3）下载：将上面的跑表程序下载至DE2-115实验板，进行实际测试。

（4）在本设计的基础上做改进，使系统能够记录并用液晶屏显示8个时间，能自动换屏。

第 8 章　有限状态机设计

有限状态机（Finite State Machine，FSM）是电路设计的经典方法，尤其适用于设计控制模块，在一些需要控制高速器件的场合，状态机是解决问题的有效手段，具有速度快、结构简单、高可靠性等优点。

有限状态机非常适合用 FPGA 器件实现，用 Verilog 的 case 语句能很好地描述基于状态机的设计，再通过 EDA 工具软件的综合，一般可以生成性能极优的状态机电路，从而使其在运行速度、可靠性和占用资源等方面优于由 CPU 实现的方案。

8.1　有限状态机

有限状态机可以认为是组合逻辑和寄存器逻辑的特殊组合，它一般包括组合逻辑和寄存器逻辑两个部分，寄存器逻辑用于存储状态，组合逻辑用于状态译码和产生输出信号。

根据输出信号产生方法的不同，状态机可分为两类：摩尔型（Moore）状态机和米里型（Mealy）状态机。摩尔型状态机的输出只是当前状态的函数，如图 8.1 所示；米里型状态机的输出则是当前状态和当前输入的函数，如图 8.2 所示。米里型状态机的输出是在输入变化后立即变化的，不依赖时钟信号的同步，摩尔型状态机的输入发生变化时还需要等待时钟的到来，必须等状态发生变化时才导致输出变化，因此比米里型状态机要多等待一个时钟周期。

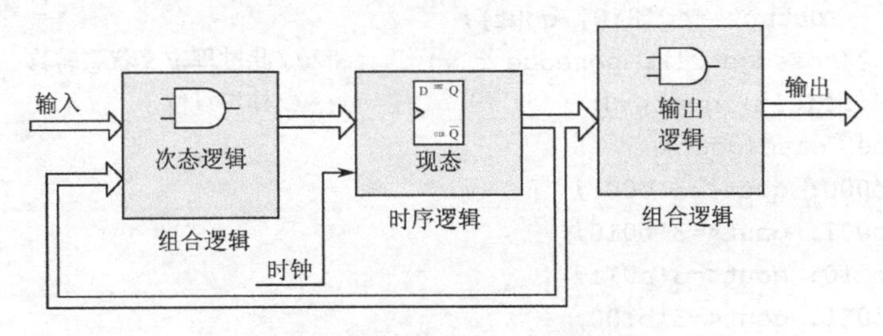

图 8.1　摩尔型（Moore）状态机

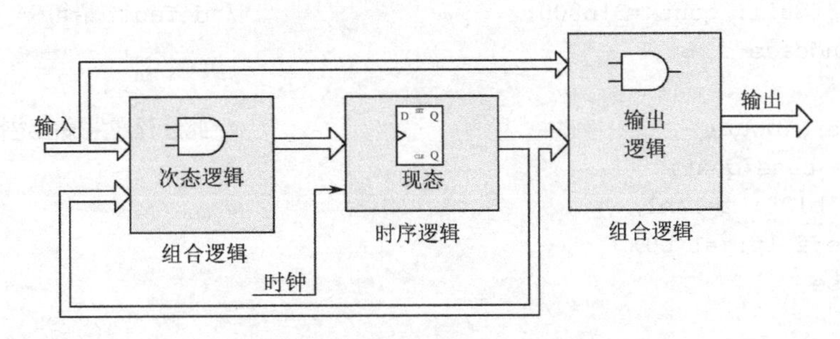

图 8.2　米里型（Mealy）状态机

实用的状态机一般都设计为同步时序方式，它在时钟信号的触发下完成各个状态之间的转换，并产生相应的输出。状态机有三种表示方法：状态图（State Diagram）、状态表（State Table）和流程图，这三种表示方法是等价的，相互之间可以转换。其中，状态图是最常用的表示方式。米里型状态图的表示如图 8.3 所示，图中的每个圆圈表示一个状态，每个箭头表示状态之间的一次转移，引起转移的输入信号及产生的输出信号标注在箭头上。

计数器可以采用状态机方法进行设计，计数器可视为按照固定的状态转移顺序进行转移的状态机，比如模 5 计数器的状态图可表示为图 8.4 所示的形式，显然，此状态机属于摩尔型状态机，该状态机的 Verilog 描述如例 8.1 所示。

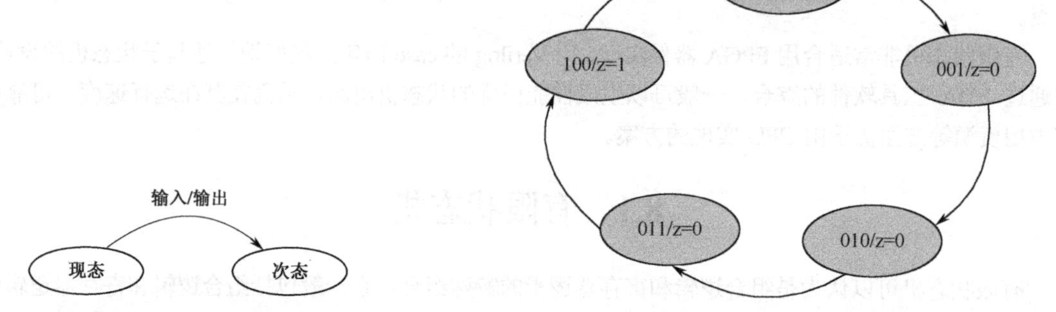

图 8.3　米里型状态图的表示　　　图 8.4　模 5 计数器的状态图（摩尔型）

【例 8.1】　用状态机设计模 5 计数器。

```
module fsm
          (input clk,clr,
           output reg z,
           output reg[2:0] qout);
always @(posedge clk, posedge clr)        //此过程定义状态转移
begin   if(clr) qout<=0;                  //异步复位
    else  case(qout)
    3'b000: qout<=3'b001;
    3'b001: qout<=3'b010;
    3'b010: qout<=3'b011;
    3'b011: qout<=3'b100;
    3'b100: qout<=3'b000;
    default: qout<=3'b000;                    /*default 语句*/
    endcase
end
always @(qout)                                /*此过程产生输出逻辑*/
begin  case(qout)
    3'b100: z=1'b1;
    default:z=1'b0;
endcase
end
endmodule
```

例 8.1 中使用了两个 always 过程，分别进行状态转移和产生输出信号，也可以只用一个 always 过程进行描述，如例 8.2 所示。

【例 8.2】　用状态机设计模 5 计数器（单个 always 描述）。

```
module fsm1
        (input clk,clr,
         output reg z,
         output reg[2:0] qout);
always @(posedge clk, posedge clr)          //定义状态转移
begin   if(clr) qout<=0;                    //异步复位
    else  case(qout)
    3'b000:begin qout<=3'b001; z=1'b0; end
    3'b001:begin qout<=3'b010; z=1'b0; end
    3'b010:begin qout<=3'b011; z=1'b0; end
    3'b011:begin qout<=3'b100; z=1'b1; end
    3'b100:begin qout<=3'b000; z=1'b0; end
    default:begin qout<=3'b000; z=1'b0; end  /*default 语句*/
    endcase
end
endmodule
```

上面两例的功能仿真波形均如图 8.5 所示。

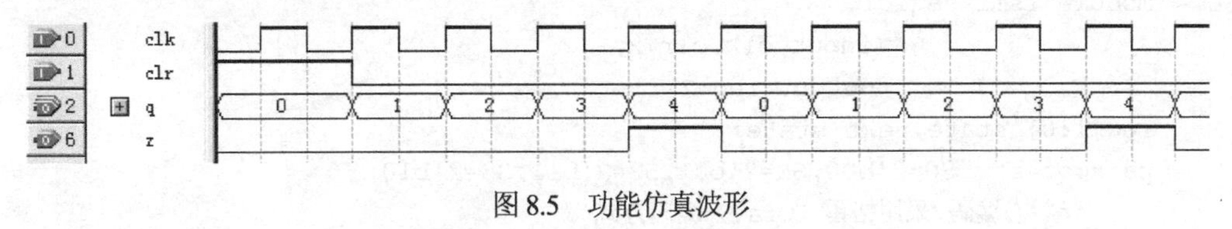

图 8.5　功能仿真波形

8.2　有限状态机的 Verilog 描述

在状态机设计中主要包含以下三个对象：

- 当前状态，或称为现态（Current State，CS）；
- 下一个状态，或称为次态（Next State，NS）；
- 输出逻辑（Out Logic，OL）。

相应地，在用 Verilog 描述有限状态机时，有下面几种描述方式。

（1）三段式描述：即现态（CS）、次态（NS）、输出逻辑（OL）各用一个 always 过程描述。

（2）两段式描述（CS+NS、OL 双过程描述）：使用两个 always 过程来描述有限状态机，一个过程描述现态和次态时序逻辑（CS+NS），另一个过程描述输出逻辑（OL）。

（3）两段式描述（CS、NS+OL 双过程描述）：一个过程用来描述现态（CS），另一个过程描述次态和输出逻辑（NS+OL）。

（4）单段式描述：在单过程描述方式中，将状态机的现态、次态和输出逻辑（CS+NS+OL）放在一个 always 过程中进行描述。

对于两段式描述，相当于一个过程是由时钟信号触发的时序过程，时序过程对状态机的时钟信号敏感，当时钟发生有效跳变时，状态机的状态发生变化，一般用 case 语句检查状态机的当前状态，然后用 if 语句决定下一状态；另一个过程是组合过程，在组合过程中根据当前状态给输出信号赋值，对于摩尔型（Moore）状态机，其输出只与当前状态有关，因此只需用 case 语句描述即可；对于米里型（Mealy）状态机，其输出则与当前状态和当前输入都有关，因此可以用 case 语句和 if 语句组合进行描

述。双过程的描述方式结构清晰，并且把时序逻辑和组合逻辑分开进行描述，便于修改。

单过程描述方式中，将有限状态机的现态、次态和输出逻辑（CS+NS+OL）放在一个过程中进行描述，这样做带来的好处是相当于采用时钟信号来同步输出信号，因此可以克服输出逻辑信号出现毛刺的问题，这在一些将输出信号作为控制逻辑的场合使用，就有效避免了输出信号带有毛刺，从而产生错误的控制逻辑的问题。但须注意的是，采用单过程描述方式，输出逻辑会比双过程描述方式的输出逻辑延迟一个时钟周期的时间。

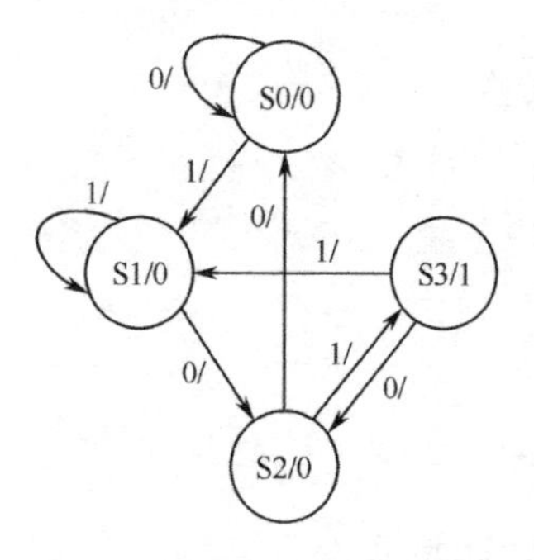

图8.6 “101”序列检测器的状态转移图

8.2.1 用三个过程描述

下面以“101”序列检测器的设计为例，介绍Verilog描述状态图的几种方式。图8.6所示为“101”序列检测器的状态转移图，共有4个状态：S0、S1、S2、S3，分别用几种方式对其进行描述。例8.3采用了三个过程进行描述。

【例8.3】 “101”序列检测器的Verilog描述（CS、NS、OL各用一个过程描述）。

```
module fsm1_seq101
              (input clk,clr,x,
               output reg z);
reg[1:0] state,next_state;
parameter   S0=2'b00,S1=2'b01,S2=2'b11,S3=2'b10;
    /*状态编码,采用格雷(Gray)编码方式*/
always @(posedge clk, posedge clr)    /*此过程定义当前状态*/
begin   if(clr) state<=S0;            //异步复位,S0为起始状态
    else state<=next_state;
end
always @(state, x)                    /*此过程定义次态*/
begin
case (state)
    S0:begin    if(x)       next_state<=S1;
                else    next_state<=S0; end
    S1:beginif(x)   next_state<=S1;
                else    next_state<=S2; end
    S2:begin
        if(x)   next_state<=S3;
        else    next_state<=S0; end
    S3:begin
        if(x)   next_state<=S1;
        else    next_state<=S2; end
    default:next_state<=S0;       /*default语句*/
endcase
end
always @*                         //此过程产生输出逻辑
begin  case(state)
    S3: z=1'b1;
```

```
        default:z=1'b0;
    endcase
    end
    endmodule
```

将例 8.3 用综合器综合后，可以直观地观察到生成的状态图，比如在 Quartus Prime 软件中，对程序编译后，选择菜单 Tools→Netlist Viewers→State Machine Viewer，将弹出图 8.7 所示的状态机视图。

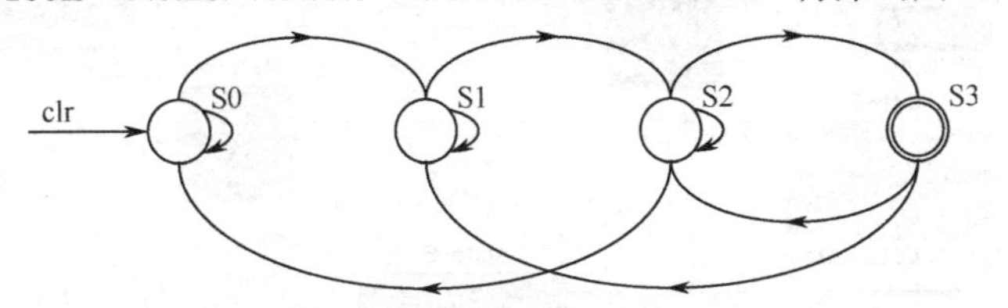

图 8.7 “101”序列检测器的状态机视图（Quartus Prime）

8.2.2 用两个过程描述

例 8.4 采用两个过程对“101”序列检测器进行描述。

【例 8.4】 “101”序列检测器（CS+NS、OL 双过程描述）。

```
module fsm2_seq101
                (input clk,clr,x,
                 output reg z);
reg[1:0] state;
parameter   S0=2'b00,S1=2'b01,S2=2'b11,S3=2'b10;
    /*状态编码,采用格雷（Gray）编码方式*/
always @(posedge clk, posedge clr)        /*此过程定义起始状态*/
begin   if(clr) state<=S0;                //异步复位,S0 为起始状态
    else case(state)
    S0:begin if(x)        state<=S1;
               else     state<=S0; end
    S1:begin    if(x)   state<=S1;
               else     state<=S2; end
    S2:begin
        if(x)    state<=S3;
        else     state<=S0; end
    S3:begin
        if(x)    state<=S1;
        else     state<=S2; end
    default:state<=S0;
endcase
end
always @(state)                     //产生输出逻辑（OL）
begin  case (state)
    S3: z=1'b1;
    default:z=1'b0;
endcase
end
endmodule
```

例 8.3、例 8.4 的门级综合视图如图 8.8 所示（综合器为 Quartus Prime，器件选择 EP4CE115F29C7），可看到电路由两个触发器、查找表组成。4 个状态采用 2 个触发器编码实现，查找表用于实现译码和产生输出逻辑。

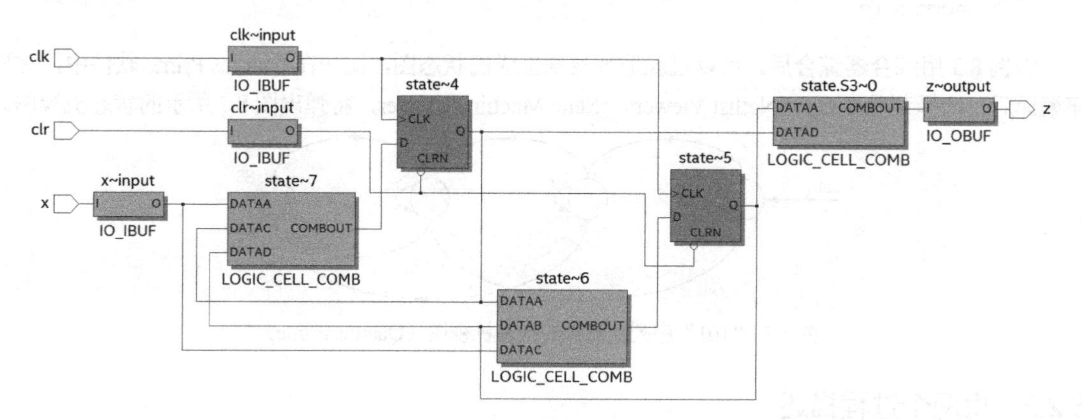

图 8.8 “101”序列检测器的门级综合视图（Quartus Prime）

不同的描述方式综合出的电路是相同的，说明这几种描述方式在总体上没有很大的区别，都适用于描述状态机。例 8.4 的状态机视图（State Machine Viewer）也与例 8.3 的相同。

8.2.3 单过程描述

也可以将有限状态机的现态、次态和输出逻辑（CS+NS+OL）放在一个过程中进行描述，如例 8.5 所示。

【例 8.5】 “101”序列检测器（CS+NS+OL 单过程描述）。

```
module fsm4_seq101
                  (input clk,clr,x,
                   output reg z);
reg[1:0] state;
parameter   S0=2'b00,S1=2'b01,S2=2'b11,S3=2'b10;
                      /*状态编码,采用格雷（Gray）编码方式*/
always @(posedge clk, posedge clr)
begin   if(clr) state<=S0;
    else case(state)
    S0:begin    if(x) begin state<=S1; z=1'b0;end
                else begin state<=S0; z=1'b0;end
            end
    S1:begin    if(x) begin state<=S1; z=1'b0;end
                else begin state<=S2; z=1'b0;end
             end
    S2:begin    if(x) begin state<=S3; z=1'b0;end
                else begin state<=S0; z=1'b0;end
            end
    S3:beginif(x) begin state<=S1; z=1'b1;end
                else begin state<=S2; z=1'b1;end
            end
```

```
      default:begin state<=S0; z=1'b0;end  /*default语句*/
   endcase
   end
   endmodule
```

例 8.5 的 RTL 综合视图如图 8.9 所示，其门级综合视图如图 8.10 所示（综合器为 Quartus Prime，器件选择 EP4CE115F29C7），可看到电路由两个触发器、查找表组成。4 个状态采用 2 个触发器编码实现，查找表用于实现译码和产生输出逻辑。

对比图 8.8 和图 8.10 可看出明显的区别，前者由 2 个触发器和逻辑门电路实现，2 个触发器用于存储状态，逻辑门用于产生输出逻辑；后者由 3 个触发器构成，输出逻辑 z 也通过 D 触发器输出，这样做带来的好处是相当于用时钟信号来同步输出信号，可以克服输出逻辑出现毛刺的问题，这在一些将输出信号作为控制逻辑的场合使用，有效避免了产生错误控制动作的可能。

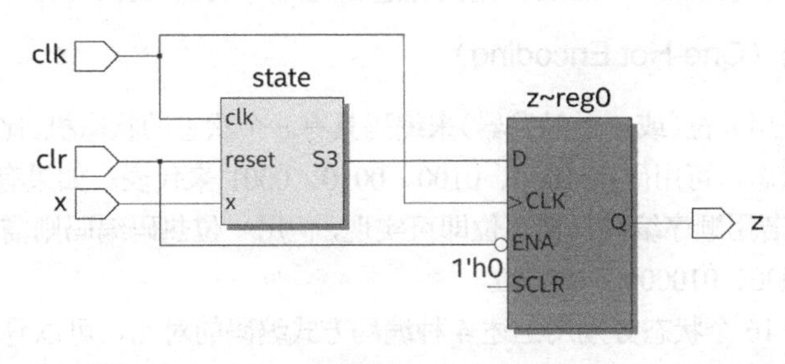

图 8.9　单过程描述的“101”序列检测器的 RTL 综合视图（Quartus Prime）

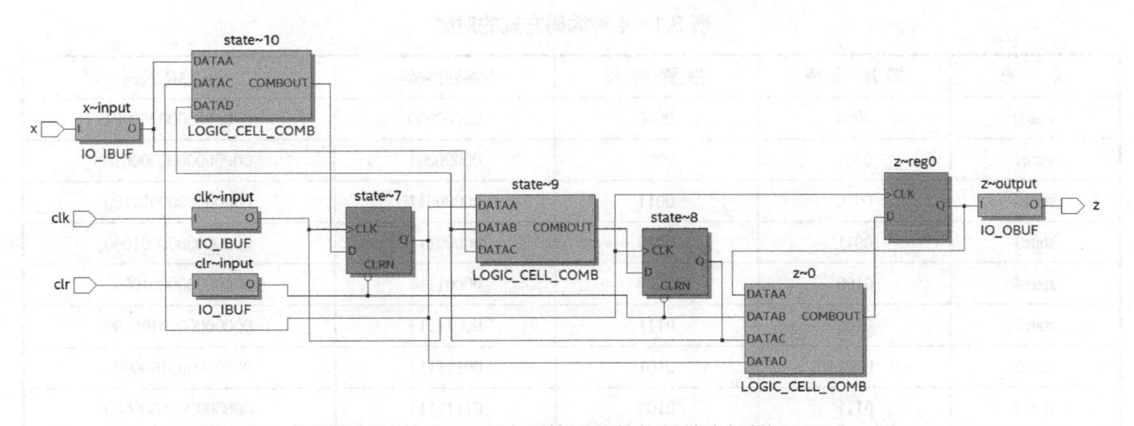

图 8.10　单过程描述的“101”序列检测器的门级综合视图（Quartus Prime）

8.3　状 态 编 码

8.3.1　常用的编码方式

在状态机设计中，有一个重要的问题是状态的编码，常用的编码方式有顺序编码、格雷编码、约翰逊编码和一位热码编码等几种方式。

1. 顺序编码（Sequential State Machine Encoding）

顺序编码采用顺序的二进制数来编码每个状态。比如，如果有 4 个状态分别为 state0、state1、state2、

state3，其顺序编码中每个状态所对应的码字为 00、01、10、11。顺序编码的缺点是在从一个状态转移到相邻状态时，有可能有多个比特位同时发生变化，瞬变次数多，容易产生毛刺，引发逻辑错误。

2．格雷编码（Gray Code）

如果将 state0、state1、state2、state3 这 4 个状态编码为 00、01、11、10，即为格雷编码方式。格雷编码节省逻辑单元，而且在状态的顺序转移中（state0→state1→state2→state3→state0→…），相邻状态每次只有一个比特位产生变化，这样既减少了瞬变的次数，又减少了产生毛刺和暂态的可能。

3．约翰逊编码（Johnson State Machine Encoding）

在约翰逊计数器的基础上引出约翰逊编码，约翰逊计数器是一种移位计数器，采用的是把输出的最高位取反，反馈送到最低位触发器的输入端。约翰逊编码中每相邻两个码字间也是只有一个比特位是不同的。如果有 6 个状态 state0～state5，用约翰逊编码则为 000、001、011、111、110、100。

4．一位热码编码（One-Hot Encoding）

一位热码编码是采用 *n* 位(或 *n* 个触发器)来编码具有 *n* 个状态的状态机。比如，对于 state0、state1、state2、state3 这 4 个状态，可用码字 1000、0100、0010、0001 来代表。如果有 A、B、C、D、E、F 共 6 个状态需要编码，若用顺序编码只需 3 位即可实现，但用一位热码编码则需 6 位，分别为 000001、000010、000100、001000、010000、100000。

如表 8.1 所示为对 16 个状态分别用上述 4 种编码方式编码的对比，可以看出，对 16 个状态进行编码，顺序编码和格雷编码均需要 4 位，约翰逊编码需要 8 位，一位热码编码则需要 16 位。

表 8.1　4 种编码方式的对比

状　态	顺 序 编 码	格 雷 编 码	约翰逊编码	一位热码编码
state0	0000	0000	00000000	0000000000000001
state1	0001	0001	00000001	0000000000000010
state2	0010	0011	00000011	0000000000000100
state3	0011	0010	00000111	0000000000001000
state4	0100	0110	00001111	0000000000010000
state5	0101	0111	00011111	0000000000100000
state6	0110	0101	00111111	0000000001000000
state7	0111	0100	01111111	0000000010000000
state8	1000	1100	11111111	0000000100000000
state9	1001	1101	11111110	0000001000000000
state10	1010	1111	11111100	0000010000000000
state11	1011	1110	11111000	0000100000000000
State12	1100	1010	11110000	0001000000000000
state13	1101	1011	11100000	0010000000000000
state14	1110	1001	11000000	0100000000000000
state15	1111	1000	10000000	1000000000000000

采用 One-Hot 编码，虽然触发器用得多，但可以有效节省和简化译码电路。对于 FPGA 器件来说，采用一位热码编码可有效提高电路的速度和可靠性，也有利于提高器件资源的利用率。因此，对于

FPGA 器件，建议采用该编码方式。

可通过综合器指定编码方式，如在 Quartus Prime 软件中，选择菜单 Assignments→Settings，在 Settings 对话框的 Category 栏中选择 Compiler Settings 选项，单击 Advanced Settings（Synthesis）…按钮，在出现的对话框的 State Machine Processing 栏中选择需要的编码方式，可选的编码方式有 Auto、Gray、Johnson、Minimal Bits、One-Hot、Sequential、User-Encoded 等几种，如图 8.11 所示，可以根据需要选择合适的编码方式。

在图 8.11 中，还可以设置 Safe State Machine 选项为 On，这样就使能了安全状态机，减小状态机跑飞和进入无效死循环的可能性，尤其在选择了 One-Hot 这种无效状态多的编码方式时，更需要使能该选项。

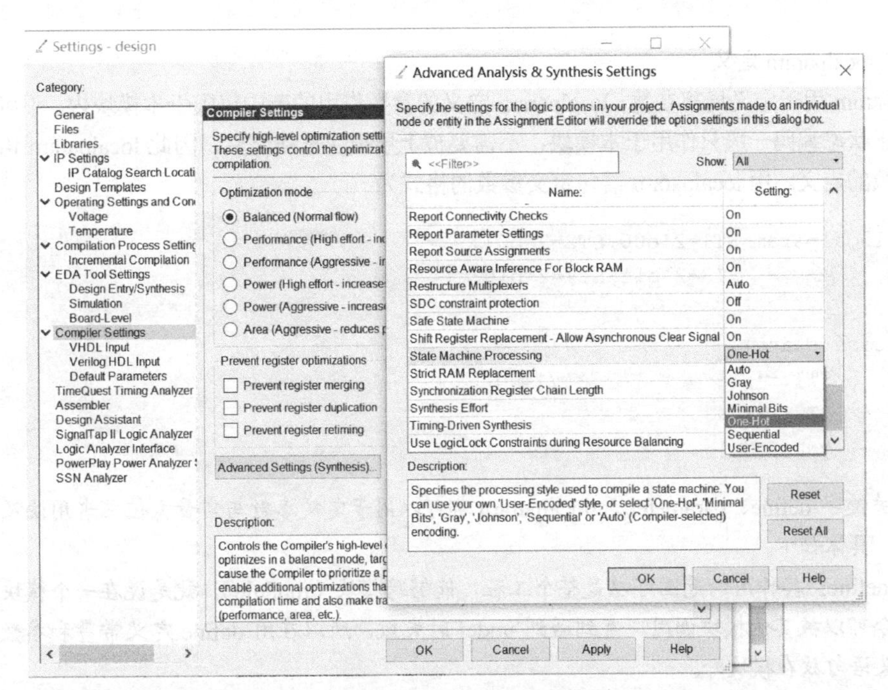

图 8.11　选择编码方式（Quartus Prime）

8.3.2　状态编码的定义

Verilog 中，可用来定义状态编码的语句有 parameter、`define 和 localparam。

比如要为 ST1、ST2、ST3、ST4 这 4 个状态分别分配码字 00、01、11、10，可采用下面的几种方式。

1）用 parameter 参数定义

```
parameter ST1=2'b00,ST2=2'b01,
          ST3=2'b11,ST4=2'b10;
    …
case(state)
    ST1:…;          //调用
    ST2:…;
    …
```

2）用`define 语句定义

```
    `define ST1  2'b00        //不要加分号“;”
    `define ST2  2'b01
    `define ST3  2'b11
    `define ST4  2'b10
      …
      case(state)
      `ST1:   …;              //调用,不要漏掉符号“`”
      `ST2:   …;
      …
```

3）用 localparam 定义

localparam 用于定义局部参数，localparam 定义的参数作用的范围仅限于本模块内，不可用于参数传递。由于状态编码一般只作用于本模块，不需要被上层模块重新定义，因此 localparam 语句很适合状态机参数的定义。用 localparam 语句定义参数的格式为

```
    localparam ST1=2'b00,ST2=2'b01,
               ST3=2'b11,ST4=2'b10;
      …
    case(state)
      ST1:…;                  //调用
      ST2:…;
      …
```

注：关键字`define、parameter 和 localparam 都可以用于定义参数与常量，但三者用法及作用的范围有区别，具体如下。

（1）`define: 其作用的范围可以是整个工程，能够跨模块（module），就是说在一个模块中定义的`define 指令可以被其他模块调用，直到遇到`undef 时失效，所以在用`define 定义常量和参数时，一般习惯将定义语句放在模块外。

（2）parameter: 通常作用于本模块内，可用于参数传递，即可以被上层模块重新定义。有三种参数传递的方式：通过#（参数）参数传递；使用 defparam 语句显式地重新定义；在 Verilog—2001 中还可以在线显式地重新定义。

（3）localparam: 局部参数，不可用于参数传递，也就是说在实例化时不能通过层次引用进行重定义，只能通过源代码来改变，可用于状态机参数的定义。

一般使用 case、casez 和 casex 语句来描述状态之间的转移，用 case 语句描述比用 if-else 语句描述更清晰明了。例 8.6 采用了 One-Hot 编码方式对例 8.3 的“101”序列检测器进行改写，程序中对 S0～S3 这 4 个状态进行了 One-Hot 编码，并采用`define 语句进行定义。

【例 8.6】 “101”序列检测器（One-Hot 编码）。

```
    `define S0  4'b0001       //一般把`define 定义语句放在模块外
    `define S1  4'b0010       //One-Hot 编码方式
    `define S2  4'b0100
    `define S3  4'b1000
    module fsm_seq101_onehot
                 ( input clk,clr,x,
```

```
                output reg z);
reg[3:0] state,next_state;
always @(posedge clk or posedge clr)
begin   if(clr) state<=`S0;          //异步复位,S0 为起始状态
    else state<=next_state;
end
always @*
begin
case (state)
    `S0:begin   if(x)   next_state<=`S1;
                else    next_state<=`S0; end
    `S1:begin   if(x)   next_state<=`S1;
                else    next_state<=`S2; end
    `S2:begin   if(x)   next_state<=`S3;
                else    next_state<=`S0; end
    `S3:begin   if(x)   next_state<=`S1;
                else    next_state<=`S2; end
    default:    next_state<=`S0;
endcase
end
always @*
begin  case(state)
    `S3:        z=1'b1;
    default:z=1'b0;
endcase
end
endmodule
```

例 8.6 的门级综合视图如图 8.12 所示，将图 8.12 与图 8.8 进行比较，可看到采用 One-Hot 编码后，状态机需要用 4 个触发器编码实现，耗用了更多的触发器逻辑，但译码电路相对简单。

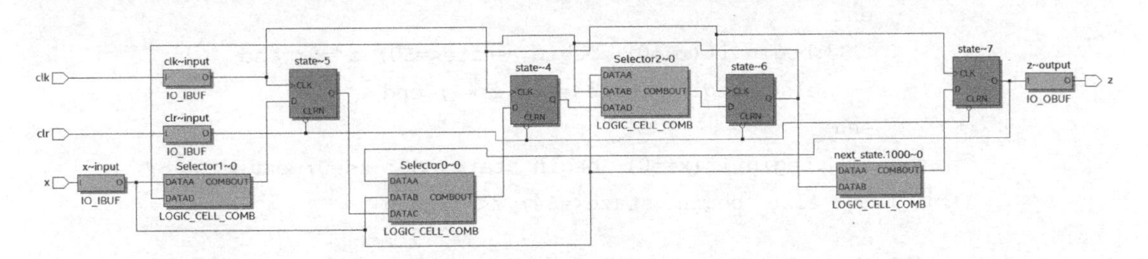

图 8.12　采用 One-Hot 编码的“101”序列检测器的门级综合视图（Quartus Prime）

例 8.7 是一个“1111”序列检测器（输入序列中有 4 个或 4 个以上连续的 1 出现，输出为 1，否则输出 0）的例子，其中采用 localparam 语句进行状态定义，使用了单段式描述方式。图 8.13 所示为该序列检测器的状态机视图（State Machine Viewer）。

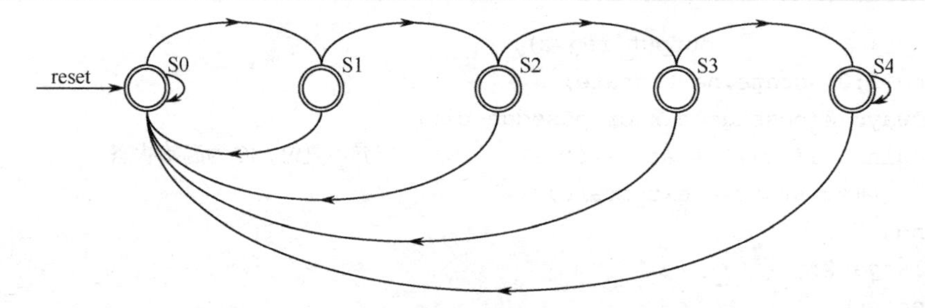

图 8.13 “1111”序列检测器的状态机视图

【例 8.7】 “1111”序列检测器（单段式描述 CS+NS+OL）。

```
module fsm_detect
                (input x,clk,reset,
                 output reg z);
reg[4:0] state;
localparam S0='d0,S1='d1,S2='d2,S3='d3,S4='d4;
        //用 localparam 语句进行状态定义
always @(posedge clk)
begin if(reset) begin  state<=S0;z<=0;  end
        else casex(state)
            S0:begin if(x==0)  begin state<=S0; z<=0; end
               else begin  state<=S1; z<=0;  end
          end
            S1:begin if(x==0)  begin state<=S0; z<=0; end
               else begin  state<=S2; z<=0; end
           end
            S2:begin if(x==0)  begin state<=S0; z<=0; end
              else begin  state<=S3; z<=0; end
           end
            S3:begin if(x==0)  begin  state<=S0; z<=0; end
              else begin  state<=S4; z<=1; end
           end
            S4:begin if(x==0)  begin state<=S0; z<=0; end
              else begin  state<=S4; z<=1; end
           end
            default: state<=S0;      //默认状态
      endcase
  end
endmodule
```

例 8.7 的 RTL 综合视图如图 8.14 所示，可看到输出逻辑 z 也由寄存逻辑输出。

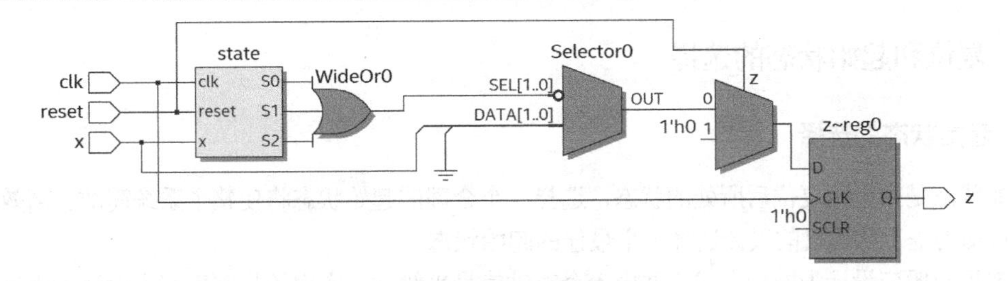

图 8.14　“1111”序列检测器的 RTL 综合视图（Quartus Prime）

8.3.3　用属性指定状态编码方式

可采用属性来指定状态编码方式，属性的格式没有统一的标准，在各个综合工具中是不同的。比如在 Quartus Prime 中采用下面的写法

```
(* fsm_encoding = "one-hot" *)  reg[3:0] state,next_state;
//以 One-Hot 方式进行状态编码,state、next_state 是状态寄存器
```

在 Quartus Prime 中采用属性语句可指定的编码方式包括以下几种。

- default——默认方式，在该方式下根据状态的数量选择编码方式，状态数少于 5 个，选择顺序编码方式；状态数为 5～50 个，选择 One-Hot 编码方式；状态数超过 50 个，选择格雷编码方式。
- One-Hot——一位热码编码方式。
- sequential——顺序编码方式。
- gray——格雷编码方式。
- johnson——约翰逊编码方式。
- compact——最少比特编码方式。
- user——用户自定义方式，用户可采用常数定义状态编码。

还可以采用属性语句将编码方式指定为安全（safe）编码方式，有多余或无效状态的编码方式都是非安全的，有跑飞和进入无效死循环的可能，尤其是 One-Hot 编码方式有大量的无效状态。采用 ATTRIBUTE 语句将编码方式指定为安全（safe）编码方式后，综合器会增加额外的处理电路，防止状态机进入无效死循环，或者进入无效死循环后自动退出。

比如对于例 8.7 的“1111”序列检测器，如果用属性语句指定编码方式为 One-Hot 编码方式，则其模块定义部分可以采用下面的写法

```
module fsm_seq_syn
     (input x,clk,reset,
      output reg z);
localparam S0='d0,S1='d1,S2='d2,S3='d3,S4='d4;
      //用 localparam 语句进行状态定义
(* syn_encoding = "safe,one-hot" *) reg[4:0] state;
      //以 safe、One-Hot 方式进行状态编码
```

8.4　有限状态机设计要点

本节讨论状态机设计中需要注意的几个问题，包括起始状态的选择、有限状态机的复位和多余状态的处理等。

8.4.1　复位和起始状态的选择

1. 起始状态的选择

起始状态是指电路复位后所处的状态，选择一个合理的起始状态将使整个系统简洁、高效。EDA 软件会自动为基于状态机的设计选择一个最佳的起始状态。

状态机一般应设计为同步方式，并由一个时钟信号来触发。实用的状态机都应设计为由唯一时钟边沿触发的同步运行方式。时钟信号和复位信号对每个有限状态机来说都是很重要的。

2. 有限状态机的同步复位

实用的状态机都应有复位信号。和其他时序逻辑电路一样，有限状态机的复位有同步复位和异步复位两种。

同步复位信号在时钟的跳变沿到来时，对有限状态机进行复位操作，同时把复位值赋给输出信号并使有限状态机回到起始状态。在描述带同步复位信号的有限状态机的过程中，当同步复位信号到来时，为了避免在状态转移过程中的每个状态分支中都指定到起始状态的转移，可以在状态转移过程的开始部分加入一个对同步复位信号进行判断的 if 语句：如果同步复位信号有效，则直接进入起始状态并将复位值赋给输出信号；如果同步复位信号无效，则执行接下来的正常状态转移。

在描述带同步复位的有限状态机时，对同步复位信号进行判断的 if 语句中如果不指定输出信号的值，那么输出信号将保持原来的值不变。这种情况会需要额外的寄存器来保持原值，从而增加资源耗用，因此应该在 if 语句中指定输出信号的值。有时可以指定在复位时输出信号的值是任意值，这样在逻辑综合时会忽略它们。

3. 有限状态机的异步复位

如果只需要在上电和系统错误时进行复位操作，那么采用异步复位方式要比同步复位方式好。这样做的主要原因是：同步复位方式占用较多的额外资源，而异步复位方式可以消除引入额外寄存器的可能性；而且带有异步复位信号的 Verilog 语言描述简单，只需在描述状态寄存器的过程中引入异步复位信号即可。

8.4.2　多余状态的处理

在状态机设计中，通常会出现大量的多余状态，比如采用 n 位状态编码，则总的状态数为 2^n，因此经常会出现多余状态，或称为无效状态、非法状态等。

一般有如下两种处理多余状态的方法：

（1）在 case 语句中用 default 分支决定进入无效状态时所采取的措施；

（2）编写必要的 Verilog 源代码，明确定义进入无效状态时所采取的行为。

比如下面是一个用状态机实现除法运算的例子，共有 3 个有效状态，如果每个状态用两位编码，则会产生 1 个多余状态；如果采用 One-Hot 编码，则会有 5 个多余状态。在本例中，采用 default 语句定义了一旦进入无效状态后所应进入的次态，这从理论上消除了陷入无效死循环的可能。不过需要注意的是，并非所有的综合软件都能按照 default 语句所指示的那样，综合出有效避免无效死循环的电路，所以这种方法的有效性应视所用综合软件的性能而定。

【例 8.8】　用有限状态机设计除法运算电路。

```
module division
```

```
            ( input clk,
             input[3:0] a,b,                      //被除数和除数
             output reg[3:0] result,yu);          //商和余数
    reg[1:0] state; reg[3:0] m,n;
    localparam S0=2'b00,S1=2'b01,S2=2'b10;        //状态编码
    always @(posedge clk)
    begin  case(state)
    S0: begin   if(a>=b) begin n<=a-b; m<=4'b0001; state<=S1; end
                else begin m<=4'b0000; n<=a;state<=S2; end
            end
    S1: begin   if(n>=b) begin m<=m+1;n<=n-b;state<=S1; end
                else begin state<=S2; end
            end
    S2: begin   result<=m;yu<=n;state<=S0; end
    default:    state<=S0;
    endcase
    end
    endmodule
```

例 8.8 的状态机视图（State Machine Viewer）如图 8.15 所示，可见 Quartus Prime 自动为其选择了起始状态 S0，图 8.16 所示为除法运算电路的功能仿真波形图。

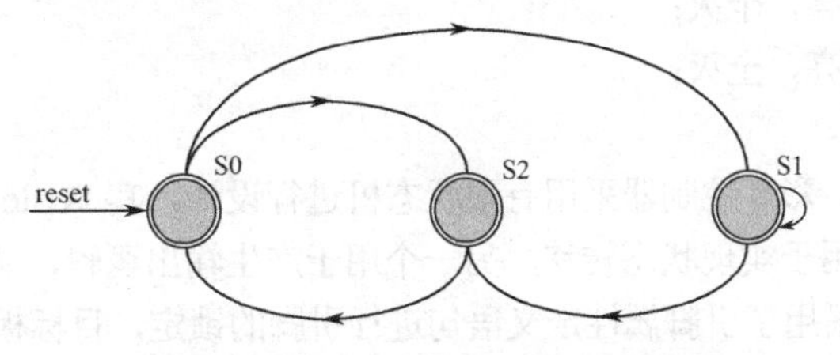

图 8.15　除法运算电路的状态机视图

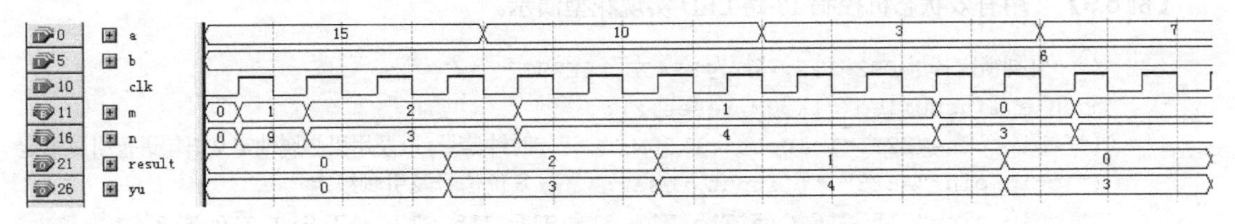

图 8.16　除法运算电路的功能仿真波形图

习　题　8

8.1　设计一个“111”序列检测器。要求是：当检测到连续 3 个或 3 个以上的“1”时，输出为 1，其他输入情况下，输出为 0。

8.2　设计一个“1001”序列检测器，其输入、输出如下所示。

输入 x：000 101 010 010 011 101 001 110 101

输出 z：000 000 000 010 010 000 001 000 000

8.3　编写一个 8 路彩灯控制程序，要求彩灯有以下 3 种演示花型。

（1）8路彩灯同时亮灭；

（2）从左至右逐个亮（每次只有1路亮）；

（3）8路彩灯每次4路灯亮，4路灯灭，且亮灭相间，交替亮灭。

在演示过程中，只有当一种花型演示完毕时，才能转向其他演示花型。

8.4　用状态机设计交通灯控制器，设计要求：A路和B路都有红、黄、绿三种灯，持续时间为红灯45s、黄灯5s、绿灯40s。A路和B路交通灯的状态转移为

（1）A红，B绿（持续时间40s）；

（2）A红，B黄（持续时间5s）；

（3）A绿，B红（持续时间40s）；

（4）A黄，B红（持续时间5s）。

实验与设计：彩灯控制器、汽车尾灯控制器

8-1　彩灯控制器。

1．实验要求

采用有限状态机设计彩灯控制器，控制LED实现预想的演示花型。

2．实验内容

（1）功能：设计彩灯控制器，要求控制18个LED实现如下的演示花型。

- 从两边往中间逐个亮，全灭；
- 从中间往两边逐个亮，全灭；
- 循环执行上述过程。

（2）彩灯控制器设计：彩灯控制器采用有限状态机进行设计，其Verilog描述如例8.9所示，状态机采用双过程描述：一个用于实现状态转移，另一个用于产生输出逻辑，从而使整个设计结构清晰，便于修改。在例8.9中，采用了引脚属性定义语句进行引脚的锁定，目标板采用了Altera的DE2-115实验板，FPGA芯片为EP4CE115F29C7。

【例8.9】　用有效状态机控制18路LED实现花型演示。

```
/*  引脚锁定基于DE2-115,芯片为EP4CE115F29C7  */
module liushuiled(clk50M,reset,z);
(* chip_pin="Y2" *) input clk50M;     //时钟信号,以及用引脚属性定义语句进行引脚锁定
(* chip_pin="AB28" *) input reset;   //复位信号及引脚锁定
(* chip_pin="H15,G16,G15,F15,H17,J16,H16,J15,G17,J17,H19,J19,E18,
F18,F21,E19,F19,G19" *) output reg[17:0] z;  //综合时此两行应写为一行
reg[4:0] state; reg[23:0]count; wire clk4hz;
parameter S0='d0,S1='d1,S2='d2,S3='d3,S4='d4,S5='d5,S6='d6,S7='d7,S8='d8,
          S9='d9,S10='d10,S11='d11,S12='d12,S13='d13,S14='d14,
          S15='d15,S16='d16,S17='d17,S18='d18,S19='d19;
always @(posedge clk50M)                     //从50MHz分频产生4Hz时钟信号
    begin   if(count==12500000) count<=0;
            else    count<=count+1;
    end
assign clk4hz=count[23];                     //产生4Hz时钟信号
always @(posedge clk4hz)                     //此过程描述状态转移
    begin   if(reset) state<=S0;             //同步复位
```

```
                else  case(state)
                     S0: state<=S1;         S1: state<=S2;
                     S2: state<=S3;         S3: state<=S4;
                     S4: state<=S5;         S5: state<=S6;
                     S6: state<=S7;         S7: state<=S8;
                     S8: state<=S9;         S9: state<=S10;
                     S10: state<=S11;       S11: state<=S12;
                     S12: state<=S13;       S13: state<=S14;
                     S14: state<=S15;       S15: state<=S16;
                     S16: state<=S17;       S17: state<=S18;
                     S18: state<=S19;       S19: state<=S0;
                     default: state<=S0;
                      endcase
     end
    always @(state)                                    //此过程产生输出逻辑（OL）
   begin  case(state)
    S0:z<=18'b000000000000000000;                      //全灭
        S1:z<=18'b100000000000000001;                  //从两边往中间逐个亮
        S2:z<=18'b110000000000000011;
        S3:z<=18'b111000000000000111;
        S4:z<=18'b111100000000001111;
        S5:z<=18'b111110000000011111;
        S6:z<=18'b111111000000111111;
        S7:z<=18'b111111100001111111;
        S8:z<=18'b111111110011111111;
        S9:z<=18'b111111111111111111;
        S10:z<=18'b000000000000000000;                 //全灭
        S11:z<=18'b000000001100000000;                 //从中间往两边逐个亮
        S12:z<=18'b000000011110000000;
        S13:z<=18'b000000111111000000;
        S14:z<=18'b000001111111100000;
        S15:z<=18'b000011111111110000;
        S16:z<=18'b000111111111111000;
        S17:z<=18'b001111111111111100;
        S18:z<=18'b011111111111111110;
        S19:z<=18'b111111111111111111;
    default:z<=18'b000000000000000000;
       endcase;
     end
   endmodule
```

（3）下载与验证：用 Quartus Prime 软件综合上面的代码，然后在 DE2-115 平台上下载。clk50M 接 50MHz 晶体信号（引脚 Y2），拨动开关 SW0 作为 reset 复位信号，reset 为高电平时系统复位，为低电平时可观察到 18 个 LED（LEDR0～LEDR17）按设定的花型进行变换。

（4）采用有限状态机设计 LED 控制器，结构清晰，设计简洁，修改方便。在本设计的基础上自己定义演示花型，实现一个 LED 演示控制器。

8-2　汽车尾灯控制器。

1．实验要求

设计一个汽车尾灯控制器。

2．实验内容

（1）功能：设计一个汽车尾灯控制器。已知汽车左右两侧各有 3 个尾灯，如图 8.17 所示，要求控制尾灯按如下规则亮灭。

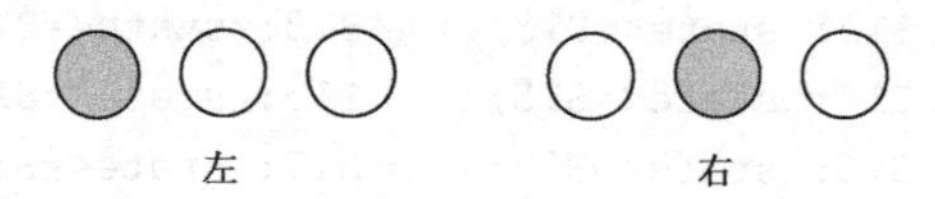

图 8.17　汽车尾灯示意图

- 汽车沿直线行驶时，两侧的指示灯全灭；
- 右转弯时，左侧的指示灯全灭，右侧的指示灯按 000、100、010、001、000 的循环顺序点亮；
- 左转弯时，右侧的指示灯全灭，左侧的指示灯按与右侧同样的循环顺序点亮；
- 如果在直行时刹车，两侧的指示灯全亮；如果在转弯时刹车，转弯这一侧的指示灯按上述的循环顺序点亮，另一侧的指示灯全亮；
- 临时故障或紧急状态时，两侧的指示灯闪烁。

（2）汽车尾灯控制器设计：汽车尾灯控制器的 Verilog 代码如例 8.10 所示，采用引脚属性定义语句进行引脚的锁定，目标板基于 DE2-115，目标芯片指定为 EP4CE115F29C7。

【例 8.10】　汽车尾灯控制器。

```
module backlight(clk50m,turnl,turnr,brake,fault,lightl,lightr);
(* chip_pin="Y2" *) input clk50m;                    //时钟
(* chip_pin="AB28" *) input turnl;                   //左转信号
(* chip_pin="AC28" *) input turnr;                   //右转信号
(* chip_pin="AC27" *) input brake;                   //刹车信号
(* chip_pin="AD27" *) input fault;                   //故障信号
(* chip_pin="E18,F18,F21" *)output[2:0] lightl;  //左侧灯
(* chip_pin="E19,F19,G19" *)output[2:0] lightr;  //右侧灯
reg[23:0] count;
wire clock;
reg[2:0] shift=3'b001;
reg flash=1'b0;
always@(posedge clk50m)
 begin if(count==12500000) count<=0; else count<=count+1;  end
assign clock=count[23];
always@(posedge clock)
 begin  shift={shift[1:0],shift[2]};flash=~flash;  end
assign lightl=turnl?shift:brake?3'b111:fault?{3{flash}}:3'b000;
assign lightr=turnr?shift:brake?3'b111:fault?{3{flash}}:3'b000;
endmodule
```

（3）下载与验证：用 Quartus Prime 综合上面的代码，然后在 DE2-115 平台上下载。clk50M 接 50MHz 晶体信号，turnl、turnr、brake、fault 分别接拨动开关 SW0～SW3，代表左转、右转、刹车和紧急状态的传感器输入，lightl、lightr 接 6 个 LED（LEDR5～LEDR0），代表汽车尾灯。

第 9 章　Verilog Test Bench 仿真

仿真（Simulation）是对所设计电路进行验证的方法。Verilog 不仅提供了设计与综合的能力，而且提供对激励、响应和设计验证的建模能力。Verilog 语言最初就是一种用于电路仿真的语言，后来，Verilog 综合器的出现才使得它具有了硬件设计和综合的能力。

要进行电路仿真必须有仿真器的支持。按对设计语言的不同处理方式可将仿真器分为两类：编译型仿真器和解释型仿真器。编译型仿真器仿真速度快，但需要预处理，因此不能即时修改；解释型仿真器仿真速度相对慢一些，但可随时修改仿真环境和仿真条件。

按处理的 HDL 语言类型的不同，仿真器可分为 Verilog 仿真器、VHDL 仿真器和混合仿真器。混合仿真器能够处理 Verilog 和 VHDL 混合编程的仿真程序。常用的 Verilog 仿真器有 ModelSim、Verilog-XL、NC-Verilog 和 VCS 等。ModelSim 能够提供很好的 Verilog 和 VHDL 混合仿真；NC-Verilog 和 VCS 是基于编译技术的仿真软件，能够胜任行为级、RTL 和门级等各层次的仿真，速度快；而 Verilog-XL 是基于解释的仿真工具，速度相对慢一些。仿真速度、仿真的准确性、易用性是衡量仿真器性能的重要指标。

9.1　系统任务与系统函数

Verilog 的系统任务和系统函数主要用于仿真。本节介绍常用的系统任务和系统函数。这些系统任务和系统函数提供了各种功能，比如实时显示当前仿真时间（$time）、显示信号的值（$display、$monitor）及控制模拟的执行过程暂停仿真（$stop）、结束仿真（$finish）等。

系统任务和系统函数有以下一些共同的特点：系统任务和系统函数一般以符号“$”开头，如 $monitor、$readmemh 等；在使用不同的 Verilog 仿真工具（如 VCS、Verilog-XL、ModelSim 等）进行仿真时，这些系统任务和系统函数在使用方法上可能存在差异，应根据使用手册来使用；一般在 initial 或 always 过程块中调用系统任务和系统函数；用户可以通过编程语言接口（PLI）将自己定义的系统任务和系统函数加到语言中，以进行仿真和调试。

下面介绍常用的系统任务和系统函数，多数仿真工具都支持这些任务和函数，且基本能够满足一般的仿真测试需要。

1. $display 与$write

$display 和$write 是两个系统任务，两者的功能相同，都用于显示模拟结果，其区别是$display 在输出结束后能自动换行，而$write 不能。

$display 和$write 的使用格式为

```
$display ("格式控制符",输出变量名列表);
$write ("格式控制符",输出变量名列表);
```

比如

```
$display($time,,,"a=%h b=%h c=%h",a,b,c);
```

上面的语句定义了信号显示的格式，即以十六进制格式显示信号 a、b、c 的值，两个相邻的逗号“,,”表示加入一个空格。

格式控制符及其说明如表 9.1 所示。

表 9.1　格式控制符及其说明

格式控制符	说　明
%h 或%H	以十六进制形式显示
%d 或%D	以十进制形式显示
%o 或%O	以八进制形式显示
%b 或%B	以二进制形式显示
%c 或%C	以 ASCII 字符形式显示
%v 或%V	显示 net 型数据的驱动强度
%m 或%M	显示层次名
%s 或%S	以字符串形式输出
%t 或%T	以当前的时间格式显示

也可用$display 显示字符串，比如

```
$display("it's a example for display\n");
```

上面的语句表示直接输出引号中的字符串，其中的“\n”是转义字符，表示换行。Verilog 定义的转义字符如表 9.2 所示。

表 9.2　Verilog 定义的转义字符

转 义 字 符	说　明
\n	换行
\t	Tab 键
\\	符号\
\“	符号“
\ddd	八进制数 ddd 对应的 ASCII 字符
%%	符号%

转义字符也用于输出格式的定义。比如

```
module disp;
initial begin
$display("\\\t\\\n\"\123");
end
endmodule
```

上面程序的仿真输出如下

```
\    \
"S                              //八进制数 123 对应的 ASCII 字符为 S（大写）
```

2. $monitor 与$strobe

$monitor、$strobe 与$display、$write 一样，也属于输出控制类的系统任务，$monitor 与$strobe 都提供了监控和输出参数列表中字符或变量的值的功能，其使用格式为

```
$monitor("格式控制符",输出变量名列表);
$strobe("格式控制符",输出变量名列表);
```

这里的格式控制符、输出变量名列表与$display 和$write 中定义的完全相同。

比如

```
$monitor($time,"a=%b b=%h",a,b);
```

每次 a 或 b 信号的值发生变化，都会激活上面的语句，并显示当前仿真时间、二进制格式的 a 信号和十六进制格式的 b 信号。

可将$monitor 想象为一个持续监控器，一旦被调用，就相当于启动了一个实时监控器，如果输出变量名列表中的任何变量发生了变化，则系统将按照$monitor 语句中所规定的格式将结果输出一次。而$strobe 相当于选通监控器，$strobe 只有在模拟时间发生改变，并且所有的事件都已处理完毕后，才将结果输出。$strobe 更多地用来显示用非阻塞方式赋值的变量的值。

比如

```
$monitor($time,,,"a=%d b=%d c=%d",a,b,c);
//只要 a、b、c 三个变量的值发生任何变化,都会将 a、b、c 的值输出一次
```

3. $time 与$realtime

$time、$realtime 是属于显示仿真时间标度的系统函数。这两个函数在被调用时，都返回当前时刻距离仿真开始时刻的时间量值。所不同的是，$time 函数以 64 位整数值的形式返回模拟时间，$realtime 函数则以实数型数据的形式返回模拟时间。

通过下面的例子可清楚地看出$time 与$realtime 的区别。

【例 9.1】 $time 与$realtime 的区别。

```
`timescale 10ns/1ns
module time_dif;
reg ts; parameter DELAY=2.6;
initial  begin
         # DELAY ts=1;
         # DELAY ts=0;
         # DELAY ts=1;
         # DELAY ts=0;
         end
initial $monitor($time,,,"ts=%b",ts);          //使用函数$time
endmodule
```

上面的例子用仿真器仿真，其输出为

```
0   ts=x
3   ts=1
5   ts=0
```

```
8   ts=1
10  ts=0
```

每行中时间的显示采用整数形式。如将例 9.1 中的$time 改为$realtime，则输出为

```
0       ts=x
2.6     ts=1
5.2     ts=0
7.8     ts=1
11.4    ts=0
```

每行中时间的显示变为实数形式，从例 9.1 不难看出两者的区别。

4．$finish 与$stop

系统任务$finish 与$stop 用于对仿真过程进行控制，分别表示结束仿真和中断仿真。
$finish 与$stop 的使用格式如下

```
$stop;
$stop(n);
$finish;
$finish(n);
```

n 是$finish 和$stop 的参数，n 可以是 0、1、2 等值，分别表示如下含义。

- 0：不输出任何信息。
- 1：给出仿真时间和位置。
- 2：给出仿真时间和位置，还有其他一些运行统计数据。

如果不带参数，则默认的参数值是 1。

当仿真程序执行到$stop 语句时，将暂时停止仿真，此时设计者可以输入命令，对仿真器进行交互控制。而当仿真程序执行到$finish 语句时，则终止仿真，结束整个仿真过程，返回主操作系统。下面是使用$finish 与$stop 的例子。

比如

```
if(…)
    $stop;                              //在一定的条件下,中断仿真
```

再如

```
#STEP…
#STEP $finish;                          //在某一时刻,结束仿真
…
```

5．$readmemh 与$readmemb

$readmemh 与$readmemb 是属于文件读/写控制的系统任务，其作用都是从外部文件中读取数据并放入存储器。两者的区别在于读取数据的格式不同，$readmemh 为读取十六进制数据，而$readmemb 为读取二进制数据。$readmemh 与$readmemb 的使用格式为

```
$readmemh ("数据文件名",存储器名,起始地址,结束地址);
$readmemb ("数据文件名",存储器名,起始地址,结束地址);
```

其中，起始地址和结束地址均可以默认，如果默认起始地址，表示从存储器的首地址开始存储；如果默认结束地址，表示一直存储到存储器的结束地址。

下面是使用$readmemh的例子。

```
reg[7:0] my_mem[0:255];      //首先定义一个256个地址的存储器my_mem
initial begin $readmemh("mem.hex",my_mem);end
//将mem.hex中的数据装载到存储器my_mem中,起始地址从0开始
initial begin $readmemh("mem.hex",my_mem,80);end
//将mem.hex中的数据装载到存储器my_mem中,起始地址从80开始
```

6. $random

$random是产生随机数的系统函数，每次调用该函数将返回一个32位的随机数，该随机数是一个有符号的整数。例9.2所示为一个产生随机数的程序。

【例9.2】 $random函数的使用。

```
`timescale 10ns/1ns
module random_tp;
integer data,i; parameter DELAY=10;
initial $monitor($time,,,"data=%b",data);
initial begin   for(i=0;i<=100;i=i+1)
    #DELAY  data=$random;        //每次产生一个随机数
    end
endmodule
```

7. 文件输出

与C语言类似，Verilog也提供了很多文件输出类的系统任务，可将结果输出到文件中。这类任务有$fdisplay、$fwrite、$fmonitor、$fstrobe、$fopen和$fclose等。

$fopen用于打开某个文件并准备写操作，$fclose用于关闭文件，而$fdisplay、$fwrite、$fmonitor等系统任务则用于把文本写入文件。

比如

```
fd=$fopen("filename");
$fclose(fd);/*fd必须是32位的变量,之前应该定义成integer型或reg型,如
reg[31:0] fd或integer fd;调用$fopen,它返回一个32位的无符号整数或0值,0
值表示文件不能打开*/
```

9.2 用户自定义元件

利用UDP（User Defined Primitives），用户可以自己定义基本逻辑元件的功能，用户可以像调用基本门元件一样来调用这些自己定义的元件。UDP元件一般不用于可综合的设计描述中，而只用于仿真程序。UDP模块与一般的模块类似，其关键字为primitive和endprimitive。与一般的模块相比，UDP模块具有下面一些特点。

- UDP的输出端口只能有一个，且必须位于端口列表的第一项。只有输出端口能被定义为reg型。
- UDP的输入端口可有多个，一般时序电路UDP的输入端口可多至9个，组合电路UDP的输入端口可多至10个。

- 所有的端口变量必须是1位标量。
- 在table表中，只能出现0、1、x三种状态，不能出现z状态。

定义UDP的语法如下

```
primitive 元件名（输出端口,输入端口1,输入端口2,…）
output 输出端口名;
input 输入端口1,输入端口2,…;
reg 输出端口名;
initial begin
    输出端口或内部寄存器赋初值（0、1或x）;
    end
table
    //输入1  输入2 … : 输出
    真值列表
endtable
endprimitive
```

9.2.1 组合电路UDP元件

首先以一个1位全加器进位输出UDP元件为例，介绍组合电路UDP元件的描述与定义。

【例9.3】 1位全加器进位输出UDP元件。

```
primitive carry_udp(cout,cin,a,b);
input cin,a,b; output cout;
table
//cin a b : cout          //真值表
0  0  0  :  0;
0  1  0  :  0;
0  0  1  :  0;
0  1  1  :  1;
1  0  0  :  0;
1  0  1  :  1;
1  1  0  :  1;
1  1  1  :  1;
endtable
endprimitive
```

在例9.3的UDP描述中，没有考虑输入为x的情况，如果某一个输入端（cin、a、b）的值为x，则由于table表中没有对应的描述项，所以输出也将是不定态x。考虑了输入为x的情况的1位全加器进位输出UDP元件如例9.4所示。

【例9.4】 包含x不定态输入的1位全加器进位输出UDP元件。

```
primitive carry_udpx(cout,cin,a,b);
input cin,a,b; output cout;
table
//cin a b : cout      //真值表
0  0  0  :  0;
0  1  0  :  0;
```

```
0  0  1 : 0;
0  1  1 : 1;
1  0  0 : 0;
1  0  1 : 1;
1  1  0 : 1;
1  1  1 : 1;
0  0  x : 0;                //只要有两个输入为0,则进位输出肯定为0
0  x  0 : 0;
x  0  0 : 0;
1  1  x : 1;                //只要有两个输入为1,则进位输出肯定为1
1  x  1 : 1;
x  1  1 : 1;
endtable
endprimitive
```

从例 9.4 可以发现：只要有两个输入为 0，则不管第 3 个输入为何值，进位输出肯定为 0；同时，若有两个输入为 1，则不管第 3 个输入为何值，进位输出肯定为 1。在这种情况下，Verilog 提供了符号“？”进行缩记，符号“？”可用来表示 0、1、x 等几种取值，也就是说当该位的值不管是等于 0、1、x 中的哪一个，都不会影响输出结果的取值时，即可用该符号来表示该位，这样使程序的表达更简洁。若将例 9.4 采用缩记符“？”来表述，则如例 9.5 所示。

【例 9.5】 用缩记符“？”表述的 1 位全加器进位输出 UDP 元件。

```
primitive carry_udpz(cout,cin,a,b);
input cin,a,b; output cout;
table
//cin a b : cout            //真值表
?  0  0 : 0;                //只要有两个输入为0,则进位输出肯定为0
0  ?  0 : 0;
0  0  ? : 0;
?  1  1 : 1;                //只要有两个输入为1,则进位输出肯定为1
1  ?  1 : 1;
1  1  ? : 1;
endtable
endprimitive
```

可看出，缩记符“？”使表达式的书写更简练，增强了程序的可读性。

9.2.2 时序逻辑 UDP 元件

UDP 元件也可以用来描述电平敏感或边沿敏感的时序逻辑元件。时序逻辑元件的输出除了与当前输入有关，还与它当前所处的状态有关，因此，对应的 UDP 元件描述中应增加对内部状态的考虑。例 9.6 定义了一个电平敏感的 1 位数据锁存器 UDP 元件。

【例 9.6】 电平敏感的 1 位数据锁存器 UDP 元件。

```
primitive latch_udp(q,clk,reset,d);
input clk,reset,d; output q; reg q;
initial q=1'b1;          //初始化
table
```

```
//clk reset d:state:q
?  1  ? : ? : 0;        //reset=1,则不管其他端口为何值,输出都为0
0  0  0 : ? : 0;        //clk=0,锁存器把d端的输入值输出
0  0  1 : ? : 1;
1  0  ? : ? : -;        //clk=1,锁存器的输出保持原值,用符号"-"表示
endtable
endprimitive
```

数据锁存器UDP与前面的组合电路元件相比，多了一列对元件内部状态（state）的描述，内部状态两边用冒号与输入/输出隔开。同时，增加了新的符号“-”，表示保持原值的意思。

例9.7是上升沿触发的D触发器的UDP元件的例子。

【例9.7】　上升沿触发的D触发器UDP元件。

```
primitive dff_udp(q,d,clk);
input d,clk; output q; reg q;
table
//clk d : state : q
(01) 0  : ? :  0;        //上升沿到来,输出q=d
(01) 1  : ? :  1;
(0x) 1  : 1 :  1;
(0x) 0  : 0 :  0;
(?0) ?  : ? :  -;        //没有上升沿到来,输出q保持原值
?  (??) : ? :  -;        //时钟不变,输出也不变
endtable
endprimitive
```

在例9.7中，括号内的两个数字表示状态间的转变，也就是不同的边沿：(01)表示上升沿；(10)表示下降沿；(?0)表示从任何状态（0、1、x）到0的跳变，即排除了上升沿的可能性。table表第3、4行的意思是：当时钟从0状态变化到不确定状态（x）时，如输入数据与当前状态（state）一致，则输出也是定态。table表中最后一行意思是：如果时钟处于某一确定状态（这里“?”表示是0或1，不包括x），则不管输入数据有什么变化（(??)表示任何可能的变化），D触发器的输出都将保持原值不变（用符号“-”表示）。

为便于描述、增强可读性，Verilog在UDP元件的定义中引入很多缩记符，前面已经介绍了一些，在表9.3中进一步对这些缩记符进行总结。

表9.3　UDP中的缩记符

缩记符	含　义	说　明
x	不定态	
?	0、1或x	只能表示输入
b	0或1	只能表示输入
-	保持不变	只用于时序元件的输出
(vy)	代表(01)、(10)、(0x)、(1x)、(x1)、(x0)、(?1)等	从逻辑v到逻辑y的转变
*	同(??)	表示输入端有任何变化
R或r	同(01)	表示上升沿

续表

缩 记 符	含 义	说 明
F 或 f	同(10)	表示下降沿
P 或 p	(01)、(0x)或(x1)	包含 x 不定态的上升沿跳变
N 或 n	(10)、(1x)或(x0)	包含 x 不定态的下降沿跳变

例 9.8 是采用上述缩记符表示的一个带有异步置 1 和异步清零的上升沿触发的 D 触发器 UDP 元件的例子。

【例 9.8】 带有异步置 1 和异步清零的上升沿触发的 D 触发器 UDP 元件。

```
primitive dff_udpx(q,d,clk,clr,set);
input d,clk,clr,set; output q; reg q;
table
//clk   d   clr set : state : q
(01)1   0   0   :   ?   :   0;
(01)1   0   x   :   ?   :   0;
?       ?   0   x   :   0   :   0;
(01)0   0   0   :   ?   :   1;
(01)0   x   0   :   ?   :   1;
?       ?   x   0   :   1   :   1;
(x1)1   0   0   :   0   :   0;
(x1)0   0   0   :   1   :   1;
(0x)1   0   0   :   0   :   0;
(0x)0   0   0   :   1   :   1;
?       ?   1   ?   :   ?   :   1;              //异步清零
?       ?   0   1   :   ?   :   0;              //异步置1
n       ?   0   0   :   ?   :   -;
?       *   ?   ?   :   ?   :   -;
?       ?   (?0)?   :   ?   :   -;
?       ?   ?   (?0):   ?   :   -;
endtable
endprimitive
```

9.3 延时模型的表示

在仿真中还涉及延时表示的问题。延时包括门延时、assign 赋值延时和连线延时等。门延时是从门输入端发生变化到输出端发生变化的延迟时间，assign 赋值延时是从等号右端某个值发生变化到等号左端发生相应变化的延迟时间，连线延时则体现了信号在连线上的传输延时。如果没有定义延时值，默认延时为 0。本节首先介绍`timescale 的使用方法。

9.3.1 时间标尺定义`timescale

`timescale 用于定义模块的时间单位和时间精度，其使用格式如下

```
`timescale <time_unit>/<time_precision>
`timescale <时间单位>/<时间精度>
```

其中，用来表示时间度量的符号有 s、ms、μs、ns、ps 和 fs，分别表示秒、10^{-3}s、10^{-6}s、10^{-9}s、10^{-12}s 和 10^{-15}s。

例如

```
`timescale 1ns/100ps
```

上面的语句表示延时单位为 1ns，延时精度为 100ps（精确到 0.1ns）。`timescale 指令在模块说明外部出现，并且影响后面所有的延时值。

【例 9.9】 `timescale 使用举例 1。

```
`timescale 1ns/100ps
module andgate(out,a,b);
input a,b; output out;
and  #(4.34,5.86)  al(out,a,b);        //#(4.34,5.86)规定了上升及下降延时值
endmodule
```

在例 9.9 中，`timescale 指令定义延时以 1ns 为单位，并且延时精度为 100ps（精确到 0.1ns），因此，延时值 4.34 对应 4.3ns，延时值 5.86 对应 5.9ns。如果将`timescale 指令定义为

```
`timescale 10ns/1ns
```

那么 4.34 对应 43ns，5.86 对应 59ns。再来看下面的例子。

【例 9.10】 `timescale 使用举例 2。

```
`timescale 10ns/1ns
…
reg sel;
initial  begin
#10   sel=0;       //在 100ns(10ns×10)时,sel 被赋值为 0
#10   sel=1;       //在 200ns(10ns×10+10ns×10)时,sel 被赋值为 1
end
…
```

在例 9.10 中，用`timescale 定义了本模块的时间单位为 10ns，时间精度为 1ns。以 10ns 为计量单位，在不同的时刻，寄存器型变量 sel 被赋予了不同的值。

9.3.2 延时的表示与延时说明块

1. 延时的表示方法

延时的表示方法有下面几种：

```
# delaytime
# (d1,d2)
# (d1,d2,d3)
```

delaytime 表示延时时间为 delaytime，d1 表示上升延时，d2 表示下降延时，d3 则表示转换到高阻态 z 的延时，这些延时的具体时间由时间定义语句`timescale 确定。

延时定义了右边表达式操作数变化与赋值给左边表达式之间的持续时间。如果没有定义延时值，

则默认延时为 0。

比如

```
not #4 gate1(out,in);                  //延时为 4 的非门
and #(5,7) gate2(out,a,b);             //与门的上升延时为 5,下降延时为 7
or #5 gate3(out,a,b);                  //或门的上升延时和下降延时都为 5
bufif0 #(3,4,6) gate4(out,in,enable);
        //bufif0 门的上升延时为 3,下降延时为 4,高阻延时为 6
```

2. 延时说明块（specify 块）

Verilog 可对模块中某一指定的路径进行延时说明，这一路径连接模块的输入端口（或 inout 端口）与输出端口（或 inout 端口），利用延时说明块在一个独立的块结构中定义模块的延时。在延时说明块中要描述模块中的不同路径并给这些路径赋值。

延时说明块的内容应放在关键字 specify 与 endspecify 之间，且必须放在一个模块中，还可以使用 specparam 关键字定义参数，举例说明如下。假如信号模型示意图如图 9.1 所示，延时说明块如例 9.11 所示。

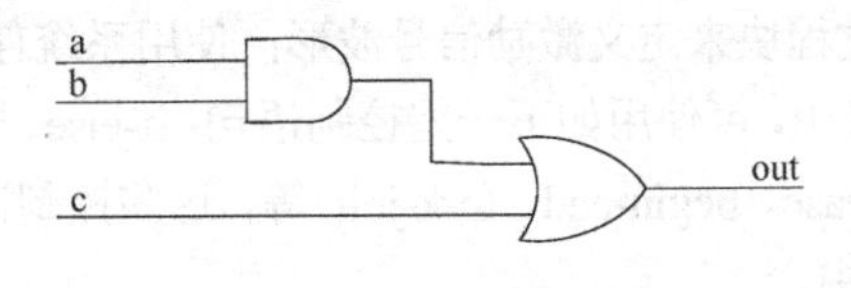

图 9.1　信号模型示意图

【例 9.11】　延迟说明块。

```
module delay(out,a,b,c);
input a,b,c; output out;
and a1(n1,a,b); or o1(out,c,n1);
     specify
     (a=>out)=2;           //定义从 a 到 out 的延时为 2
     (b=>out)=3;           //定义从 b 到 out 的延时为 3
     (c=>out)=1;           //定义从 c 到 out 的延时为 1
     endspecify
endmodule
```

9.4　Test Bench 测试平台

测试平台（Test Bench 或 Test Fixture）为测试或仿真 Verilog 程序搭建了一个平台，给被测试模块施加激励信号，通过观察被测试模块的输出响应，可以判断其逻辑功能和时序关系的正确与否。

如图 9.2 所示为 Test Bench 测试平台示意图，测试模块类似一个矢量发生器（Test Vector Generator），向被测模块施加激励信号，监测器（Monitor）监测输出响应，将被测试模块在激励向量作用下产生的输出信息按规定的格式以文本或图形的方式显示出来，供用户检验。激励信号必须定义成 reg 型，以保持信号值，被测试模块在激励信号的作用下产生输出，输出信号必须定义为 wire 型。

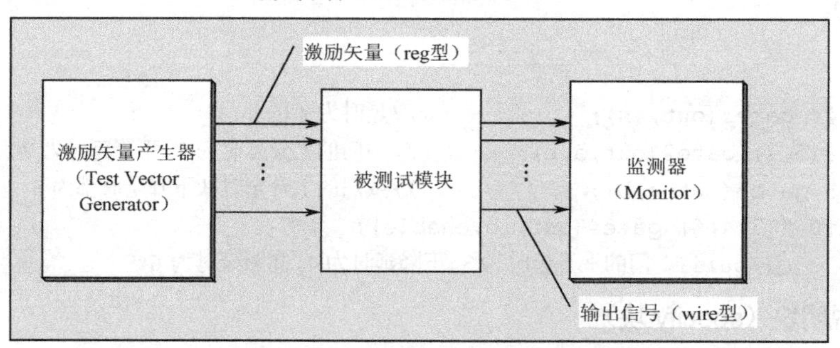

图9.2　Test Bench测试平台示意图

测试模块的结构如图9.3所示。测试模块与一般的Verilog模块没有根本的区别，其特点表现为下面几点。

- 测试模块只有模块名字，没有端口列表；输入信号（激励信号）必须定义为reg型，以保持信号值；输出信号（显示信号）必须定义为wire型。
- 在测试模块中调用被测试模块，在调用时，应注意端口排列的顺序与模块定义时一致。
- 一般用initial、always过程块来定义激励信号波形；使用系统任务和系统函数来定义输出显示格式；在激励信号的定义中，可使用如下一些控制语句：if-else、for、forever、case、while、repeat、wait、disable、force、release、begin-end、fork-join等，这些控制语句一般只用在always、initial、function、task等过程块中。

首先介绍用initial语句产生激励信号波形的方法。例如，要产生图9.4所示的激励波形，可以编写脚本如例9.12。

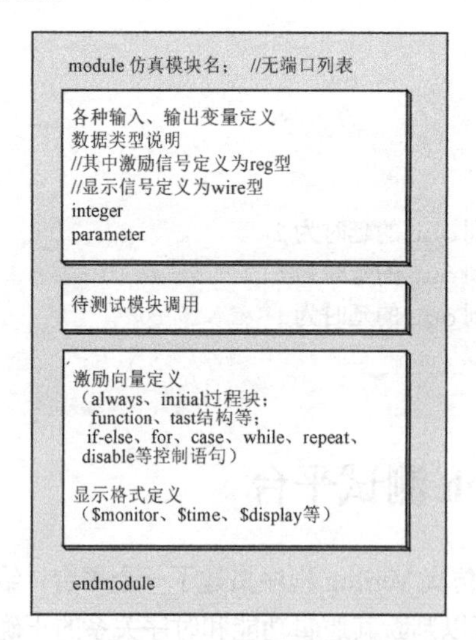

图9.3　测试模块的结构

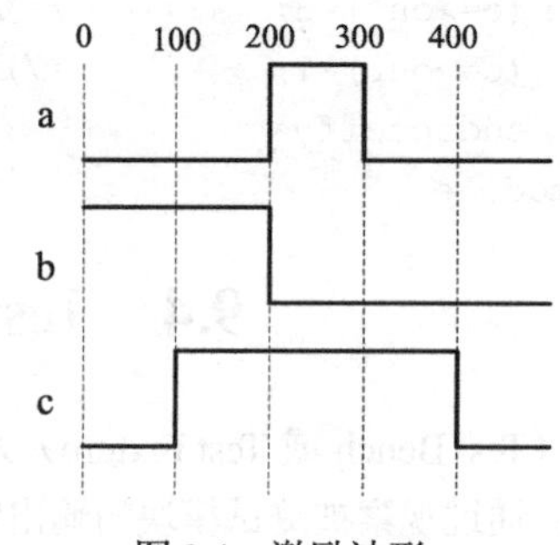

图9.4　激励波形

【例9.12】　激励波形的描述。

```
`timescale 1ns/1ns
module test1;
reg a,b,c;
initial
```

```
begin    a=0;b=1;c=0;                  //激励波形描述
   #100 c=1;
   #100 a=1;b=0;
   #100 a=0;
   #100 c=0;
#100 $stop;
end
initial $monitor($time,,,"a=%d b=%d c=%d",a,b,c);   //显示
endmodule
```

例 9.12 的运行结果为

```
#   0    a=0 b=1 c=0
#   100  a=0 b=1 c=1
#   200  a=1 b=0 c=1
#   300  a=0 b=0 c=1
#   400  a=0 b=0 c=0
```

运行结果与图 9.4 的波形吻合。

例 9.13 用 always 过程块描述所需的时钟波形。

【例 9.13】　always 语句用于时钟波形的描述。

```
`timescale 1ns/1ns
...
reg clk;
parameter CYCLE=100;                    //一个时钟周期为 100ns
always  #(CYCLE/2) clk=~clk;            //always 语句产生时钟波形
initial clk=1;
...
```

【例 9.14】　用 always 过程块产生两个时钟信号。

```
`timescale 1ns/1ns
module test2;
reg clk1,clk2; parameter CYCLE=100;
always
  begin        {clk1,clk2}=2'b10;
    #(CYCLE/4) {clk1,clk2}=2'b01;
    #(CYCLE/4) {clk1,clk2}=2'b11;
    #(CYCLE/4) {clk1,clk2}=2'b00;
    #(CYCLE/4) {clk1,clk2}=2'b10;
  end
initial $monitor($time,,,"clk1=%b clk2=%b",clk1,clk2);
endmodule
```

例 9.14 在 ModelSim 中用 run 200ns 命令进行仿真的输出波形如图 9.5 所示（ModelSim 软件的使用可参考本章实验与设计的内容），可以看到，clk1 信号的周期为 50ns，clk2 信号的周期为 100ns。

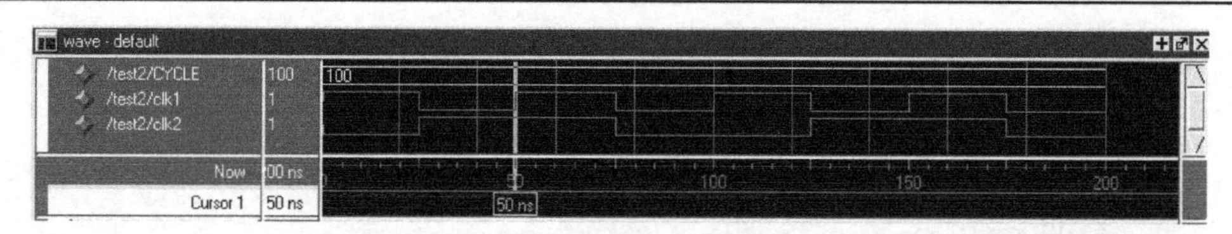

图9.5 输出波形（ModelSim）

在仿真程序中，如果测试向量很多，可先将测试向量写入一个文件，然后在仿真程序中使用readmemb或readmemh将测试向量读入。例9.15中首先定义了一个存储器mem[0:255]，然后用$readmemh函数将rom.hex文件中的数据读入该存储器。

【例9.15】 存储器在仿真程序中的应用。

```
module ROM(addr,data,oe);
input[14:0] addr;                       //地址信号
input oe;                               //读使能信号,低电平有效
output[7:0] data;                       //数据信号
reg[7:0] mem[0:255];                    //存储器定义
parameter DELAY=100;
assign #DELAY data=(oe==0)?mem[addr]:8'hzz;
initial $readmemh("rom.hex",mem);       //从文件中读入数据
endmodule
```

9.5 组合电路和时序电路的仿真

9.5.1 组合电路的仿真

首先以8位乘法器的仿真为例，介绍组合电路的仿真。

1. 8位乘法器的仿真

【例9.16】 8位乘法器。

```
module mult8 #(parameter SIZE=8)           //8位乘法器源码
            ( input[SIZE:1] a,b,           //两个操作数
              output[2*SIZE:1] out);       //结果
assign out=a*b;
endmodule
```

【例9.17】 8位乘法器的Test Bench脚本。

```
`timescale 1 ns/ 1 ps
module mult8_vlg_tst();
reg [8:1] a;
reg [8:1] b;
wire [16:1]  out;
integer i,j;
mult8 i1 (                          //例化被测试模块
    .a(a),
```

```
        .b(b),
        .out(out)
    );
    initial                                    //激励波形设定
    begin    a=0;b=0;
    for(i=1;i<255;i=i+1)  #20 a=i;
    end
    initial begin
    for(j=1;j<255;j=j+1)  #20 b=j;
    end
    endmodule
```

例 9.17 的仿真输出波形如图 9.6 所示。

图 9.6　8 位乘法器的仿真输出波形（ModelSim）

2. 2 选 1 数据选择器的仿真

【例 9.18】　2 选 1 数据选择器的 Test Bench 脚本。

```
    `timescale 1ns/1ns
    module mux21_tp;
    reg a,b,sel; wire out;
    mux2_1 m1(out,a,b,sel);                //调用待测试模块
    initial begin  a=1'b0;b=1'b0;sel=1'b0;
        #5  sel=1'b1;
        #5  a=1'b1;sel=1'b0;
        #5  sel=1'b1;
        #5  a=1'b0;b=1'b1;sel=1'b0;
        #5  sel=1'b1;
        #5  a=1'b1;b=1'b1;sel=1'b0;
        #5  sel=1'b1;
    end
    initial $monitor($time,,,"a=%b b=%b sel=%b out=%b",a,b,sel,out);
    endmodule
```

2 选 1 数据选择器的源代码如例 9.19 所示，采用门级结构描述，图 9.7 所示为其门级原理图。

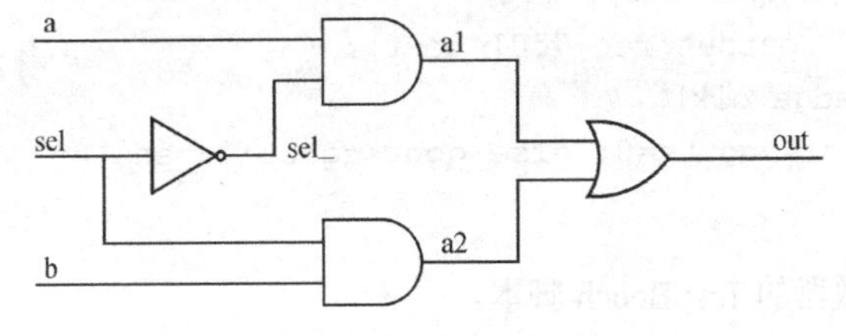

图 9.7　2 选 1 数据选择器门级原理图

【例9.19】 2选1数据选择器。

```
module mux2_1(out,a,b,sel);        //待测试的2选1数据选择器模块
input a,b,sel; output out;
not #(0.4,0.3) (sel_,sel);         //#(0.4,0.3)为门延时
and #(0.7,0.6) (a1,a,sel_);
and #(0.7,0.6) (a2,b,sel);
or #(0.7,0.6) (out,a1,a2);
endmodule
```

例9.19程序的仿真波形如图9.8所示。

图9.8 2选1数据选择器的仿真波形（ModelSim）

从图中可看出，由于在2选1数据选择器模块中对门元件的延时做了定义，因此输入a、b、sel的值变了，out并没有立即改变，而是经过相应的门延时后，out的值才发生改变，这从命令行窗口的文本输出中也可以清楚地看到，如下所示。

```
#          0  a=0 b=0 sel=0 out=x
#          2  a=0 b=0 sel=0 out=0
#          5  a=0 b=0 sel=1 out=0
#          10  a=1 b=0 sel=0 out=0
#          12  a=1 b=0 sel=0 out=1
#          15  a=1 b=0 sel=1 out=1
#          17  a=1 b=0 sel=1 out=0
#          20  a=0 b=1 sel=0 out=0
#          25  a=0 b=1 sel=1 out=0
#          27  a=0 b=1 sel=1 out=1
#          30  a=1 b=1 sel=0 out=1
#          35  a=1 b=1 sel=1 out=1
```

9.5.2 时序电路的仿真

以一个带有同步复位的8位计数器的仿真为例，介绍时序电路的仿真。

【例9.20】 8位计数器。

```
module count8                 //待测试的8位计数器模块
          ( input clk,reset,
            output reg[7:0] qout);
always @(posedge clk)
begin  if(reset) qout<=0; else qout<=qout+1; end
endmodule
```

【例9.21】 8位计数器的Test Bench脚本。

```
`timescale 1 ns/1 ps
module count8_vlg_tst();
reg clk,reset;
wire [7:0]  qout;
count8 i1(                              //例化被测试模块
.clk(clk),
.qout(qout),
.reset(reset));
parameter PERIOD = 40;          //定义时钟周期为 40ns
initial  begin
   reset = 1;clk =0;
   #PERIOD;   reset = 0;
# (PERIOD*300) $stop;
end
always begin
   #(PERIOD/2) clk = ~clk;
end
endmodule
```

例 9.21 的仿真波形如图 9.9 所示。

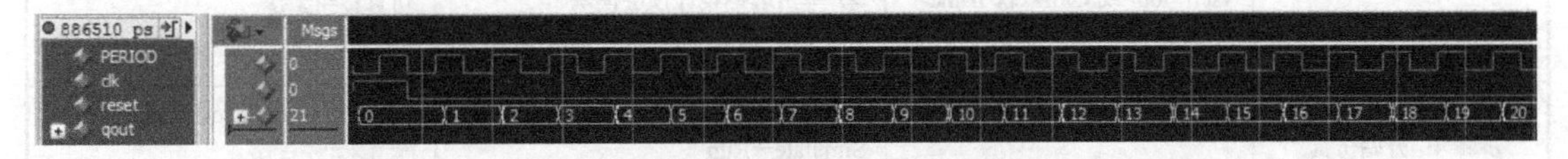

图 9.9　8 位计数器的仿真波形（ModelSim）

习　题　9

9.1　什么是仿真？常用的 Verilog 仿真器有哪些？
9.2　写出 1 位全加器本位和（SUM）的 UDP 描述。
9.3　写出 4 选 1 数据选择器的 UDP 描述。
9.4　`timescale 指令的作用是什么？举例说明。
9.5　编写一个 4 位比较器，并对其进行测试。
9.6　编写一个时钟波形产生器，产生正脉冲宽度为 15ns、负脉冲宽度为 10ns 的时钟波形。
9.7　编写一个测试程序，对 D 触发器的逻辑功能进行测试。

实验与设计：用 ModelSim SE 仿真 8 位二进制加法器

1．实验要求

用 ModelSim SE 对 8 位二进制加法器进行仿真。

2．实验内容

（1）ModelSim SE 仿真器：ModelSim 是 Mentor 的子公司 Model Technology 的一个出色的 Verilog/VHDL 混合仿真器，属于编译型仿真器（进行仿真前须对 HDL 代码进行编译），仿真速度快，功能强。

ModelSim 分几种不同的版本：SE、PE 和 OEM，其中，集成在 Altera、Xilinx、Actel、Atmel 及

Lattice 等 FPGA 厂商设计工具中的均是其 OEM 版本。比如，为 Altera 提供的 OEM 版本是 ModelSim-Altera，为 Xilinx 提供的版本为 ModelSim XE。ModelSim SE 版本为更高级的版本，在功能、性能和仿真速度等方面比 OEM 版本强一些，还支持 PC、UNIX、Linux 混合平台。本例用 ModelSim SE 版本进行仿真。

用 ModelSim SE 进行仿真的步骤如表 9.4 所示，包括每个步骤对应的仿真命令、图形界面菜单和工具栏按钮。

表 9.4 ModelSim SE 仿真的步骤

步　骤	主要的仿真命令	图形界面菜单	工具栏按钮
步骤 1：建仿真工程项目，添加仿真文件	vlib <library_name> vmap work <library_name>	① File→New→Project ② 输入库名称 ③ 添加设计文件到工程	无
步骤 2：编译	vlog file1.v file2.v … (Verilog) vcom file1.vhd file2.vhd … (VHDL)	Compile→Compile All	编译按钮
步骤 3：加载设计到仿真器	vsim <top>或 vsim <opt_name>	① Simulate→Start Simulation ② 单击选择设计顶层模块 ③ 单击 OK 按钮	仿真按钮
步骤 4：开始仿真	run step	Simulate→Run	Run，Run continue，Run-all
步骤 5：调试	常用的调试命令：bp，describe，drivers，examine，force，log，show	无	无

（2）8 位二进制加法器模块和激励脚本：例 9.22 是 8 位二进制加法器代码，其 Test Bench 脚本见例 9.23。

【例 9.22】 8 位二进制加法器代码。

```
module add8      //待测的 8 位二进制加法器代码
        ( input[7:0] a,b, input cin,
          output[7:0] sum, output cout);
assign {cout,sum}=a+b+cin;
endmodule
```

【例 9.23】 8 位二进制加法器的 Test Bench 脚本。

```
`timescale 1ns/1ns
module add8_tp;                    //仿真模块无端口列表
reg[7:0] a,b;                      //输入激励信号定义为 reg 型
reg cin;
wire[7:0] sum;                     //输出信号定义为 wire 型
wire cout;
parameter DELY=100;
```

```
add8 u1(.a(a),.b(b),.cin(cin),.sum(sum),.cout(cout));
                                      //测试对象
initial begin                         //激励波形设定
        a=8'd0;b=8'd0;cin=1'b0;
#DELY   a=8'd100;b=8'd200;cin=1'b1;
#DELY   a=8'd200;b=8'd88;
#DELY   a=8'd210;b=8'd18;cin=1'b0;
#DELY   a=8'd12;b=8'd12;
#DELY   a=8'd100;b=8'd154;
#DELY   a=8'd255;b=8'd255;cin=1'b1;
#DELY   $stop;
end
initial $monitor($time,,,"%d+%d+%b={%b,%d}",a,b,cin,cout,sum);
                                      //输出格式定义
endmodule
```

（3）用 ModelSim SE 图形界面进行功能仿真：通过 ModelSim SE 的图形界面仿真，使用者不需要记忆命令语句，所有流程都可通过单击窗口用交互的方式完成。

启动 ModelSim SE 软件，进入图 9.10 所示的工作界面。

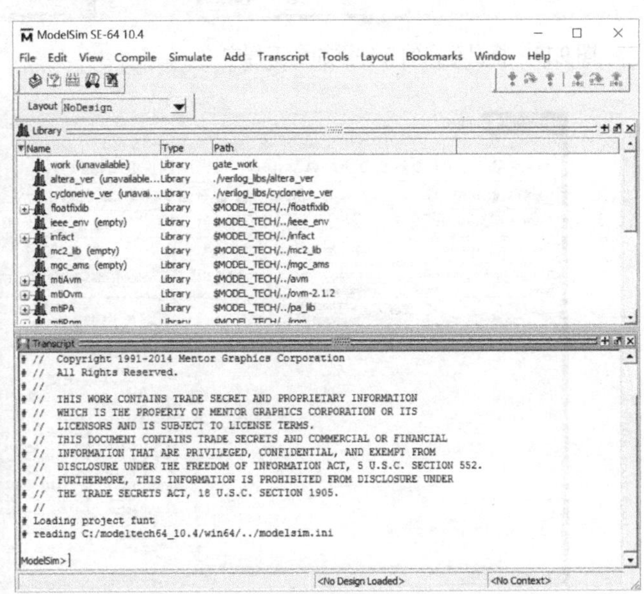

图 9.10　ModelSim SE 的启动界面和工作界面

选择菜单 File→Change Directory，在弹出的 Choose Directory 对话框中转换工作目录路径，本例设为 C:/Verilog/addtp，单击 OK 按钮完成工作目录的转换。

① 新建仿真工程项目，添加仿真文件：新建一个工程文件（Project File），选择菜单 File→New→Project，弹出图 9.11 所示的对话框，在对话框中输入新建工程文件的名称（本例为 addtp）及所在的文件夹，单击 OK 按钮完成新工程项目的创建。此时会弹出图 9.12 所示的对话框，提示添加文件到当前项目，如果仿真文件已存在，则选择 Add Existing File 选项，将已存在的文件加入当前工程，如图 9.13 所示；如果仿真文件不存在，则选择 Create New File 选项，新建一个仿真文件，如图 9.14 所示，在对话框中填写文件名为 add8_tp，选择文件的类型（Add file as type）为 Verilog，单击 OK 按钮，此时，

Project 页面中会出现 add8_tp.v 的图标，双击图标，在右边的空白处填写文件的内容，把例 9.23 的代码输入，如图 9.15 所示。

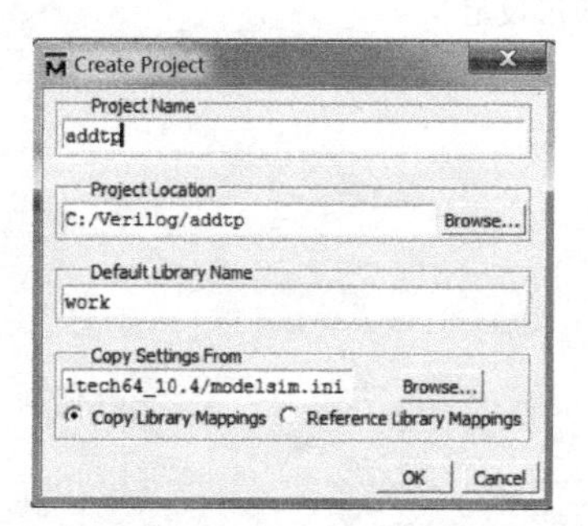

图 9.11　新建工程项目

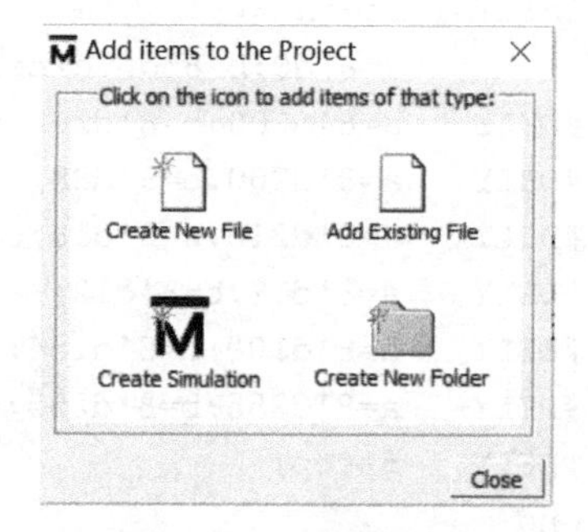

图 9.12　添加仿真文件

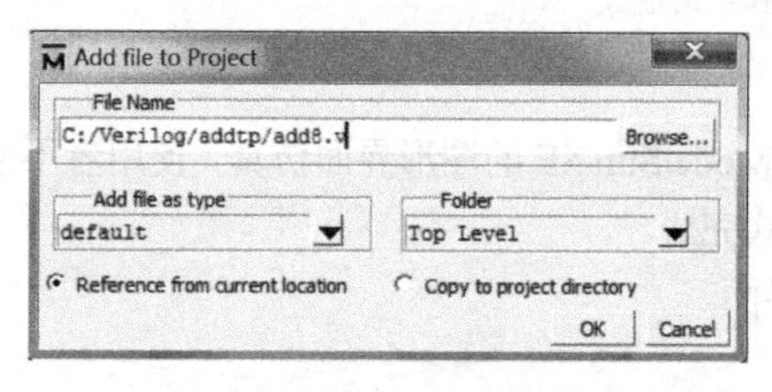

图 9.13　将已存在的文件添加至工程中

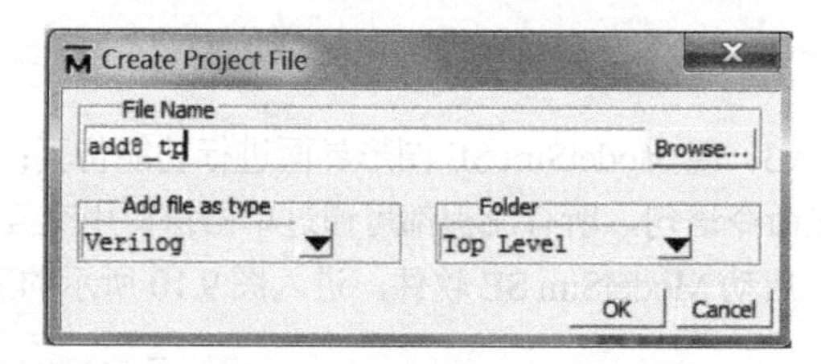

图 9.14　新建仿真文件

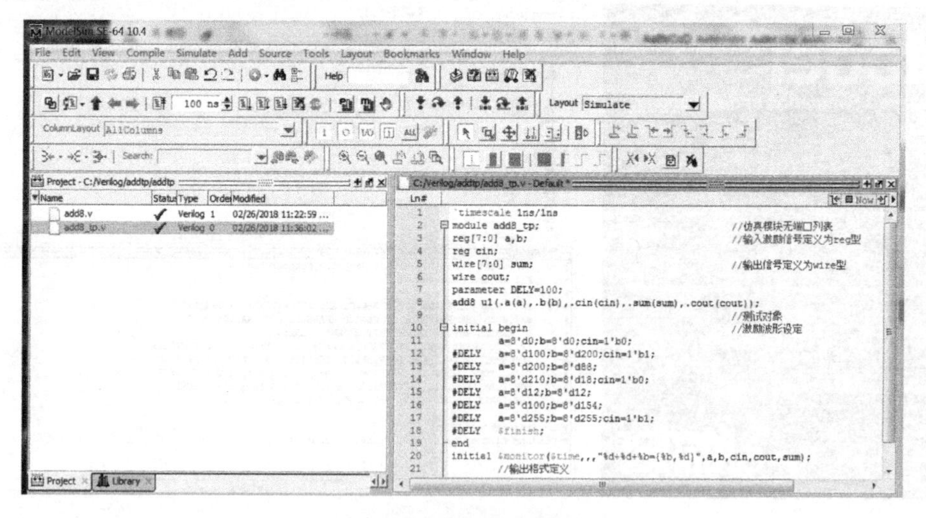

图 9.15　编译激励代码

② 编译仿真文件和设计文件到 work 工作库：ModelSim SE 是编译型仿真器，所以在仿真前必须对 HDL 源代码和库文件进行编译，并加载到 work 工作库。

在图 9.16 的 Project 标签页中选中 add8_tp.v 图标，右击，在出现的菜单中选择 Compile→Compile All，ModelSim SE 软件会对 add8_tp.v 和 add8.v 文件进行编译，同时在命令窗口中报告编译信息。如果编译通过，则会在 add8_tp.v 图标旁显示√，否则会显示×，并在命令行中出现错误信息提示，双击错误信息可自动定位到 HDL 代码中的错误出处，对其修改，重新编译，直到通过为止。

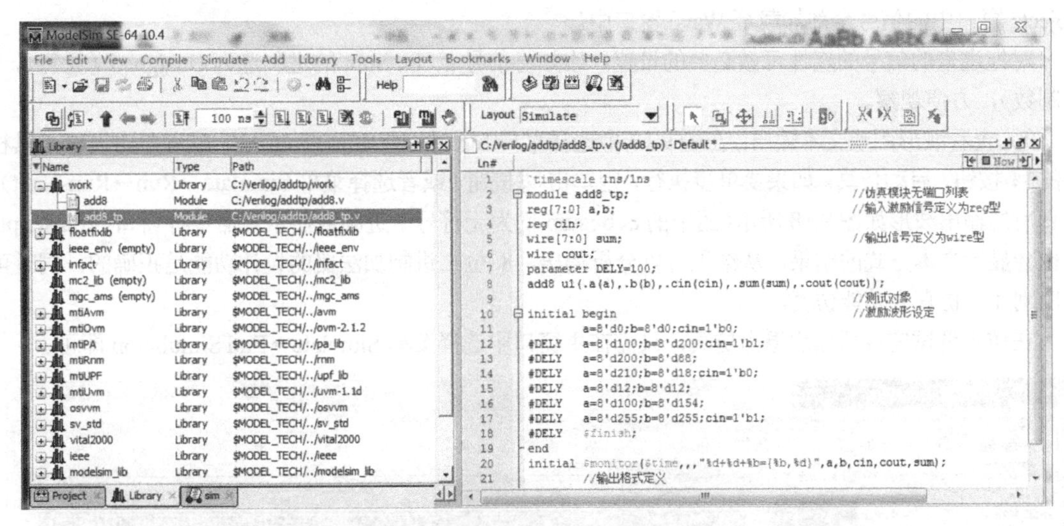

图 9.16　编译文件到 work 工作库

③ 加载设计：编译完成后，选择 Library 标签页，如图 9.16 所示，会发现在 work 工作库中已出现了 add8 和 add8_tp 的图标，这是刚才编译的结果。

在 work 工作库中选中 add8_tp 图标，双击完成装载；也可以选择菜单 Simulate→Start Simulation，或者选中 add8_tp 图标，右击，在出现的菜单中选择 Simulate，完成激励模块的装载，当工作区中出现 Sim 页面时，说明装载成功。

④ 加载信号到 Wave 窗口中：设计加载成功后，ModelSim SE 会进入图 9.17 所示的界面，有对象窗口（Objects）、波形窗口（Wave）等（如果 Wave 窗口没有打开，可选择菜单 View→Wave 打开 Wave 窗口；同样选择菜单 View→Objects，可打开 Objects 窗口）。

图 9.17　将 Objects 窗口中信号加载至 Wave 窗口

将 Objects 窗口中出现的信号用鼠标左键拖到 Wave 窗口中（不想观察的信号则不需要拖）；如果要观察全部信号，可以在 sim 页中选中 count_tp 图标，右击，在出现的菜单中选择 Add Wave，可将

Objects 窗口中的信号全部加载至 Wave 窗口中。

对拖进来的信号的属性可做必要的设置，比如将信号 a、b、sum 的进制选为 Unsigned（无符号十进制数），方便观察。

⑤ 查看波形图或文本输出：在图 9.18 中选择菜单 Simulate→Run→Run All，或者单击调试工具栏中的 按钮，启动仿真。如果要单步执行，则单击 按钮（或者选择菜单 Simulate→Run→Run-Next）。仿真后的输出波形如图 9.18 所示（图中的 a、b、sum 均为无符号十进制数显示），命令行窗口（Transcript）中也会显示文本方式的结果，从结果可以分析得出，8 位二进制加法器的设计功能是正确的，同时可看出刚才的仿真为功能仿真。

在仿真调试完成后如想退出仿真，只需在主窗口中选择菜单 Simulate→End Simulation 即可。

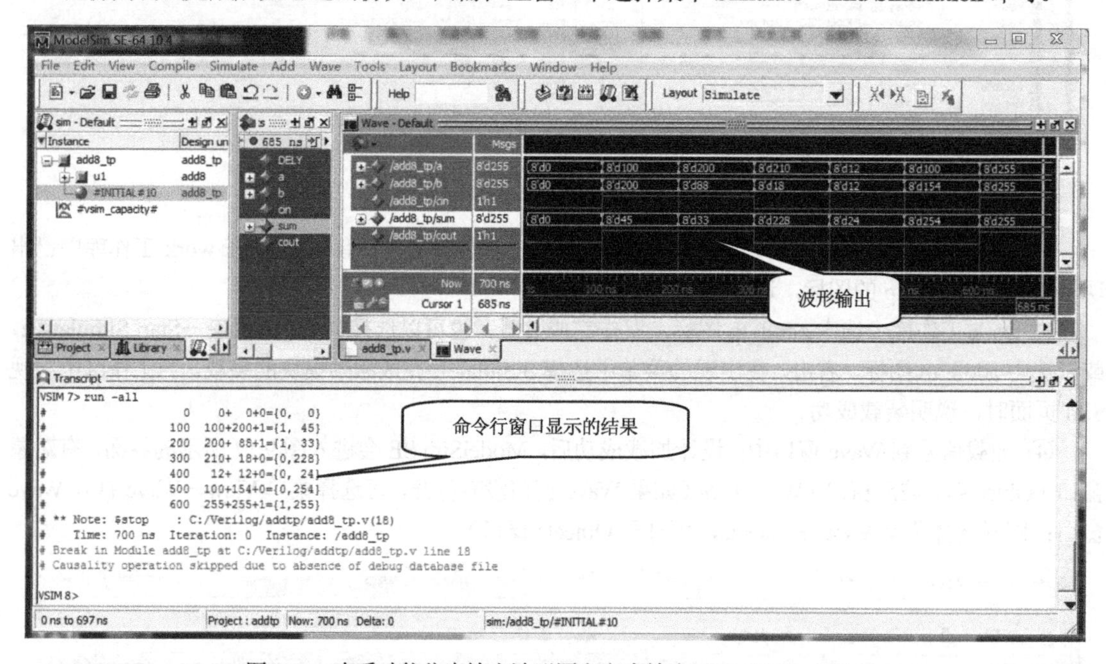

图 9.18 查看功能仿真输出波形图和文本输出（ModelSim SE）

（4）用 ModelSim SE 命令行方式进行功能仿真操作：ModelSim SE 还可以通过命令行的方式进行仿真。命令行方式为仿真提供了更多、更灵活的控制，其中所有的仿真命令都是 Tcl 命令，把这些命令写入*.do 文件形成一个宏脚本，在 ModelSim SE 中执行此脚本，就可按照批处理的方式执行一次仿真，大大提高了仿真的效率，在设计者操作比较熟练时建议采用此种仿真方式。

转换工作目录：启动 ModelSim SE，在其命令行窗口中输入下面的命令并按回车键，将 ModelSim 的工作目录转换到设计文件所在的目录，cd 是转换目录的命令。

```
cd C:/Verilog/addtp
```

采取与前面同样的步骤，建立仿真工程项目（Project File），建立并添加激励文件（add8_tp.v）和设计文件（add8.v）。

编译激励文件和设计文件到工作库：输入下面的命令并按回车键，把激励文件（add8_tp.v）和设计文件（add8.v）编译到 work 库中，vlog 是对 Verilog 源文件进行编译的命令。

```
vlog -work work add8_tp.v add8.v
```

如果把 add8.v 的代码包含在 add8_tp.v 中（当前文件夹下只有 add8_tp.v 这一个文件存在），则只需输入下面的命令并按回车键即可。

```
vlog -work work add8_tp.v
```

加载设计：加载设计需要执行下面的命令并按回车键，其中 vsim 是加载仿真设计的命令，“-t ps”表示仿真的时间分辨率，work.add8_tp 是仿真对象。

```
vsim -t ps work.add8_tp
```

如果设计中使用了 Altera 的宏模块，则可以在加载时将宏模块库一并加入，比如下面的命令，其中的 altera_mf 和 lpm 是 Altera 中两个常用的预编译库。

```
vsim -t ps -L altera_mf -L lpm work.add8_tp
```

开始仿真：开始仿真可执行下面的命令，add wave 是将要观察的信号添加到仿真波形中。

```
add wave a
add wave b
```

如果添加所有的信号到波形图中观察，可输入如下的命令。

```
add wave *
```

启动仿真用 run 命令，后面的 1000ns 是仿真的时间长度。

```
run 1000 ns
```

用批处理方式仿真：还可以把上面用到的命令集合到.do 文件中，可以在 ModelSim SE 中选择菜单 File→New→Source→Do 生成文件，也可以用其他文本编辑器编辑生成，本例中生成的.do 文件命名为 addtp_com.do，存盘放置在设计文件所在的目录下，然后在 ModelSim SE 命令行中输入

```
do C:/verilog/addtp/addtp_com.do
```

就可以用批处理的方式完成一次仿真，其执行结果如图 9.19 所示，同时会在波形窗口中显示输出波形，与采用图形界面仿真方式并无区别。

本例中 addtp_com.do 文件的内容如下所示。

```
cd  C:/Verilog/addtp
vlog -work work add8_tp.v add8.v
vsim -t ps work.add8_tp
add wave *
run 1000 ns
```

（5）用 ModelSim SE 进行门级时序仿真：上面进行的是功能仿真，如果要进行时序仿真，必须先对设计文件指定芯片并编译（比如用 Quartus Prime）生成网表文件和延时文件，再调用 ModelSim SE 进行时序仿真。

首先要建立 Quartus Prime 和 ModelSim SE 之间的链接，在 Quartus Prime 主界面中选择菜单 Tools→Options…，弹出 Options 对话框，选中 EDA Tool Options，在该选项卡的 ModelSim 栏目中指定 ModelSim SE 10.4 的安装路径，本例中为 C:\modeltech64_10.4\win64，如图 9.20 所示。

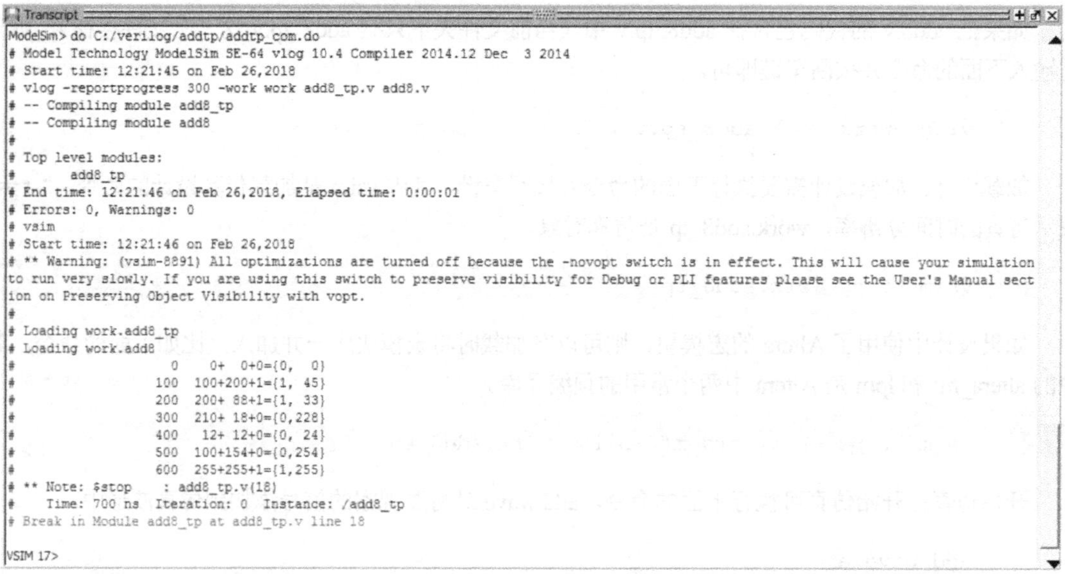

```
Transcript
ModelSim> do C:/verilog/addtp/addtp_com.do
# Model Technology ModelSim SE-64 vlog 10.4 Compiler 2014.12 Dec  3 2014
# Start time: 12:21:45 on Feb 26,2018
# vlog -reportprogress 300 -work work add8_tp.v add8.v
# -- Compiling module add8_tp
# -- Compiling module add8
#
# Top level modules:
#       add8_tp
# End time: 12:21:46 on Feb 26,2018, Elapsed time: 0:00:01
# Errors: 0, Warnings: 0
# vsim
# Start time: 12:21:46 on Feb 26,2018
# ** Warning: (vsim-8891) All optimizations are turned off because the -novopt switch is in effect. This will cause your simulation
to run very slowly. If you are using this switch to preserve visibility for Debug or PLI features please see the User's Manual sect
ion on Preserving Object Visibility with vopt.
#
# Loading work.add8_tp
# Loading work.add8
#                    0     0+  0+0={0,  0}
#                  100   100+200+1={1, 45}
#                  200   200+ 88+1={1, 33}
#                  300   210+ 18+0={0,228}
#                  400    12+ 12+0={0, 24}
#                  500   100+154+0={0,254}
#                  600   255+255+1={1,255}
# ** Note: $stop    : add8_tp.v(18)
#    Time: 700 ns  Iteration: 0  Instance: /add8_tp
# Break in Module add8_tp at add8_tp.v line 18

VSIM 17>
```

图 9.19　用批处理的方式完成一次仿真后的执行结果

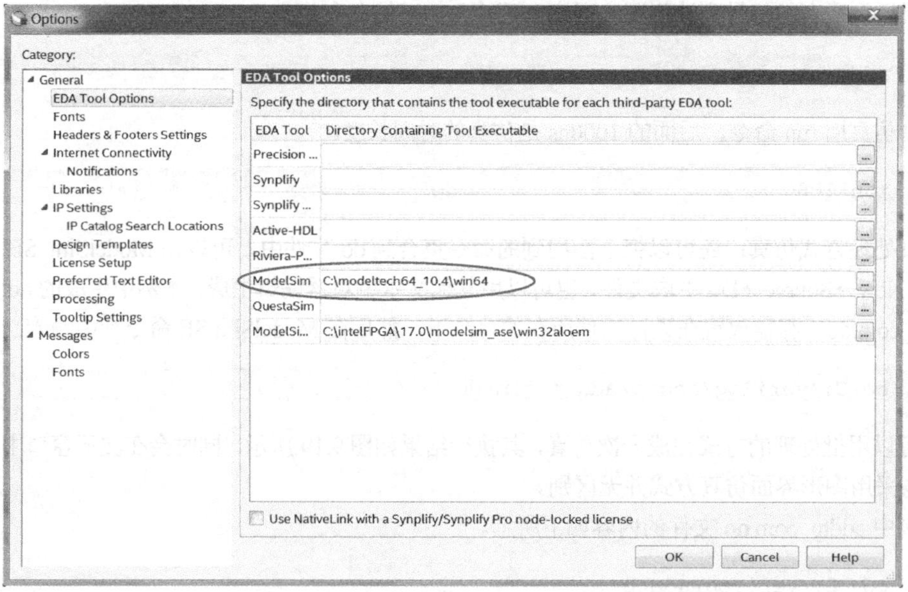

Options

Category:

- General
  - EDA Tool Options
  - Fonts
  - Headers & Footers Settings
  - Internet Connectivity
    - Notifications
  - Libraries
  - IP Settings
    - IP Catalog Search Locations
  - Design Templates
  - License Setup
  - Preferred Text Editor
  - Processing
  - Tooltip Settings
- Messages
  - Colors
  - Fonts

EDA Tool Options

Specify the directory that contains the tool executable for each third-party EDA tool:

EDA Tool	Directory Containing Tool Executable
Precision ...	
Synplify	
Synplify ...	
Active-HDL	
Riviera-P...	
ModelSim	C:\modeltech64_10.4\win64
QuestaSim	
ModelSi...	C:\intelFPGA\17.0\modelsim_ase\win32aloem

Use NativeLink with a Synplify/Synplify Pro node-locked license

OK　Cancel　Help

图 9.20　建立 Quartus Prime 和 ModelSim SE 的链接

需要在 Quartus Prime 中针对仿真做一些设置：选择菜单 Assignments→Settings，弹出 Settings 对话框，选中 EDA Tool Settings，单击 Simulation，出现图 9.21 所示的 Simulation 窗口，对其进行设置，其中，在 Tool name 中选择 ModelSim，同时使能 Run gate-level simulation automatically after compilation，即工程编译成功后自动启动 ModelSim 运行门级仿真；在 Format for output netlist 中选择 Verilog；在 Time scale 中指定时间单位，此处选择 1ps；在 Output directory 处指定网表文件的输出路径，即.vo（或.vho）文件存放的路径为目录 C:\Verilog\addtp\simulation\modelsim。

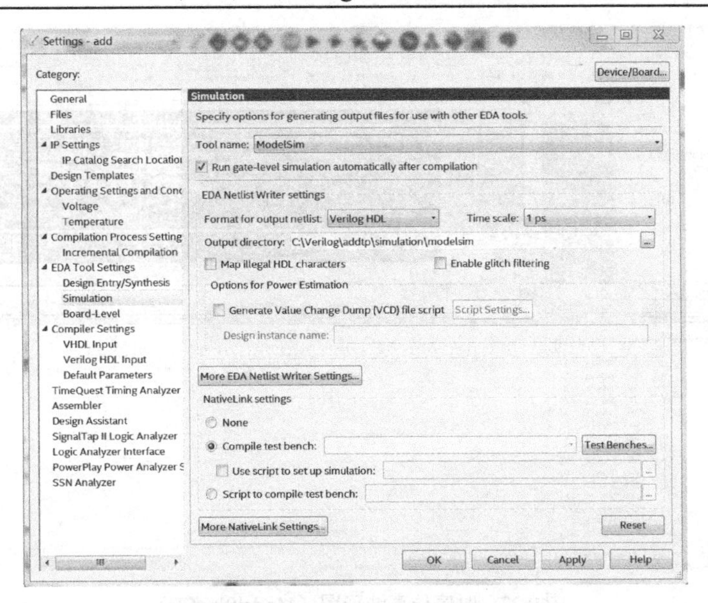

图 9.21　设置仿真文件的格式和目录

假定 Test Bench 激励文件（add8_tp.v）和设计文件（add8.v）已经输入并存在当前目录中，还需对 Test Bench 做进一步的设置，在图 9.21 所示的对话框中，使能 Compile test bench 栏，并单击右边的 Test Benches 按钮，出现 Test Benches 对话框，单击其中的 New 按钮，出现 New Test Bench Settings 对话框，如图 9.22 所示，在其中填写 Test bench name 为 add8_tp，同时，Top level module in test bench 也填写为 add8_tp；Test bench and simulation files 选择 add8_tp.v，并将其加载。

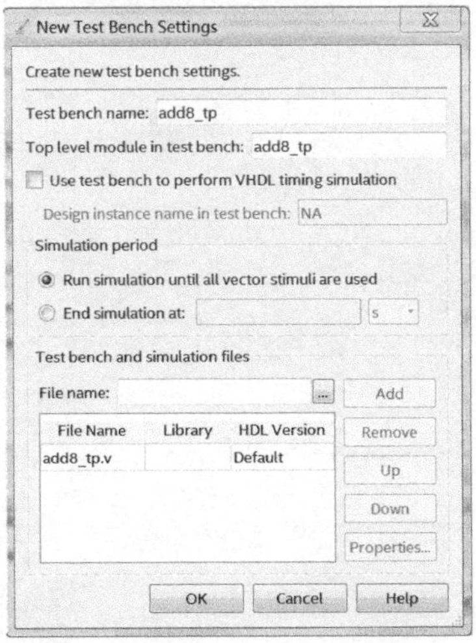

图 9.22　对 Test Bench 进一步设置

设置好上面的各项后，在 Quartus Prime 软件中建立工程，添加设计文件（add8.v），锁定芯片（比如 EP4CE115F29C7），启动编译，编译后 Quartus Prime 会自动启动 ModelSim（这是因为在前边的 Settings 设置中使能了 Run gate-level simulation automatically after compilation，即工程编译成功后自动启动 ModelSim SE 运行门级仿真），产生时序仿真波形图，如图 9.23 所示，可看出，加法器的延时大约 9ns，另外，命令行窗口（Transcript）中也会显示很长的带延时信息的文本方式的结果。

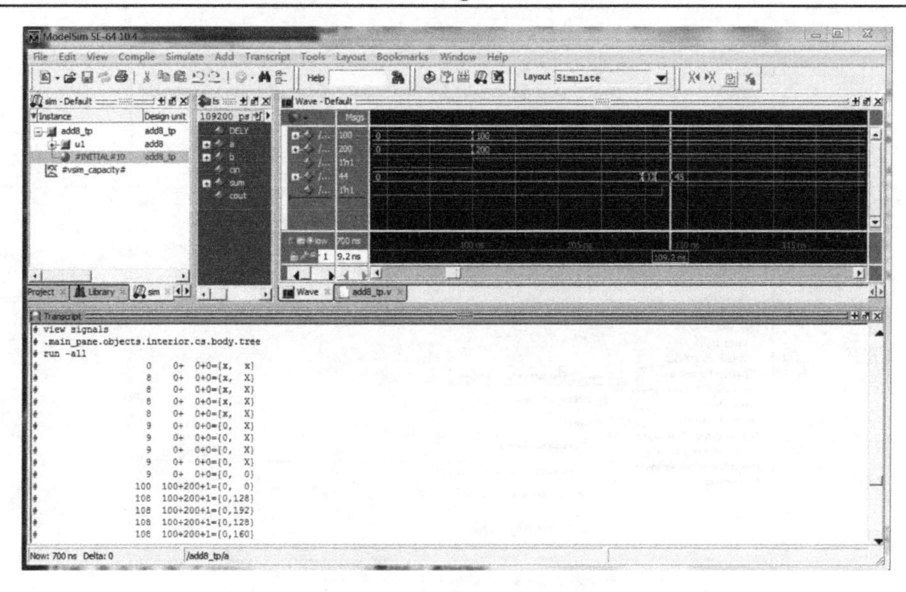

图 9.23 时序仿真波形图（ModelSim SE）

退出 ModelSim SE 后，Quartus Prime 才完成全部编译。采用上述的步骤进行时序仿真，ModelSim SE 会自动加载仿真所需的元件库，省掉了手工加载的烦琐。

第 10 章　Verilog 设计与应用

本章采用 Verilog 设计一些数字系统中的常用模块和常用电路，以进一步提高 Verilog 语言的学习效果。

10.1　数字频率测量

测量正弦波的频率，要先将它整形为窄脉冲信号，以便进行可靠的计数，本节将介绍一种全数字化的脉冲形成方法——数字过零检测法，采用这种方法不需要外部模拟脉冲形成电路，直接在 A/D 采样之后利用正弦数字波形的过零点特征形成脉冲，然后在一定的基准时间内测量被测的脉冲个数。传统的直接频率测量法的测量精度随被测信号频率的变化而变化，在使用中存在问题，而等精度频率测量使基准时间长度为整数个被测脉冲，能在整个频率测量范围内保持恒定的精度。数字过零检测法和等精度频率测量结合在一起就构成了一个片上数字频率测量系统。本节将给出两个模块实现方法和 Verilog 源程序，并把二者连接起来形成一个完整的实例。

10.1.1　数字过零检测

数字过零检测法首先对 A/D 采样的数据点进行最大值和最小值搜索，经过一段时间的搜索找到最大值和最小值，将两个值相加得到零点值，然后用零点值与后续的数据点按时间顺序进行比较，当发现前后两个值中，前一个大于零点值，而后一个小于零点值，便产生一个过零脉冲，其中搜索和求零点值的过程是循环不断进行的，以保证零点值的实时刷新。实现数字过零检测的 Verilog 源代码如例 10.1 所示。

【例 10.1】　数字过零检测法的 Verilog 源代码。

```
module cal_zero_cross
(
input clk, enable, reset_n,       // 时钟,使能,复位
input signed [14-1:0] sine_in,    // 14 位量化被测波形
output reg pulse_out,             // 过零点产生的脉冲信号
output reg clr_out,
output reg ctrl_out);
parameter AVG_TIME=10000;
parameter DATA_WIDTH=14;
//------------------------------------------------------------
reg signed [DATA_WIDTH-1:0] max_d, max_temp;   // 最大值寄存器
reg signed [DATA_WIDTH-1:0] min_d, min_temp;   // 最小值寄存器
reg signed [DATA_WIDTH-1:0] zero=0;            // 过零点寄存器
integer count;                                 // 时间计数器
reg signed [DATA_WIDTH-1:0] previous;          // 零点前值
reg signed [DATA_WIDTH-1:0] after;             // 零点后值
// 搜索零点
always @ (posedge clk or negedge reset_n)
```

```
begin
    if (~reset_n)  begin
         max_d <= 0;
         min_d <= 0;
         count <= 0;
         clr_out <= 0;
         ctrl_out <= 0;
         max_temp <= 0;
         min_temp <= 0;  end
    else if (enable == 1'b1)
    begin
        count <= count + 1;
        if (count==AVG_TIME-1) begin
            max_d <= max_temp;
            min_d <= min_temp;
            max_temp <= 0;
            min_temp <= 0;
        end
        else begin
            if (count==AVG_TIME) begin
                zero <= (max_d + min_d)/2;
                count <= 0;  end
            if (count==0) begin
                clr_out <= 1;
                ctrl_out <= 0;  end
            if (count==30) begin  clr_out <= 0;  end
            if (count==32) begin  ctrl_out <= 1;  end
            if (after > max_temp)  max_temp <= after;
            if (after < min_temp)  min_temp <= after;
        end
    end
end
// 生成脉冲
always @ (posedge clk or negedge reset_n)
begin
    if (~reset_n) begin
        previous <= 0;
        after <= 0;  end
    else if(enable==1)
    begin
        after <= sine_in;
        previous <= after;
        if ((zero>=previous) && (zero<=after))
            pulse_out <= 1;
        else  pulse_out <= 0;
    end
end
endmodule
```

10.1.2 等精度频率测量

等精度频率测量有两个计数器，一个对标准频率时钟计数，另一个对被测频率时钟计数。计数器的 enable 输入端是使能输入，用于控制计数器是否工作（高电平工作）。测量开始之前，首先由外部控制器发出频率测量使能信号（enable 为高电平），而内部的门控信号 ena 要到被测脉冲的上升沿才会置为高电平，同时两个计数器开始计数。当 enable 持续一段时间之后，由外部控制器置为低电平，而此时 ena 信号仍将保持，当下一个被测脉冲的上升沿到来时才变为 0，此时计数器停止工作。这样就使得计数器的工作时间总是等于被测信号的完整周期，这就是等精度频率测量的关键所在。比如在一次测量中，被测信号的计数值为 N_t，对基准时钟的计数值为 N_r，设基准时钟的频率为 F_r，则被测信号的频率为 $F_t = F_r \times N_t \div N_r$。在模块内部有一个计时器，每隔 2s 测量一次频率，并将两个计数值更新一次，主控制器读取两个计数值，换算得到被测信号的频率。例 10.2 给出等精度频率测量的 Verilog 源代码。

【例 10.2】 等精度频率测量 Verilog 源代码。

```
module freq_ms
(input   clk_ref,      // 参考时钟
input    clk_test,     // 被测信号
input    ctrl,         // 时间门控信号
input    clr,          // 清零信号
output   reg [31:0]   ref_cnt,     //参考计数值
output   reg [31:0]   test_cnt);   //被测计数值
reg ena; // 等精度门控信号
//////////////////////////////////
//  等精度门控信号产生
//  : 从 ctrl 到 ena,由被测信号 clk_test 触发
always @ (posedge clk_test or posedge clr) begin
    if (clr==1)
        begin   ena <= 1'b0; end
    else
        begin   ena <= ctrl; end
end
//////////////////////////
//  参考时钟计数器
always @(posedge clk_ref or posedge clr) begin
    if (clr==1)
        begin  ref_cnt <= 32'd0;  end
    else if (ena==1)
        begin  ref_cnt <= ref_cnt + 1;  end
end
////////////////////////
//  测量时钟计数器
always @ (posedge clk_test or posedge clr) begin
    if (clr==1)
        begin  test_cnt <= 32'd0;  end
    else if (ena==1)
        begin   test_cnt<=test_cnt+1;  end
end
endmodule
```

10.1.3　数字频率测量系统顶层设计

将数字过零检测法和等精度频率测量结合起来，组成一个数字频率测量系统，其顶层设计 Verilog 源代码如例 10.3 所示，数字过零检测得到的脉冲输入到等精度频率测量模块，同时输入的还有清零信号和门控信号。调用 altpll 锁相环模块（PLL）产生系统所需的两个时钟。

【例 10.3】　数字频率测量系统顶层设计 Verilog 源代码。

```
        module top(inclk,
                   ad,
                   pulse_out,
                   adclk);
        input wire inclk;
        input wire[13:0] ad;
        output wire pulse_out;
        output wire adclk;
        wire  [31:0] ref_cnt,test_cnt;
        wire  clk,clk4,test;
        wire  SYNTHESIZED_WIRE_5,SYNTHESIZED_WIRE_1,SYNTHESIZED_WIRE_3,
SYNTHESIZED_WIRE_4;

        assign  SYNTHESIZED_WIRE_5 = 1;
        assign  pulse_out = test;
        assign  adclk = clk;
        mypll  u0(.inclk0(inclk),.c0(clk),.cl(clk4));          //PLL

        assign  SYNTHESIZED_WIRE_1 = SYNTHESIZED_WIRE_5;
        //////////////////////
        // 数字过零检测模块
        cross_zero_pulseu1(
        .clk(clk),
        .reset_n(SYNTHESIZED_WIRE_1),
        .enable(SYNTHESIZED_WIRE_5),
        .sine_in(ad),
        .pulse_out(test),
        .clr_out(SYNTHESIZED_WIRE_3),
        .ctrl_out(SYNTHESIZED_WIRE_4));
        defparamu1.AVG_TIME = 1000000;
        defparamu1.DATA_WIDTH = 14;
        //////////////////////
        // 等精度频率测量模块
        freq_ms u2(
        .clk_ref(clk4),
        .clk_test(test),
        .clr(SYNTHESIZED_WIRE_3),
        .ctrl(SYNTHESIZED_WIRE_4),
        .ref_cnt(ref_cnt),
        .test_cnt(test_cnt));
        endmodule
```

调用 altpll 锁相环模块的过程如图 10.1 所示，首先在 Tools 菜单下单击 IP Catalog，在 Quartus Prime 软件界面右边会出现 IP Catalog 的列表，在最上面的搜索框输入“pll”，双击 ALTPLL，按照引导就可以生成 PLL IP 模块。锁相环模块产生 2 个输出时钟信号，其中 c0 端设置为将输入时钟 2 分频，如图 10.2 所示；c1 端设置为将输入时钟 2 倍频，如图 10.3 所示。

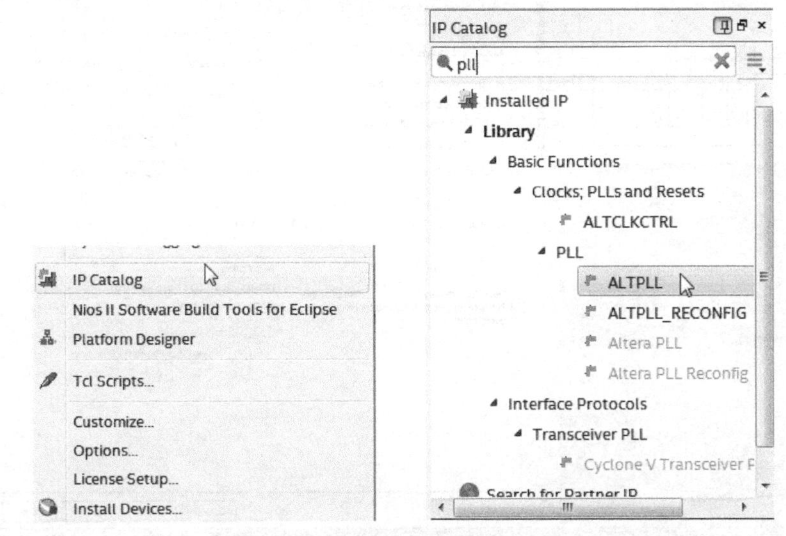

图 10.1　调用 altpll 锁相环模块的过程

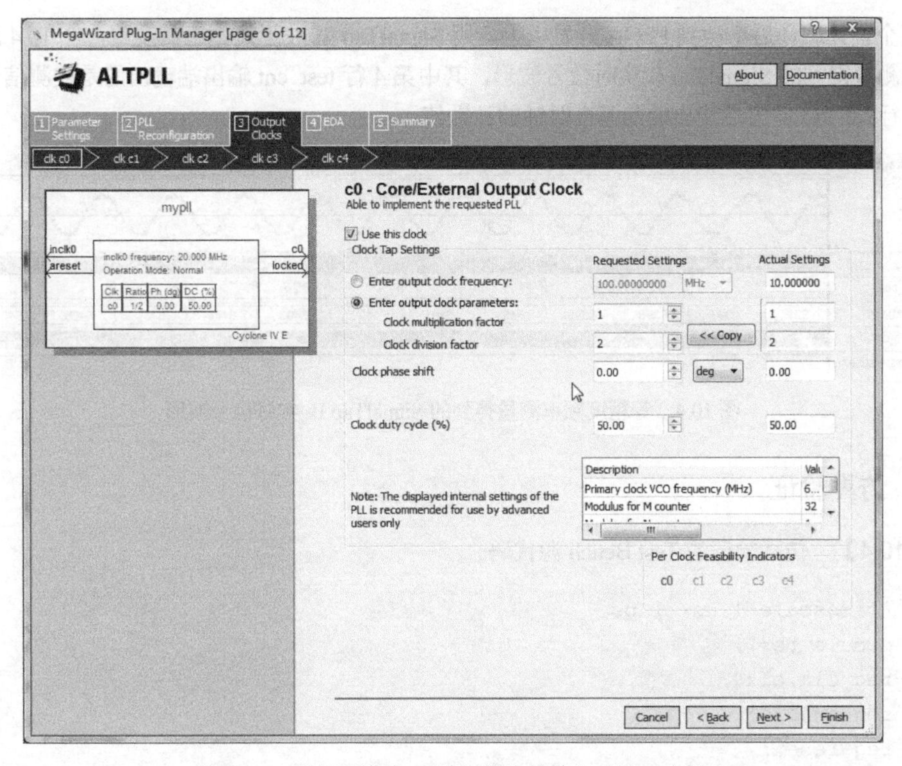

图 10.2　锁相环模块 c0 端设置为将输入时钟 2 分频

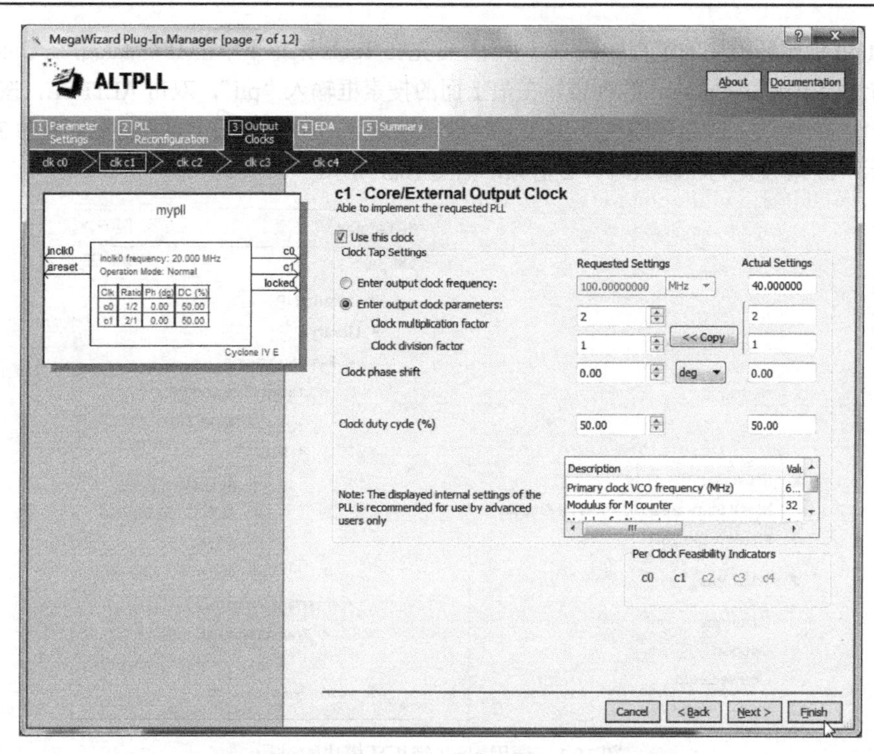

图 10.3　锁相环模块 c1 端设置为将输入时钟 2 倍频

将整个设计编译后下载到FPGA开发板上，用SignalTap II波形调试工具观察，图10.4所示为等精度频率测量得到的SignalTap II实时信号波形，其中第4行test_cnt输出端输出的是被测信号的计数值，第5行ref_cnt输出端输出的是基准时钟的计数值。

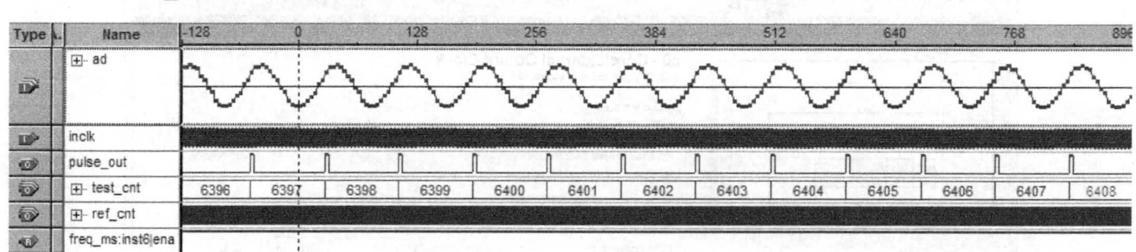

图 10.4　等精度频率测量得到的 SignalTap II 实时信号波形

10.1.4　仿真验证

【例 10.4】　仿真验证的 Test Bench 源代码。

```
`timescale 1 ns/ 1 ps
module tb();
reg clk,clk4;
reg enable;
reg reset;
reg [15:0] din;
integer data_in_int,data_file_in;
wire [13:0] datain;
```

```
wire pulse_out,clr_out,ctrl_out;
wire[31:0] ref_cnt,test_cnt;
assign datain=din[15:2];
cross_zero_pulse i1 (
.clk(clk),
.reset_n(~reset),
.enable(enable),
.sine_in(datain),
.pulse_out(pulse_out),
.clr_out(clr_out),
.ctrl_out(ctrl_out));
freq_ms i2(
.clk_ref(clk4),
.clk_test(pulse_out),
.clr(clr_out),
.ctrl(ctrl_out),
.ref_cnt(ref_cnt),
.test_cnt(test_cnt));
// 参数设置
parameter clk_period=100.00;
parameter clk4_period=25;
parameter period_data=clk_period*1;
parameter clk_half_period=clk_period/2;
parameter clk4_half_period=clk4_period/2;
parameter data_num=20000;
parameter time_sim=data_num*period_data;

initial
begin
data_file_in = $fopen("cos.txt","r");
clk=1;clk4=1;reset=1;
#700 reset=0;
#time_sim
$fclose(data_file_in);
$finish;
end
initial
begin  enable = 1'b1; end
// 产生时钟
always
#clk_half_period clk=~clk;
always
#clk4_half_period clk4=~clk4;
////////////////////////////
// 读取仿真数据 cos.txt
integer c_x;
always @ (posedge clk)
```

```
    1begin
    if (!$feof(data_file_in))
     begin
         c_x = $fscanf(data_file_in,"%d",data_in_int);
         din  <= data_in_int;
     end  end
    endmodule
```

图 10.5 所示为数字过零检测模块的仿真波形，从上往下数第 2 行是 14 位 ADC 量化采样得到的被测波形，仿真所用的是正弦波，第 5 行信号 pulse_out 就是在正弦波每一个周期过零点产生的脉冲信号。

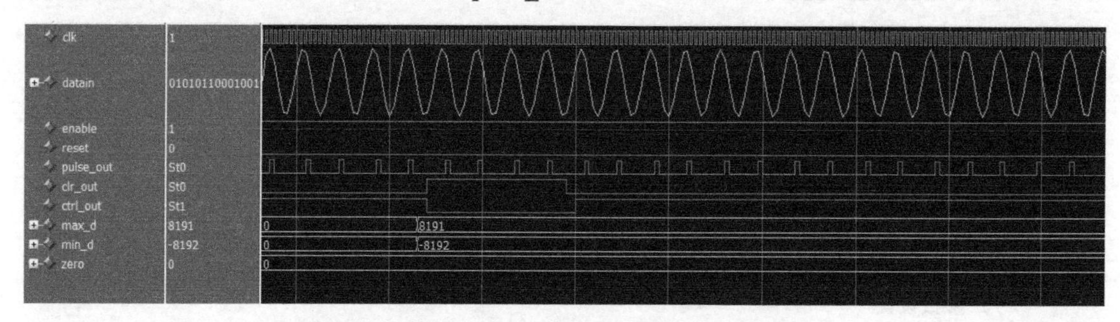

图 10.5　数字过零检测模块的仿真波形（ModelSim）

图 10.6 所示为等精度频率测量模块的仿真波形，其中最后一行 test_cnt 输出端输出的是被测信号的计数值，倒数第 2 行 ref_cnt 输出端输出的是基准时钟的计数值。

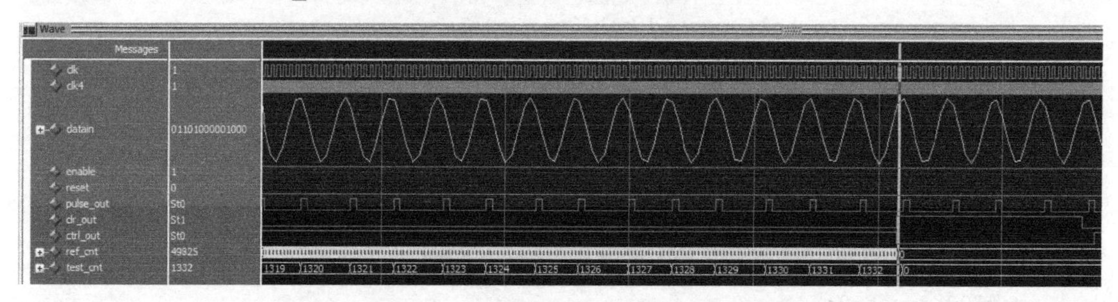

图 10.6　等精度频率测量模块的仿真波形（ModelSim）

10.2　可重构 IIR 滤波器

10.2.1　FPGA 的动态重构

FPGA 的重构可分为静态重构和动态重构两种，前者是指断开先前的电路功能后，重新下载存储器中不同的目标数据来改变目标系统逻辑功能，后者则在改变电路的功能同时仍然保证电路的动态接续。常规 SRAM FPGA 都可实现静态重构，随着其产品和技术的相对成熟，动态重构 FPGA 的设计方法逐渐成为新的研究热点。

FPGA 动态重构技术，就是要对基于 SRAM 编程技术的 FPGA 的全部或部分逻辑资源实现在系统的动态的功能变换，其在一定的控制逻辑的驱动下，对芯片的全部或部分逻辑资源实现在系统的高速的功能变换和时分复用。就其实现重构的面积不同，又可以分为全局重构和局部重构。

（1）全局重构：对 FPGA 器件或系统能且只能进行全部的重新配置，在配置过程中，计算的中间结果必须取出存放在额外的存储区，直到新的配置功能全部下载完为止，重构前后电路相互独立，没有关联。通常，可以给 FPGA 串联一个 EPROM 来存储配置数据，实现前后功能的转化。

（2）局部重构：对重构器件或系统的一部分进行重新配置，而在此过程中，其余部分的工作状态不受影响。这种重构方式减小了重构范围和单元数目，从而可以大大缩短重构时间，占有相当的优势。

即使有了适应动态重构设计需求的具有新构造的器件，也不等于动态重构系统的实现。与现有的系统设计方法一样，动态重构系统的实现从根本上而言，还涉及与之相应的一系列设计、优化的软件和方法。

不同结构的动态重构 FPGA，芯片内部实现动态重构的方法也不同，目前常见的有以下两种。

1）Off-Chip 重构

通过串口或并口将配置信息传送到芯片的配置存储器中来实现的一种重构方式。FPGA 内部的逻辑单元（LC）可实现多种子电路的功能，配置存储器（CM）用于装载重构部分的各种配置信息。重构时，在外部逻辑的控制下，配置信息通过串口或并口电路传送到 CM，CM 再将配置信息装载到 FPGA 内部的逻辑单元中，对芯片逻辑进行全局或局部的功能修改。这种方式在实现重构时，首先需要把新的配置信息传送到 CM 中，然后再将配置信息装载到 FPGA 芯片内部的逻辑单元，因而重构时间比较长。

2）Context 重构

对于多重 Context 结构的动态重构 FPGA，通过交换配置存储器和片上 Context 存储器的部分或全部的配置数据来实现重构。一个 Context 存储器可以存储多种配置信息，事先将多种配置信息下载到片上的 Context 存储器中，直接通过 Context 间的部分或全部内容切换来改变配置信息，控制阵列单元实现新的功能。这样，重构时间的长短仅仅取决于 Context 间的切换速度，从而可以大大缩短重构时间。这种重构方式的实现是动态重构技术发展的主要标志。

10.2.2 IIR 滤波器的原理

在数字信号处理应用中，数字滤波器是十分重要的部分。数字滤波器按实现的网络结构或单位脉冲响应，可分为 IIR（无限脉冲响应）和 FIR（有限脉冲响应）滤波器。当 IIR 滤波器和 FIR 滤波器具有相同的性能时，通常 IIR 滤波器可以用较低的阶数获得较高的选择性，执行速度快，所用存储单元少，效费比高，在相同门级规模和相同时钟速度条件下可以提供更好的带外衰减特性。

当输入信号为 $x(n)$ 时，滤波器的输出为 $y(n)$

$$y(n)=\sum_{i}^{M}a_i x(n-i)+\sum_{j}^{N}b_j y(n-j) \tag{10.1}$$

式中，a_i、b_j 为滤波器系数。当 b_j 均为零时，该滤波器为 FIR 滤波器；当 b_j 不全为零时，则为 IIR 滤波器。IIR 滤波器可用直接型、级联型和并联型三种基本结构实现。其中，级联型是一种较为容易实现和高效的方式，它将任意阶数的 IIR 滤波器通过若干二阶子系统级联起来。对于每个二阶子系统，可以选择多种方式实现，其中直接 II 型结构（如图 10.7 所示）较为常见。

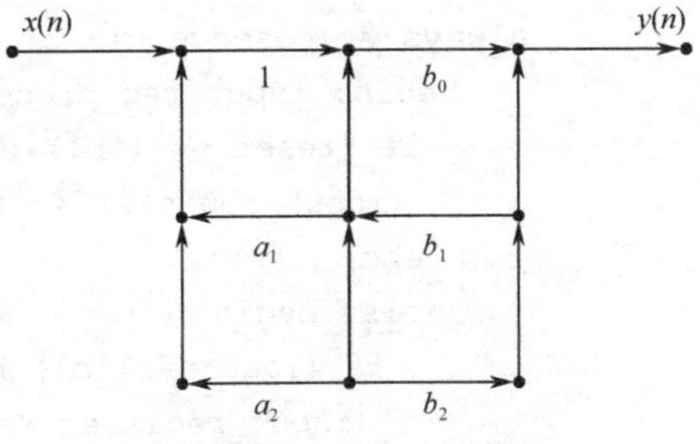

图 10.7 直接 II 型结构

对于二阶 IIR 数字滤波器，其传递函数为

$$H(z)=\frac{a_0+a_1z^{-1}+a_2z^{-2}}{1-b_0z^{-1}-b_1z^{-2}} \tag{10.2}$$

n时刻IIR滤波器的输入和输出的关系为

$$\begin{aligned} d(n) &= x(n) + b_0 d(n-1) + b_1 d(n-2) \\ y(n) &= d(n)a_0 + d(n-1)a_1 + d(n-2)a_2 \end{aligned} \tag{10.3}$$

式中，$d(n)$是过渡变量。

滤波器的设计需要大量复杂的计算，利用MATLAB强大的计算功能辅助计算，可以快速有效地设计数字滤波器，大大简化了计算量。本节中的IIR滤波器是由两个二阶结构级联而成的。

10.2.3 可重构IIR滤波器的设计

可重构IIR滤波器包括如下几个部分。

1. 系数可更新的IIR滤波器

为了实现滤波器系数的更新，需要对固定系数的IIR滤波器进行一些必要的改造。从端口上增加系数输入（coeff_in[15..0]）和加载信号（load），相应地新增和改造两个进程。

1）系数更新进程（新增）

```
always @ (posedge clk)
begin: Load
    if (!load)begin
        scaleconst1 <= coeff_in;
        scaleconst2 <= scaleconst1;
        coeff_b1_section1 <= scaleconst2;
        coeff_b2_section1 <= coeff_b1_section1;
        coeff_b3_section1 <= coeff_b2_section1;
        coeff_a2_section1 <= coeff_b3_section1;
        coeff_a3_section1 <= coeff_a2_section1;
        coeff_b1_section2 <= coeff_a3_section1;
        coeff_b2_section2 <= coeff_b1_section2;
        coeff_b3_section2 <= coeff_b2_section2;
        coeff_a2_section2 <= coeff_b3_section2;
        coeff_a3_section2 <= coeff_a2_section2;
    end
end
```

2）数据流控制进程（改造）

```
always @ (posedge clk or posedge reset)
   begin: input_reg_process
     if (reset == 1'b1) begin
       input_register <= 0;
     end
     else begin
       if (load == 1'b1) begin
         input_register <= filter_in;
       end
     end
   end // input_reg_process
```

【例 10.5】　IIR 滤波器的 Verilog 源代码。

```
module filter_iir
           (clk,
            clk_enable,
            reset,
            filter_in,
            filter_out,
            coeff_in,
            load);
input   clk,reset,clk_enable;
input   signed [15:0] filter_in;                    //sfix16_En15
output  signed [15:0] filter_out;                   //sfix16_En11
input   signed [15:0] coeff_in;                     //滤波器系数更新输入
input   signed load;                                //开始更新标志信号
// Coefficient array 系数定义
reg signed [15:0] scaleconst1;
reg signed [15:0] coeff_b1_section1, coeff_b2_section1, coeff_b3_section1;
reg signed [15:0] coeff_a2_section1, coeff_a3_section1;
reg signed [15:0] scaleconst2;
reg signed [15:0] coeff_b1_section2, coeff_b2_section2, coeff_b3_section2;
 reg signed [15:0] coeff_a2_section2, coeff_a3_section2;
/////////////////////////////////////////////////////////////////
//Module Architecture: filter_iir2
 reg  signed [15:0] input_register;                 // sfix16_En15
 wire signed [31:0] scale1;                         // sfix32_En26
 wire signed [31:0] mul_temp;                       // sfix32_En30
 // Section 1 Signals
 wire signed [33:0] a1sum1;                         // sfix34_En29
 wire signed [33:0] a2sum1;                         // sfix34_En29
 wire signed [33:0] b1sum1;                         //sfix34_En29
 wire signed [33:0] b2sum1;                         //sfix34_En29
 wire signed [15:0] typeconvert1;                   //sfix16_En15
 reg  signed [15:0] delay_section1 [0:1] ;          //sfix16_En15
 wire signed [31:0] inputconv1;                     //sfix32_En26
 wire signed [31:0] a2mul1;                         //sfix32_En29
 wire signed [31:0] a3mul1;                         //sfix32_En29
 wire signed [31:0] b1mul1;                         //sfix32_En29
 wire signed [31:0] b2mul1;                         //sfix32_En29
 wire signed [31:0] b3mul1;                         //sfix32_En29
 wire signed [33:0] sub_cast;                       //sfix34_En29
 wire signed [33:0] sub_cast_1;                     //sfix34_En29
 wire signed [34:0] sub_temp;                       //sfix35_En29
 wire signed [33:0] sub_cast_2;                     //sfix34_En29
 wire signed [33:0] sub_cast_3;                     //sfix34_En29
 wire signed [34:0] sub_temp_1;                     //sfix35_En29
 wire signed [33:0] b1multypeconvert1;              //sfix34_En29
 wire signed [33:0] add_cast;                       //sfix34_En29
 wire signed [33:0] add_cast_1;                     //sfix34_En29
```

```
  wire signed [34:0] add_temp;                //sfix35_En29
  wire signed [33:0] add_cast_2;              //sfix34_En29
  wire signed [33:0] add_cast_3;              //sfix34_En29
  wire signed [34:0] add_temp_1;              //sfix35_En29
  wire signed [31:0] section_result1;         //sfix32_En27
  reg  signed [31:0] sos_pipeline1;           //sfix32_En27
  wire signed [31:0] scale2;                  // sfix32_En26
  wire signed [47:0] mul_temp_1;              //sfix48_En42
  // Section 2 Signals
  wire signed [33:0] a1sum2;                  //sfix34_En29
  wire signed [33:0] a2sum2;                  //sfix34_En29
  wire signed [33:0] b1sum2;                  //sfix34_En29
  wire signed [33:0] b2sum2;                  //sfix34_En29
  wire signed [15:0] typeconvert2;            //sfix16_En15
  reg  signed [15:0] delay_section2 [0:1] ;   //sfix16_En15
  wire signed [31:0] inputconv2;              // sfix32_En26
  wire signed [31:0] a2mul2;                  // sfix32_En29
  wire signed [31:0] a3mul2;                  // sfix32_En29
  wire signed [31:0] b1mul2;                  // sfix32_En29
  wire signed [31:0] b2mul2;                  // sfix32_En29
  wire signed [31:0] b3mul2;                  // sfix32_En29
  wire signed [33:0] sub_cast_4;              // sfix34_En29
  wire signed [33:0] sub_cast_5;              // sfix34_En29
  wire signed [34:0] sub_temp_2;              // sfix35_En29
  wire signed [33:0] sub_cast_6;              // sfix34_En29
  wire signed [33:0] sub_cast_7;              // sfix34_En29
  wire signed [34:0] sub_temp_3;              // sfix35_En29
  wire signed [33:0] b1multypeconvert2;       // sfix34_En29
  wire signed [33:0] add_cast_4;              // sfix34_En29
  wire signed [33:0] add_cast_5;              // sfix34_En29
  wire signed [34:0] add_temp_2;              // sfix35_En29
  wire signed [33:0] add_cast_6;              // sfix34_En29
  wire signed [33:0] add_cast_7;              // sfix34_En29
  wire signed [34:0] add_temp_3;              // sfix35_En29
  wire signed [15:0] output_typeconvert;      //sfix16_En11
  reg  signed [15:0] output_register;         //sfix16_En11
// 滤波器系数更新进程
always @ (posedge clk)
begin: Load
    if (!load)begin
        scaleconst1 <= coeff_in;
        scaleconst2 <= scaleconst1;
        coeff_b1_section1 <= scaleconst2;
        coeff_b2_section1 <= coeff_b1_section1;
        coeff_b3_section1 <= coeff_b2_section1;
        coeff_a2_section1 <= coeff_b3_section1;
        coeff_a3_section1 <= coeff_a2_section1;
        coeff_b1_section2 <= coeff_a3_section1;
        coeff_b2_section2 <= coeff_b1_section2;
```

```
        coeff_b3_section2 <= coeff_b2_section2;
        coeff_a2_section2 <= coeff_b3_section2;
        coeff_a3_section2 <= coeff_a2_section2;
     end  end
  // Block Statements 数据输入
  always @ (posedge clk or posedge reset)
    begin: input_reg_process
      if (reset == 1'b1) begin
        input_register <= 0;
    end
      else begin
        if (load == 1'b1) begin
          input_register <= filter_in;
      end  end
    end // input_reg_process
  assign mul_temp = input_register * scaleconst1;
  assign scale1 = ({{4{mul_temp[31]}}, mul_temp[31:0]} + {mul_temp[4],
 {3{~mul_temp[4]}}})>>>4;
  //   ------------------ Section 1 ------------------
  assign typeconvert1 = ((a1sum1[33] == 1'b0 & a1sum1[32:29] != 4'b0000)
 || (a1sum1[33] == 1'b0 && a1sum1[29:14] == 16'b0111111111111111)
 // special case0
) ? 16'b0111111111111111 :
   (a1sum1[33] == 1'b1 && a1sum1[32:29] != 4'b1111) ?
 16'b1000000000000000 : ({a1sum1[33], a1sum1[29:0] + {a1sum1[14],
 {13{~a1sum1[14]}}}})>>>14;
  always @( posedge clk or posedge reset)
    begin: delay_process_section1
      if (reset == 1'b1) begin
        delay_section1[0] <= 0;
        delay_section1[1] <= 0;
      end
      else begin
        if (clk_enable == 1'b1) begin
          delay_section1[0] <= typeconvert1;
          delay_section1[1] <= delay_section1[0];
        end  end
    end // delay_process_section1
  assign inputconv1 = scale1;
  assign a2mul1 = delay_section1[0] * coeff_a2_section1;
  assign a3mul1 = delay_section1[1] * coeff_a3_section1;
  assign b1mul1 = $signed({typeconvert1, 14'b00000000000000});
  assign b2mul1 = delay_section1[0] * coeff_b2_section1;
  assign b3mul1 = $signed({delay_section1[1], 14'b00000000000000});
  assign sub_cast = (inputconv1[31] == 1'b0 & inputconv1[30] != 1'b0) ?
 34'b0111111111111111111111111111111111 :
  (inputconv1[31] == 1'b1 && inputconv1[30] != 1'b1) ?
 34'b1000000000000000000000000000000000 :
 $signed({inputconv1, 3'b000});
```

```
  assign sub_cast_1 = $signed({{2{a2mul1[31]}}, a2mul1});
  assign sub_temp = sub_cast - sub_cast_1;
  assign a2sum1 = ((sub_temp[34] == 1'b0 & sub_temp[33] != 1'b0) ||
 (sub_temp[34] == 1'b0 && sub_temp[33:0] ==
 34'b0111111111111111111111111111111111) // special case0
) ? 34'b0111111111111111111111111111111111 :
  (sub_temp[34] == 1'b1 && sub_temp[33] != 1'b1) ?
 34'b1000000000000000000000000000000000 : sub_temp[33:0];
  assign sub_cast_2 = a2sum1;
  assign sub_cast_3 = $signed({{2{a3mul1[31]}}, a3mul1});
  assign sub_temp_1 = sub_cast_2 - sub_cast_3;
  assign a1sum1 = ((sub_temp_1[34] == 1'b0 & sub_temp_1[33] != 1'b0) ||
 (sub_temp_1[34] == 1'b0 && sub_temp_1[33:0] ==
 34'b0111111111111111111111111111111111) // special case0
) ? 34'b0111111111111111111111111111111111 :
  (sub_temp_1[34] == 1'b1 && sub_temp_1[33] != 1'b1) ?
 34'b1000000000000000000000000000000000 : sub_temp_1[33:0];
  assign b1multypeconvert1 = $signed({{2{b1mul1[31]}}, b1mul1});
  assign add_cast = b1multypeconvert1;
  assign add_cast_1 = $signed({{2{b2mul1[31]}}, b2mul1});
  assign add_temp = add_cast + add_cast_1;
  assign b2sum1 = ((add_temp[34] == 1'b0 & add_temp[33] != 1'b0) ||
 (add_temp[34] == 1'b0 && add_temp[33:0] ==
 34'b0111111111111111111111111111111111) // special case0
) ? 34'b0111111111111111111111111111111111 :
     (add_temp[34] == 1'b1 && add_temp[33] != 1'b1) ?
 34'b1000000000000000000000000000000000 : add_temp[33:0];
  assign add_cast_2 = b2sum1;
  assign add_cast_3 = $signed({{2{b3mul1[31]}}, b3mul1});
  assign add_temp_1 = add_cast_2 + add_cast_3;
  assign b1sum1 = ((add_temp_1[34] == 1'b0 & add_temp_1[33] != 1'b0) ||
 (add_temp_1[34] == 1'b0 && add_temp_1[33:0] ==
 34'b0111111111111111111111111111111111) // special case0
) ? 34'b0111111111111111111111111111111111 :
     (add_temp_1[34] == 1'b1 && add_temp_1[33] != 1'b1) ?
 34'b1000000000000000000000000000000000 : add_temp_1[33:0];
  assign section_result1 = (b1sum1[33] == 1'b0 && b1sum1[32:1] ==
 32'b11111111111111111111111111111111) ?
 32'b01111111111111111111111111111111 :
({b1sum1[33], b1sum1[33:0] + {b1sum1[2],
 {1{~b1sum1[2]}}}})>>>2;
  always @ (posedge clk or posedge reset)
    begin: sos_pipeline_process_section1
      if (reset == 1'b1) begin
        sos_pipeline1 <= 0;
      end
      else begin
        if (clk_enable == 1'b1) begin
          sos_pipeline1 <= section_result1;
```

```
        end    end
      end  // sos_pipeline_process_section1
    assign mul_temp_1 = sos_pipeline1 * scaleconst2;
    assign scale2 = (mul_temp_1[47] == 1'b0 && mul_temp_1[46:15]
 == 32'b11111111111111111111111111111111) ?
  32'b01111111111111111111111111111111 : ({mul_temp_1[47],
  mul_temp_1[47:0] + {mul_temp_1[16], {15{~mul_temp_1[16]}}}})>>>16;
    //   ------------------ Section 2 ------------------
    assign typeconvert2 = ((a1sum2[33] == 1'b0 & a1sum2[32:29] != 4'b0000)
   || (a1sum2[33] == 1'b0 && a1sum2[29:14] == 16'b0111111111111111)
 ) ? 16'b0111111111111111 :
      (a1sum2[33] == 1'b1 && a1sum2[32:29] != 4'b1111) ?
   16'b1000000000000000 : ({a1sum2[33], a1sum2[29:0] + {a1sum2[14],
   {13{~a1sum2[14]}}}})>>>14;
    always @( posedge clk or posedge reset)
      begin: delay_process_section2
        if (reset == 1'b1) begin
          delay_section2[0] <= 0;
          delay_section2[1] <= 0;
        end
        else begin
          if (clk_enable == 1'b1) begin
            delay_section2[0] <= typeconvert2;
            delay_section2[1] <= delay_section2[0];
          end  end
      end  // delay_process_section2
    assign inputconv2 = scale2;
    assign a2mul2 = delay_section2[0] * coeff_a2_section2;
    assign a3mul2 = delay_section2[1] * coeff_a3_section2;
    assign b1mul2 = $signed({typeconvert2, 14'b00000000000000});
    assign b2mul2 = delay_section2[0] * coeff_b2_section2;
    assign b3mul2 = $signed({delay_section2[1], 14'b00000000000000});
    assign sub_cast_4 = (inputconv2[31] == 1'b0 & inputconv2[30] != 1'b0) ?
   34'b0111111111111111111111111111111111 : (inputconv2[31] == 1'b1 &&
   inputconv2[30] != 1'b1) ? 34'b1000000000000000000000000000000000 :
   $signed({inputconv2, 3'b000});
    assign sub_cast_5 = $signed({{2{a2mul2[31]}}, a2mul2});
    assign sub_temp_2 = sub_cast_4 - sub_cast_5;
    assign a2sum2 = ((sub_temp_2[34] == 1'b0 & sub_temp_2[33] != 1'b0) ||
   (sub_temp_2[34] == 1'b0 && sub_temp_2[33:0] ==
   34'b0111111111111111111111111111111111) // special case0
  ) ? 34'b0111111111111111111111111111111111 :
   (sub_temp_2[34] == 1'b1 && sub_temp_2[33] != 1'b1) ?
   34'b1000000000000000000000000000000000 : sub_temp_2[33:0];
    assign sub_cast_6 = a2sum2;
    assign sub_cast_7 = $signed({{2{a3mul2[31]}}, a3mul2});
    assign sub_temp_3 = sub_cast_6 - sub_cast_7;
    assign a1sum2 = ((sub_temp_3[34] == 1'b0 & sub_temp_3[33] != 1'b0) ||
   (sub_temp_3[34] == 1'b0 && sub_temp_3[33:0] ==
```

```
34'b0111111111111111111111111111111111) // special case0
) ? 34'b0111111111111111111111111111111111 :
 (sub_temp_3[34] == 1'b1 && sub_temp_3[33] != 1'b1) ?
34'b1000000000000000000000000000000000 : sub_temp_3[33:0];
 assign b1multypeconvert2 = $signed({{2{b1mul2[31]}}, b1mul2});
 assign add_cast_4 = b1multypeconvert2;
 assign add_cast_5 = $signed({{2{b2mul2[31]}}, b2mul2});
 assign add_temp_2 = add_cast_4 + add_cast_5;
 assign b2sum2 = ((add_temp_2[34] == 1'b0 & add_temp_2[33] != 1'b0) ||
(add_temp_2[34] == 1'b0 && add_temp_2[33:0] ==
34'b0111111111111111111111111111111111) // special case0
) ? 34'b0111111111111111111111111111111111 :
 (add_temp_2[34] == 1'b1 && add_temp_2[33] != 1'b1) ?
34'b1000000000000000000000000000000000 : add_temp_2[33:0];
 assign add_cast_6 = b2sum2;
 assign add_cast_7 = $signed({{2{b3mul2[31]}}, b3mul2});
 assign add_temp_3 = add_cast_6 + add_cast_7;
 assign b1sum2 = ((add_temp_3[34] == 1'b0 & add_temp_3[33] != 1'b0) ||
(add_temp_3[34] == 1'b0 && add_temp_3[33:0] ==
34'b0111111111111111111111111111111111) // special case0
) ? 34'b0111111111111111111111111111111111 :
 (add_temp_3[34] == 1'b1 && add_temp_3[33] != 1'b1) ?
34'b1000000000000000000000000000000000 : add_temp_3[33:0];
 assign output_typeconvert = (b1sum2[33] == 1'b0 && b1sum2[32:17] ==
16'b1111111111111111) ? 16'b0111111111111111 : ({b1sum2[33],
b1sum2[33:0] + {b1sum2[18], {17{~b1sum2[18]}}}})>>>18;
 //数据输出锁存
 always @ (posedge clk or posedge reset)
   begin: Output_Register_process
     if (reset == 1'b1) begin
       output_register <= 0;
     end
     else begin
       if (clk_enable == 1'b1) begin
         output_register <= output_typeconvert;
       end
     end
   end // Output_Register_process
 assign filter_out = output_register;
endmodule // filter_iir.v
```

2. 滤波器系数存储器

滤波器系数存储器用于存储滤波器系数配置数据，可根据需要加载到 IIR 滤波器中。此处使用单口 ROM IP 核，设置界面如图 10.8 所示，滤波器系数存储在 rom_coeff.mif 文件中，如图 10.9 所示。

3. 重构控制器

重构控制器负责控制系数从滤波器系数存储器加载到 IIR 滤波器中的时序，最关键的是两个输出控制信号。

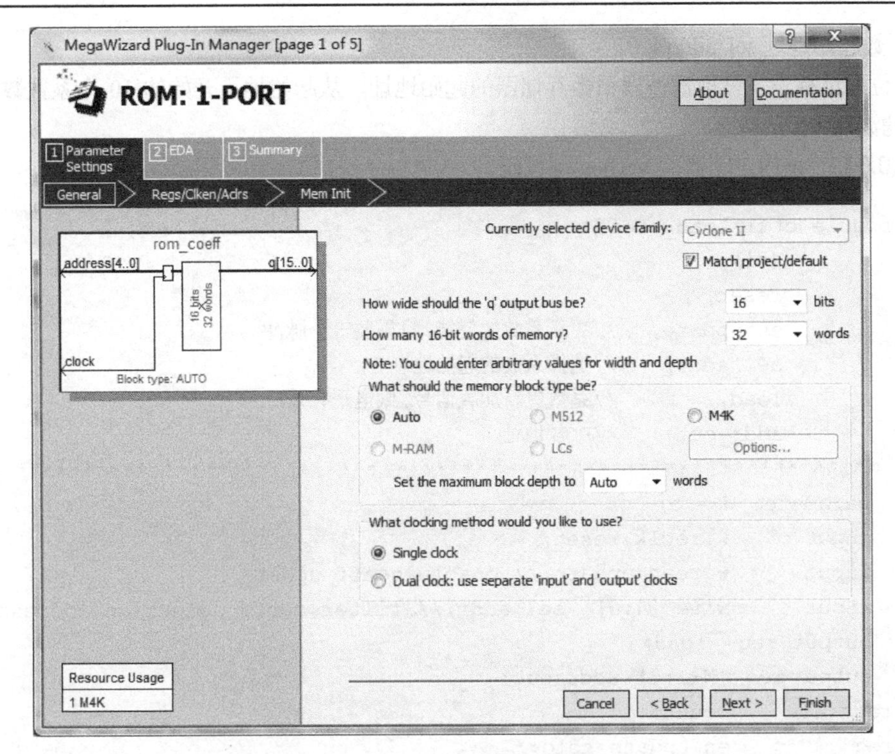

图 10.8　单口 ROM IP 核的设置界面

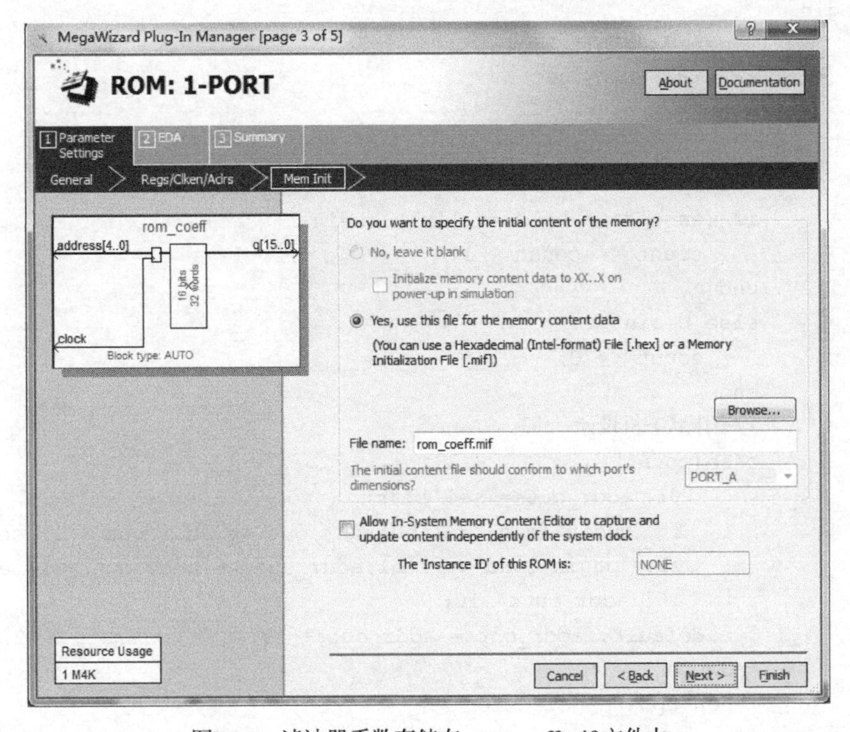

图 10.9　滤波器系数存储在 rom_coeff.mif 文件中

1）重构启动信号 en_update

系数重构的启动由 en_update 信号控制，一个 en_update 脉冲对应一次系数重构。

2）系数起始地址 sel_addr[4..0]

该 5 位地址标志了读取滤波器系数存储器的起始地址，从起始地址开始的 10 个系数数据将被加载到 IIR 滤波器中。

【例 10.6】 重构控制器的 Verilog 源代码。

```
module ctrl_load_coeff
        (clk,
        reset,
        en_update,   //更新系数的使能,只需要一个脉冲
        sel_addr,    //选择系数的起始地址
        load,        //系数更新加载信号,低电平有效
        addr_out);   //ROM 地址
/*****************************************************************/
 parameter W = 5;
 input     wireclk,reset;
 input     wireen_update;// enable coeff update
 input     wire [4:0]  sel_addr;// filter coeff selection address
 output reg  load;
 output reg [W-1:0] addr_out;
reg [4:0]   count;
reg         en_update_hold;
 always @ (negedgeclk)
begin
   if (reset == 1'b1) begin
       addr_out<= 0;
       count <= 0;
   end
   else begin
       if (en_update_hold == 1'b1) begin
           count <= count + 1;
       end
       else begin
           count <= 0;
       end
       //有限状态机设计
       case(count)
             0:  addr_out<= sel_addr;
             1:  begin load <= 1'b0;addr_out <= addr_out + 1; end
             13:  begin load <= 1'b1;addr_out <= addr_out + 1; end
             16: addr_out<= 10;
           default: addr_out<= addr_out + 1;
       endcase
       /* en_update detection */
       if (count == 14) begin
           en_update_hold<= 0;
       end
       else begin
```

```
            if (en_update == 1'b1) begin
                en_update_hold<= 1;
        end  end
    end  end
endmodule
```

10.2.4　顶层设计源代码

【例 10.7】　可重构 IIR 滤波器的顶层设计源代码。

```
module top_iir_reload(
        clk,reset,
        en_update,
        sel,
        filter_in,
        filter_out);
input wire  clk,reset,sel;
input wire  en_update;
input wire  [15:0] filter_in;
output wire [15:0] filter_out;
wire    load;
wire    [15:0] coeff;
wire    [4:0] wi_addr,sel_addr;
filter_iir  u1(
          .clk(clk),
          .clk_enable(1'b1),
          .reset(reset),
          .load(load),
          .coeff_in(coeff),
          .filter_in(filter_in),
          .filter_out(filter_out));
assign  sel_addr = sel ? 5'd0 : 5'd12;
ctrl_load_coeff u3(
          .clk(clk),
          .reset(reset),
          .en_update(en_update),
          .sel_addr(sel_addr),
          .load(load),
          .addr_out(wi_addr));
defparamu3.W = 5;
rom_coeff   u4(
          .clock(clk),
          .address(wi_addr),
          .q(coeff));
endmodule
```

10.2.5　可重构 IIR 滤波器仿真

【例 10.8】　IIR 滤波器的 Test Bench 仿真源代码。

```
`timescale 1 ns / 1 ns
module tb();
reg clk,reset;
reg en_update;
wire[15:0] out;
reg[16-1:0] din;
integer data_in_int,data_file_in;
//被测单元
top_iir_reload dut(
.clk(clk) ,                      // input  clk_sig
.reset(reset) ,                  // input  reset_sig
.en_update(en_update) ,          // input 更新系数的使能,只需一个脉冲
.sel(1'b0) ,                     // input  sel_sig
.filter_in(din) ,                // output [15:0] filter_in_sig
.filter_out(out));               // output [15:0] filter_out_sig
// 初始化
parameter clk_period=100.00;
parameter period_data=clk_period*1;
parameter clk_half_period=clk_period/2;
parameter data_num=20000;
parameter time_sim=data_num*period_data;
initial
begin
data_file_in = $fopen("sim_signal.txt","r");
clk=1;
reset=1;
en_update=0;
#400 reset=0;
#300;
en_update=1;
#300 en_update=0;
#time_sim
$fclose(data_file_in);
$finish;
end
always                               //产生时钟
#clk_half_period clk=~clk;
/////////////////////////////
// 从文件中读取仿真数据源
integer c_x;
always @ (posedge clk)
begin
if (!$feof(data_file_in))
 begin
     c_x = $fscanf(data_file_in,"%d",data_in_int);
     din  <= data_in_int;
```

```
    end
    end
  endmodule
```

滤波器系数存储器中的数据如图 10.10 所示，为了便于在仿真时观察，其中存储了两组比较简单的数据：地址 0～11 存放着 1～12 的数据，地址 12～23 存放着 13～24 的数据。下面的系数重构仿真过程分为两次，第一次加载 1～12 的数据，第二次加载 13～24 的数据。

Addr	+0	+1	+2	+3	+4	+5	+6	+7
0	1	2	3	4	5	6	7	8
8	9	10	11	12	13	14	15	16
16	17	18	19	20	21	22	23	24
24	0	0	0	0	0	0	0	0

图 10.10　滤波器系数存储器中的数据（rom_coeff.mif 文件中的数据）

① 第一次系数重构

在重构启动信号拉高之前，给系数起始地址 sel_addr[4..0]赋值为 0，表明从滤波器系数存储器的地址 0 开始读取，然后将重构启动信号 en_update 置为高电平（维持时间大于两个时钟周期即可），之后系数重构将在状态机控制下自动进行，12 个时钟周期之后，地址 0～11 的滤波器系数数据 1～12 将更新到可重构 IIR 滤波器中。第一次系数重构的仿真波形如图 10.11 所示。

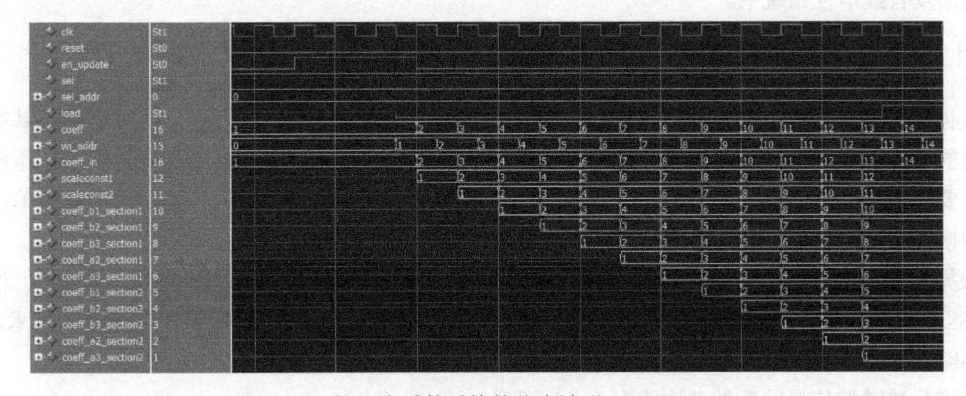

图 10.11　第一次系数重构的仿真波形（ModelSim）

② 第二次系数重构

本次系数重构仿真与第一次的区别主要是给系数起始地址 sel_addr[4..0]赋值为 12，表明从滤波器系数存储器的地址 12 开始读取。重构开始时将重构启动信号 en_update 置为高电平，12 个时钟周期之后，地址 12～23 的滤波器系数数据 13～24 将更新到可重构 IIR 滤波器中。第二次系数重构的仿真波形如图 10.12 所示。

从实例的设计、过程和结果来看，可以实现滤波器系数内容切换，从而改变 IIR 滤波器配置信息，控制 IIR 滤波器实现新的滤波特性，完成了可重构的 IIR 数字滤波器的验证，较好地说明了动态重构中的 Context 重构实现方法的可行性。当然本验证实例也存在不足之处：实例的选取比较简单，没有涉及整个系统的重构，只是涉及了部分功能单元的重构；对滤波器系数的重构方式用的是串行更新的机制，速度较慢，如果采用并行更新的方式，更新的速度可以提升一个数量级。这些都是需要改进的地方。

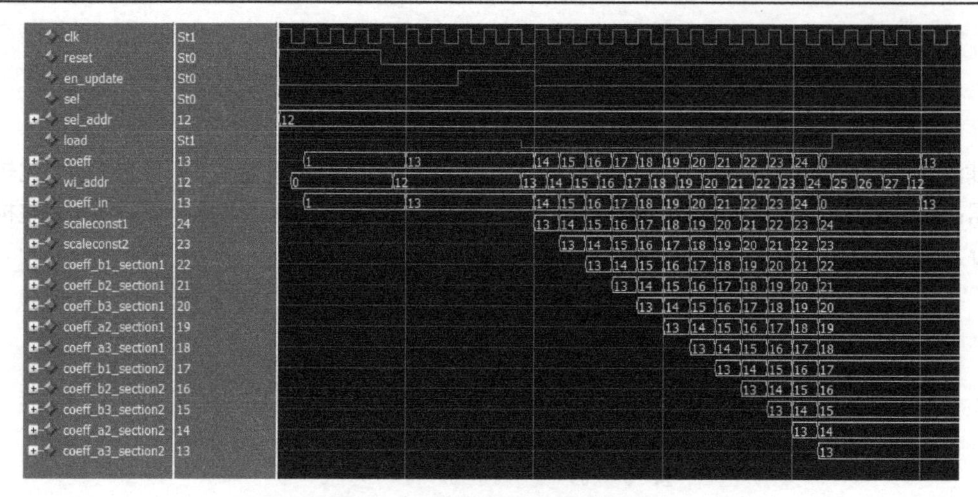

图 10.12　第二次系数重构的仿真波形（ModelSim）

10.3　QPSK 调制器的 FPGA 实现

四相移相键控（Quadrature Phase Shift Keying，QPSK）以其具有频带利用率高、抗干扰性能强及易于硬件实现等优势，成为现代数字通信系统的主流调制解调方式，广泛应用于微波通信、卫星通信、移动通信及有线电视系统中。

10.3.1　QPSK 调制原理

数据传输的基带输出的是一系列二进制数据，不能直接通过无线链路发送，所以必须用基带信号对载波的某些参量进行控制，使载波的这些参量随基带信号的变化而变化，即进行调制。从原理上来说，只要已调信号适用于信道传输，受调载波的波形就可以是任意的。因为正弦信号形式简单，易于发送和接收，所以在大多数数字通信系统中，都选择正弦信号作为载波。

根据对载波参数的改变方式，可把数字调制方式分为三种基本类型：振幅键控（ASK）、移频键控（FSK）和移相键控（PSK）。每种类型又有很多种不同的形式，如 FSK 又有连续相位的技术，PSK 有 BPSK 和 QPSK 等。

数字载波键控信号的数学表达式为

$$S(t)=A(t)\cos[\omega(t)+\varphi(t)] \tag{10.4}$$

不同的载波键控方式通过改变不同的参数来实现。每种不同的调制方法具有不同的发送和接收设计，占有不同的带宽和误码率。由于 PSK 信号在抗噪声性能上优于 ASK 和 FSK，而且频带利用率较高，因此数字调相方式在数字通信中，特别是在中、高速数据传输中得到广泛应用。但由于这种调制方式在接收端需要载波同步和定时再生，因而设备比较复杂。本节主要针对无线通信中常用的 QPSK 调制/解调，提出 FPGA 实现的方法。

四相移相键控（QPSK）利用载波的 4 个不同相位来表示数字信息，每个载波相位代表两比特的信息，因此对于输入的二进制数字序列，应该先进行分组。将每两比特编为一组，采用相应的相位来表示。当初始相位取 0 时，4 种不同的相位为 0、$\pi/2$、π、$3\pi/2$，分别表示数字信息 11、01、00、10；当初始相位为 $\pi/4$ 时，4 种不同的相位为 $\pi/4$、$3\pi/4$、$5\pi/4$、$7\pi/4$，分别表示 11、01、00、10。这两种 QPSK 信号可以通过图 10.13 所示的矢量图来表示。

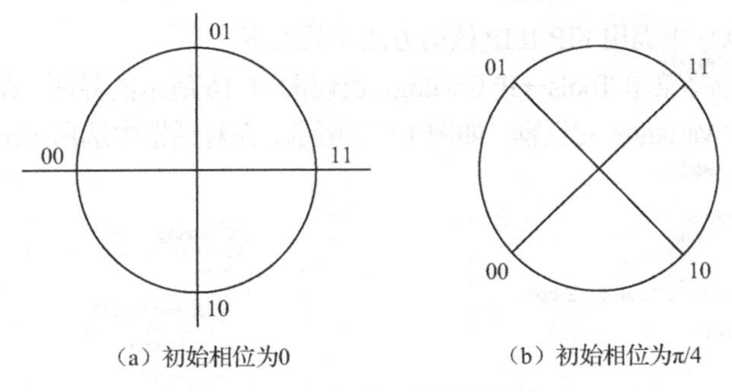

图 10.13　QPSK 信号的矢量图表示

QPSK 信号可以表示为$e_0(t) = I(t)\cos\omega t - Q(t)\sin\omega t$，其中 $I(t)$称为同相分量，$Q(t)$称为正交分量。根据上式可以得到 QPSK 调制器的原理框图，如图 10.14 所示。

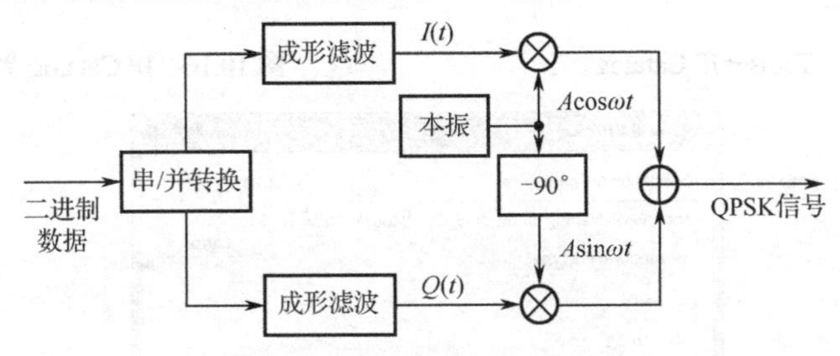

图 10.14　QPSK 调制器的原理框图

从图 10.14 可以看出，QPSK 调制器可以视为由两个 BPSK 调制器构成，输入的二进制信息序列经过串/并转换，分成两路速率减半的序列 $I(t)$和 $Q(t)$，然后对 $\cos\omega t$ 和 $\sin\omega t$ 进行调制，相加后即可得到 QPSK 信号。经过串/并变换之后的两条支路，一路为单数码元，另一路是偶数码元，这两条支路相互正交，一条称为同相支路，即 I 支路，另一条称为正交支路，即 Q 支路。

10.3.2　QPSK 调制器的设计实现

1. 成形滤波器设计

在 QPSK 调制过程中，在调制前对基带信号进行成形滤波，除可以防止码间干扰外，还可以达到滤除边带信号频谱的目的。成形滤波器本质上就是一个低通滤波器，一般设计为升余弦滤波器，这里采用 MATLAB 仿真软件进行设计，输出结果是滤波器的系数文件“shape_Lpf.txt”，以下是生成滤波器系数的 MATLAB 代码。

```
%% 设计平方升余弦滤波器
n_T=[-2 2];
rate=8;                    %每个符号周期内输入的数据点数
beta=0.5;                  %成形滤波器系数
T=1;
Shape_b = rcosfir(beta,n_T,rate,T);
figure; freqz(Shape_b)  % 作图
%% 将成形滤波器系数写入 shape_Lpf.txt 文件中
fid=fopen('shape_Lpf.txt','w');
fprintf(fid,'%11.12f,',Shape_b);
fclose(fid);
```

在 Quartus Prime 软件中调用 FIR II IP 核的方法步骤如下。

如图 10.15 所示，选择菜单 Tools→IP Catalog，出现图 10.16 所示的界面，在 IP Catalog 中输入 fir，双击 FIR II 进入 Save IP Variation 对话框，如图 10.17 所示，在对话框中选用 Verilog 文件类型，并命名为 fir_lpf.v。

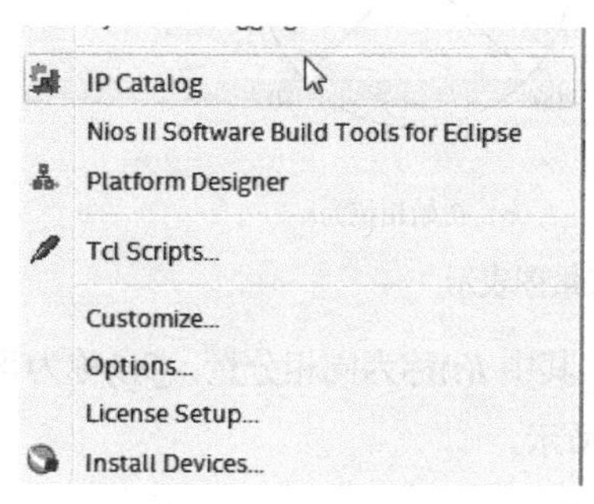

图 10.15　Tools→IP Catalog

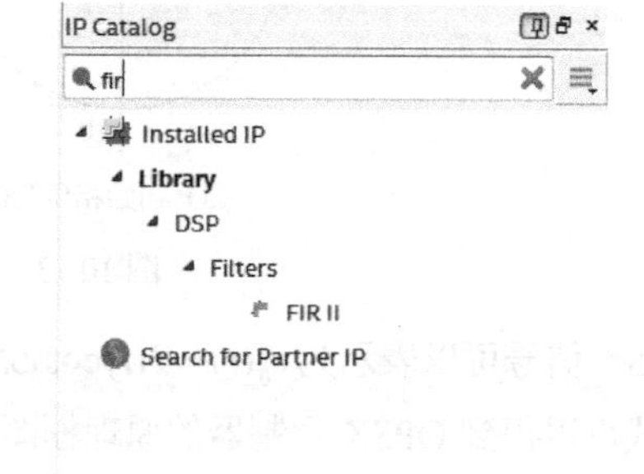

图 10.16　IP Catalog 界面——FIR II

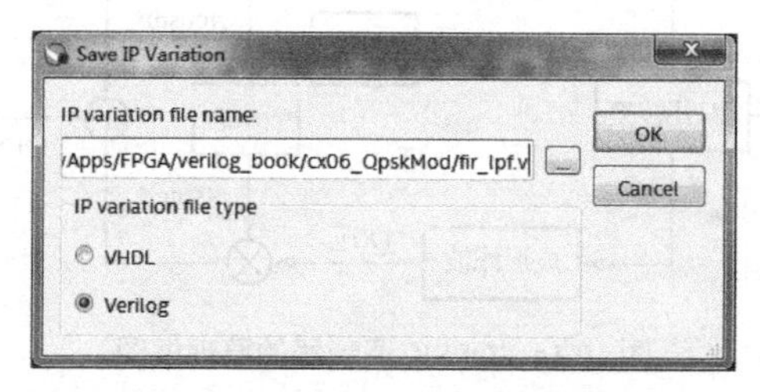

图 10.17　Save IP Variation 对话框

单击 OK 按钮完成向导设置，之后会进入 FIR II 的详细设置，关于 FIR 滤波器的参数比较多，使用的时候要注意参数的含义，否则可能会工作不正常，分为以下几个部分介绍。

（1）滤波器详细设置（Filter Specification），选用 Single Rate，如图 10.18 所示；

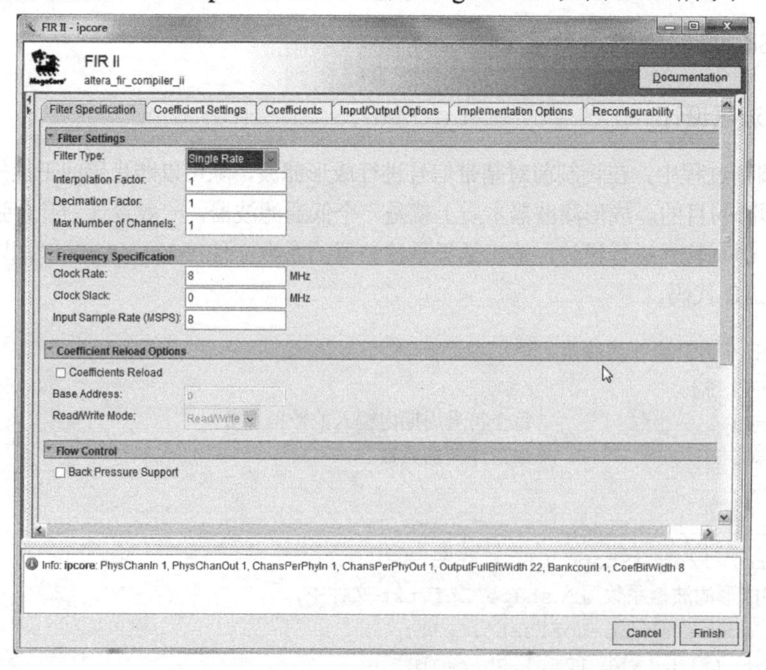

图 10.18　滤波器详细设置（Filter Specification）界面

（2）系数设置（Coefficient Setting），单击 Coefficient Settings 进入系数设置界面，选择 Coefficient Scaling 为 Auto，Coefficient Width 为 10 位，如图 10.19 所示；

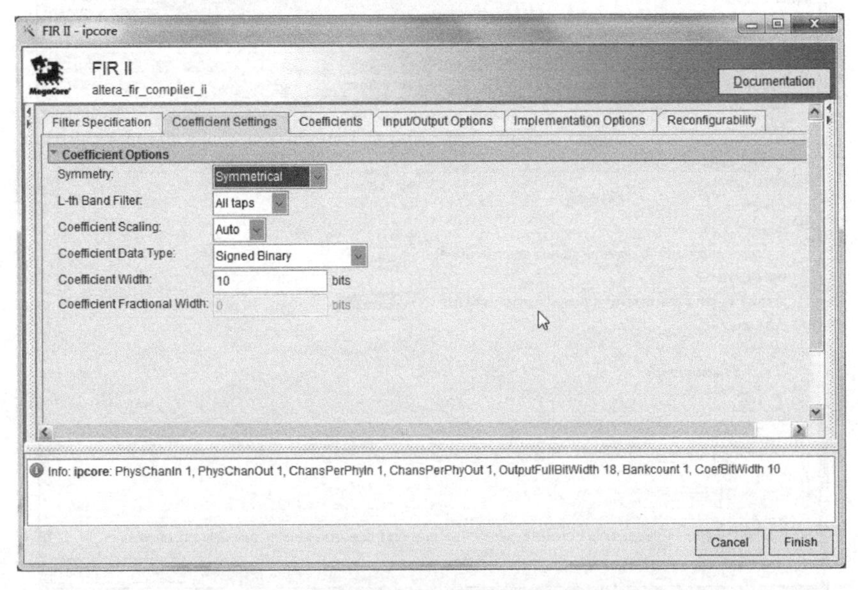

图 10.19　系数设置（Coefficient Settings）界面

（3）系数（Coefficients）界面，如图 10.20 所示，在此页面将前述 MATLAB 代码产生的 shape_Lpf.txt 系数文件导入；

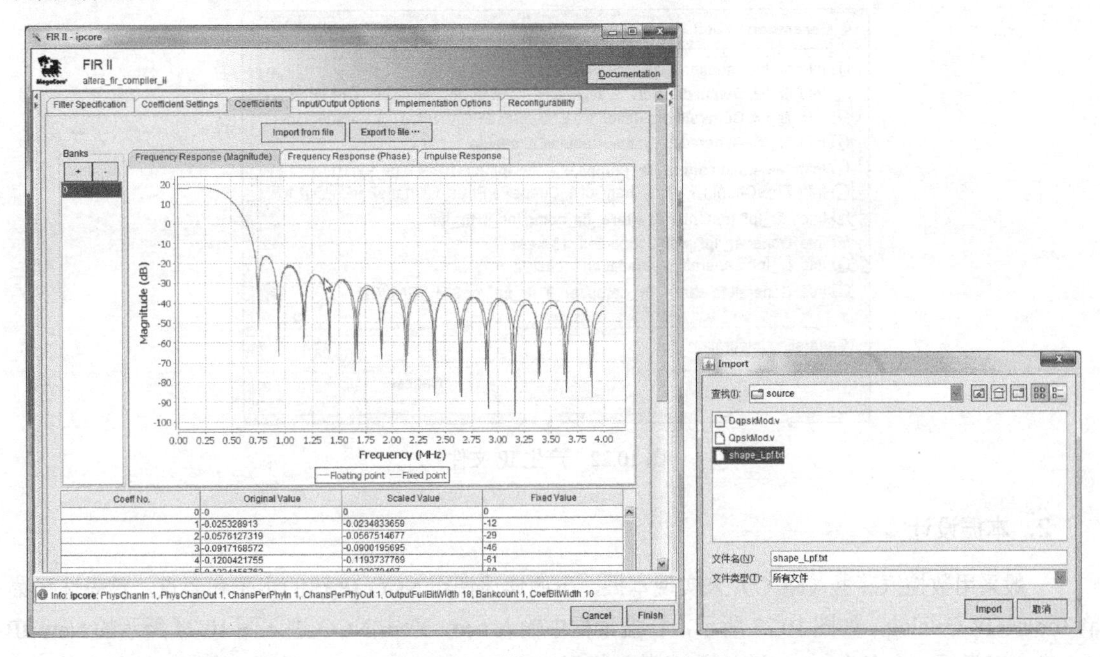

图 10.20　系数（Coefficients）界面

（4）输入/输出选项（Input/Output Options）界面，如图 10.21 所示，在此界面中，选择 Input Width 为 2，选择 Input Options 和 Output Options 都为 Signed Binary，在这里可以看到输出的位宽自动计算为 18 位，我们截取最后 3 位，使得位宽变为 15 位；后面两项设置保持默认状态即可。

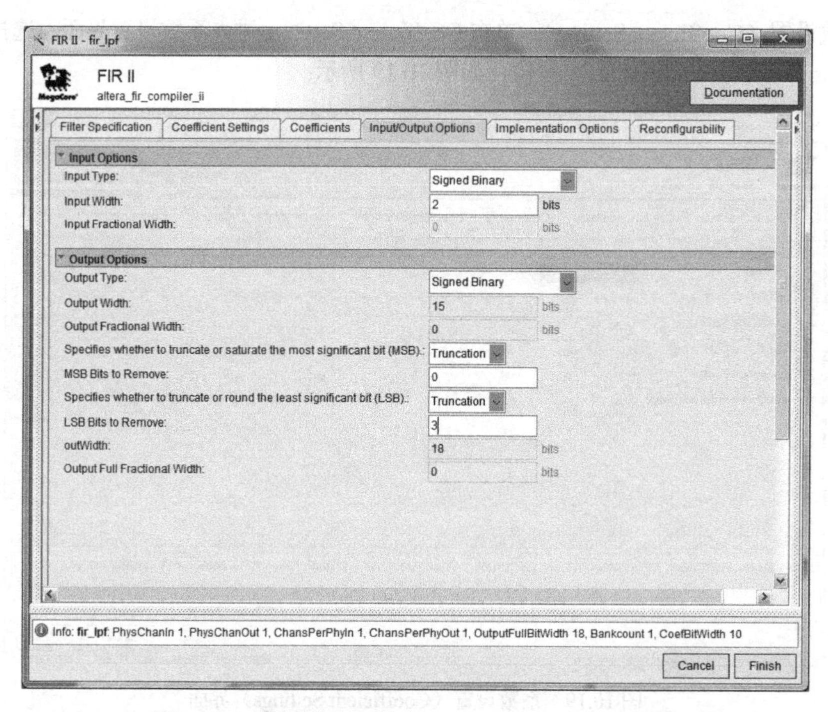

图 10.21 输入/输出选项（Input/Output Options）界面

单击图 10.21 中的 Finish 按钮，生成 IP 文件（如图 10.22 所示），后面即可调用该滤波器 IP 核。

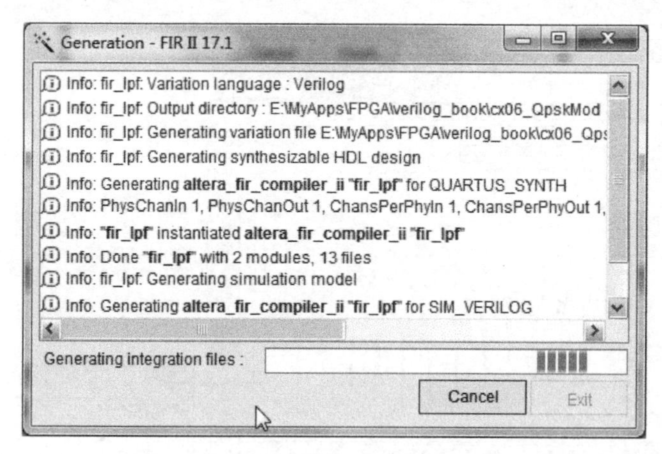

图 10.22 产生 IP 文件

2. 本振设计

一般采用数控振荡器（NCO）来实现本振，下面详述调用 NCO IP 核的步骤和要点。首先选择菜单 Tools→IP Catalog，如图 10.23 所示，在搜索框中输入 nco，双击 NCO 进入图 10.24 所示的 New IP Variation 对话框，命名为 nco，进入 IP 参数编辑器（IP Parameter Editor）界面；也可以选择菜单 Edit →Edit...进入 NCO IP 核参数编辑界面（如图 10.25 所示），以下分界面进行说明。

（1）结构（Architecture）界面（如图 10.26 所示）：指 NCO 的几种实现结构或算法，不同的选择所消耗的硬件资源有很大的不同，这里选用消耗资源比较少的 Small ROM 查找表方法。

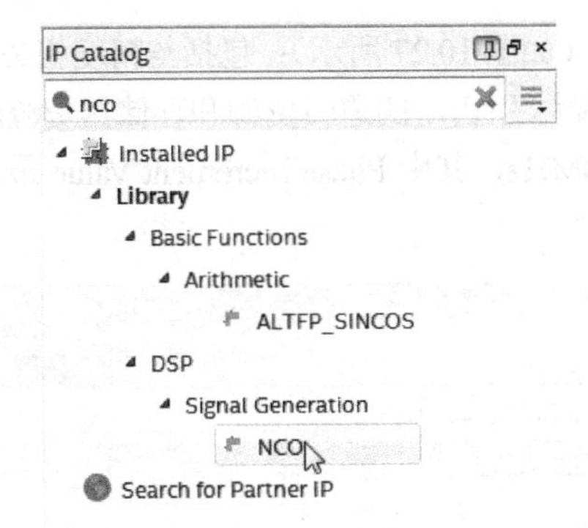

图 10.23　IP Catalog 界面——NCO

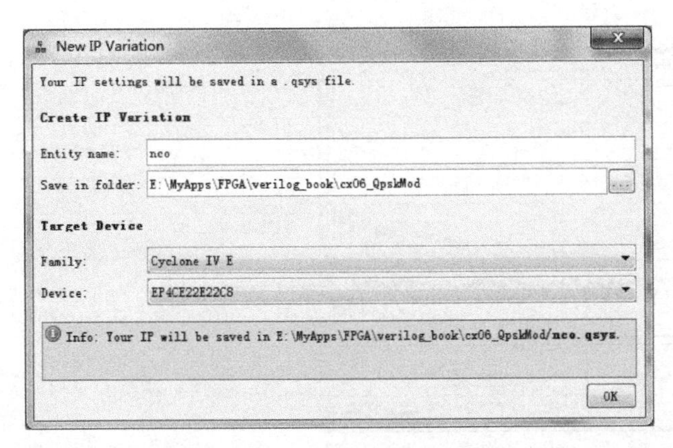

图 10.24　New IP Variation 对话框

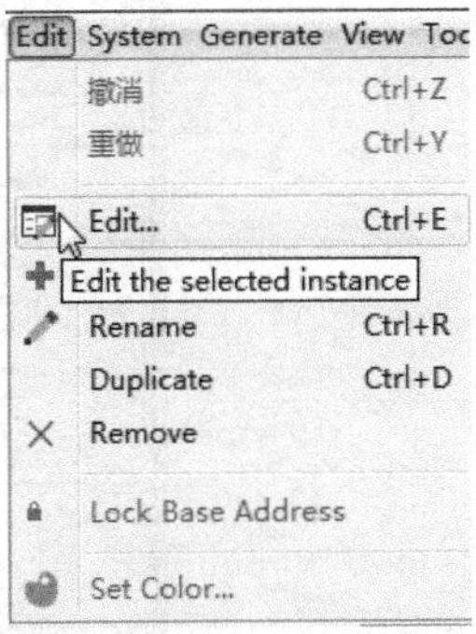

图 10.25　选择菜单 Edit→Edit…进入 IP 参数编辑器

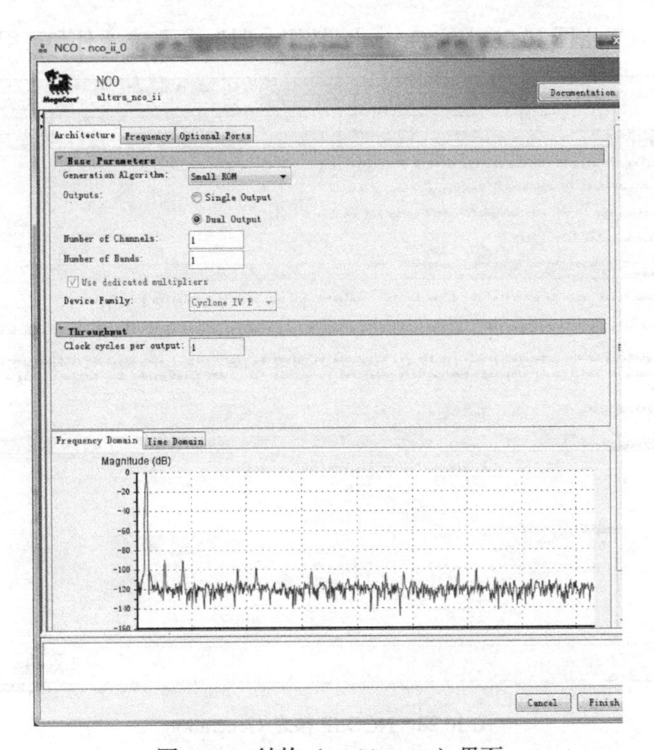

图 10.26　结构（Architecture）界面

（2）频率（Frequency）界面（如图 10.27 所示）：包括与精度相关的参数，有相位累加器精度、角度精度和幅度精度，所选的数值越大，所占用的逻辑资源和存储器资源就越多，Clock Rate 设为 8.0MHz，Desired Output Frequency 设为 1.0MHz，其中 Phase Increment Value 最好能够记录下来，后面调用模块时要用到。

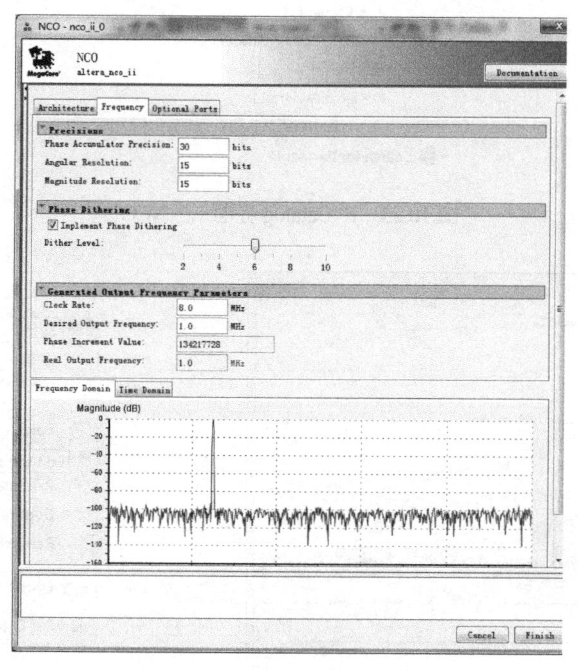

图 10.27　频率（Frequency）界面

③ 产生 IP 文件。单击图 10.28 中的 Generate 按钮，即生成了 IP 文件和可用于仿真的模型文件。

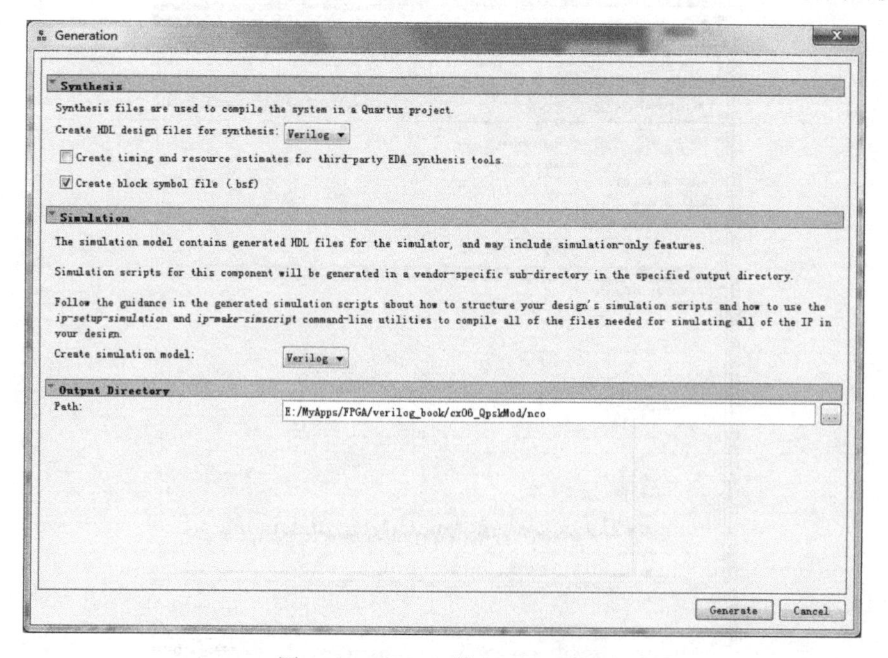

图 10.28　NCO IP 核之 Generation

3. 乘法器设计

成形滤波之后的 I、Q 两路信号要和本振产生的 COS、SIN 信号相乘，乘法器也可调用 IP 核实现。首先选择菜单 Tools→IP Catalog。在搜索框中输入 mult，双击 LPM_MULT 进入 IP 核生成向导界面，从左侧单击 LPM_MULT IP 核，在右侧选用 Verilog 文件类型，并命名为 mult15_15.v。

完成向导设置之后会进入 LPM_MULT 核的详细设置界面一，如图 10.29 所示，选择 2 个输入的位宽都为 15，选择乘法器的类型为 Signed 有符号型，如图 10.30 所示。

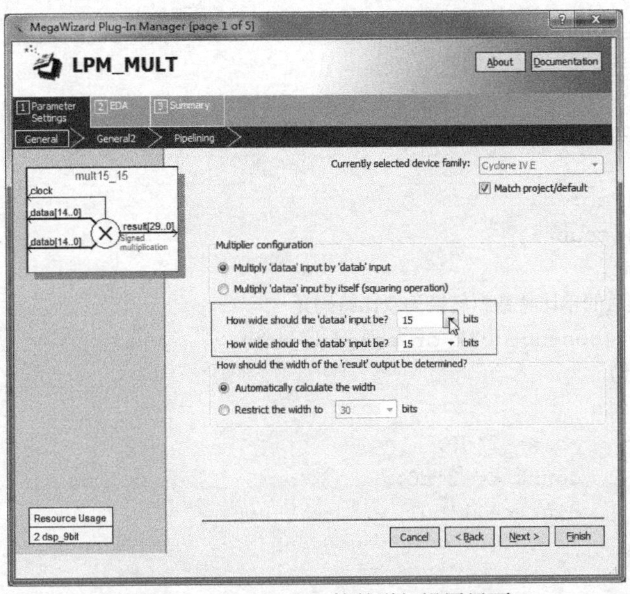

图 10.29　LPM_MULT 核的详细设置界面一

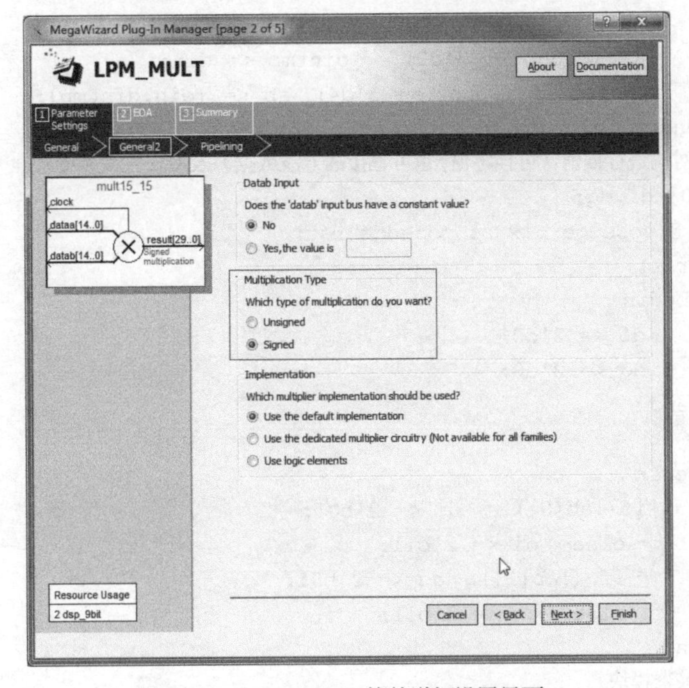

图 10.30　LPM_MULT 核的详细设置界面二

4. 顶层设计源代码

【例 10.9】 QPSK 调制器的顶层 Verilog 源代码。

```
module QpskMod(rst,clk,din,dout);
input   rst;            //复位信号,高电平有效
nputclk;                //FPGA 系统时钟: 8MHz(仿真时设置 tb.v 中的 clk_periodta 参数)
input   din;            //输入数据: 1Mbps(仿真时设置 tb.v 中的 period_data 参数)
output signed [16-1:0]  dout;
wire reset_n;
assign reset_n = !rst;
reg dint;
always @(posedge clk)          //输入数据
  dint <= din;
 reg [1:0] ab;
 reg [2:0] count;
 reg dintmp;
//串/并转换后的单比特数据转换为双比特码元
  always @(posedge clk or posedge rst)
   if (rst)
      begin
           ab <= 2'd0;
           count <= 3'd0;
           dint <= 1'b0;
      end
    else
     begin
        count <= count + 3'd1;
         if (count == 3'd0)    dintmp <= din;
          else if (count == 3'd4)  ab <= {din,dintmp};
     end
//  对相对码进行插值(可插零值,也可直接插方波数据)及双极性变换处理
reg [1:0] di,dq;
 always @(posedge clk or posedge rst)
   if (rst)
      begin
         di <= 2'd0;
         dq <= 2'd0;
      end
    else
     begin
         if(!ab[0])    di <= 2'b01;
          else  di <= 2'b11;
          if (!ab[1])  dq <= 2'b01;
          else  dq <= 2'b11;
     end
//成形滤波器模块
wire ast_sink_valid,ast_source_ready;
```

```
wire [1:0] ast_source_error;
wire [1:0] ast_sink_error;
assign ast_sink_valid=1'b1;
assign ast_source_ready=1'b1;
assign ast_sink_error=2'd0;
//同相支路成形低通滤波器核
wire sink_readyi,source_validi;
wire [1:0] source_errori;
wire signed [14:0] di_lpf;
  fir_lpf u2(
    .clk (clk),
    .reset_n (reset_n),
    .ast_sink_data (di),
    .ast_sink_valid (ast_sink_valid),
    .ast_source_ready (ast_source_ready),
    .ast_sink_error (ast_sink_error),
    .ast_source_data (di_lpf),
    .ast_sink_ready (sink_readyi),
    .ast_source_valid (source_validi),
    .ast_source_error (source_errori));
//正交支路成形低通滤波器核
wire sink_readyq,source_validq;
wire [1:0] source_errorq;
wire signed [14:0] dq_lpf;
  fir_lpf u3(
    .clk (clk),
    .reset_n (reset_n),
    .ast_sink_data (dq),
    .ast_sink_valid (ast_sink_valid),
    .ast_source_ready (ast_source_ready),
    .ast_sink_error (ast_sink_error),
    .ast_source_data (dq_lpf),
    .ast_sink_ready (sink_readyq),
    .ast_source_valid (source_validq),
    .ast_source_error (source_erroriq));
//NCO IP核
//NCO核所需的接口信号
wire out_valid,clken;
wire [29:0] carrier;
wire signed [14:0] sin,cos ;
assign clken = 1'b1;
assign carrier=30'd134217728;//1MHz@8MHz-clock
nco u4(
    .phi_inc_i(carrier),
    .clk(clk),
    .reset_n(reset_n),
    .clken(clken),
```

```
        .fsin_o(sin),
        .fcos_o(cos),
        .out_valid(out_valid));
    //同相支路乘法运算器核
    wire signed [29:0] mult_i;
      mult15_15 u5 (
        .clock(clk),
        .dataa(sin),
        .datab(di_lpf),
        .result(mult_i));
    //正交支路乘法运算器核
    wire signed [29:0] mult_q;
      mult15_15 u6(
        .clock(clk),
        .dataa(cos),
        .datab(dq_lpf),
        .result(mult_q));
    //同相正交支路合成,输出 DQPSK 信号
    reg signed [29:0] douttem;
    always @(posedge clk or posedge rst)
      if(rst)  douttem <= 30'd0;
        else   douttem <= mult_i + mult_q;
    assign dout = douttem[29:14];
    endmodule
```

10.3.3 QPSK 调制器的仿真

QPSK 调制器的 Test Bench 仿真脚本如例 10.10 所示。

【例 10.10】 QPSK 调制器的 Test Bench 仿真脚本。

```
`timescale 1 ns/ 1 ns
module tb();
reg clk;
reg rst;
reg din;
wire[16-1:0] dout;
QpskMod i1(.din(din),.dout(dout),.clk(clk),.rst(rst));
parameter clk_period=125;     //设置时钟信号周期（频率）,8MHz=1/125ns
parameter period_data=1000;  //数据输入周期,1Mbps = 1/1000ns
parameter clk_half_period=clk_period/2;
parameter data_half_period=period_data/2;
parameter data_num=800;        //仿真数据长度
parameter time_sim=data_num*period_data; //仿真时间
initial
begin
clk=1; rst=1;     //设置时钟和复位信号初值
#400 rst=0;       //设置仿真时间
#time_sim $finish;
end
```

```
always              //产生时钟信号
#clk_half_period clk=~clk;
//从外部 TX 文件读入数据作为测试激励
integer Pattern;
reg [1:0] stimulus[1:data_num];
initial
begin
 //文件必须放置在当前工程目录\simulation\modelsim 路径下
$readmemb("Dqpsk_bit.txt",stimulus);
Pattern=0;
repeat(data_num)
    begin
        Pattern=Pattern+1;
        din=stimulus[Pattern];
        #period_data;
    end
end
endmodule
```

图 10.31 所示为 QPSK 调制器的仿真波形，其中 dout 是 QPSK 调制信号波形，di 和 di_lpf 是 I 路数字波形和成形滤波后的基带波形，dq 和 dq_lpf 是 Q 路数字波形和成形滤波后的基带波形。

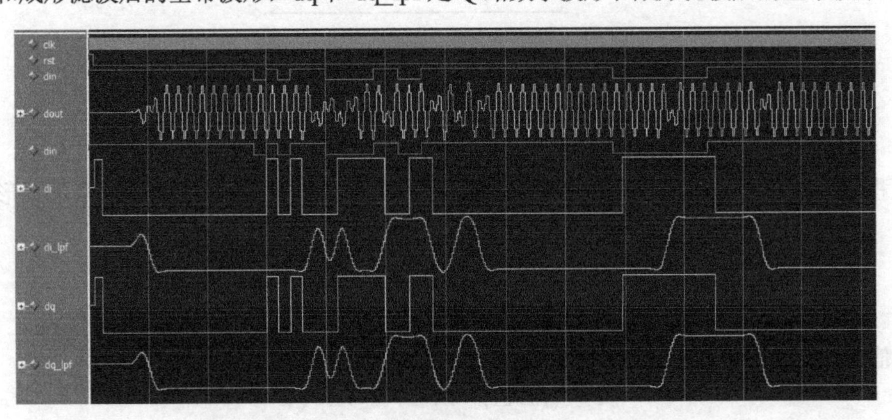

图 10.31　QPSK 调制器的仿真波形（ModelSim）

10.4　卷积码产生器

10.4.1　卷积码原理

数字信息在有噪声信道中传输时，会受到噪声干扰的影响，误码是不可避免的。为了在已知信噪比的情况下达到一定的误码率指标，在合理设计基带信号、选择调制/解调方式、并采用频域均衡或时域均衡措施的基础上，还应该采用差错控制编码等信道编码技术，使误码率进一步降低。卷积码和分组码是差错控制编码的两种主要形式，在编码器复杂度相同的情况下，卷积码的性能优于分组码。因此卷积码几乎被应用在所有无线通信的标准（如 GSM、IS-95 和 CDMA2000 标准）中，是一种性能优良的差错控制编码。

卷积码通常记为(n, k, m)，其编码效率为 k/n，m 称为约束。(n, k, m)卷积码可用 k 个输入、n 个输出、输入存储为 *m* 的线性有限状态移位寄存器及模 2 加法计数器电路来实现，卷积码的编码方法有 3 种运算方式：离散卷积法；生成矩阵法；多项式乘积法。此外，卷积码的编码过程还可以用状态图、码树图和网格图来描述。

图 10.32 所示为（2,1,2）卷积码编码器结构图，它包含 2 级移位寄存器和 2 个模 2 加法器，是由 *k*=1（1 个输入端）、*n*=2（2 个输入端）、*m*=2（2 级移位寄存器）所组成的有限状态的有记忆系统。若输入信息序列为 $U=(u_0,u_1,u_2)$，则对应输出为 2 个码字序列 $C_1=(c_0^1,c_1^1,c_2^1,\cdots)$，$C_2=(c_0^2,c_1^2,c_2^2,\cdots)$，其相应编码方程可写为

$$\begin{aligned}C_1&=U*G^{(1)}\\C_2&=U*G^{(2)}\end{aligned}\qquad(10.5)$$

式中，*表示卷积运算，$G^{(1)}$、$G^{(2)}$ 表示编码器的两个冲激响应。编码输出可由输入信息序列 U 和编码器的 2 个脉冲冲激响应的卷积得到，故称为卷积码。

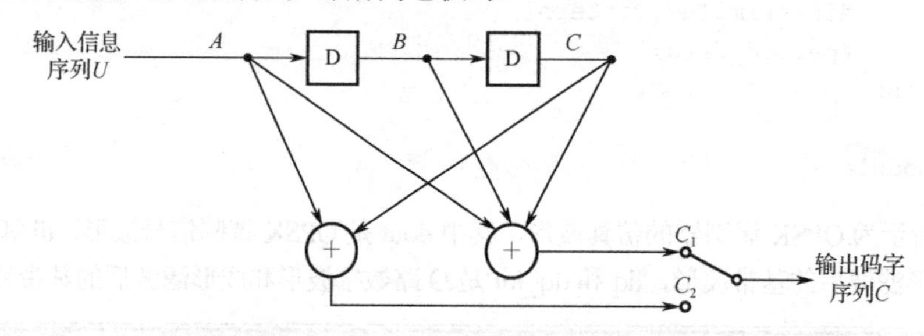

图 10.32　（2,1,2）卷积码编码器结构图

10.4.2　卷积码编码器实现

在工程应用中最常采用码多项式来对卷积码进行表示，若将生成序列表达成多项式形式，可以看到

$$\begin{aligned}G^{(1)}&=(111)=1+x+x^2\\G^{(2)}&=(101)=1+x^2\end{aligned}\qquad(10.6)$$

输入信息序列也可以表示成多项式形式，左边的比特对应多项式的最低次项

$$U=(10111)=1+x+x^2+x^3+x^4\qquad(10.7)$$

则卷积运算的过程可以用码多项式相乘的形式表达

$$\begin{aligned}C_1&=(1+x+x^2+x^3+x^4)(1+x+x^2)\\&=1+x+2x^2+2x^3+3x^4+2x^5+x^6\text{（注意是模 2 加法）}\\&=1+x+x^3+x^6\\&=(1100101)\end{aligned}\qquad(10.8)$$

$$\begin{aligned}C_1&=(1+x^2+x^3+x^4)(1+x^2)\\&=1+2x^2+x^3+2x^4+x^5+x^6\text{（注意是模 2 加法）}\\&=1+x^3+x^5+x^6\\&=(1001011)\end{aligned}\qquad(10.9)$$

因此输出码字序列为

$$C=(C_1,C_2)=(11,10,00,01,10,01,11)\qquad(10.10)$$

卷积码编码器在下一时刻的输出取决于编码器当前的状态及下一时刻的输入，在 Verilog 设计中用

状态机来实现是比较自然的。如图 10.32 所示的（2,1,2）卷积码编码器，*B*、*C* 用于表示编码器的状态，其可能的状态数是 4 个，每次输入一个 *A*，可以由 *A*、*B*、*C* 一同决定 C_1 和 C_2 的输出值。如图 10.33 所示为（2,1,2）卷积码编码器的状态图，S0、S1、S2、S3 表示 *B*、*C* 的 4 种可能状态：00、01、10 和 11。每个节点有两条线离开该节点，实线表示输入数据 *A* 为 0，虚线表示输入数据为 1，线上标注的数字为输出的码字序列。用 Verilog 编写状态机就可以实现卷积码编码器，如例 10.11 所示。

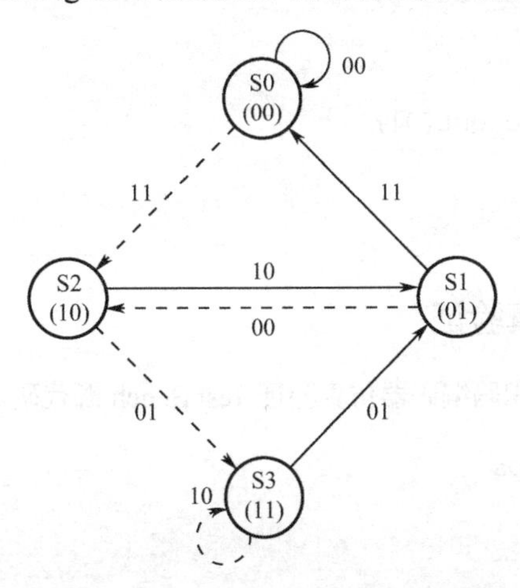

图 10.33 （2,1,2）卷积码编码器的状态图

【例 10.11】 （2,1,2）卷积码编码器的 Verilog 源代码。

```
module convolution
            (input clk, in, reset,
             output reg out,
             output [1:0] enc_out);
reg [2:0] shift_reg;     //移位寄存器
reg clk1;                //内部 1/2 速率时钟
///////////////////////////////////////
//  输入数据进入移位寄存器
always @(posedge clk1) begin
   if(reset) begin
     shift_reg <= 0;
   end
   else begin
    shift_reg[2:0] <= {shift_reg[1:0], in};
   end
end
///////////////////////////////////////
//  完成卷积码计算
assign enc_out[1] = shift_reg[2] ^ shift_reg[1] ^ shift_reg[0];
assign enc_out[0] = shift_reg[2] ^ shift_reg[0];
///////////////////////////////////////
// 得到速率加倍的输出序列
always @ (posedge clk) begin
if (reset) begin
```

```
        clk1 <= 0;
    end
    else begin
        clk1 <= ~clk1; // 实际上是一个二分频的计数器
        if(clk1 == 1) begin
            out <= enc_out[1];
        end
        else begin
            out <= enc_out[0];
        end
    end  end
    endmodule
```

10.4.3 卷积码编码器仿真验证

【例 10.12】 （2,1,2）卷积码编码器仿真验证 Test Bench 源代码。

```
`timescale 1ns/ 1ps
module tb();
reg clk;
reg rst;
reg din;
wire dout_conv;
wire [1:0]  enc_out;
convolution dut
   (.clk(clk) ,             // input
    .in(din) ,              // input
    .reset(rst) ,           // input
    .out(dout_conv),        // output
    .enc_out(enc_out));
parameter clk_period=125;    //设置时钟信号周期（频率），8MHz 对应 1/125ns
parameter period_data=clk_period*1;      //数据周期
parameter period_data_x2=clk_period*2;   //数据周期
parameter clk_half_period=clk_period/2;
parameter data_half_period=period_data/2;
parameter data_num=100;                  //仿真数据长度
parameter time_sim=data_num*period_data; //仿真时间
initial
begin
clk=1;rst=1;
#300 rst=0;
#time_sim $finish;
end
//产生时钟信号
always #clk_half_period clk=~clk;
//--------------------------------------------
// 从外部 TX 文件读入数据作为卷积码模块测试激励
// 注：输入序列（10111）
// 输出序列（1110 0001 10）11 10 00 01 10 01 11
```

```
    integer Pattern;
    reg [1:0] stimulus[1:data_num];
    initial
    begin
      //文件必须放置在工程目录\simulation\modelsim 路径下
    $readmemb("tx_bit.txt",stimulus);
    Pattern=0;
    #500;
    repeat(data_num)
        begin
        Pattern=Pattern+1;
        din=stimulus[Pattern];
        #period_data_x2; // 卷积码输出序列的速率加倍,因此输入序列的速率为原来的一半
  end
    end
    endmodule
```

图 10.34 所示为以上 Verilog 代码的仿真结果，输入信息序列为 din（10111），而输出码字序列为 enc_out（11,10,00,01,10,01,11），与前述生成码多项式计算的结果一致。

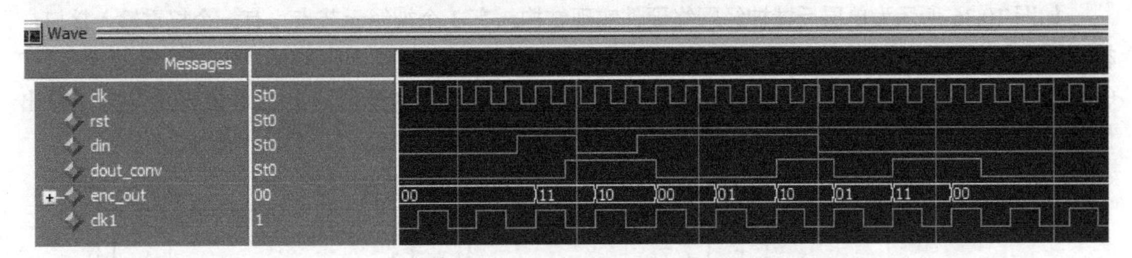

图 10.34　(2,1,2）卷积码编码器的仿真结果（ModelSim）

10.5　小型神经网络

10.5.1　基本原理

人工神经网络是在现代神经科学的基础上提出和发展起来的，是旨在反映人脑结构及功能的一种抽象数学模型。自 1943 年美国心理学家 W. McCulloch 和数学家 W. Pitts 提出形式神经元的抽象数学模型——MP 模型以来，人工神经网络理论技术经过了 70 多年曲折的发展。特别是 20 世纪 80 年代，人工神经网络的研究取得了重大进展，有关的理论和方法已经发展成一门界于物理学、数学、计算机科学和神经生物学之间的交叉学科。它在模式识别、图像处理、智能控制、组合优化、金融预测与管理、通信、机器人及专家系统等领域得到广泛的应用，提出了 40 多种神经网络模型，其中比较著名的有感知机、Hopfield 网络、Boltzman 机、自适应共振理论及反向传播网络（BP）等。在这里我们仅讨论最基本的网络模型及其学习算法。

神经网络是高度并行互联的系统，这样的特性使得它的硬件实现非常消耗硬件资源，也非常有挑战性。图 10.35 所示为单层反馈神经网络结构示意图，x_i 表示第 i 个输入，w_{ij} 是第 i 个输入与第 j 个神经元之间的权重值，而 y_j 表示第 j 个输出。所以有

$$y_1 = f(x_1 \times w_{11} + x_2 \times w_{21} + x_3 \times w_{31})$$
$$y_2 = f(x_1 \times w_{12} + x_2 \times w_{22} + x_3 \times w_{32}) \quad (10.11)$$
$$y_3 = f(x_1 \times w_{13} + x_2 \times w_{23} + x \times w_{33})$$

式中，$f()$ 表示激活函数。

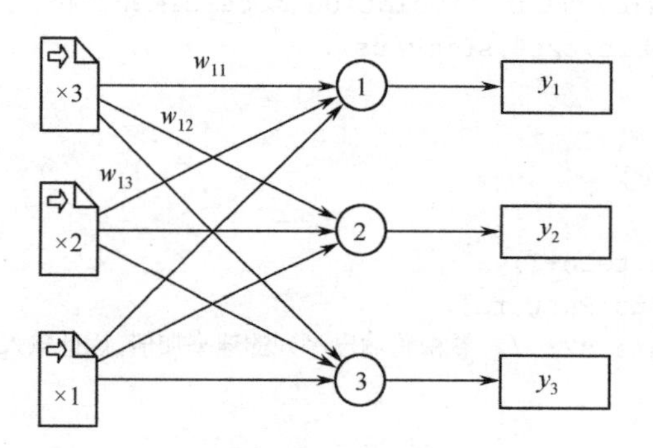

图 10.35　单层反馈神经网络结构示意图

10.5.2　设计实现

如图 10.36 所示为单层反馈神经网络硬件实现结构，有 3 个神经元节点，有一个权重输入接口，权重值 w 顺序进入一组移位寄存器，权重值和输入做乘累加运算产生的值进入一个查找表 LUT（LookUp Table），LUT 实现了激活函数（根据不同的应用可建立不同的 LUT）并产生期望的输出值 y_j。

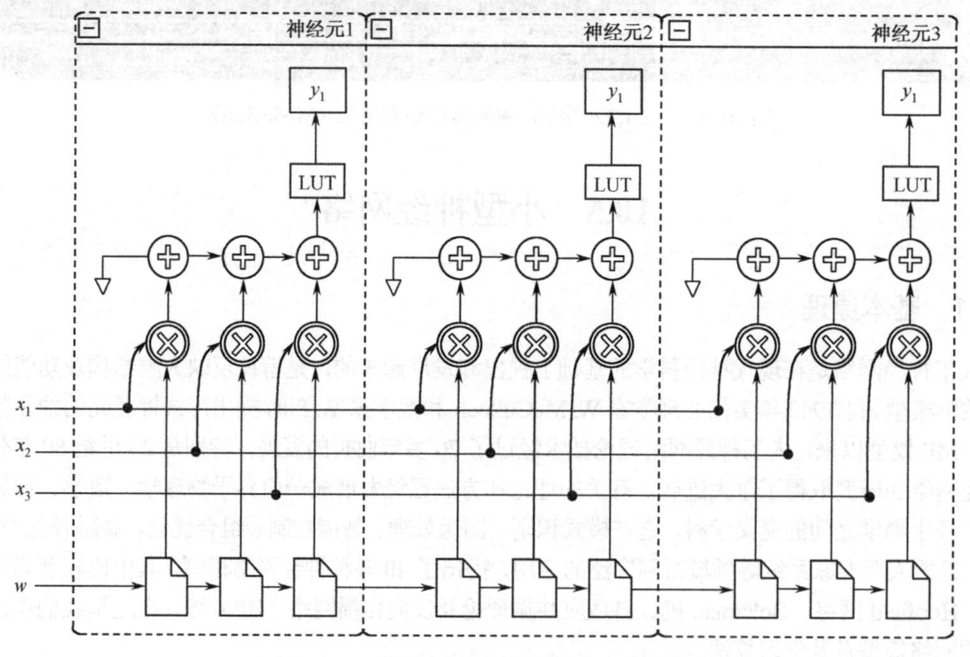

图 10.36　单层反馈神经网络硬件实现结构

下面的 Verilog 例子将会实现包含 3 个神经元的小型神经网络，但是例子中不包括 LUT，因为 LUT 要根据具体应用场合产生，读者可以自行在输出口添加，神经元的数量也可以方便地修改。

【例 10.13】　3 个神经元的小型神经网络 Verilog 源代码。

```
module small_NN(x1, x2, x3, w, clk, y1, y2, y3);
   parameter       n = 3;
   parameter       m = 3;
   parameter       b = 4;
   input signed[b-1:0]    x1,x2,x3;
   input signed[b-1:0]    w;
   input            clk;
   output  reg signed[2*b-1:0] y1,y2,y3;
// 用二维数组来存储 w 权重值
reg signed[b-1:0] weight[1:n*m];
always @(posedge clk)
    weight[1] <= w;
 genvar idx;
 generate  for (idx = 2; idx <= n*m; idx = idx + 1)
 begin: W_LOOP
     always @(posedge clk)
        weight[idx] <= weight[idx-1];
 end
 endgenerate
   always @(clk or w or x1 or x2 or x3)
   begin: CAL_BLOCK0
      reg signed [b-1:0]    in_buffer[1:m];
      reg signed[2*b-1:0]   out_buffer[1:m];
      reg signed[2*b-1:0]   prod;
      reg signed[2*b-1:0]   acc;
      reg             sign;
      integer          i,j;
      in_buffer[1] = x1;
      in_buffer[2] = x2;
      in_buffer[3] = x3;
      for (i = 1; i <= n; i = i + 1)
      begin
         acc = {2*b-1+1{1'b0}};
         for (j = 1; j <= m; j = j + 1)
         begin
          prod = in_buffer[j] * weight[m * (i - 1) + j];
          sign = acc[7];
   acc = acc + prod;
      if ((sign == prod[7]) & (acc[7] != sign))
         acc = {sign, {2*b-1+1-{(~sign)}}};
         end
   out_buffer[i] = acc;
      end
      y1 = out_buffer[1];
      y2 = out_buffer[2];
      y3 = out_buffer[3];
```

```
    end
  endmodule
```

10.5.3 仿真验证

【例 10.14】 3 个神经元的小型神经网络的 Test Bench 源代码。

```
`timescale 1 ns/ 1 ps
module tb();
reg clk,rst;
reg[3:0] x1,x2,x3,w;
wire[7:0] y1,y2,y3;
small_NN u1(
    .clk(clk),.x1(x1),
    .x2(x2),.x3(x3),
    .w(w),.y1(y1),
    .y2(y2),.y3(y3));
parameter clk_period=1000;                    //设置时钟信号周期(频率)
parameter period_data=clk_period*8*31;        //数据周期
parameter clk_half_period=clk_period/2;
parameter data_half_period=period_data/2;
parameter data_num=20;                        //仿真数据长度
parameter time_sim=data_num*clk_period;       //仿真时间
initial
begin
rst=1; clk=1;
@(posedge clk);
@(negedge clk);
rst=0;
x1=3;x2=4;x3=5;w=1;
#time_sim $finish;   //设置仿真时间
end
always               //产生时钟信号
begin
#clk_half_period clk=~clk;
end
always @(negedge clk)
  begin
    if(w<10)  w<=w+1;
  end
endmodule
```

运行例 10.14 的仿真代码，仿真波形如图 10.37 所示。为了更加清楚地显示仿真的结果，所输入的数据都是比较简单的值，这 3 个神经元的输入 x_1、x_2、x_3 为 4 比特输入，并且是有符号数，输入的数值范围是-8～7，而 8 比特输出的数值范围是-128～127。固定输入数据 x_1=3，x_2=4，x_3=5，设定有 9 个权重 w，随着 9 个时钟周期顺序输入，分别是 w_9=1,w_8=2,w_7=3,⋯,w_1=9。因为 w 是 4 比特的有符号数，9 实际上是-7，而 8 实际上是-8，这一点在进行计算的时候要考虑清楚。当 9 个权重值 w 全部进入模块后，就会计算出第 1 组输出，计算过程为

$$
\begin{aligned}
y_1 &= x_1 \times w_1 + x_2 \times w_2 + x_3 \times w_3 \\
&= 3\times(-7)+4\times(-8)+5\times 7 \\
&= -18 \\
y_2 &= x_1 \times w_4 + x_2 \times w_5 + x_3 \times w_6 \\
&= 3\times 6+4\times 5+5\times 4 \\
&= 58 \\
y_3 &= x_1 \times w_7 + x_2 \times w_8 + x_3 \times w_9 \\
&= 3\times 3+4\times 2+5\times 1 \\
&= 22
\end{aligned}
\tag{10.12}
$$

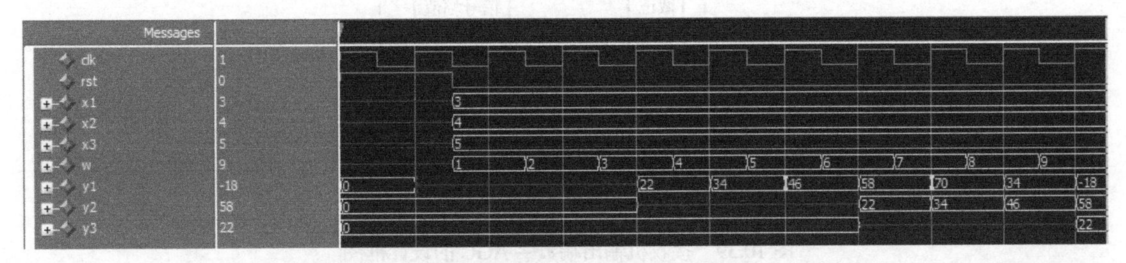

图 10.37　小型神经网络的仿真波形（ModelSim）

这 3 个值-18、58 与 22 与图中右下角 y_1、y_2 和 y_3 三行的数值一样，验证了 Verilog 模块计算是正确的。

10.6　数字 AGC

数字 AGC 是数字中频接收机的重要辅助电路，数字中频接收机设置自动增益控制的目的在于使接收机的增益随着信号的强弱进行调整，或者保持接收机的输出恒定在一定范围内。对于前者，是指接收机的入口端的数字 AGC，在接收弱信号时使接收机具有足够高的增益，使得信噪比最大化，在接收强信号时使接收机工作在正常范围之内（主要是保证 A/D 转换器不溢出）；对于后者，是指接收机与后续处理电路之间的数字 AGC，后面的处理电路往往要求接收机的输出保持恒定，至少不能波动太大，数字 AGC 的作用就是稳定输出的幅度。这两种数字 AGC 虽然所处的位置不同，但是本质是相同的。下面首先给出一个数字中频接收机系统的设计框图，介绍数字 AGC 在系统中所处的地位和具有的作用，然后以后端输出的数字 AGC 为例，说明硬件电路设计的思想和基于 Verilog 的具体实现。

10.6.1　数字 AGC 技术的原理和设计思想

与模拟 AGC 相比，数字 AGC 可实现更为复杂的控制算法，并且数字 AGC 的响应和收敛速度更快、稳定性更好。数字 AGC 技术通常是指在对中频模拟信号进行数字化后，根据样本幅值的大小，反过来控制前端中频放大电路中的可编程数控衰减器，将信号输出调整到适合检测的幅值范围内，或者控制输出的数字信号幅度或功率稳定在一个恒定的值上。无论哪种方法，都要在信号数字化后进一步处理，所以称为数字 AGC 技术。图 10.38 所示为数字中频接收机的原理框图。

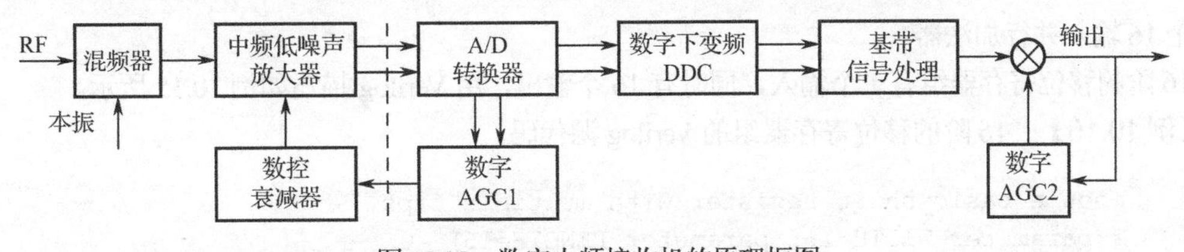

图 10.38　数字中频接收机的原理框图

数字中频接收机中有数字 AGC1 和数字 AGC2，一个在 A/D 转换器之后，另一个在输出之前，二者控制算法有一些区别：AGC1 产生数控衰减器的控制字；AGC2 直接产生乘法器的乘倍数。

本节介绍的数字 AGC 的特点在于开发迅速、占用资源少、调节方便、灵敏度高和控制范围大。图 10.39 所示为接收机输出端数字 AGC 的设计框图。

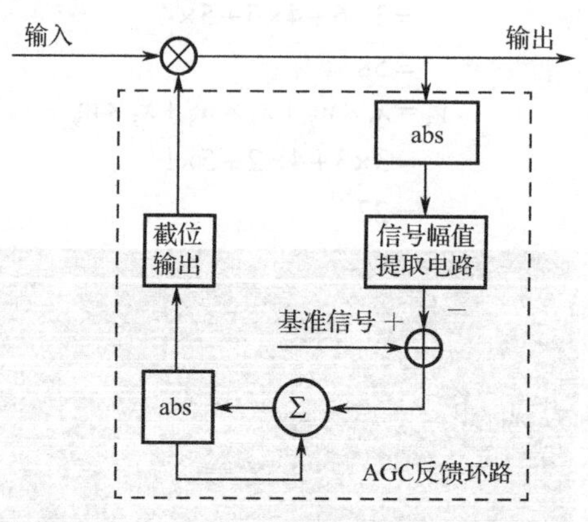

图 10.39 接收机输出端数字 AGC 的设计框图

下面详述设计的原理，输入信号和乘法器的增益权值相乘得到受控输出，此输出进入 AGC 反馈环路，首先对进入反馈环路的信号求模值（abs），接着进入信号幅值提取电路，其主要功能是提取输入信号的包络，也可以理解为计算输入信号的平均幅度。然后信号幅值提取电路出来的信号和基准信号进行比较，实际上就是相减，得出的差值进入累加器相加，累加器相当于一个积分器，是对误差量的一个从始至终的累计。当输入没有变化时，积分值将趋向于一个固定的值，截取积分量的前几位数输出给增益控制乘法器，与输入相乘。这样就完成了整个 AGC 反馈环路，实际上全部电路搭建完成之后，需要调节的参数包括基准信号和截位长度的确定，基准信号决定了受控输出的大小，截位长度反映了控制的收敛时间、稳定度及控制的范围。

10.6.2 数字 AGC 的实现

1. 信号幅值提取电路

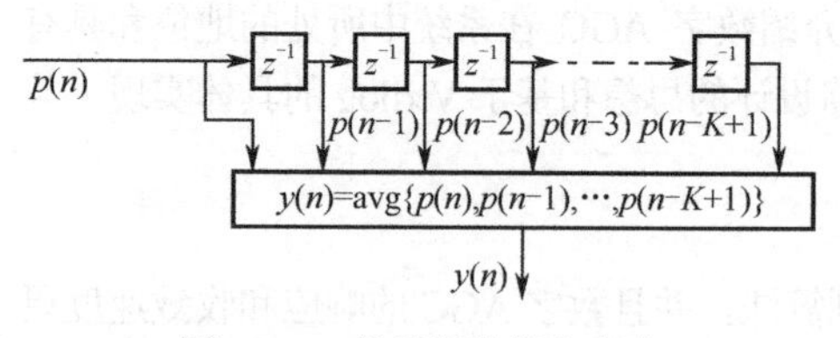

图 10.40 信号幅值提取电路

如图 10.40 所示的信号幅值提取电路也是决定数字 AGC 性能的关键电路之一，由于噪声的扰动，反馈环路输入的信号抖动是比较大的，如果输入不经过处理就会影响 AGC 的稳定性和响应时间，所以在求模之后和送入比较器之前首先提取信号的包络，这样进入比较器的值就会变化起伏比较小，也更能反映信号实际的幅度（功率）。

该电路是简化的平均幅值提取电路，输入 K 个值得到平均值输出，其中 $p(n)$ 为 AGC 电路输出值的绝对值，$y(n)$ 为后续反馈环路的输入。在用 Verilog 语言实现时，会用到一个 16 阶的移位寄存器组和一个 16 输入并行加法器。

16 阶的移位寄存器组有 1 个输入，同时有 16 个输出，用 Verilog 描述如例 10.15 所示。

【例 10.15】 16 阶的移位寄存器组的 Verilog 源代码。

```
module basic_shift_register_with_multiple_taps
#(parameter WIDTH=16, parameter LENGTH=16)
```

```
(
input clk, enable,rst,
input [WIDTH-1:0] sr_in,
output reg [WIDTH-1:0] tap0 ,
output reg [WIDTH-1:0] tap1 ,
output reg [WIDTH-1:0] tap2 ,
output reg [WIDTH-1:0] tap3 ,
output reg [WIDTH-1:0] tap4 ,
output reg [WIDTH-1:0] tap5 ,
output reg [WIDTH-1:0] tap6 ,
output reg [WIDTH-1:0] tap7 ,
output reg [WIDTH-1:0] tap8 ,
output reg [WIDTH-1:0] tap9 ,
output reg [WIDTH-1:0] tap10,
output reg [WIDTH-1:0] tap11,
output reg [WIDTH-1:0] tap12,
output reg [WIDTH-1:0] tap13,
output reg [WIDTH-1:0] tap14,
output reg [WIDTH-1:0] tap15);
always @ (posedge clk or posedge rst)
begin
if(rst)
begin
    tap0 <=0;   tap1 <=0;
    tap2 <=0;   tap3 <=0;
    tap4 <=0;   tap5 <=0;
    tap6 <=0;   tap7 <=0;
    tap8 <=0;   tap9 <=0;
    tap10<=0;   tap11<=0;
    tap12<=0;   tap13<=0;
    tap14<=0;   tap15<=0;
end else begin
    if (enable == 1'b1)
    begin
    tap0 <=sr_in;   tap1 <=tap0 ;
    tap2 <=tap1 ;   tap3 <=tap2 ;
    tap4 <=tap3 ;   tap5 <=tap4 ;
    tap6 <=tap5 ;   tap7 <=tap6 ;
    tap8 <=tap7 ;   tap9 <=tap8 ;
    tap10<=tap9 ;   tap11<=tap10;
    tap12<=tap11;   tap13<=tap12;
    tap14<=tap13;   tap15<=tap14;
    end
end  end
endmodule
```

此模块命名为 basic_shift_register_with_multiple_taps.v，主程序中会调用该模块。

16 输入并行加法器可利用 IP 核实现，运行 IP 核生成向导，在 Arithmetic 分类下找到 parrallel_add 这个 IP 核，该 IP 核的设置界面如图 10.41 所示，设置输入位宽为 16bits，即 16 个输入。

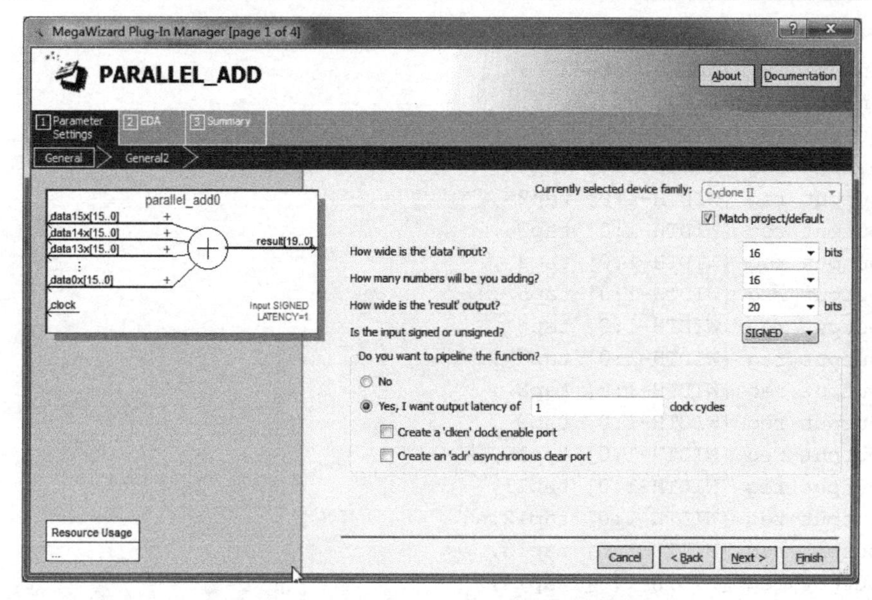

图 10.41　16 输入并行加法器 IP 核的设置界面

2. 反馈环路设计

信号幅值提取电路输出的幅值与参考值做减法，差值经过累加去控制 AGC 环路的输出，这就是反馈环路的设计原理，将这一部分计算电路用一个 Verilog 模块实现，如例 10.16 所示。

【例 10.16】　反馈环路的 Verilog 源代码。

```
module FeedbackLoop(rst,clk,avg,ref_value,df);
Input   rst;                              //复位信号,高电平有效
Input   clk;                              //FPGA 系统时钟
input   signed [15:0]   ref_value;        //参考幅值
input   signed [15:0]   avg;              //输入数据平均值
output signed [9:0] df;                   //反馈环路滤波器输出数据
reg [2:0] count;
reg signed [25:0] sum,loopout;
wire signed [15:0] pd;
///////////////////
//与参考值求差值
assign pd = ref_value -avg;
//  累加器
always @(posedge clk or posedge rst)
     if (rst)
        begin
              count <= 3'd0;
              sum <= 24'd0;
              loopout <= 24'd0;
         end
     else begin
             sum<=sum+{{10{pd[15]}},pd[15-:16]};     //累加器寄存器
             loopout<=sum+{{10{pd[15]}},pd[15-:16]};
```

```
        end
   assign df = loopout[25-:10];
  endmodule
```

这个模块命名为 FeedbackLoop.v，主程序中会调用这个模块。

3. 数字 AGC 的顶层设计

数字 AGC 的顶层 Verilog 设计文件是 SmallAGC.v，模块调用关系如图 10.42 所示。数字 AGC 顶层 RTL 结构图如图 10.43 所示。

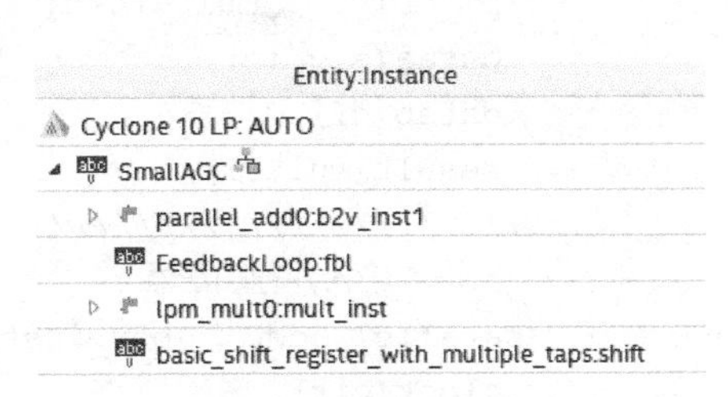

图 10.42　模块调用关系

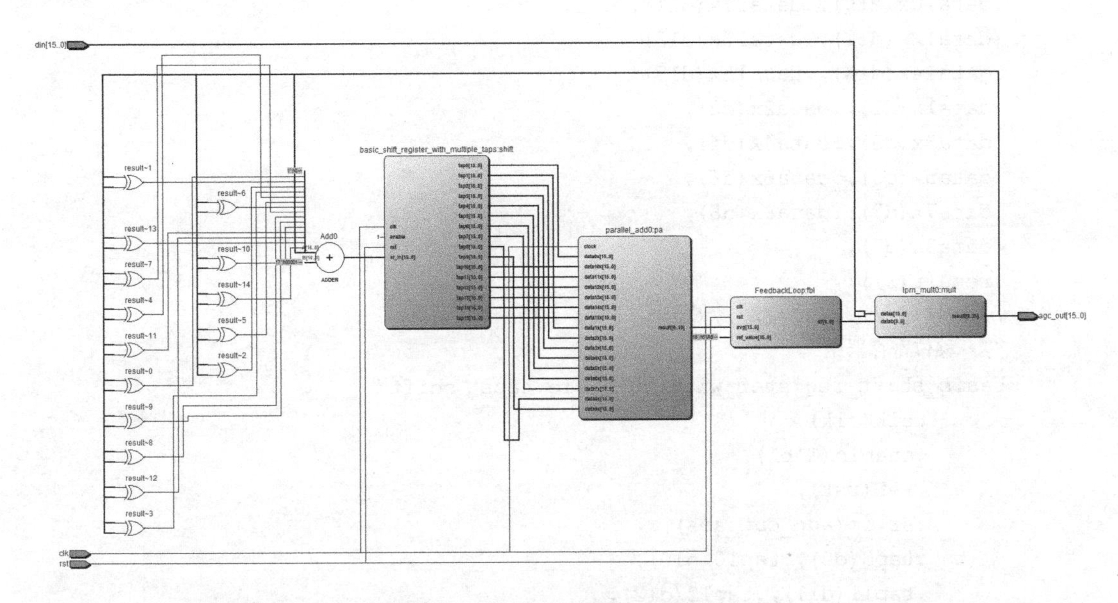

图 10.43　数字 AGC 顶层 RTL 结构图

【例 10.17】　数字 AGC 的顶层 Verilog 源代码。

```
  module SmallAGC(
                 clk,
                 rst,
                 din,
                 agc_out);
  input wire  clk;
  input wire  rst;
  input wire  [15:0] din;
  output wire [15:0] agc_out;
  wire[9:0] df;
  wire[25:0] mult0;
  wire[19:0] r;
  wire[15:0] d0,d1,d2,d3,d4,d5,d6,d7,d8,d9;
  wire[15:0] d10,d11,d12,d13,d14,d15;
```

```
wire[15:0] agc_out_abs;
wire  [15:0] sig_in;
assign sig_in={{8{din[15]}},din[15:8]};
lpm_mult0   mult_inst(
.dataa(sig_in),
.datab(df),
.result(mult0));
///////////////////////
//  16输入并行加法器
parallel_add0   b2v_inst1(
.clock(clk),
.data0x(d0),
.data10x(d10),.data11x(d11),
.data12x(d12),.data13x(d13),
.data14x(d14),.data15x(d15),
.data1x(d1),.data2x(d2),
.data3x(d3),.data4x(d4),
.data5x(d5),.data6x(d6),
.data7x(d7),.data8x(d8),
.data9x(d9),
.result(r));
///////////////////////
//  移位寄存器组
basic_shift_register_with_multiple_taps  shift(
      .clk(clk),
      .enable(1'b1),
      .rst(rst),
      .sr_in(agc_out_abs),
      .tap0(d0),.tap10(d10),
      .tap11(d11),.tap12(d12),
      .tap13(d13),.tap14(d14),
      .tap15(d15),.tap2(d2),
      .tap3(d3),.tap4(d4),
      .tap5(d5),.tap6(d6),
      .tap7(d7),.tap8(d8),
      .tap9(d9),.tap1(d1));
defparamshift.LENGTH = 16;
defparamshift.WIDTH = 16;
///////////////////////
//  反馈环路模块
FeedbackLoop fbl(
     .rst(rst),
.clk(clk),
.avg(r[18-:16]),
     .ref_value(16'd25000),
     .df(df));
// AGC输出值取绝对值
```

```
assign agc_out_abs=(agc_out[15]==1'b1) ? -agc_out : agc_out;
//  截位输出
assign  agc_out[15:0]=mult0[16:1];
endmodule
```

4. 数字 AGC 的仿真

【例 10.18】　数字 AGC 模块的 Test Bench 源代码。

```
`timescale 1 ns/1 ps
module tb();
reg clk;
reg rst;
reg[16-1:0] din;
wire [16-1:0] agc_out;
integer data_in_int,data_file_in;
//////////////////////////////
//被测单元
SmallAGC i1(
.din(din),
.agc_out(agc_out),
.clk(clk),
.rst(rst));
// 初始化
parameter clk_period=200;
parameter period_data=clk_period*1;
parameter clk_half_period=clk_period/2;
parameter data_num=16000;
parameter time_sim=data_num*period_data;
initial
begin
data_file_in = $fopen("cos.txt","r");
clk=1;
rst=1;
#400 rst=0;
#time_sim
$fclose(data_file_in);
$finish;
end
// 产生时钟
always
#clk_half_period clk=~clk;
// 从文件中读取仿真数据源
integer c_x;
always @ (posedge clk)
begin
if (!$feof(data_file_in))
  begin
```

```
        c_x = $fscanf(data_file_in,"%d",data_in_int);
        din  <= data_in_int;
    end
  end
  endmodule
```

在数字 AGC 的具体电路设计中，传输位宽的选择十分重要，原则是尽量保持有效的数据位数，对多余的符号位进行截位操作，满足最大精度的位宽选择是经过多次调整和仿真得到的，并且下载到 FPGA 中进行了验证。

图 10.44 所示为数字 AGC 控制和收敛过程波形示意图。第 1 行的波形是正弦信号发生器产生的最大幅度为 251 的正弦波；第 2 行的波形是数字 AGC 输出的受控波形，最后收敛的幅度大约是 15000（绝对数量）；第 3 行的波形是增益控制乘法器的增益量，可以看到它一直在增大，直到 AGC 输出收敛。

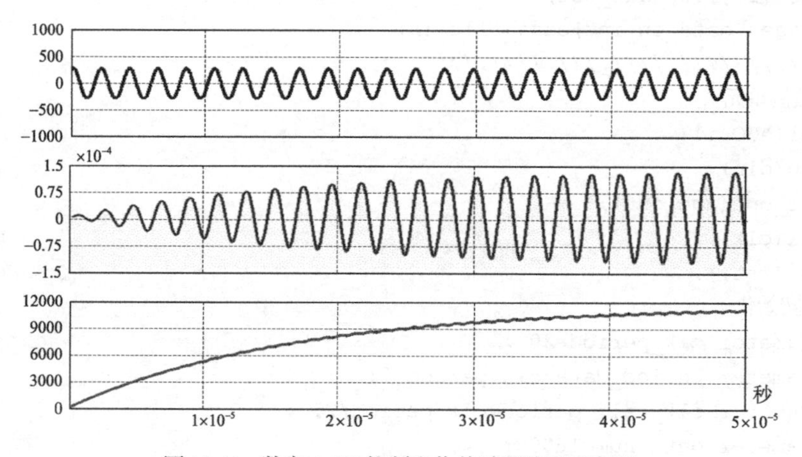

图 10.44 数字 AGC 控制和收敛过程波形示意图

图 10.45 所示为数字 AGC 控制和收敛过程仿真波形。第 3 行 sig_in 波形是预设的最大幅度为 128 的正弦波；第 4 行 agc_out 波形是数字 AGC 输出的受控波形，最后收敛的幅度大约是 18 000（绝对数量）；第 5 行 avg 波形是信号幅值提取电路得到的信号平均幅度值；第 6 行 pd 波形是参考值减去信号幅值的差值；最后一行 df 波形是增益控制乘法器的增益量，可以看到它一直在增大，直到 AGC 输出收敛，最后稳定在一个固定值上。图 10.46 所示为数字 AGC 控制和收敛过程 ModelSim 仿真波形（局部放大），从中可看到信号增大的趋势。

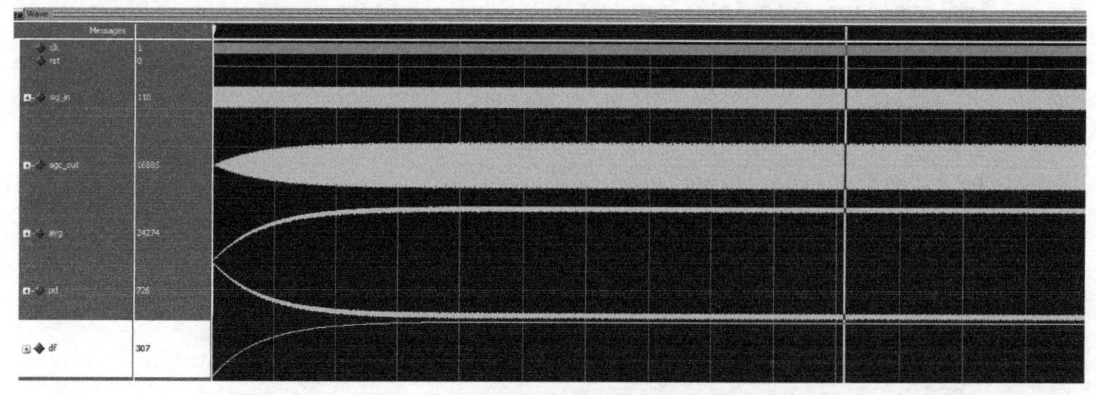

图 10.45 数字 AGC 控制和收敛过程仿真波形（ModelSim）

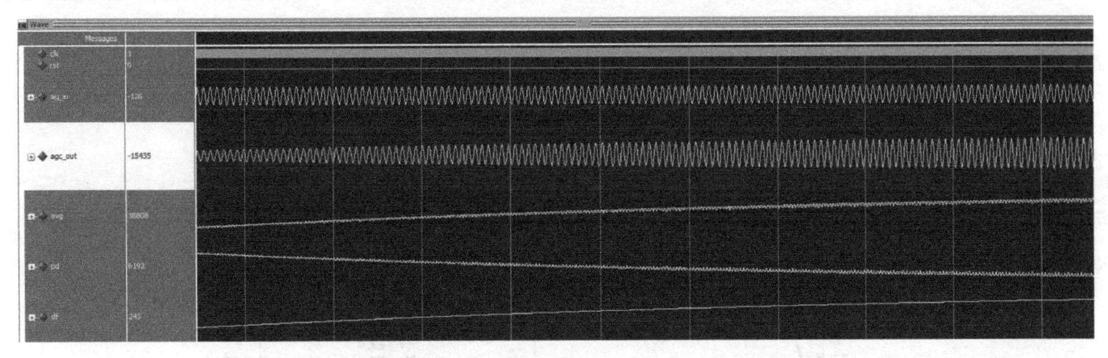

图 10.46　数字 AGC 控制和收敛过程 ModelSim 仿真波形（局部放大）

本节介绍了数字中频接收机中使用的一种轻量级、高灵敏度的数字 AGC，并基于 FPGA 实现了数字 AGC，仿真结果表明达到了设计要求。

10.7　信号音发生器

在数字程控交换网络中，信号音是一种简单又实用的信令，常见的信号音包括拨号音、忙音和回铃音等。在交换机中，一般实现方法是采用专用 IC 产生信号音，但在一些小型化设备中，将数字交换矩阵模块、DTMF 模块和信号音产生模块合成在单片 FPGA 中实现，具有较好的工程实现意义。

10.7.1　线性码、A 律码转换原理

PCM 是一个语音模拟信号数字化的过程，包括抽样、量化和编码三个基本过程。抽样过程是把连续的模拟信号离散化，但是其幅度信息仍然是连续的；量化过程把抽样出的连续幅度信息离散化；编码过程把量化后的信号用某种二进制码组表示出来。

线性码和非线性码的区别主要在量化与编码过程，抽样理论都是一致的，这里着重介绍后两个过程。

量化是把一个信号的连续幅值离散化。均匀量化，顾名思义，是指在整个量化范围内量化间隔都相等的量化。而非均匀量化是指量化间隔不相等的量化。在很多模数转换的应用场合使用的是均匀量化，但在语音通信系统中，由于语音动态范围、线路的衰减等原因，非均匀量化具有更多的优势。

在实际应用中，CCITT G.712 建议给出国际上通用的两种对数压缩特性，即 A 律和 ü 律，在我国广泛使用的是 A 律标准，其压缩特性为

$$f(x)=\begin{cases}\dfrac{Ax}{1+\ln A}, & 0\leqslant x\leqslant \dfrac{1}{A}\\[2mm] \dfrac{1+\ln Ax}{1+\ln A}, & \dfrac{1}{A}<x\leqslant 1\end{cases}\tag{10.13}$$

式中，x 为归一化后的信号；A 为压缩系数，在标准中为 87.6。

具有压缩特性的对数量化器的特点是对于大信号，其性能相比于均匀量化有所下降，而对于小信号，其性能则大大增强。

十三折线逼近法是一种通用的 A 律数字电路实现方法，图 10.47 所示为十三折线示意图，横轴为归一化后的输入信号幅值，纵轴为输出信号。归一化的输入信号被非均匀地划分为 8 段，其起始位置及长度如表 10.1 所示。

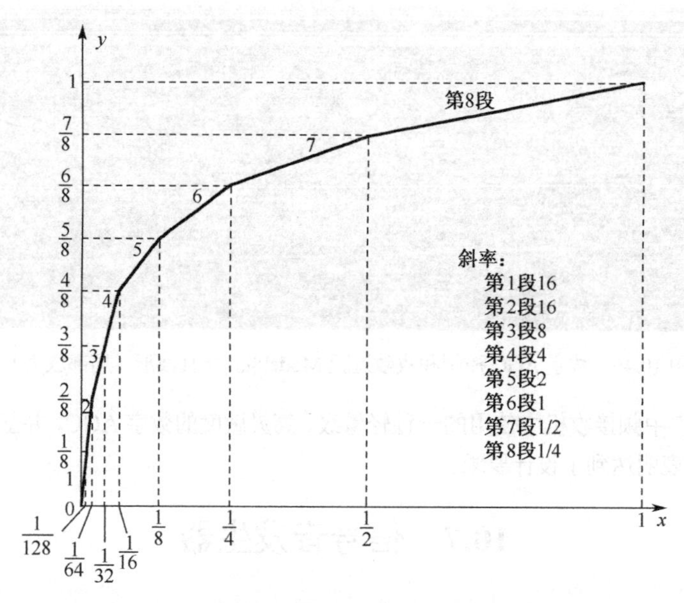

图 10.47　十三折线示意图

当输入信号为正时，构成了 8 个段落组成的折线，但其中第 1 段、第 2 段的斜率相同，所以其实只有 7 段折线。类似地，当输入信号为负时，还有对应的在第三象限的折线，同样由 7 段折线组成，第一象限的第 1 段折线和第三象限的第 1 段折线的斜率仍然相同，因此最终整个信号区间由 13 段折线构成。

以上分析了 A 律非线性量化的基本原理，相比而言，线性码即为均匀量化的结果，每个量化区间的长度相同，具体长度和编码位数相关。

表 10.1　非均匀划分表

	起始位置	长　度
第 1 段	(0,1/128)	1/128
第 2 段	(1/128,1/64)	1/128
第 3 段	(1/64,1/32)	1/64
第 4 段	(1/32,1/16)	1/32
第 5 段	(1/16,1/8)	1/16
第 6 段	(1/8,1/4)	1/8
第 7 段	(1/4,1/2)	1/4
第 8 段	(1/2,1)	1/2

经过量化，连续幅值的信号变成了离散幅值的信号，而编码则是把离散的幅值信息用一个二进制码组表示。常见的二进制码型有自然二进制码、折叠二进制码和格雷二进制码，如表 10.2 所示。其中，折叠二进制码具有以下一些特性。

表 10.2 常用二进制码型

样值脉冲极性	格雷二进制码	自然二进制码	折叠二进制码
正极性部分	1000	1111	1111
	1001	1110	1110
	1011	1101	1101
	1010	1100	1100
	1110	1011	1011
	1111	1010	1010
	1101	1001	1001
	1100	1000	1000
负极性部分	0100	0111	0000
	0101	0110	0001
	0111	0101	0010
	0110	0100	0011
	0010	0011	0100
	0011	0010	0101
	0001	0001	0110
	0000	0000	0111

- 绝对值相同、极性相反的信号只有最高位相反，因此对于双极性语音信号，可以进行单极性编码，简化了编码过程。
- 如果在传输过程中出现误码，这对小信号影响较小，符合语音信号的随机分布特性。

表 10.2 使用了 4 位编码方式，当信号范围一定时，编码位数越多，相当于量化阶数越高，误差也就越小，性能越好；但随着编码位数的增多，实现的复杂性提高，更为重要的是传输带宽也随之增大，因此这是一个折中的过程。在实际应用中，7～8 位非线性编码就可以达到较好的通信效果了。

综上所述，CCITT 标准中 A 律的编码采用 8 位折叠编码方式。对应着 2^8=256 个量化等级，正、负输入幅度范围内各有 128 个量化等级。在输入正信号时，共有 8 个量化区间，可以用 3 比特表示。再把每个区间划分为 16 个子区间，使用 4 比特表示。最后用 1 比特表示正、负信号，这样就构成了 8 比特编码，具体安排如下。

极 性 码	段 落 码	段 内 码
C1	C2 C3 C4	C5 C6 C7 C8

从以上的分析中可以看出对数编码的优点。但如果要对 PCM 编码数据进行处理，就必须使用线性码，因此工程上经常使用 A 律码和线性码之间的转换。

转换机制非常简单，线性码由于采用均匀量化，将其归一化后就可以视为图 10.1 中的横轴。以 16 比特线性码为例，除去极性位，有 15 比特的幅值信息，因此其绝对值幅值范围为 0～32 767。

按照 A 律对数量化特性，可以将整个幅值范围非均匀地划分为 8 个区间，归一化后的区间长度如表 10.1 所示，每个区间又可以在区间内均匀地划分为 16 个子区间，注意虽然在本区间内是均匀划分，但由于每个区间长度不同，因此整体上子区间仍然是不均匀的。这样就可以得到 7 比特的编码，再通过线性码的极性码得到 A 律码的极性码。表 10.3 所示为线性码/A 律码转换。

表 10.3 线性码/A 律码转换

线性码幅度绝对值范围	子区间范围	转换算法描述
(16 384, 32 767)	1024	0x70+(x−16 384)/1024
(8192, 16384)	512	0x60+(x−8192)/512
(4096, 8192)	256	0x50+(x−4096)/256
(2048, 4096)	128	0x40+(x−2048)/128
(1024, 2048)	64	0x30+(x−1024)/64
(512, 1024)	32	0x20+(x−512)/32
(256, 512)	16	0x10+(x−256)/16
(0, 256)	16	0x00+x/16

和以上过程相反，表 10.4 所示为 A 律码/线性码转换。

表 10.4 A 律码/线性码转换

A 律码绝对值范围（十六进制）	子区间范围	转换算法描述
(0x70, 0x7f)	1024	16 384+(x−0x70)1024
(0x60, 0x6f)	512	8192+(x−0x60)512
(0x50, 0x5f)	256	4096+(x−0x50)256
(0x40, 0x4f)	128	2048+(x−0x40)128
(0x30, 0x3f)	64	1024+(x−0x30)64
(0x20, 0x2f)	32	512+(x−0x20)32
(0x10, 0x1f)	16	256+(x−0x10)16
(0x00, 0x0f)	16	0+(x−0x00)16

10.7.2 信号音发生器的 Verilog 实现

例 10.19 为信号音产生的 Verilog 实现，采用了迭代方法实现单音信号的产生，这种方法在 DTMF 双音多频产生中也经常被使用。产生的不同信号音被放置在 ST-BUS 总线的不同时隙中。

【例 10.19】 信号音发生器的 Verilog 实现。

```
module sig_math(rst_n,
                CLK_2M,
                FR_2M,
                PCM_OUT);
input   rst_n, CLK_2M, FR_2M;
output  PCM_OUT,
wire [31:0] PR1,YR1,YR2;                    //乘法寄存器
wire [31:0]  PR2;
reg [31:0]   MR;                            //最终结果
reg [31:0]  IR1,IR2;                        //中间结果寄存器
reg[23:0]   shift_reg;
reg[3:0]i;
//PCM CODE
```

```
reg[15:0]    temp_reg;
reg[7:0]     result,temp_reg1,result_silent,Result_A;
reg[11:0]    linear,tmp;                          //ST-BUS 总线
reg          FR_St,aclr;
reg[3:0]bitcounter;
reg[7:0]     bytecounter;
reg          PCM_OUT;
reg[1:0]counter;
parameter    bitsofbyte             =4'h8;        //字节长度
parameter    bytes_per_frame        =8'h20;       //帧长度
parameter    byte_pos10             =8'ha;
parameter    byte_pos11             =8'hb;
parameter    byte_pos12             =8'hc;
parameter    byte_pos13             =8'hd;
reg[31:0]    count_busy;                          //AAE60
reg          busy_flag;
reg[31:0]    count_echo;
reg          echo_flag;                           //1E8480---7A1200
reg[15:0]    clk_counter;
reg          clk_100hz;
always @(negedge FR_2M or negedge rst_n)          //寄存器赋初值
if (!rst_n) begin
      IR2<=32'hb662d4ce;      IR1<=32'h0;
      //PR1=16'h0;  PR2=32'h3e300000;
      counter<=2'b0;  FR_St<=1'b1; result_silent<=8'h55; end
else    begin
      IR2=IR1;    IR1=PR2;
      //PR1=IR1*16'hf02c;  PR2=PR1-IR2;
      MR<=PR2; Result_A<=result;   result_silent<=8'h55;
      if(counter<2'b01)
      begin  counter<=counter+2'b1;FR_St<=1'b0;end
      else begin  counter<=2'b10;FR_St<=1'b1;end
   end
always @(posedge CLK_2M)
begin   temp_reg1=8'h7f-MR[30:23];
      if(MR[31]==1'b0)  shift_reg={1'b1,MR[22:0]}>>temp_reg1;
      else
      begin  shift_reg=~{{1'b1,MR[22:0]}>>temp_reg1}+24'h1;  end
      linear=shift_reg[11:0];
//---------线性码转换为 A 律 PCM 编码-----------
      if (linear[11]==1'b1)    tmp =~linear+12'h1;
      elsetmp=linear;
      if ( tmp >=12'h400)                              //-->1024
         begin   temp_reg=tmp-12'h400;
         result = 8'h70 + temp_reg[10:6]; end          //-->除以 64
      else     if ( tmp >= 12'h200 )                   //-->512
            begin   temp_reg=tmp-12'h200;
```

```
                result = 8'h60 + temp_reg[10:5]; end //-->32
            else if ( tmp >= 12'h100 )                 //-->256
                begin   temp_reg=tmp-12'h100;
                result = 8'h50 + temp_reg[10:4];end  //-->16
            else if( tmp >= 12'h80)                    //--->128
                begin   temp_reg=tmp-12'h80;
                result= 8'h40 + temp_reg[10:3];end   //-->8
            else if( tmp >= 12'h40 )                   //-->64
                begin   temp_reg=tmp-12'h40;
                result= 8'h30+temp_reg[8:2]; end     //-->4
            else if( tmp >= 12'h20 )                   //-->32
                begin   temp_reg=tmp-12'h20;
                result=8'h20+temp_reg[8:1];end        //-->2
            else if (tmp >= 12'h10)                    //-->16
                begin temp_reg=tmp-12'h10;
                result=8'h10+temp_reg[7:0]; end       //-->1
            else result=tmp;
        if(linear[11]==1'b0)     result=(result^8'h55)|8'h80;
        else result=(result^8'h55);//to synchronize the first frame
        end
always @(posedge CLK_2M)
begin   if(!FR_St)  begin
            bitcounter<=4'h7;    bytecounter<=8'h0;
            busy_flag<= 1'b0;    echo_flag<=1'b0;
            count_echo<=32'h0;   count_busy<=32'h0;   end
    else begin
    //loop the programme about transmiting data at 2.048bps
        if(count_busy<32'haae60)
        begin count_busy<=count_busy+32'h1;busy_flag<=1'b0;end
        else if(count_busy<32'h155cc0)
            begin   count_busy<=count_busy+32'h1;
            if(busy_flag==1'b0)
            if(bitcounter==4'h0)  busy_flag<=1'b1;
            Else busy_flag<=1'b0;
            elsebusy_flag<=1'b1;    end
            else if(bitcounter==4'h0)
            begin  count_busy<=32'h0;busy_flag<=1'b0;end
            elsebusy_flag<=busy_flag;
        if(count_echo<32'h1e8480)
          begin count_echo<=count_echo+32'h1;echo_flag<=1'b0; end
        else if(count_echo<32'h989680)
            begin count_echo<=count_echo+32'h1;
            if(echo_flag==1'b0)
            if(bitcounter==4'h0)  echo_flag<=1'b1;
            else echo_flag<=echo_flag;
            else echo_flag<=echo_flag;   end
        else if(bitcounter==4'h0)
```

```
                begin count_echo<=32'h0;echo_flag<=1'b0;end
                else echo_flag<=echo_flag;
        case(bitcounter)
            0:  begin if(bytecounter==(bytes_per_frame-8'h1))
                bytecounter<=8'h0;
                else bytecounter<=bytecounter +8'h1;
                if(bytecounter==byte_pos10)
                begin   if(busy_flag)  PCM_OUT<=Result_A[bitcounter];
                else  PCM_OUT<=result_silent[bitcounter];    end
                else if(bytecounter==byte_pos11)
                PCM_OUT<=Result_A[bitcounter];
                else     if(bytecounter==byte_pos12)
                    begin  if(!echo_flag)
                    PCM_OUT<=Result_A[bitcounter];
                    else PCM_OUT<=result_silent[bitcounter]; end
                else  if(bytecounter==byte_pos13)
                    PCM_OUT<=result_silent[bitcounter];
                    else PCM_OUT<=1'bZ;
                    bitcounter<=bitsofbyte-4'h1; end
            default: begin  if(bytecounter==byte_pos10)
                begin   if(busy_flag)
                PCM_OUT<=Result_A[bitcounter];
                else PCM_OUT<=result_silent[bitcounter]; end
                else if(bytecounter==byte_pos11)
                PCM_OUT<=Result_A[bitcounter];
                else  if(bytecounter==byte_pos12)
                begin   if(!echo_flag)
                PCM_OUT<=Result_A[bitcounter];
                else  PCM_OUT<=result_silent[bitcounter]; end
                else if(bytecounter==byte_pos13)
                PCM_OUT<=result_silent[bitcounter];
                else PCM_OUT<=1'bZ;
                bitcounter<=bitcounter-4'h1; end
        endcase end  end
    float_adder U1(.dataa(IR1),.datab(32'h3ff02d4e),.clock(CLK_2M),.result(PR1));
    float_sub U2(.dataa(PR1),.datab(IR2),.clock(CLK_2M),.result(PR2));
    endmodule
```

习 题 10

10.1 设计一个基于直接数字式频率合成器（DDS）结构的数字相移信号发生器。

10.2 用 Verilog 设计并实现一个 31 阶的 FIR 滤波器。

10.3 用 Verilog 设计并实现一个 64 点的 FFT 运算模块。

10.4 某通信接收机的同步信号为巴克码 1110010。设计一个检测器，其输入为串行码 x，当检测到巴克码时，输出检测结果 $y=1$。

10.5 用 FPGA 实现步进电机的驱动和细分控制，首先实现用 FPGA 对步进电机转角进行细分控制，然后实现对步进电机的匀加速和匀减速控制。

实验与设计：m序列发生器

1．实验要求

设计实现m序列发生器，并进行综合和仿真。

2．实验内容

（1）m序列的原理与性质：m序列是最大长度线性反馈移位寄存器序列的简称。m序列有很多优良的特性，它同时具有随机性和规律性、良好的自相关性等。m序列应用广泛，如用在扩频CDMA（码分多址）通信系统中，CDMA系统中一般采用伪随机序列（PN码）作为扩频序列。PN码的选择直接影响CDMA系统的容量、抗干扰能力、接入和切换速度等，而m序列作为一种基本的伪随机序列，具有很强的系统性、规律性和自相关性，可用做PN码，如IS—95标准中使用的PN码就是m序列，利用它的不同相位来区分不同的用户。CDMA系统主要采用两种长度的m序列：一种是周期为2^{15}的1的m序列，又称为短PN码序列；另一种是周期为2^{42}的1的m序列，又称为长PN码序列。m序列还是构成其他序列的基础，如在WCDMA中采用的GOLD码就是由2个m序列模2相加形成的。此外，m序列在雷达、遥控遥测、通信加密、无线电测量等领域也有着广泛的应用。

图10.48所示为由n级线性反馈移位寄存器（Linear Feedback Shift Register，LFSR）构成的码序列发生器，n级线性反馈移位寄存器可产生序列周期最长为$2n$的1序列。图中$C_0, C_1, \cdots, C_n$均为反馈线，其中C_0和C_n肯定为1，即参与反馈。而反馈系数$C_1, C_2, \cdots, C_{n-1}$若为1，则表示参与反馈；若为0，则表示不参与反馈。一个线性反馈移位寄存器能否产生m序列，取决于它的反馈系数，表10.5所示为部分m序列的反馈系数C_i，按照表中的系数来构造移位寄存器，就能产生相应的m序列。

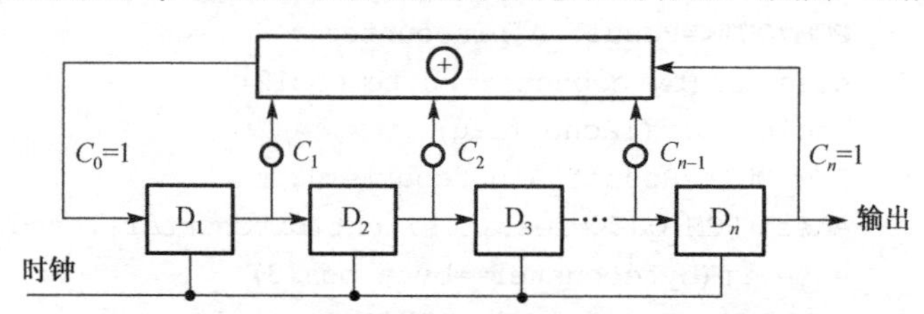

图10.48　n级线性反馈移位寄存器构成的码序列发生器

表10.5　部分m序列的反馈系数C_i

级数n	周期P	反馈系数C_i（八进制数）
3	7	13
4	15	23
5	31	45，67，75
6	63	103，147，155
7	127	203，211，217，235，277，313，325，345，367
8	255	435，453，537，543，545，551，703，747
9	511	1021，1055，1131，1157，1167，1175
10	1023	2011，2033，2157，2443，2745，3471

续表

级数 n	周期 P	反馈系数 C_i（八进制数）
11	2047	4005，4445，5023，5263，6211，7363
12	4095	10 123，11 417，12 515，13 505，14 127，15 053
13	8191	20 033，23 261，24 633，30 741，32 535，37 505
14	16 383	42 103，51 761，55 753，60 153，71 147，67 401
15	32 765	100 003，110 013，120 265，133 663，142 305

根据表 10.5 中的八进制的反馈系数，可以确定 m 序列发生器的结构。以 7 级 m 序列反馈系数 $C_i=(211)_8$ 为例，首先将八进制的反馈系数转化为二进制的系数，即 $C_i=(10001001)_2$，可得到各级反馈系数分别为 $C_0=1$，$C_1=0$，$C_2=0$，$C_3=0$，$C_4=1$，$C_5=0$，$C_6=0$，$C_7=1$，由此可以构造出相应的 m 序列发生器。C_i 的取值决定移位寄存器的反馈连接和序列的结构，可用其序列多项式（特征方程）表示为 $f(x)=C_0+C_1x+C_2x^2+\cdots+C_nx^n$，该式又称为序列生成多项式，上面的反馈系数 $C_i=(211)_8$ 的 m 序列的序列生成多项式可表示为 $f(x)=1+x^4+x^7$。

反馈系数一旦确定，所产生的序列就确定了，当移位寄存器的初始状态不同时，所产生的周期序列的初始相位不同，也就是观察的初始值不同，但仍是同一周期序列。

需要说明的是，对于表 10.5 中列出的是部分 m 序列的反馈系数，将表中的反馈系数进行比特反转，即进行镜像，也可得到相应的 m 序列。例如，取 $C_i=(23)_8=(10011)_2$，进行比特反转之后为 $(11001)_2=(31)_8$，所以 4 级的 m 序列共有 2 个。其他级数 m 序列的反馈系数也具有相同的特性。

总之，移位寄存器的反馈系数决定是否产生 m 序列，起始状态决定序列的起始点，不同的反馈系数产生不同的码序列。

由于 m 序列具有均衡特性、游程特性，而且自相关函数具有与白噪声自相关函数类似的性质，所以 m 序列是一种伪随机序列（具有随机序列的特点，同时又是能够确定产生的周期序列），故又称为伪码。

（2）用原理图设计实现 m 序列：下面以 $n=5$、周期为 $2^5-1=31$ 的 m 序列的产生为例，介绍 m 序列的设计方法。查表 10.5 可得，$n=5$，反馈系数 $C_i=(45)_8$，将其变为二进制数为 $(100101)_2$，即相应的反馈系数依次为 $C_0=1, C_1=0, C_2=0, C_3=1, C_4=0, C_5=1$，序列生成多项式可表示为 $f(x)=1+x^3+x^5$，根据上面的反馈系数，画出其电路原理图如图 10.49 所示。根据图 10.49 所示电路，给定一种移位寄存器的初始状态，即可产生相应的码序列。初始状态不能为 00000，因为全零状态为非法状态，一旦进入该状态，系统就陷入了死循环，为了防止全零状态，需要为其设置一个非零初始状态，如设置为 00001。

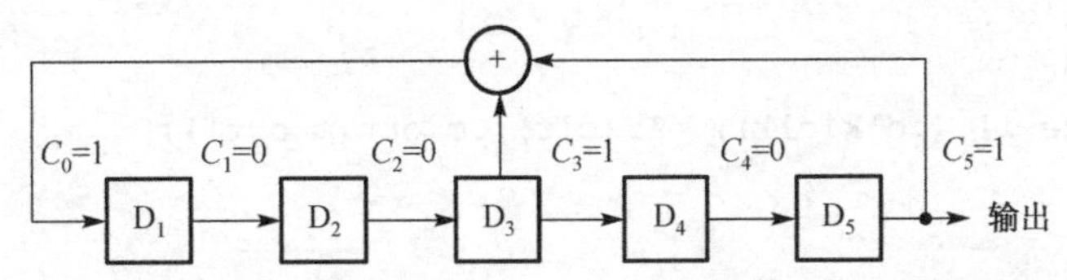

图 10.49　n 为 5、反馈系数 $C_i=(45)_8$ 的 m 序列发生器的电路原理图

根据上面的 m 序列发生器的电路原理图，在 Quartus Prime 环境下，只需调用 DFF（D 触发器）和 XOR（两输入异或门）即可用原理图实现，如图 10.50 所示为 n 为 5、反馈系数 $C_i=(45)_8$ 的 m 序列发生器的电路原理图。图中的 clr 是复位端，用于在系统初始化时将 5 个 D 触发器的初始状态设置为 00001，以防止进入全零状态，所以该电路在上电工作时，应给 clr 复位端一个 0 信号。

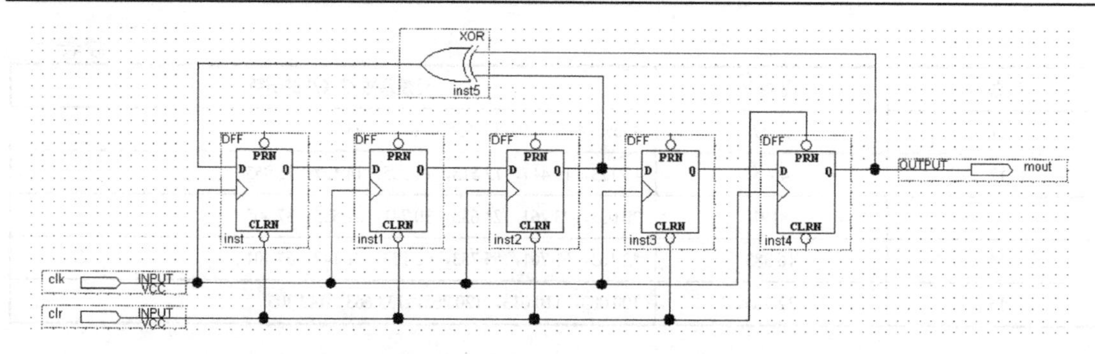

图 10.50　n 为 5、反馈系数 C_i=$(45)_8$ 的 m 序列发生器的电路原理图

（3）用 Verilog 描述 m 序列：例 10.20 是采用 Verilog 描述的 n 为 5、反馈系数 C_i=$(45)_8$ 的 m 序列发生器电路，例 10.21 是其测试脚本。

【例 10.20】　n 为 5、反馈系数 C_i=$(45)_8$ 的 m 序列发生器。

```
// the generation poly is 1+x**3+x**5
module m_sequence
                     (input clr,clk,
                      output reg m_out);
reg[4:0] shift_reg;
always @(posedge clk, negedge clr)
  begin
    if(~clr) begin shift_reg<=5'b00001; end         //异步复位,低电平有效
    else begin
         shift_reg[0] <= shift_reg[2] ^ shift_reg[4];
         shift_reg[4:1]<=shift_reg[3:0];
         m_out <= shift_reg[4];  end
  end
endmodule
```

【例 10.21】　测试脚本。

```
`timescale 1 ns/ 1 ps
module m_sequence_vlg_tst();
parameter CYCLE=40;
reg clk=1'b0;
reg clr=1'b0;
wire m_out;
m_sequence i1 (.clk(clk),.clr(clr),.m_out(m_out));
initial
begin
#(CYCLE*2)  clr=1'b1;
#(CYCLE*40) $stop;
$display("Running testbench");
end
always
begin
```

```
    #(CYCLE/2)  clk=~clk;
    end
  endmodule
```

（4）仿真：RTL 仿真波形如图 10.51 所示，通过波形图可看到 D_5 输出的码序列为 0000100101100111110001101110101…，码序列周期长度 $P=31$。

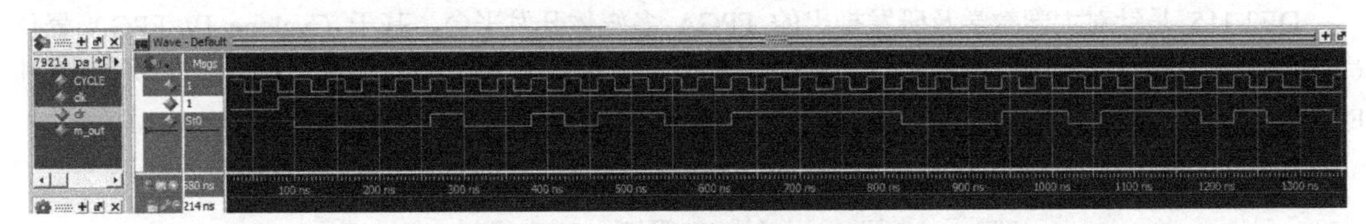

图 10.51　RTL 仿真波形（ModelSim）

如果电路反馈逻辑关系不变，换另一个初始状态，则产生的序列仍为 m 序列，只是起始位置（初始相位）不同而已。例如，初始状态为“10000”的输出序列是初始状态为“00001”的输出序列循环右移一位的结果。

（5）可选择反馈系数的 m 序列发生器：移位寄存器级数 n 相同，反馈逻辑不同，产生的 m 序列就不同，例如，5 级移位寄存器（n=5），其反馈系数 C_i 除$(45)_8$外，还可以是$(67)_8$和$(75)_8$。在下面的程序中，通过 sel 设置端可以选择反馈系数，并分别产生相应的 m 序列。

【例 10.22】　n 为 5、反馈系数 C_i 分别为$(45)_8$、$(67)_8$、$(75)_8$的 m 序列发生器。

```
module m_seq5
         (input clr,clk,
          input[1:0] sel;                    //设置端口,用于选择反馈系数
          output reg m_out);
reg[4:0] shift_reg;
always @(posedge clk, negedge clr)
 begin  if(~clr)
        begin shift_reg<=5'b00001; end       //异步复位,低电平有效
   else begin
   case (sel)
    2'b00: begin                             //反馈系数为(45)8
       shift_reg[0]<=shift_reg[2] ^ shift_reg[4];
       shift_reg[4:1]<=shift_reg[3:0]; end
    2'b01: begin                             //反馈系数为(67)8
       shift_reg[0]<=shift_reg[0] ^ shift_reg[2] ^ shift_reg[3]
                ^ shift_reg[4];
       shift_reg[4:1]<=shift_reg[3:0]; end
    2'b10: begin                             //反馈系数为(75)8
       shift_reg[0]<=shift_reg[0] ^ shift_reg[1] ^ shift_reg[2]
                ^ shift_reg[4];
       shift_reg[4:1]<=shift_reg[3:0]; end
    default: shift_reg<=5'bX;
  endcase
  m_out <= shift_reg[4];
   end
  end
endmodule
```

附录　DE2-115 介绍

DE2-115 是针对大学教学及研发推出的 FPGA 多媒体开发平台，基于 Cyclone IV FPGA 器件（EP4CE115），具有丰富的外设和接口，本书例程可基于 DE2-115 平台进行下载验证，也可移植到其他 FPGA 实验平台进行验证。

如图 F.1 所示，DE2-115 开发板提供了如下的设计资源。

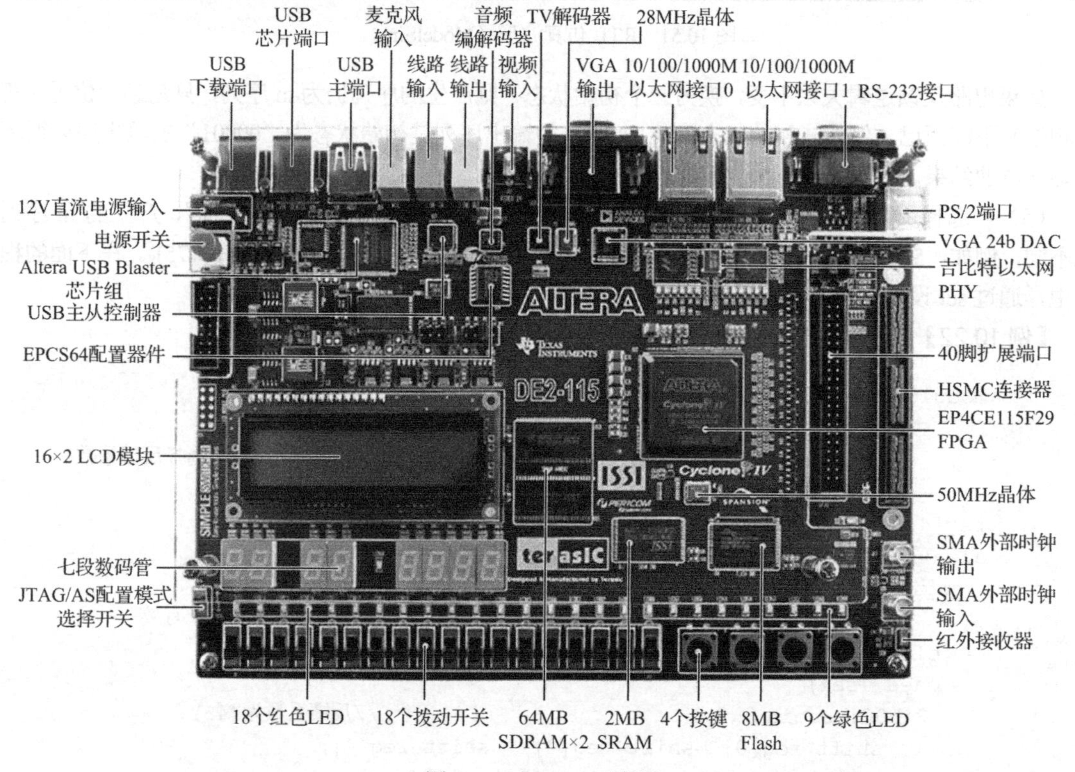

图 F.1　DE2-115 开发板

- Altera Cyclone IV FPGA 器件 EP4CE115F29，内含 114 480 个逻辑单元（LE）、3 888 Kb 嵌入式存储器位和 4 个锁相环；
- 主动串行配置器件 EPCS64；
- 板上内置用于编程调试的 USB Blaster，支持 JTAG 和 AS 配置模式；
- 2MB SRAM；
- 64MB SDRAM；
- 8MB 闪存；
- SD 卡插槽；
- 4 个按键（KEY0～KEY3）；
- 18 个拨动开关（SW0～SW17）；
- 18 个红色 LED（LEDR0～LEDR17）；

- 9 个绿色 LED（LEDG0～LEDG8）；
- 50MHz 晶振时钟源，也可通过 SMA 外部时钟输入使用外部时钟；
- 24 位 CD 品质的音频编解码器（CODEC），带有麦克风输入、线路输入和线路输出接口；
- VGA 视频图像 DAC（8b 高速三通道 DACs），VGA 输出接口；
- TV 解码器，支持 NTSC/PAL/SECAM 制式，TV 输入接口；
- 2 千兆以太网 PHY 带 RJ45 连接器；
- 带有 A 类和 B 类 USB 接口的 USB 主从控制器及接口；
- RS-232 收发器和 9 针连接器；
- PS/2 鼠标/键盘接口；
- IR 收发器；
- 1 个 40 脚扩展端口，带二极管保护；
- 16×2 字符的 LCD 模块；
- 2 个 SMA 接口，用于外部时钟输入/输出；
- 1 个 HSMC 连接器；

DE2-115 的系统框图如图 F.2 所示，所有连接器均通过 Cyclone IV FPGA 器件来完成，因此，用户可以通过调试 FPGA 来实现任何系统设计，为设计验证提供了便利。

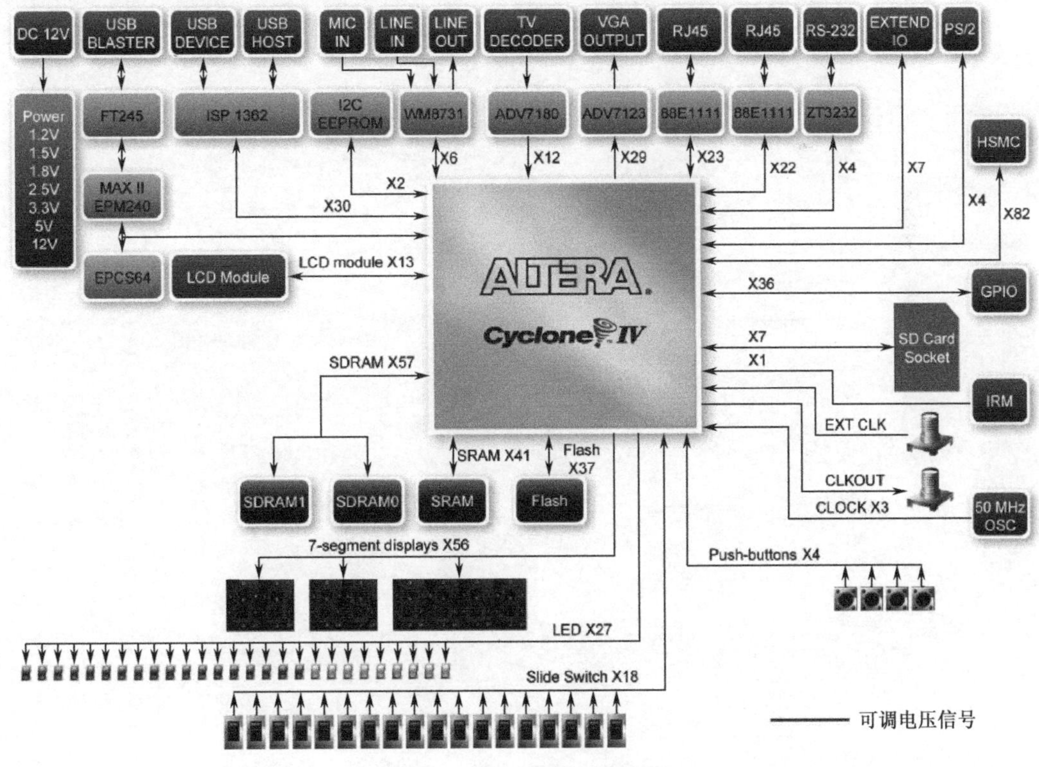

图 F.2　DE2-115 的系统框图

参 考 文 献

[1] IEEE Computer Society. IEEE Standard Verilog® Hardware Description Language. IEEE Std 1364—2001, The Institute of Electrical and Electronics Engineers, Inc.2001.

[2] IEEE Computer Society. 1364.1 IEEE Standard for Verilog® Register Transfer Level Synthesis. IEEE Std 1364[1]. Institute of Electrical and Electronics Engineers, Inc.2002.

[3] Actel Corporation. Actel HDL Coding Style Guide.

[4] Stuart Sutherland. The IEEE Verilog 1364—2001 Standard, What's New, and Why You Need It. Sutherland HDL, Inc. 2001.

[5] 潘松，黄继业. EDA 技术实用教程（第 3 版）. 北京：科学出版社，2006.

[6] 王庆春，何晓燕，崔智军. 基于 FPGA 的多功能 LCD 显示控制器设计. 电子设计工程，2012，20（23）：150-152.